高等院校数字化建设精品教材

微 积 分

主 编　李建平
主 审　黄立宏

北京大学出版社
PEKING UNIVERSITY PRESS

内 容 简 介

本书内容包括函数、极限与连续、导数与微分、微分中值定理与导数的应用、不定积分、定积分、多元函数微积分、无穷级数、微分方程初步等. 各节后配有适量的习题, 书末附有习题答案, 便于教学.

本书内容丰富, 条理清楚, 重点突出, 难点分散, 例题较多, 在内容取舍上既注重了微积分在传统领域中的知识内容, 又加强了它在经济应用中的内容介绍.

本书可作为大学经管、文史、外语、农林类本科生数学教材, 也适合用作各类需要提高数学素质和能力的经济管理人员及有关人员的自学用书或参考用书.

图书在版编目(CIP)数据

微积分/李建平主编. —北京: 北京大学出版社, 2018.7
ISBN 978-7-301-29598-4

Ⅰ. ①微⋯ Ⅱ. ①李⋯ Ⅲ. ①微积分—高等学校—教材 Ⅳ. ①O172

中国版本图书馆 CIP 数据核字(2018)第 120552 号

书　　　名	微积分 WEIJIFEN
著作责任者	李建平　主编
责任编辑	尹照原
标准书号	ISBN 978-7-301-29598-4
出版发行	北京大学出版社
地　　　址	北京市海淀区成府路 205 号　100871
网　　　址	http://www.pup.cn
电子信箱	zpup@pup.cn
新浪微博	@北京大学出版社
电　　　话	邮购部 62752015　发行部 62750672　编辑部 62752021
印　刷　者	湖南汇龙印务有限公司
经　销　者	新华书店
	787 毫米×1092 毫米　16 开本　21 印张　522 千字 2018 年 7 月第 1 版　2023 年 7 月第 6 次印刷
定　　　价	68.00 元

未经许可, 不得以任何方式复制或抄袭本书之部分或全部内容.
版权所有, 侵权必究
举报电话: 010-62752024　电子信箱: fd@pup.pku.edu.cn
图书如有印装质量问题, 请与出版部联系, 电话: 010-62756370

本书配套云资源使用说明

本书配有网络云资源,资源类型包括:知识结构、动画视频和数学家简介.

一、资源说明

1. 知识结构:对每章知识点以框图形式做系统总结,让学生提前了解本章讲述的大概内容,方便学生学完本章内容后做自我测评,也可以加深学生对本章内容的理解.

2. 动画视频:针对重要知识点、抽象内容,提供演示动画,便于学生理解和掌握,提高学习兴趣.

3. 数学家简介:提供数学家简介,目的在于提高学生对数学的认识,培养学生学习数学的兴趣.

二、使用方法

1. 打开微信的"扫一扫"功能,扫描关注公众号(公众号二维码见封底).
2. 点击公众号页面内的"激活课程".
3. 刮开激活码涂层,扫描激活云资源(激活码见封底).
4. 激活成功后,扫描书中的二维码,即可直接访问对应的云资源.

注:

1. 每本书的激活码都是唯一的,不能重复激活使用.
2. 非正版图书无法使用本书配套云资源.

总　　序

　　数学是人一生中学得最多的一门功课.中小学里就已开设了很多数学课程,涉及算术、平面几何、三角、代数、立体几何、解析几何等众多科目,看起来洋洋大观、琳琅满目,但均属于初等数学的范畴,实际上只能用来解决一些相当简单的问题,面对现实世界中一些复杂的情况则往往无能为力.正因为如此,在大学学习阶段,专攻数学专业的学生不必说了,就是对于广大非数学专业的大学生,也都必须选学一些数学基础课程,花相当多的时间和精力学习高等数学,这就对非数学专业的大学数学基础教材提出了迫切的需求.

　　这些年来,各种大学数学基础教材已经林林总总地出版了许多,但平心而论,除少数精品以外,大多均偏于雷同,难以使人满意.而学习数学这门学科,关键又在于理解与熟练,同一类型的教材只需精读一本好的就足够了.这样,精选并推出一些优秀的大学数学基础教材,就理所当然地成为编辑出版这一丛书的宗旨.

　　大学数学基础课程的名目并不多,所涵盖的内容又大体相似,但教材的编写不仅仅是材料的堆积和梳理,更体现编写者的教学思想和理念.同一门课程,应该鼓励有不同风格的教材来诠释和体现;针对不同程度的教学对象,也应该有不同层次的教材来使用和适应.特别是,大学非数学专业是一个相当广泛的概念,对分属工程类、财经管理类、医药类、农林类、社科类甚至文史类的众多大学生,不分青红皂白、一刀切地采用统一的数学教材进行教学,很难密切联系有关专业的实际,很难充分针对有关专业的迫切需要和特殊要求,是不值得提倡的.相反,通过教材编写者和相应专业工作者的密切结合和协作,针对该专业的特点编写出来的教材,才能特色鲜明、有血有肉,才能深受欢迎,并产生重要而深远的影响.这是专业类大学数学基础教材所应有的定位和标准,也是大家的迫切期望,但却是当前明显的短板,因而使我们对这套丛书可以大有作为有了足够的信心和依据.

　　说得更远一些,我们一些教师往往把数学看成一堆定义、公式、定理及证明的堆积,千方百计地要把这些知识灌输到学生头脑中去,却忘记了有关数学最根本的三件事.一是数学知识的来龙去脉——从哪儿来,又可以到哪儿去.割断数学与生动活泼的现实世界的血肉联系,学生就不会有学习数学持续的积极性.二是数学的精神实质和思想方法.只讲知识,不讲精神;只讲技巧,不讲思想,学生就不可能学到数学的精髓,不能对数学有真正的领悟.三是数学的人文内涵.数学在人类认识世界和改造世界的过程中起着关键的、不可替代的作用,是人类文明的坚实基础和重要支柱. 不自觉地接受数学文化的熏陶,是不可能真正走近数学、了解数学、领悟数学并热爱数学的. 在数学教学中抓住了上面这三点,就抓住了数学的灵魂,学生对数学的学习就一定会更有成效. 但客观地说,现有的大学数学基础教材,能够真正体现这三方面要求的,恐怕为数不多. 这一现实为大学数学基础教材的编写提供了广阔的发展空间,很多探索有待进行,很多经验有待总结,可以说是任重而道远. 从这个意义上说,由北京大学出版社推出的这套大学数学丛书实际上已经为一批有特色、高品质的大学数学基础教材的面世,搭建了一个很好的平台,特别值得称道,也相信一定会得到各方面广泛而大力的支持.

特为之序.

李大潜

2015 年 1 月 28 日

前　言

党的二十大报告首次将教育、科技、人才工作专门作为一个独立章节进行系统阐述和部署,明确指出:"教育、科技、人才是全面建设社会主义现代化国家的基础性、战略性支撑."这让广大教师深受鼓舞,更要勇担"为党育人,为国育才"的重任,迎来一个大有可为的新时代.

随着我国社会主义经济建设的不断发展,数学在经济活动和经济研究中的作用日益凸显,数学的理论和方法越来越广泛地应用到自然科学、社会科学和工程技术的各个领域,对高等学校经管、文史、外语、农林类等各专业人才的数学素养要求越来越高.微积分是高等数学基础课程之一,这门课程的思想和方法是人类文明发展史上理性智慧的结晶,它不仅提供了解决实际问题的有力数学工具,同时还给学生提供一种思维的训练,帮助学生提高作为复合型、创造型、应用型人才必需的文化素质和修养.

本教材以提高高等学校经管、文史、外语、农林类专业学生的数学素质为目的,渗透了不少现代数学观点,着力培养和提高学生应用数学方法解决经济问题的能力.在内容选取上既注重微积分在传统领域中的知识内容,又加强了它在经济应用中的内容介绍.在叙述上力求清楚易懂,以几何意义对概念和定理加以解释说明,便于读者对相关概念和定理的理解和掌握.

本教材内容包括函数、极限与连续、导数与微分、微分中值定理与导数的应用、不定积分、定积分、多元函数微积分、无穷级数、微分方程初步等.各节后配有适量的习题,打星号($*$)的习题相对难度较高,书末附有习题答案.

本教材由李建平主编,参加编写的人员还有任玉平、刘长荣、肖晴初、莫晓云、晏木荣.黄立宏教授认真审查了此书,并提出了许多宝贵意见.另外,苏文华、赵子平构思并设计了全书在线课程教学资源的结构与配置,吴浪、邓之豪编辑了教学资源内容,并编写了相关动画文字材料,余燕、沈辉参与了动画制作及教学资源的信息化实现,袁晓辉、范军怀审查了全书配套在线课程的教学资源,苏文春、苏娟提供了版式和装帧设计方案.在此表示衷心感谢.

本教材在编写过程中得到湖南大学数学与计量经济学院的大力支持,在此一并表示衷心感谢.

由于水平有限,书中的错误及不妥之处在所难免,敬请广大读者批评指正!

编　者

目　录

第一章　函数 ··· 1
　第一节　函数的概念及其基本性质 ·· 2
　　　　　一、集合及其运算　二、区间与邻域　三、函数的概念
　　　　　四、复合函数和反函数　五、函数的基本性质
　习题 1-1 ·· 10
　第二节　初等函数 ··· 10
　　　　　一、基本初等函数　二、初等函数
　习题 1-2 ·· 14
　第三节　经济学中常见的函数 ··· 14
　　　　　一、成本函数　二、收益函数　三、利润函数　四、需求函数与供给函数
　习题 1-3 ·· 17

第二章　极限与连续 ·· 18
　第一节　数列的极限 ··· 19
　　　　　一、数列的概念　二、数列的极限　三、数列极限的性质及收敛准则
　习题 2-1 ·· 27
　第二节　函数的极限 ··· 27
　　　　　一、$x \to \infty$ 时，函数的极限　二、$x \to x_0$ 时，函数的极限　三、函数极限的性质
　习题 2-2 ·· 33
　第三节　无穷小量、无穷大量 ··· 33
　　　　　一、无穷小量　二、无穷大量
　习题 2-3 ·· 38
　第四节　函数极限的运算 ··· 39
　　　　　一、极限的运算法则　二、复合函数的极限
　习题 2-4 ·· 44
　第五节　两个重要极限 ·· 45
　　　　　一、$\lim\limits_{x \to 0} \dfrac{\sin x}{x} = 1$　二、$\lim\limits_{x \to \infty} \left(1 + \dfrac{1}{x}\right)^x = e$
　习题 2-5 ·· 49
　第六节　无穷小量的比较，极限在经济学中的应用 ·· 50
　　　　　一、无穷小量比较的概念　二、关于等价无穷小量的性质和定理
　　　　　三、极限在经济学中的应用
　习题 2-6 ·· 56
　第七节　函数的连续性 ·· 56
　　　　　一、函数连续性的概念　二、函数的间断点　三、连续函数的基本性质
　　　　　四、初等函数的连续性
　习题 2-7 ·· 62

| 第八节　闭区间上连续函数的性质 | 63 |

一、最值定理　二、零点存在定理　三、介值定理

| 习题 2-8 | 66 |

第三章　导数与微分　67

| 第一节　导数的概念 | 68 |

一、导数的引入　二、导数的定义　三、导数的几何意义　四、可导与连续的关系

| 习题 3-1 | 75 |
| 第二节　求导法则 | 76 |

一、函数四则运算的求导法则　二、复合函数的求导法则
三、反函数的求导法则　四、基本导数公式　五、隐函数的求导法则
六、取对数求导法　七、参数方程的求导法则

习题 3-2	85
第三节　高阶导数	86
习题 3-3	90
第四节　微分及其运算	90

一、微分的概念　二、微分与导数的关系　三、微分的几何意义
四、复合函数的微分及微分公式

| 习题 3-4 | 95 |
| 第五节　导数与微分在经济学中的应用 | 95 |

一、边际分析　二、弹性分析　三、增长率

| 习题 3-5 | 100 |

第四章　微分中值定理与导数的应用　101

第一节　微分中值定理	102
习题 4-1	107
第二节　洛必达法则	107

一、$\frac{0}{0}$ 型未定式　二、$\frac{\infty}{\infty}$ 型未定式　三、其他未定式

| 习题 4-2 | 113 |
| 第三节　泰勒公式 | 114 |

一、泰勒公式　二、函数的泰勒展开式举例

| 习题 4-3 | 119 |
| 第四节　函数的单调性与极值 | 119 |

一、函数的单调性　二、函数的极值

| 习题 4-4 | 124 |
| 第五节　最优化问题 | 124 |

一、闭区间上连续函数的最大值和最小值　二、经济学中的最优化问题举例
三、其他优化问题

| 习题 4-5 | 130 |
| 第六节　函数的凸性、曲线的拐点及渐近线 | 131 |

一、函数的凸性、曲线的拐点　二、曲线的渐近线　三、函数图形的描绘

| 习题 4-6 | 137 |

第五章 不定积分 ... 138
第一节 不定积分的概念与性质 ... 139
一、原函数 二、不定积分 三、不定积分的性质 四、基本积分表
习题 5-1 ... 143
第二节 换元积分法 ... 144
一、第一类换元法 二、第二类换元法
习题 5-2 ... 152
第三节 分部积分法 ... 153
习题 5-3 ... 157
第四节 几种特殊类型函数的积分 ... 157
一、有理函数的积分 二、三角函数有理式的积分
习题 5-4 ... 161

第六章 定积分 ... 162
第一节 定积分的概念 ... 163
一、定积分问题举例 二、定积分定义 三、定积分的几何意义 四、定积分的性质
习题 6-1 ... 170
第二节 微积分基本公式 ... 171
一、积分上限函数 二、微积分基本公式
习题 6-2 ... 174
第三节 定积分的换元法 ... 175
习题 6-3 ... 179
第四节 定积分的分部积分法 ... 180
习题 6-4 ... 182
第五节 定积分的应用 ... 182
一、建立定积分数学模型的微元法 二、定积分的几何应用
三、定积分的经济学应用 四、定积分在其他方面的应用
习题 6-5 ... 191
第六节 广义积分初步 ... 192
一、无穷积分 二、瑕积分 三、Γ函数
习题 6-6 ... 197

第七章 多元函数微积分 ... 198
第一节 空间直角坐标系及多元函数的概念 ... 199
一、空间直角坐标系 二、平面区域 三、多元函数的概念
习题 7-1 ... 206
第二节 二元函数的极限与连续性 ... 206
一、二元函数的极限 二、二元函数的连续性 三、有界闭区域上二元连续函数的性质
习题 7-2 ... 209
第三节 偏导数与全微分 ... 209
一、偏导数 二、全微分
习题 7-3 ... 216
第四节 多元复合函数与隐函数的微分法 ... 216

　　　　一、多元复合函数的微分法　二、隐函数的微分法
　习题 7-4 ………………………………………………………………………… 225
　第五节　高阶偏导数 …………………………………………………………… 225
　习题 7-5 ………………………………………………………………………… 227
　第六节　偏导数的应用 ………………………………………………………… 228
　　　　一、一阶偏导数在经济学中的应用　二、多元函数的极值及其应用
　习题 7-6 ………………………………………………………………………… 236
　第七节　二重积分 ……………………………………………………………… 236
　　　　一、二重积分的概念与性质　二、二重积分的计算　三、无界区域上的广义二重积分
　习题 7-7 ………………………………………………………………………… 250

第八章　无穷级数 …………………………………………………………………… 251
　第一节　数项级数的概念和性质 ……………………………………………… 252
　　　　一、数项级数及其敛散性　二、数项级数的基本性质　三、数项级数收敛的必要条件
　习题 8-1 ………………………………………………………………………… 256
　第二节　正项级数及其敛散性判别法 ………………………………………… 257
　习题 8-2 ………………………………………………………………………… 261
　第三节　任意项级数 …………………………………………………………… 261
　　　　一、交错级数　二、任意项级数及其敛散性判别法
　习题 8-3 ………………………………………………………………………… 265
　第四节　幂级数 ………………………………………………………………… 266
　　　　一、函数项级数　二、幂级数及其敛散性　三、幂级数的运算
　习题 8-4 ………………………………………………………………………… 273
　第五节　函数的幂级数展开 …………………………………………………… 274
　　　　一、泰勒级数　二、初等函数的幂级数展开式
　习题 8-5 ………………………………………………………………………… 278

第九章　微分方程初步 ……………………………………………………………… 279
　第一节　微分方程的基本概念 ………………………………………………… 280
　习题 9-1 ………………………………………………………………………… 282
　第二节　一阶微分方程 ………………………………………………………… 282
　　　　一、可分离变量的方程　二、齐次微分方程　三、一阶线性微分方程
　习题 9-2 ………………………………………………………………………… 290
　第三节　高阶微分方程 ………………………………………………………… 291
　　　　一、几类可降阶的高阶微分方程　二、二阶线性微分方程解的性质与结构
　　　　三、二阶常系数线性微分方程的解法
　习题 9-3 ………………………………………………………………………… 303
　第四节　微分方程在经济学中的应用 ………………………………………… 304
　　　　一、供需均衡的价格调整模型　二、索洛(Solow)新古典经济增长模型
　　　　三、新产品的推广模型
　习题 9-4 ………………………………………………………………………… 307
习题答案 ……………………………………………………………………………… 309

第一章

函　　数

微积分研究的主要对象是函数.研究函数通常有两种方法:一种方法是代数方法和几何方法的综合.用这种方法常常只能研究函数的简单性质,有的做起来很复杂.初等数学中就是用这种方法来研究函数的单调性、奇偶性及周期性;另一种方法就是微积分的方法,或者说是极限的方法.用这种方法能够研究函数的许多深刻性质,并且做起来相对简单.微积分就是一门用极限的方法研究函数的学问.因此,在介绍微积分之前,有必要先介绍函数的概念和有关知识.

知识框图

第一节 函数的概念及其基本性质

一、集合及其运算

自从德国数学家康托(Georg Cantor,1845—1918)在19世纪末创立集合论以来,集合论的概念和方法已渗透到数学的各个分支,成为现代数学的基础和语言. 一般地,所谓**集合**(简称**集**)是指具有某种确定性质的对象的全体. 组成集合的各个对象称为该集合的**元素**.

康托个人简介

习惯上,用大写字母 $A,B,C,\cdots$ 表示集合,用小写字母 $a,b,c,\cdots$ 表示集合的元素. 用 $a \in A$ 表示 a 是集合 A 中的元素,读作"a 属于 A";用 $a \notin$(或 $\overline{\in}$)A 表示 a 不是集合 A 中的元素,读作"a 不属于 A". 含有有限多个元素的集合称为**有限集**;含有无限多个元素的集合称为**无限集**;不含有任何元素的集合称为**空集**,记作 $\varnothing$.

集合的表示方法有两种:列举法和描述法. 列举法就是把集合中的所有元素一一列出来,写在一个花括号内. 如 $A = \{-1,1\}$,$B = \{0,1,2\}$ 等. 描述法就是在花括号内指明该集合中的元素所具有的确定性质. 如 $C = \{x | x^2 - 1 \geqslant 0\}$,$D = \{x | \sin x = 0\}$ 等.

一般地,用 **N** 表示自然数集,**Z** 表示整数集,**Q** 表示有理数集,**R** 表示实数集.

对于集合 A 和 B,若集合 A 中的每一个元素都是集合 B 中的元素,即若 $a \in A$,则 $a \in B$,这时就称 A 是 B 的一个**子集**,记作 $A \subseteq B$,读作"A 含于 B"(或"B 包含 A"). 若 $A \subseteq B$,且存在 $b \in B$,使得 $b \notin A$,则称 A 是 B 的一个**真子集**,记作 $A \subsetneqq B$.

规定:$\varnothing$ 是任何集合 A 的子集,即 $\varnothing \subseteq A$.

若 $A \subseteq B$ 且 $B \subseteq A$,则称 A,B 相等,记作 $A = B$. 此时 A 中的元素都是 B 中的元素,反过来,B 中的元素也都是 A 中的元素,即 A,B 中的元素完全一样.

设 A,B 是两个集合,称 $\{x | x \in A \text{ 或 } x \in B\}$ 为 A 与 B 的**并集**,记作 $A \cup B$,即 $A \cup B = \{x | x \in A \text{ 或 } x \in B\}$. 它是将 A 和 B 的全部元素合起来构成的一个集合.

称 $\{x | x \in A \text{ 且 } x \in B\}$ 为 A 与 B 的**交集**,记作 $A \cap B$,即 $A \cap B = \{x | x \in A \text{ 且 } x \in B\}$. 它是由 A 与 B 的公共元素构成的一个集合.

称 $\{x\,|\,x\in A\text{ 且 }x\notin B\}$ 为 A 与 B 的**差集**,记作 $A-B$,即 $A-B=\{x\,|\,x\in A\text{ 且 }x\notin B\}$. 它是由 A 中那些属于 A 但不属于 B 的元素构成的一个集合.

集合的运算满足下述基本法则.

定理 1　设 A,B,C 为三个集合,则

(1) $A\bigcup B=B\bigcup A,A\bigcap B=B\bigcap A$;　　　　（交换律）

(2) $(A\bigcup B)\bigcup C=A\bigcup(B\bigcup C)$,

　　$(A\bigcap B)\bigcap C=A\bigcap(B\bigcap C)$;　　　　（结合律）

(3) $(A\bigcup B)\bigcap C=(A\bigcap C)\bigcup(B\bigcap C)$,

　　$(A\bigcap B)\bigcup C=(A\bigcup C)\bigcap(B\bigcup C)$,

　　$(A-B)\bigcap C=(A\bigcap C)-(B\bigcap C)$;　　　　（分配律）

(4) $A\bigcup A=A,A\bigcap A=A$;　　　　（幂等律）

(5) $A\bigcup\varnothing=A,A\bigcap\varnothing=\varnothing$;

　　若 $A\subseteq B$,则 $A\bigcup B=B,A\bigcap B=A$.　　　　（吸收律）

　　特别地,由于 $A\bigcap B\subseteq A\subseteq A\bigcup B$,所以有

$$A\bigcup(A\bigcap B)=A,\quad A\bigcap(A\bigcup B)=A.$$

二、区间与邻域

设 $a,b\in\mathbf{R}$,且 $a<b$,记 $(a,b)=\{x\,|\,a<x<b,x\in\mathbf{R}\}$,称为开区间;记 $[a,b]=\{x\,|\,a\leqslant x\leqslant b,x\in\mathbf{R}\}$,称为闭区间;记 $[a,b)=\{x\,|\,a\leqslant x<b,x\in\mathbf{R}\}$,称为左闭右开区间;记 $(a,b]=\{x\,|\,a<x\leqslant b,x\in\mathbf{R}\}$,称为左开右闭区间;$a,b$ 分别称为区间的左端点和右端点.

另外,我们还记 $(-\infty,+\infty)=\mathbf{R},(-\infty,b)=\{x\,|\,x<b,x\in\mathbf{R}\}$,$(a,+\infty)=\{x\,|\,x>a,x\in\mathbf{R}\}$,等等.

设 $x_0\in\mathbf{R},\delta>0$,记 $U(x_0,\delta)=\{x\,|\,|x-x_0|<\delta,x\in\mathbf{R}\}$,称为点 x_0 的 **δ 邻域**,其中点 x_0 称为该邻域的中心,δ 称为该邻域的半径. 容易知道,

$$U(x_0,\delta)=(x_0-\delta,x_0+\delta).$$

区间

记

$$\begin{aligned}\mathring{U}(x_0,\delta)&=U(x_0,\delta)-\{x_0\}\\&=\{x\,|\,0<|x-x_0|<\delta,x\in\mathbf{R}\}\\&=(x_0-\delta,x_0)\bigcup(x_0,x_0+\delta),\end{aligned}$$

称为点 x_0 的**去心 δ 邻域**.

当不必知道邻域的半径 δ 的具体值时,常将点 x_0 的邻域和去心邻域分别简记为 $U(x_0)$ 和 $\mathring{U}(x_0)$.

三、函数的概念

定义 1 设 D 为非空实数集,若存在对应规则 f,使得对任意的 $x \in D$,按照对应规则 f,都有唯一确定的 $y \in \mathbf{R}$ 与之对应,则称 f 为定义在 D 上的一个**一元函数**,简称**函数**. D 称为 f 的**定义域**. 函数 f 的定义域常记作 D_f(或 $D(f)$). 对于 $x \in D_f$,称其对应值 y 为函数 f 在点 x 处的**函数值**,记作 $f(x)$,即 $y = f(x)$. 全体函数值所构成的集合称为 f 的**值域**,记作 $f(D), R_f$(或 $R(f)$),即

$$R_f = \{f(x) \mid x \in D_f\}.$$

由定义 1 可知,确定一个函数需确定其定义域和对应规则,因此,我们称定义域和对应规则为确定函数的两个要素. 如果两个函数 f 和 g 的定义域和对应规则都相同,则称这两个函数相同.

函数的表示法一般有 3 种:表格法、图形法和解析法. 这 3 种方法各有特点,表格法一目了然;图形法形象直观;解析法便于计算和推导. 在实际中可结合使用这 3 种方法.

例 1 求 $\varphi(x) = \ln(\arcsin x)^2$ 和 $g(x) = 2\ln(\arcsin x)$ 的定义域,并判断它们是否为同一个函数.

解 在中学我们就已知道,对于用解析式表示的函数 $f(x)$,若其定义域未给出,则认为其定义域为使该函数式 $f(x)$ 有意义的实数的全体. 因此,要使 $\varphi(x)$ 有意义,x 必须满足

$$\begin{cases} -1 \leqslant x \leqslant 1, \\ \arcsin x \neq 0, \end{cases} \quad \text{即} \quad \begin{cases} -1 \leqslant x \leqslant 1, \\ x \neq 0, \end{cases}$$

故 $D(\varphi) = [-1, 0) \cup (0, 1]$. 要使 $g(x)$ 有意义,x 必须满足

$$\begin{cases} -1 \leqslant x \leqslant 1, \\ \arcsin x > 0, \end{cases} \quad \text{即} \quad \begin{cases} -1 \leqslant x \leqslant 1, \\ x > 0, \end{cases}$$

故 $D(g) = (0, 1]$. 由于 $D(\varphi) \neq D(g)$,可见 $\varphi(x)$ 和 $g(x)$ 不是同一函数.

例 2 设函数

$$f(x) = \begin{cases} x - 1, & x < 0, \\ x^2 + 1, & x \geqslant 0, \end{cases}$$

求 $f(0), f(-1), f(2)$,并作函数图形.

解 这是定义在 $(-\infty, +\infty)$ 内的一个函数,在定义域的不同部分上,函数的表达式不同,这种函数称为**分段函数**. 当 $x < 0$ 时,对应的函数值 $f(x) = x - 1$(即用 $x - 1$ 来计算 $f(x)$);而当 $x \geqslant 0$ 时,对应的函数值 $f(x) = x^2 + 1$(即用 $x^2 + 1$ 来计算 $f(x)$). 所以

$$f(-1) = (-1) - 1 = -2, \quad f(0) = 0^2 + 1 = 1,$$
$$f(2) = 2^2 + 1 = 5.$$

函数图形可分段描绘,并注意空心点和实心点的区别(见图 1-1).

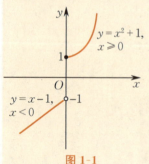

图 1-1

四、复合函数和反函数

1. 复合函数

设 $y=f(u), u\in U$，而 $u=\varphi(x), x\in X$，此时 y 常常能通过变量 u 成为 x 的函数. 这是因为任取 $x\in X$，由于 u 是 x 的函数，这个 x 可确定唯一一个 u 与 x 对应，又由于 y 是 u 的函数，对这个由 x 所确定的 u（当 $u\in U$ 时），又可确定唯一一个 y 与 u 对应，即 $x\xrightarrow{\varphi} u \xrightarrow{f} y$，由函数定义知 y 是 x 的函数，其函数式可通过代入运算得到：将 $u=\varphi(x)$ 代入 $y=f(u)$ 中，得 $y=f(\varphi(x))$，称为由函数 $f(u)$ 和 $\varphi(x)$ 构成的复合函数.

例 3 设 $y=f(u)=\ln u, u=\varphi(x)=\sin x(0<x<\pi)$，求它们构成的复合函数.

解 它们构成的复合函数为 $y=f(\varphi(x))=\ln(\sin x)$.

可见，若给出两个函数 $y=f(u)$ 和 $u=\varphi(x)$，要求复合函数只需做代入运算即可. 但应注意，并非任何两个函数都能构成复合函数.

例 4 设 $y=f(u)=\ln(u-2), u=\varphi(x)=\sin x$，问 $f(u)$ 和 $\varphi(x)$ 能否构成复合函数 $f(\varphi(x))$？

解 将 $u=\sin x$ 代入到 $y=\ln(u-2)$，得 $y=\ln(\sin x-2)$，由于 $-1\leqslant \sin x\leqslant 1$，$\sin x-2<0$，故函数的定义域为空集，即不能构成复合函数.

研究例 3、例 4 可以发现，要使 $y=f(u)$ 和 $u=\varphi(x)$ 能够构成复合函数 $f(\varphi(x))$，关键是要保证代入后的函数式要有意义，或者说，要保证 $u=\varphi(x)$ 的值域全部或部分落在 $y=f(u)$ 的定义域内. 这样，我们得到复合函数的定义.

定义 2 若 $y=f(u)$ 的定义域为 U，而 $u=\varphi(x)$ 的定义域为 X，值域为 U^*，且 $U\cap U^*\neq\varnothing$，则 y 通过变量 u 成为 x 的函数，称它为由 $f(u)$ 和 $\varphi(x)$ 构成的**复合函数**，记作 $f(\varphi(x))$. u 称为**中间变量**.

例 5 设 $f(x)=\dfrac{x}{\sqrt{1+x^2}}, \varphi(x)=\dfrac{1}{\sqrt{1+x^2}}$，求复合函数 $f(\varphi(x))$ 和 $\varphi(f(x))$.

解 将 $f(x)$ 中的 x 用 $\varphi(x)$ 代替，得

$$f(\varphi(x)) = \frac{\frac{1}{\sqrt{1+x^2}}}{\sqrt{1+\left(\frac{1}{\sqrt{1+x^2}}\right)^2}} = \frac{1}{\sqrt{2+x^2}}.$$

同理,
$$\varphi(f(x)) = \frac{1}{\sqrt{1+\left(\frac{x}{\sqrt{1+x^2}}\right)^2}} = \sqrt{\frac{1+x^2}{1+2x^2}}.$$

2. 反函数

在研究两个变量的函数关系时,可以根据问题的需要,选定其中一个为自变量,那么另一个就是因变量或函数. 例如,在圆面积公式 $S = \pi r^2$ 中,圆面积 S 是随半径 r 的变化而变化的,或者说,任给一个 $r > 0$,就有唯一确定的 S 与之对应,因此 S 是 r 的一个函数,r 是自变量,S 是因变量. 但如果是要由圆面积 S 的值来确定半径 r,则可从 $S = \pi r^2$ 中解出 r,得 $r = \sqrt{\frac{S}{\pi}}$. 可见 r 是随 S 的变化而变化的,或者说,任给一个 $S > 0$,就有唯一确定的 r 与之对应,按函数定义,r 是 S 的函数,这时的自变量为 S,而 r 为因变量. 我们称 $r = \sqrt{\frac{S}{\pi}}$ 为 $S = \pi r^2$ 的反函数.

一般地,设 $y = f(x)$ 的定义域为 X,值域为 $Y = \{f(x) \mid x \in X\}$,且 $f(x)$ 满足:对任意的 $x_1, x_2 \in X$,若 $x_1 \neq x_2$,则 $f(x_1) \neq f(x_2)$. 此时,对任意的 $y \in Y$,必存在唯一确定的 $x \in X$ 满足 $y = f(x)$. 换言之,对 Y 中的任何一个 y,通过函数 $y = f(x)$,可以反解出唯一的一个 x,使得 y 与这个 x 相对应,根据函数定义,x 是 y 的函数. 这个函数的自变量是 y,因变量是 x,定义域是 Y,值域是 X,称之为 $y = f(x)$ 的**反函数**,记为 $x = f^{-1}(y)$.

显见,若 $x = f^{-1}(y)$ 是 $y = f(x)$ 的反函数,则 $y = f(x)$ 也是 $x = f^{-1}(y)$ 的反函数,即它们互为反函数. $x = f^{-1}(y)$ 的定义域和值域分别是 $y = f(x)$ 的值域和定义域. 并且不难知道

$$f^{-1}(f(x)) = x, x \in X; \quad f(f^{-1}(y)) = y, y \in Y.$$

注意到在 $x = f^{-1}(y)$ 中,y 是自变量,x 是因变量. 由于习惯上常用 x 作为自变量,y 作为因变量,因此,反函数 $x = f^{-1}(y)$,$y \in Y$ 常记作 $y = f^{-1}(x), x \in Y$.

关于反函数还有一些常用结论:

(1) $y = f(x)$(定义域为 X,值域为 Y)存在反函数 $y = f^{-1}(x), x \in Y$ 的充分必要条件是对任意的 $x_1, x_2 \in X$,若 $x_1 \neq$

反函数

x_2,则 $f(x_1) \neq f(x_2)$.

(2) 若 $y = f(x), x \in X$ 存在反函数 $y = f^{-1}(x)$,则在同一直角坐标系 Oxy 中,$y = f(x)$ 和 $y = f^{-1}(x)$ 的函数图形关于直线 $y = x$ 对称.

这是因为,若点 $P(a,b)$ 是 $y = f(x)$ 的函数图形上的点,即 $b = f(a)$,由反函数定义知,$a = f^{-1}(b)$,因此点 $Q(b,a)$ 是 $y = f^{-1}(x)$ 的函数图形上的点;反之,若点 $Q(b,a)$ 是 $y = f^{-1}(x)$ 的函数图形上的点,则点 $P(a,b)$ 是 $y = f(x)$ 的函数图形上的点. 因点 $P(a,b)$ 与 $Q(b,a)$ 关于直线 $y = x$ 对称(即直线 $y = x$ 垂直平分线段 PQ),故上述结论(2) 正确(见图 1-2).

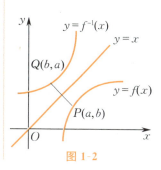

图 1-2

例 6 求下列函数的反函数:

(1) $y = 2^x + 1$;　　(2) $f(x) = \begin{cases} \sqrt{1-x^2}, & -1 \leqslant x < 0, \\ x^2 + 1, & 0 \leqslant x \leqslant 2. \end{cases}$

解 (1) 由 $y = 2^x + 1$ 得 $2^x = y - 1$,两边取对数得
$$x = \log_2(y-1).$$
交换 x, y 的位置,得反函数
$$y = \log_2(x-1).$$

(2) 当 $-1 \leqslant x < 0$ 时,由 $y = \sqrt{1-x^2}$ 得
$$x = -\sqrt{1-y^2}, \quad 0 \leqslant y < 1;$$
当 $0 \leqslant x \leqslant 2$ 时,由 $y = x^2 + 1$ 得
$$x = \sqrt{y-1}, \quad 1 \leqslant y \leqslant 5.$$
于是,有
$$x = \begin{cases} -\sqrt{1-y^2}, & 0 \leqslant y < 1, \\ \sqrt{y-1}, & 1 \leqslant y \leqslant 5. \end{cases}$$
交换 x, y 的位置,得反函数
$$y = \begin{cases} -\sqrt{1-x^2}, & 0 \leqslant x < 1, \\ \sqrt{x-1}, & 1 \leqslant x \leqslant 5. \end{cases}$$

五、函数的基本性质

1. 单调性

定义 3 设函数 $f(x)$ 在区间 D 上有定义,对任意的 $x_1, x_2 \in D$,且 $x_1 < x_2$,

(1) 若有 $f(x_1) \leqslant f(x_2)$,则称 $f(x)$ 在 D 内是<u>单调递增</u>的;

(2) 若有 $f(x_1) \geqslant f(x_2)$,则称 $f(x)$ 在 D 内是<u>单调递减</u>的.

单调递增函数和单调递减函数统称为**单调函数**,区间 D 称为**单调增(减)区间**. 当上述不等号为严格不等号时,分别称为**严格单调递增**和**严格单调递减**.

例如,$y=x^3$ 在定义域 **R** 内是单调递增函数;$y=x^2$ 在定义域 **R** 内不是单调函数,但 $(-\infty,0]$ 是其单调减区间,$[0,+\infty)$ 是其单调增区间.

易见,若 $f(x)$ 是 (a,b) 内的严格单调函数,则 $f(x)$ 在 (a,b) 内存在反函数 $y=f^{-1}(x)$. 这是因为,对任意的 $x_1,x_2 \in (a,b)$,若 $x_1 \neq x_2$,则因 $f(x)$ 严格单调,必有 $f(x_1) \neq f(x_2)$,故存在反函数.

2. 奇偶性

定义 4 设函数 $f(x)$ 的定义域 $D(f)$ 关于原点对称(即若 $x \in D$,则 $-x \in D$),对于任意的 $x \in D$,

(1) 若有 $f(-x) = -f(x)$,则称 $f(x)$ 为 D 内的**奇函数**;

(2) 若有 $f(-x) = f(x)$,则称 $f(x)$ 为 D 内的**偶函数**.

从定义 4 知,奇函数的图形关于原点对称,而偶函数的图形关于 y 轴对称,如图 1-3(a) 与图 1-3(b) 所示.

例如,$y = x^{2k+1}(k$ 为整数$)$ 为奇函数,$y = x^{2k}(k$ 为整数$)$ 为偶函数,$y = \sin x$ 是奇函数,$y = \cos x$ 是偶函数,$y = C(C$ 为非零常数$)$ 是偶函数,$y = 0$ 既是奇函数也是偶函数,$y = x^2 + x$ 既不是奇函数也不是偶函数.

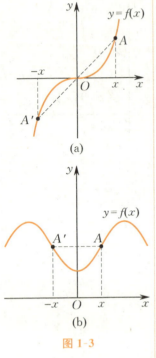

图 1-3

例 7 判断下列函数的奇偶性:

(1) $f(x) = \ln(x + \sqrt{1+x^2})$; (2) $g(x) = x^2 \cdot \dfrac{e^x + e^{-x}}{2}$.

解 (1) $f(-x) = \ln(-x + \sqrt{1+(-x)^2}) = \ln \dfrac{1}{x + \sqrt{1+x^2}}$

$= -\ln(x + \sqrt{1+x^2}) = -f(x)$,

所以 $f(x)$ 是奇函数.

(2) $g(-x) = (-x)^2 \cdot \dfrac{e^{-x} + e^{-(-x)}}{2} = x^2 \cdot \dfrac{e^x + e^{-x}}{2} = g(x)$,

所以 $g(x)$ 是偶函数.

3. 有界性

定义 5 设函数 $f(x)$ 在区间 D 内有定义,如果存在正数 M,使得对任意的 $x \in D$,都有

$$|f(x)| \leqslant M$$

成立,则称 $f(x)$ 在 D 内**有界**,或称 $f(x)$ 在 D 内为**有界函数**;否则,

称 $f(x)$ 在 D 内**无界**, 或称 $f(x)$ 在 D 内为**无界函数**.

定义 6 设函数 $f(x)$ 在区间 D 内有定义, 若存在数 A, 使得对任意的 $x \in D$, 都有
$$f(x) \leqslant A \quad (\text{或 } f(x) \geqslant A)$$
成立, 则称 $f(x)$ 在 D 内**有上界**(或**有下界**), 也称 $f(x)$ 是 D 内有上界(或有下界)的函数. A 称为 $f(x)$ 在 D 内的一个**上界**(或**下界**).

显然, 有界函数必有上界和下界; 反之, 既有上界又有下界的函数必是有界函数, 即函数在 D 内有界的充分必要条件是该函数在 D 内既有上界又有下界.

若 $f(x)$ 在 D 内有一个上界(或下界)A, 则对任何常数 $C>0$, $A+C$(或 $A-C$)都是 $f(x)$ 在 D 内的上界(或下界). 可见, $f(x)$ 在 D 内的上界(或下界)有无穷多个.

有界函数的几何意义: 设 $y=f(x)$ 在区间 (a,b) 内有界, 即存在 $M>0$, 使得对任意的 $x \in (a,b)$, 有 $|f(x)| \leqslant M$ 或 $-M \leqslant f(x) \leqslant M$. 注意到 $f(x)$ 表示函数 $y=f(x)$ 的图形上点 $(x,f(x))$ 的纵坐标, 因此, $y=f(x)$ 在 (a,b) 内有界在几何上表示函数 $y=f(x)$ 在区间 (a,b) 内的图形夹在两条平行于 x 轴的直线 $y=\pm M$ 之间. 反之亦然(见图 1-4).

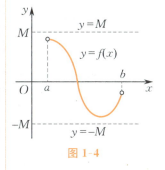

图 1-4

例如, 因 $|\sin x| \leqslant 1$, 故 $y=\sin x$ 在 $(-\infty,+\infty)$ 内有界. 而 $y=\dfrac{1}{x}$ 在 $(0,+\infty)$ 内无界, 这是因为, 虽然 $y=\dfrac{1}{x}$ 在 $(0,+\infty)$ 内有一个下界 0, 但在 $(0,+\infty)$ 内 $y=\dfrac{1}{x}$ 无上界, 所以 $y=\dfrac{1}{x}$ 在 $(0,+\infty)$ 内无界. 从几何上来看, 因为 $y=\dfrac{1}{x}$ 在 $(0,+\infty)$ 内的函数图形不能夹在任何两条平行于 x 轴的直线之间, 所以, $y=\dfrac{1}{x}$ 在 $(0,+\infty)$ 内无界(见图 1-5).

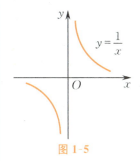

图 1-5

4. 周期函数

定义 7 设 $y=f(x)$ 的定义域为 $D(f)$, 若存在常数 $T \neq 0$, 使得对任意的 $x \in D(f)$, 有 $x \pm T \in D(f)$, 且 $f(x \pm T) = f(x)$, 则称 $f(x)$ 为**周期函数**, T 称为 $f(x)$ 的**周期**.

显然, 若 T 是 $f(x)$ 的周期, 则由 $f(x \pm 2T) = f((x \pm T) \pm T) = f(x \pm T) = f(x)$, 知 $2T$ 也是 $f(x)$ 的周期. 一般地, 若 T 为 $f(x)$ 的周期, 则 $f(x)$ 有无穷多个周期, $kT(k \in \mathbf{Z})$ 都是 $f(x)$ 的周期. 通常函数的周期是指它的最小正周期(如果存在的话).

例如, $2k\pi(k \in \mathbf{Z})$ 都是 $y=\sin x$ 的周期, 而 2π 则是它的最小正周期.

并非所有的周期函数都有最小正周期. 如 $y=C$(常数), 任何一个 $T \neq 0$ 都是它的周期, 但它没有最小正周期.

习题 1-1

1. 用区间表示下列不等式的解:
   (1) $x^2 \leqslant 9$;
   (2) $|x-1| > 1$;
   (3) $(x-1)(x+2) < 0$;
   (4) $0 < |x+1| < 0.01$.

2. 用区间表示下列函数的定义域:
   (1) $y = \dfrac{1}{x} - \sqrt{1-x^2}$;
   (2) $y = \arcsin(1-x) + \lg(\lg x)$;
   (3) $y = \sqrt{6-5x-x^2} + \dfrac{1}{\ln(2-x)}$.

3. 确定下列函数的定义域及求函数值 $f(0), f(\sqrt{2}), f(a)$(a 为实数),并作出图形:
   (1) $y = \begin{cases} \dfrac{1}{x}, & x < 0, \\ 2x, & 0 \leqslant x < 1, \\ 1, & 1 < x \leqslant 2; \end{cases}$
   (2) $y = \begin{cases} \sqrt{1-x^2}, & |x| \leqslant 1, \\ x^2-1, & 1 < |x| < 2. \end{cases}$

*4. 设 $f(x) = \begin{cases} 1, & |x| \leqslant 1, \\ -1, & |x| > 1, \end{cases}$ 求 $f(f(x))$.

5. 判定下列函数的奇偶性:
   (1) $f(x) = \dfrac{1-x^2}{\cos x}$;
   (2) $f(x) = (x^2+x)\sin x$;
*(3) $f(x) = \begin{cases} 1-\mathrm{e}^{-x}, & x \leqslant 0, \\ \mathrm{e}^x - 1, & x > 0. \end{cases}$

6. 设 $f(x)$ 在区间 $(-l, l)$ 内有定义,试证明:
   (1) $f(-x) + f(x)$ 为偶函数;
   (2) $f(-x) - f(x)$ 为奇函数.

7. 试证:
   (1) 两个偶函数的代数和仍为偶函数;
   (2) 奇函数与偶函数的积是奇函数.

8. 求下列函数的反函数:
   (1) $y = 2\sin 3x, x \in \left[-\dfrac{\pi}{6}, \dfrac{\pi}{6}\right]$;
   (2) $y = \dfrac{2^x}{2^x+1}$;
*(3) $f(x) = \begin{cases} 2x-1, & 0 \leqslant x \leqslant 1, \\ 2-(x-2)^2, & 1 < x \leqslant 2. \end{cases}$

9. 将 y 表示成 x 的函数,并求定义域:
   (1) $y = 10^u, u = 1+x^2$;
   (2) $y = \ln u, u = 2^v, v = \sin x$;
   (3) $y = \arctan u, u = \sqrt{v}, v = a^2 + x^2$ (a 为实数).

第二节 初等函数

在我们日常接触到的函数中,有一类函数显得尤为重要,我们将要介绍的微积分也将主要围绕着这一类函数展开,这就是所谓的初等函数.由于初等函数是由基本初等函数构成的,因此我们先介绍基本初等函数.

一、基本初等函数

以下 6 种函数称为**基本初等函数**.

1. 常值函数

常值函数 $y=C$,其中 C 为常数.其定义域为 $(-\infty,+\infty)$;其对应规则是对于任何 $x\in(-\infty,+\infty)$,x 所对应的函数值 y 恒等于常数 C;其函数图形为平行于 x 轴的直线(见图 1-6).

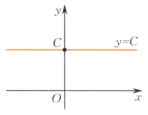

图 1-6

2. 幂函数

幂函数 $y=x^{\alpha}$(α 为任意常数)的定义域和值域因 α 的不同而不同,但在 $(0,+\infty)$ 内都有定义,且图形都经过点 $(1,1)$.图 1-7 给出了常见的几个幂函数的图形.

3. 指数函数

指数函数 $y=a^x(a>0,a\neq1)$ 的定义域为 $(-\infty,+\infty)$,值域为 $(0,+\infty)$,且图形都经过点 $(0,1)$.当 $a>1$ 时,$y=a^x$ 单调增加;当 $0<a<1$ 时,$y=a^x$ 单调减少.指数函数的图形均在 x 轴上方,如图 1-8 所示.

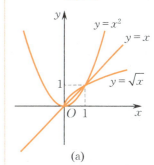

(a)

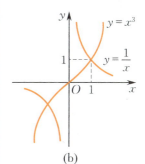

(b)

图 1-7

4. 对数函数

对数函数 $y=\log_a x(a>0,a\neq1)$ 是指数函数 $y=a^x$ 的反函数.由直接函数与反函数的关系知,对数函数的定义域为 $(0,+\infty)$,值域为 $(-\infty,+\infty)$,且图形都经过点 $(1,0)$.当 $a>1$ 时,$y=\log_a x$ 单调增加;当 $0<a<1$ 时,$y=\log_a x$ 单调减少.对数函数的图形在 y 轴的右方,如图 1-9 所示.

当 $a=\mathrm{e}$ 时,$y=\log_{\mathrm{e}} x$ 简记为 $y=\ln x$,它是常见的对数函数,称为**自然对数**.其中 $\mathrm{e}=2.71828\cdots$ 为无理数.

5. 三角函数

三角函数有:

正弦函数 $y=\sin x$;余弦函数 $y=\cos x$;正切函数 $y=\tan x$;余切函数 $y=\cot x$;正割函数 $y=\sec x$;余割函数 $y=\csc x$.$\sin x$ 和 $\cos x$ 的定义域为 $(-\infty,+\infty)$,值域为 $[-1,1]$,都以 2π 为周期.$\sin x$ 是奇函数,$\cos x$ 是偶函数,如图 1-10 所示.

$\tan x$ 的定义域是 $x\neq k\pi+\dfrac{\pi}{2}$ 的实数,$\cot x$ 的定义域是 $x\neq k\pi$ 的实数(k 为整数).它们都以 π 为周期,且都是奇函数,如图 1-11 所示.

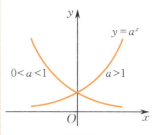

图 1-8

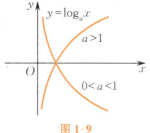

图 1-9

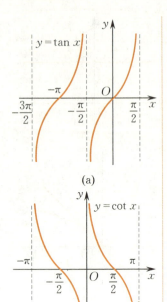

(a)

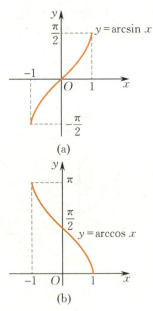

(b)

图 1-11

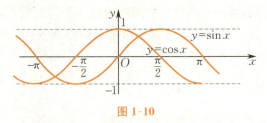

图 1-10

6. 反三角函数

反三角函数是各三角函数在其特定的单调区间上的反函数.

(1) 反正弦函数 $y = \arcsin x$ 是正弦函数 $y = \sin x$ 在区间 $\left[-\dfrac{\pi}{2}, \dfrac{\pi}{2}\right]$ 上的反函数,其定义域为 $[-1, 1]$,值域为 $\left[-\dfrac{\pi}{2}, \dfrac{\pi}{2}\right]$,如图 1-12(a) 所示.

(2) 反余弦函数 $y = \arccos x$ 是余弦函数 $y = \cos x$ 在区间 $[0, \pi]$ 上的反函数,其定义域为 $[-1, 1]$,值域为 $[0, \pi]$,如图 1-12(b) 所示.

(3) 反正切函数 $y = \arctan x$ 是正切函数 $y = \tan x$ 在区间 $\left(-\dfrac{\pi}{2}, \dfrac{\pi}{2}\right)$ 内的反函数,其定义域为 $(-\infty, +\infty)$,值域为 $\left(-\dfrac{\pi}{2}, \dfrac{\pi}{2}\right)$,如图 1-13(a) 所示.

(4) 反余切函数 $y = \operatorname{arccot} x$ 是余切函数 $y = \cot x$ 在区间 $(0, \pi)$ 内的反函数,其定义域为 $(-\infty, +\infty)$,值域为 $(0, \pi)$,如图 1-13(b) 所示.

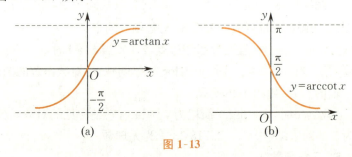

图 1-13

图 1-12

二、初等函数

由基本初等函数经有限次四则运算和有限次复合运算所构成的函数称为**初等函数**,否则称为**非初等函数**.

例如 $y = (x + 3\sin x - e^x \ln x)^2$,$y = \ln(\ln^2(1+\tan x))$,$y = \sqrt{\dfrac{e^x(x^2+1)}{(x+1)(x+2)\cdots(x+100)}}$ 等都是初等函数. 通常,能用一个解析式表示的函数都是初等函数. 本教材中,除分段函数外,所涉及的绝大部分都是初等函数.

但也有很多函数不是初等函数.

例 1 $y = f(x) = \operatorname{sgn} x = \begin{cases} 1, & x > 0, \\ 0, & x = 0, \\ -1, & x < 0. \end{cases}$

这个函数称为**符号函数**,它的定义域 $D(f) = (-\infty, +\infty)$,值域 $R(f) = \{-1, 0, 1\}$,它的图形如图 1-14 所示. 对于任何实数 x,下列关系成立:$x = \operatorname{sgn} x \cdot |x|$.

例 2 $y = [x], x \in (-\infty, +\infty)$,其中 $[x]$ 表示不超过 x 的最大整数,称为**取整函数**.

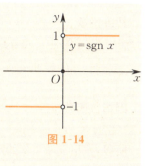

图 1-14

由取整函数知,$[0.5] = 0, [3] = 3, [-2.1] = -3$. 一般地,若 $n \leqslant x < n+1$,其中 n 为整数,则 $[x] = n$. 因此,其函数图形如图 1-15 所示.

虽然任何函数均有函数图形,但有些函数的图形无法准确地在坐标系中描绘出来.

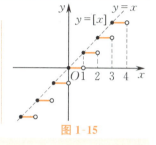

图 1-15

例 3 $D(x) = \begin{cases} 1, & \text{当 } x \text{ 为有理数时}, \\ 0, & \text{当 } x \text{ 为无理数时}. \end{cases}$

这个函数称为**狄利克雷**(Dirichlet, 1806—1859)**函数**,其定义域为 $(-\infty, +\infty)$,值域为 $\{0, 1\}$. 由于无法在 x 轴上将所有有理数和无理数的准确位置找出,因此,这个函数的图形无法在坐标系中准确地描绘出来.

$D(x)$ 有很多有趣的性质,如 $D(x)$ 是偶函数,$D(x)$ 还是周期函数,任何有理数 $T \neq 0$ 均是 $D(x)$ 的周期,但它没有最小正周期.

符号函数、取整函数和狄利克雷函数都不是初等函数.

分段函数常常不是初等函数,但有些分段函数却是初等函数. 例如,$y = |x| = \begin{cases} x, & x \geqslant 0, \\ -x, & x < 0 \end{cases}$,是一个分段函数,由于 $y = |x| = \sqrt{x^2}$,因此,$y = |x|$ 是初等函数. 同理,$y = |\sin x|$,$y = \ln|x^2 - 1|$ 都既是分段函数,也是初等函数.

狄利克雷个人简介

例 4 下列函数是由哪些基本初等函数复合而成的?

(1) $y = \cos^2 x$; (2) $y = e^{\frac{1}{x}}$; (3) $y = \sqrt{\ln(\arctan x^2)}$.

解 (1) 令 $u = \cos x$,则 $y = u^2$,即 $y = \cos^2 x$ 是由基本初等函数 $y = u^2$,$u = \cos x$ 复合而成的.

(2) 令 $u = \dfrac{1}{x}$,则 $y = e^u$,故 $y = e^{\frac{1}{x}}$ 是由基本初等函数 $y = e^u$,$u = \dfrac{1}{x}$ 复合而成的.

(3) 令 $u = \ln(\arctan x^2)$,则 $y = \sqrt{u}$,由于 u 还不是基本初等函数,还要继续分解. 又令 $v = \arctan x^2$,则 $u = \ln v$. 再令 $w = x^2$,则 $v = \arctan w$. 因此,$y = \sqrt{\ln(\arctan x^2)}$ 是由基本

初等函数 $y=\sqrt{u}, u=\ln v, v=\arctan w, w=x^2$ 复合而成的.

例 5 设 $f(x)$ 的定义域为 $[0,1]$,求复合函数 $f(\ln(x+1))$ 的定义域.

解 $f(x)$ 的定义域为 $[0,1]$,因此,$\ln(x+1)$ 必须满足
$$0 \leqslant \ln(x+1) \leqslant 1.$$
因指数函数 $y=\mathrm{e}^x$ 为单调递增函数,故 $\mathrm{e}^0 \leqslant \mathrm{e}^{\ln(x+1)} \leqslant \mathrm{e}^1$,即 $1 \leqslant x+1 \leqslant \mathrm{e}$. 从而
$$0 \leqslant x \leqslant \mathrm{e}-1,$$
所以,$f(\ln(x+1))$ 的定义域为 $[0,\mathrm{e}-1]$.

例 6 设 $f\left(\dfrac{1}{x}\right)=x^2+\sin\dfrac{1}{x}$,求 $f(x)$.

解 **方法 1** 令 $\dfrac{1}{x}=t$,则 $x=\dfrac{1}{t}$,将其代入函数式,得
$$f(t)=\frac{1}{t^2}+\sin t, \text{即 } f(x)=\frac{1}{x^2}+\sin x.$$

方法 2 将函数表达式变形,得
$$f\left(\frac{1}{x}\right)=\frac{1}{\left(\dfrac{1}{x}\right)^2}+\sin\frac{1}{x},$$
令 $\dfrac{1}{x}=t$,得 $f(t)=\dfrac{1}{t^2}+\sin t$,即 $f(x)=\dfrac{1}{x^2}+\sin x$.

习题 1-2

1. 下列初等函数是由哪些基本初等函数复合而成的?
(1) $y=\sqrt[3]{\arcsin a^x}$; (2) $y=\sin^3(\ln x)$; (3) $y=a^{\tan x^2}$; (4) $y=\ln[\ln^2(\ln^3 x)]$.

2. 设 $f(x)$ 的定义域为 $[0,1]$,分别求下列函数的定义域:
(1) $f(x^2)$; (2) $f(\sin x)$; (3) $f(x+a)\ (a>0)$; (4) $f(\mathrm{e}^{x+1})$.

3. 求下列函数的表达式:
(1) 设 $\varphi(\sin x)=\cos^2 x+\sin x+5$,求 $\varphi(x)$; (2) 设 $g(x-1)=x^2+x+1$,求 $g(x)$;
(3) 设 $f\left(x+\dfrac{1}{x}\right)=x^2+\dfrac{1}{x^2}$,求 $f(x)$.

第三节 经济学中常见的函数

一、成本函数

在经济学的短期成本分析中,厂商生产既定的产量所花费的总

成本包括:租用土地、建筑物、设备和购买原材料,以及向工人支付的工资等.它由两部分组成:**固定成本**和**可变成本**.固定成本是不取决于产量多少的成本,可变成本则是随产量的增加而增加的成本.一般用字母 TC 表示总成本,用 FC 表示固定成本,用 VC 表示可变成本,则有

$$TC(x) = FC + VC(x),$$

其中 x 表示产量.

对应于总成本、固定成本和可变成本,有相应的平均成本、平均固定成本和平均可变成本,分别记作 AC,AFC 和 AVC,且

$$AC(x) = \frac{TC(x)}{x}, AFC(x) = \frac{FC}{x}, AVC(x) = \frac{VC(x)}{x}.$$

二、收益函数

收益指厂商销售商品的收入,它分为**总收益**和**平均收益**,分别记作 TR 和 AR,总收益是销售量 x 与销售单价 p 的乘积,即 $TR(x) = px$,平均收益是销售单位商品的收益,即 $AR(x) = \dfrac{TR(x)}{x}$.

三、利润函数

利润是厂商总收益和总成本的差额,记作 L,即

$$L(x) = TR(x) - TC(x).$$

当 $TR(x) > TC(x)$ 时,厂商盈利;当 $TR(x) < TC(x)$ 时,厂商亏损;当 $TR(x) = TC(x)$ 时,厂商不赔也不赚.当产量 x_0 使得 $TR(x_0) = TC(x_0)$,即 $L(x_0) = 0$ 时,称 x_0 为**盈亏平衡点产量**.

例 1 某种产品每台售价 90 元,成本 60 元,若顾客一次购买 100 台以上,则实行降价.降价方法为:当一次性销售量 $x > 100$ 时,所买的全部产品每台降价 $\dfrac{x-100}{100}$ 元,但最低价为 75 元 / 台.

(1) 试将每台的实际售价 p 表示为销售量 x 的函数;
(2) 把利润 L 表示成一次性销售量 x 的函数;
(3) 当一次性销售量为 1 000 台时,厂家可获多少利润?

解 (1) 由题设,

当 $x \leqslant 100$ 时,实际售价 $p = 90$ 元 / 台;

当 $x > 100$ 时,实际售价 $p = [90 - (x-100) \times 0.01]$ 元 / 台. 而 $90 - (x-100) \times 0.01 \geqslant 75$,即 $x \leqslant 1600$.

于是当 $100 < x \leqslant 1600$ 时,实际售价 $p = [90 - (x-100) \times 0.01]$ 元 / 台;

当 $x > 1600$ 时,实际售价 $p = 75$ 元 / 台.

综上所述,实际售价 p 与一次性销售量 x 的函数关系为

$$p = \begin{cases} 90, & x \leqslant 100, \\ 90-(x-100)\times 0.01, & 100 < x \leqslant 1\,600, \\ 75, & x > 1\,600. \end{cases}$$

(2) 因总收入

$$\mathrm{TR}(x) = \begin{cases} 90x, & x \leqslant 100, \\ [90-(x-100)\times 0.01]x, & 100 < x \leqslant 1\,600, \\ 75x, & x > 1\,600, \end{cases}$$

总成本 $\mathrm{TC}(x) = 60x$,故总利润函数为

$$L(x) = \mathrm{TR}(x) - \mathrm{TC}(x) = \begin{cases} 30x, & x \leqslant 100, \\ 30x-(x-100)\cdot 0.01x, & 100 < x \leqslant 1\,600, \\ 15x, & x > 1\,600. \end{cases}$$

(3) 由(2)可知

$$L(1\,000) = 30\times 1\,000 - (1\,000-100)\times 0.01\times 1\,000 = 21\,000(\text{元}).$$

四、需求函数与供给函数

产品的市场需求量与市场供给量与产品的价格直接相关. 一般地,降价使需求量增加,涨价使需求量减少. 若不考虑其他影响需求量的因素(如消费者收入等),可以认为需求量 Q_d 是价格 p 的单调减函数,称为**需求函数**,记为 $Q_d = f_d(p)$.

最简单的需求函数是线性需求函数,即

$$Q_d = a - bp \quad (a>0, b>0).$$

一种商品的市场供给量与价格的关系是:涨价使供给量增加,降价使供给量减少. 从而可以认为供给量 Q_s 是价格 p 的单调增函数,称之为**供给函数**,记为 $Q_s = f_s(p)$.

最简单的供给函数是线性供给函数,即

$$Q_s = dp - c \quad (c>0, d>0).$$

若市场上某种商品的供给量与需求量相等,则我们说这种商品的供需达到了平衡. 此时该商品的价格称为**均衡价格**,常用 p_e 表示.

注 在经济学的消费理论中,需求函数一般写成 $Q_d = f_d(p)$ 的形式,它强调的是既定价格之下的需求量. 与此相反,在厂商理论中,厂商所面临的需求函数一般写成反函数形式,即 $P = f_d^{-1}(Q_d)$,它强调的是厂商的销售量既定时产品的单价,有时也称它为**价格函数**.

例2 某种产品每台售价 500 元时,每月可销售 1 500 台;每台售价降为 450 元时,每月可增销 250 台,试求该产品的线性需求函数.

解 设所求函数为 $Q_d = a - bp$,由题设有
$$\begin{cases} 1\,500 = a - 500b, \\ 1\,750 = a - 450b, \end{cases}$$
解得 $a = 4\,000, b = 5$. 从而所求需求函数为
$$Q_d = 4\,000 - 5p.$$

习　题　1-3

1. 设销售商品的总收入是销售量 x 的二次函数,已知 $x = 0, 2, 4$ 时,总收入分别是 $0, 6, 8$,试确定总收入函数 $TR(x)$.

2. 设某厂生产某种产品 $1\,000$ 吨,定价为 130 元/吨. 当一次售出 700 吨以内时,按原价出售;当一次成交超过 700 吨时,超过 700 吨的部分按原价的 9 折出售. 试将总收入表示成销售量的函数.

3. 已知需求函数为 $P = 10 - \dfrac{Q}{5}$,成本函数为 $C = 50 + 2Q$,其中 P, Q 分别表示价格和销售量. 写出利润 L 与销售量 Q 的关系,并求平均利润.

4. 已知需求函数 Q_d 和供给函数 Q_s 分别为 $Q_d = \dfrac{100}{3} - \dfrac{2}{3}p, Q_s = -20 + 10p$,求相应的市场均衡价格.

第二章

极限与连续

第一节 数列的极限

一、数列的概念

所谓数列,直观地说就是将一些数排成一列,这样一列数就称为一个数列. 数列中的数可为有限多个,也可为无限多个,前者称为 有限数列,后者称为 无限数列. 中学讨论的一般是有限数列,我们以后研究的通常是无限数列. 一般地,有下述定义.

定义 1 设 $x_n = f(n)$ 是一个以正整数集为定义域的函数,将其函数值 x_n 按自变量 n 的大小顺序排成一列

$$x_1, x_2, x_3, \cdots, x_n, \cdots,$$

称之为一个 数列. 数列中的每一个数称为数列的 项,第 n 项 x_n 称为数列的 一般项 或 通项. 数列也可表示为 $\{x_n\}$ 或 $x_n = f(n)$.

由于数列 $x_n = f(n)$ 是定义在正整数集上的函数,当然可以像对待函数一样,讨论其单调性和有界性.

定义 2 若数列 $\{x_n\}$ 满足

$$x_1 \leqslant x_2 \leqslant \cdots \leqslant x_n \leqslant \cdots,$$

则称 $\{x_n\}$ 是 单调递增数列. 如果

$$x_1 \geqslant x_2 \geqslant \cdots \geqslant x_n \geqslant \cdots,$$

则称 $\{x_n\}$ 是 单调递减数列. 如果上述不等式中等号都不成立,则称 $\{x_n\}$ 是 严格单调递增数列 或 严格单调递减数列. 单调递增和单调递减数列统称为 单调数列.

可以看出,单调数列的定义是单调函数定义中的特殊情形.

定义 3 若存在 $M > 0$,使得对一切 $x_n, n = 1, 2, \cdots$,都有 $|x_n| \leqslant M$,则称数列 $\{x_n\}$ 是 有界 的,否则称 $\{x_n\}$ 是 无界 的.

易见,有界数列的定义是有界函数定义中的特殊情形. 因此,也有上、下界的概念,不再赘述.

注意到 $|x_n| \leqslant M$ 的充分必要条件是 $-M \leqslant x_n \leqslant M$,即 $x_n \in [-M, M]$. 我们将 x_n 用数轴上的点表示,则从几何上看,所谓 $\{x_n\}$ 有界,就表示存在一个关于原点对称的区间 $[-M, M]$,使得所有的 x_n 均落在这一对称区间内,即 $x_n \in [-M, M]$(见图 2-1).

图 2-1

例 1 (1) 数列 $\left\{x_n = 1 + \dfrac{1}{n}\right\}$，具体写出就是 $2, \dfrac{3}{2}, \dfrac{4}{3}, \cdots, \dfrac{n+1}{n}, \cdots$；

(2) 数列 $\left\{\dfrac{(-1)^n}{n}\right\}$，具体写出就是 $-1, \dfrac{1}{2}, -\dfrac{1}{3}, \cdots, \dfrac{(-1)^n}{n}, \cdots$；

(3) 数列 $\left\{x_n = \dfrac{1+(-1)^n}{2}\right\}$，具体写出就是 $0, 1, 0, 1, \cdots, \dfrac{1+(-1)^n}{2}, \cdots$；

(4) 数列 $\{n^2\}$，具体写出就是 $1, 4, 9, 16, \cdots, n^2, \cdots$。

易见，数列 (1),(4) 是单调数列，而 (2),(3) 不是。数列 (1),(2),(3) 都是有界数列，但数列 (4) 不是有界数列，而是无界数列。

二、数列的极限

观察例 1 中 4 个数列的变化趋势，我们发现有的数列中的项会随着 n 的不断增大而越来越接近于某一个常数。例如，当 n 越来越大时，数列 (1) 中的对应项会越来越接近于 1；数列 (2) 中的对应项会越来越接近于 0；数列 (3) 和数列 (4) 则不具有这一特点。我们重点研究具有这一特点的数列。

定义 4 设 $\{x_n\}$ 为一数列，若当 n 取正整数且无限增大时，数列中对应的项 x_n（即通项）无限接近于一个确定的常数 A，则称 $\{x_n\}$ **收敛于** A，或称 A 为 $\{x_n\}$ 的**极限**，记作

$$\lim_{n\to\infty} x_n = A \quad \text{或} \quad x_n \to A\ (n\to\infty),$$

此时也称 $\{x_n\}$ 的**极限存在**；否则，称 $\{x_n\}$ 的**极限不存在**，或称 $\{x_n\}$ **发散**。

由定义 4 及例 1，有 $\lim\limits_{n\to\infty}\left(1+\dfrac{1}{n}\right)=1$，$\lim\limits_{n\to\infty}\dfrac{(-1)^n}{n}=0$。而 $\lim\limits_{n\to\infty}\dfrac{1+(-1)^n}{2}$ 和 $\lim\limits_{n\to\infty} n^2$ 均不存在。

例 2 考察下列数列，并指出其极限：

(1) $x_n = b$，其中 b 为常数； (2) $x_n = \left(\dfrac{1}{2}\right)^n$。

解 (1) $x_n = b$，具体写出来就是 $b, b, b, \cdots, b, \cdots$。由于不论 n 取何值，x_n 恒为常数 b，因此，$\lim\limits_{n\to\infty} x_n = \lim\limits_{n\to\infty} b = b$。这一结果可以说成是：常数的极限就是常数本身。

(2) $x_n = \left(\dfrac{1}{2}\right)^n$，即 $\dfrac{1}{2}, \dfrac{1}{2^2}, \dfrac{1}{2^3}, \cdots, \dfrac{1}{2^n}, \cdots$，当 n 无限增大时，对应项 $\dfrac{1}{2^n}$ 无限接近于 0，因此，$\lim\limits_{n\to\infty}\left(\dfrac{1}{2}\right)^n = 0$。

类似地，当 $|q| < 1$ 时，有 $\lim\limits_{n\to\infty} q^n = 0$。

定义 4 只是极限的描述性定义,在这个定义中没有讲清楚"$n \to \infty$"和"$x_n \to A$"的具体数学含义.用定义 4,我们甚至难以令人信服地解释为什么数列 $x_n = \dfrac{1+(-1)^n}{2}$ 的极限既不是 0,也不是 1,而是不存在.因此,我们有必要介绍数列极限的严格数学定义.

研究数列 $x_n = 1 + \dfrac{1}{n}$.首先,将数列中的项依次在数轴上描出(见图 2-2).

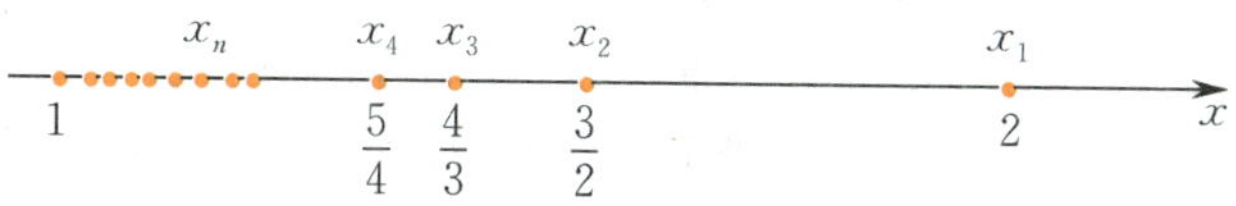

图 2-2

我们可直观地看出,当 n 越来越大时,对应的项 x_n 会越来越接近于 1,即"当 $n \to \infty$ 时,$x_n \to 1$".如何用量化的数学语言来刻画"$n \to \infty$"和"$x_n \to 1$"这一事实呢?

注意到实数 a,b 的接近程度由 $|a-b|$ 确定,即若 $|a-b|$ 越小,则 a,b 越接近.因此,要说明"当 n 越来越大时,x_n 越来越接近于 1"就只需说明"当 n 越来越大时,$|x_n-1|$ 会越来越接近于 0".而要说明这一点,就只需说明"当 n 充分大时,$|x_n-1|$ 能够小于任意给定的无论多么小的正数 ε".也就是说,无论给一个多么小的正数 ε,当 n 充分大时,$|x_n-1|$ 可以比 ε 还小,由于 ε 是任意的,从而说明了当 n 越来越大时,$|x_n-1|$ 会越来越接近于 0.我们看看 $x_n = 1 + \dfrac{1}{n}$ 是否具有这一特点.

事实上,由于 $|x_n - 1| = \dfrac{1}{n}$,给 $\varepsilon_1 = \dfrac{1}{1\,000}$,要使 $|x_n - 1| = \dfrac{1}{n} < \dfrac{1}{1\,000}$,只需 $n > 1\,000$ 即可,也就是说在这个数列中,从第 1 001 项开始,以后的各项均满足 $|x_n - 1| < \dfrac{1}{1\,000}$.

又给 $\varepsilon_2 = \dfrac{1}{10\,000}$(比 ε_1 更小),要使 $|x_n - 1| = \dfrac{1}{n} < \dfrac{1}{10\,000}$,只需 $n > 10\,000$ 即可,也就是说在这个数列中,从第 10 001 项开始,以后的各项均满足 $|x_n - 1| < \dfrac{1}{10\,000}$.

一般地,任给 $\varepsilon > 0$,不论它多么小,要使 $|x_n - 1| = \dfrac{1}{n} < \varepsilon$,只需 $n > \dfrac{1}{\varepsilon}$ 即可,因此,从第 $\left[\dfrac{1}{\varepsilon}\right] + 1$ 项开始,以后各项都满足 $|x_n - 1| < \varepsilon$.因 ε 是任意的,这就说明当 n 越来越大时,数列 x_n 会越来越接近于 1.

定义 5　设 $\{x_n\}$ 是一个数列，A 是一个常数，若对任给的 $\varepsilon > 0$，存在正整数 N，使得当 $n > N$ 时，都有 $|x_n - A| < \varepsilon$，则称 A 是数列 $\{x_n\}$ 的**极限**，或称 $\{x_n\}$ **收敛**于 A，记作

$$\lim_{n \to \infty} x_n = A \quad \text{或} \quad x_n \to A \ (n \to \infty).$$

此时也称数列 $\{x_n\}$ 的**极限存在**. 否则，称 $\{x_n\}$ 的**极限不存在**，或称 $\{x_n\}$ **发散**.

对于定义 5，应注意下面几点.

(1) 定义中的 ε 是预先给定的任意小的正数，因此，ε 既具有任意性，又具有确定性. 其任意性保证了 x_n 可无限接近于 A；其确定性体现在一旦给定一个 ε，则这个 ε 就暂时固定不变. 但每次所给的 ε 可以不同. 如定义 5 前面分析中的 $\varepsilon_1, \varepsilon_2$.

(2) 一般说来，定义中的 N 是随 ε 的变化而变化的，给定不同的 ε，所确定的 N 一般也不同. 例如，在定义 5 前面的分析中，当 $\varepsilon_1 = \dfrac{1}{1\,000}$ 时，$N = 1\,000$；当 $\varepsilon_2 = \dfrac{1}{10\,000}$ 时，$N = 10\,000$；对一般的 $\varepsilon > 0$，$N = \left[\dfrac{1}{\varepsilon}\right]$. 定义 5 中的 N 表示的是项数，表示从第 $N+1$ 项开始，以后各项均满足 $|x_n - A| < \varepsilon$. 另外，对同一个 ε 来说，N 不是唯一的. 因为对给定的 $\varepsilon > 0$，若存在一个 N 满足"当 $n > N$ 时，有 $|x_n - A| < \varepsilon$"，则当 $n > N+1$ 时，也有 $|x_n - A| < \varepsilon$. 故可将 $N+1$ 看作定义中的 N. 同理，$N+2, N+3, \cdots$ 均可作为定义中的 N.

(3) 定义中"当 $n > N$ 时，有 $|x_n - A| < \varepsilon$"的意思是从第 $N+1$ 项开始，以后的各项都满足 $|x_n - A| < \varepsilon$. 至于第 $N+1$ 项前面的项（即第 1 项，第 2 项，$\cdots$，第 N 项）是否满足此式则不必考虑. 可见，一个数列是否存在极限只与其后面的无穷多项有关，而与前面的有限多项无关. 因此，去掉、增加或改变数列的有限项，不会改变数列收敛或发散的性质.

(4) 数列极限的几何意义. 由于 $|x_n - A| < \varepsilon$ 就表示 $x_n \in (A-\varepsilon, A+\varepsilon) = U(A, \varepsilon)$. 因此，从几何上看，$x_n \to A(n \to \infty)$ 就是对以 A 为中心，以任意小的正数 ε 为半径的邻域 $U(A, \varepsilon)$，总能找到一个 N，从第 $N+1$ 项开始，以后的各项（无限多项）都落在邻域 $U(A, \varepsilon)$ 内，而在 $U(A, \varepsilon)$ 外，至多有 N 项（有限项）（见图 2-3）. 由于半径 ε 可任意小，而邻域 $U(A, \varepsilon)$ 中总有无穷多个 x_n 中的点，可以想象，x_n 中的点"凝聚"在点 A 的附近，所以也称 A 为 $\{x_n\}$ 的聚点.

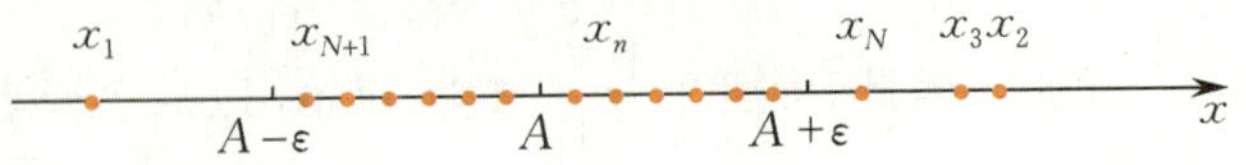

图 2-3

例 3 证明:$\lim_{n\to\infty}\dfrac{\sin n}{n}=0$.

证 这里 $x_n=\dfrac{\sin n}{n}$,$A=0$,可按定义 5 证明这一结论.

对于任给 $\varepsilon>0$,因 $|x_n-A|=\left|\dfrac{\sin n}{n}\right|\leqslant\dfrac{1}{n}$,故只需 $\dfrac{1}{n}<\varepsilon$ 或 $n>\dfrac{1}{\varepsilon}$ 即可. 取 $N=\left[\dfrac{1}{\varepsilon}\right]$,则当 $n>N$ 时,有

$$|x_n-A|=\left|\dfrac{\sin n}{n}-0\right|<\varepsilon,$$

故 $\lim_{n\to\infty}\dfrac{\sin n}{n}=0$.

例 4 利用极限的几何意义,说明 $\lim_{n\to\infty}\dfrac{1+(-1)^n}{2}$ 不存在.

解 $x_n=\dfrac{1+(-1)^n}{2}$,即 $0,1,0,1,\cdots$. 首先说明 x_n 不能以 0 为极限. 如图 2-4 所示,作邻域 $U\left(0,\dfrac{1}{2}\right)$,由于数列 $\{x_n\}$ 的偶数项 $x_{2n}=1$,从几何上看,这些项都在 $U\left(0,\dfrac{1}{2}\right)$ 的外面,因此,找不到 N,使得数列 $\{x_n\}$ 从第 $N+1$ 项开始,以后的所有项都落在 $U\left(0,\dfrac{1}{2}\right)$ 内,而在 $U\left(0,\dfrac{1}{2}\right)$ 外只有有限个项 x_n. 故 $x_n=\dfrac{1+(-1)^n}{2}$ 不能以 0 为极限.

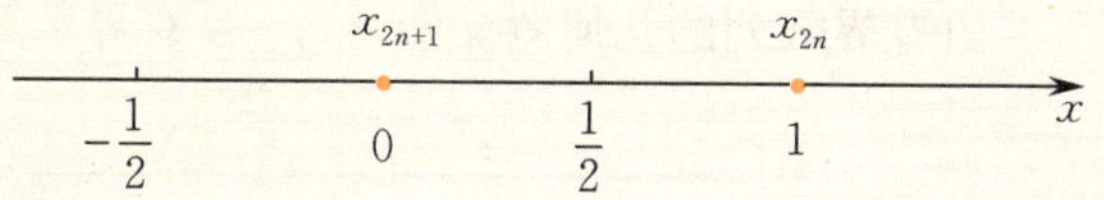

图 2-4

同理,$\{x_n\}$ 也不能以 1 为极限,更不能以数 $A(\neq 0,1)$ 为极限,故 $\lim_{n\to\infty}\dfrac{1+(-1)^n}{2}$ 不存在.

在本教材中,若无特别声明,n 和 N 均表示正整数. $n\to\infty$ 表示 n 取正整数无限增大.

三、数列极限的性质及收敛准则

定理 1(唯一性定理) 若数列 $\{x_n\}$ 收敛,则其极限值必唯一.

只从几何上对这一结论加以说明. 反证法. 设 $\{x_n\}$ 的极限不唯一,此时可设 $x_n\to a$ 且 $x_n\to b(n\to\infty)$,$a<b$. 取 $\varepsilon=\dfrac{b-a}{2}>0$,由 $x_n\to a(n\to\infty)$ 知,存在 N_1,从第 N_1+1 项开始,以后的各项均要落在 $U\left(a,\dfrac{b-a}{2}\right)$ 内,即 $x_n<a+\dfrac{b-a}{2}=\dfrac{a+b}{2}(n>N_1)$. 同理,由 $x_n\to b(n\to\infty)$ 知,存在 N_2,从第 N_2+1 项开始,以后的各项均要落在

$U\left(b,\dfrac{b-a}{2}\right)$内,即 $x_n>b-\dfrac{b-a}{2}=\dfrac{a+b}{2}(n>N_2)$. 从而当 $n>\max\{N_1,N_2\}$,即 $n>N_1$ 且 $n>N_2$ 时,有 $\dfrac{a+b}{2}<x_n<\dfrac{a+b}{2}$,矛盾. 故唯一性定理成立(见图 2-5).

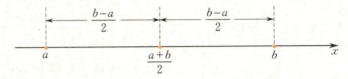

图 2-5

定理 2(有界性定理) 若数列 $\{x_n\}$ 收敛,则 $\{x_n\}$ 必是有界数列.

只从几何上说明这一结论的正确性. 不妨设 $x_n\to a(n\to\infty)$ 且 $a\geqslant 0$. 作邻域 $U(a,1)$,则存在 N,从第 $N+1$ 项开始,以后的各项均落在 $U(a,1)$ 内,而在 $U(a,1)$ 外仅有有限多个项(即 $x_1,x_2,\cdots,x_N$ 可能在 $U(a,1)$ 外). 取 $M=\max\{|x_1|,|x_2|,\cdots,|x_N|,a+1\}$,换言之,取 M 为 $x_1,\cdots,x_N$ 和 $a+1$ 中距原点最远的那个点的绝对值,作区间 $[-M,M]$,则必有 $x_n\in[-M,M]$, $n=1,2,\cdots$. 由有界数列的几何意义知,$\{x_n\}$ 是有界数列(见图 2-6).

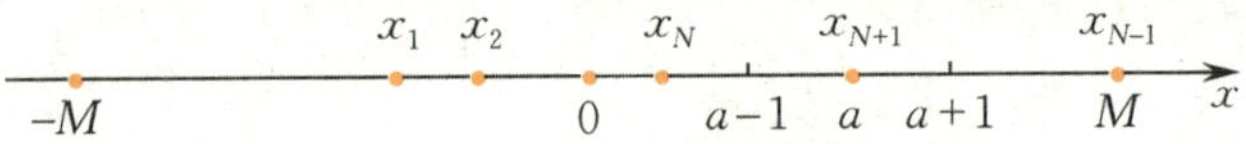

图 2-6

与定理 2 等价的结论是:若 $\{x_n\}$ 是无界数列,则 $\{x_n\}$ 发散,即 $\lim\limits_{n\to\infty}x_n$ 不存在.

例如,由于 $x_n=n^2$ 是无界数列,故 $\lim\limits_{n\to\infty}n^2$ 不存在. 同理,由于 $x_n=3n-2$ 是无界数列,因此 $\lim\limits_{n\to\infty}(3n-2)$ 不存在.

定理 3(保序性定理) 设数列 $\{x_n\},\{y_n\}$ 的极限存在,且 $\lim\limits_{n\to\infty}x_n>\lim\limits_{n\to\infty}y_n$,则存在正整数 N,当 $n>N$ 时,有 $x_n>y_n$.

从几何上看,这一结论是明显的. 事实上,设 $x_n\to a, y_n\to b$ $(n\to\infty)$ 且 $a>b$. 取 $\varepsilon=\dfrac{a-b}{2}$,作邻域 $U\left(a,\dfrac{a-b}{2}\right), U\left(b,\dfrac{a-b}{2}\right)$,由极限的几何意义知,存在 N,当 $n>N$ 时,$x_n\in U\left(a,\dfrac{a-b}{2}\right)$,即 $x_n>a-\dfrac{a-b}{2}=\dfrac{a+b}{2};y_n\in U\left(b,\dfrac{a-b}{2}\right)$,即 $y_n<b+\dfrac{a-b}{2}=\dfrac{a+b}{2}$. 因此,当 $n>N$ 时,有

$$y_n < \frac{a+b}{2} < x_n \quad \text{或} \quad y_n < x_n.$$

这就说明了结论的正确性(见图 2-7).

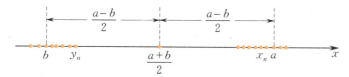

图 2-7

推论 1（保号性定理） 设 $\{x_n\}$ 的极限存在,且 $\lim\limits_{n\to\infty} x_n > 0$(或 $\lim\limits_{n\to\infty} x_n < 0$),则存在正整数 N,当 $n > N$ 时,有 $x_n > 0$(或 $x_n < 0$).

只需在定理 3 中取 $y_n = 0$ 即可得到这一结论.

推论 2 设 $\{x_n\},\{y_n\}$ 的极限存在,若 $x_n \leqslant y_n$(当 $n > N$ 时),则

$$\lim_{n\to\infty} x_n \leqslant \lim_{n\to\infty} y_n.$$

特别地,若 $x_n \geqslant 0$(或 $x_n \leqslant 0$),则 $\lim\limits_{n\to\infty} x_n \geqslant 0$(或 $\lim\limits_{n\to\infty} x_n \leqslant 0$).

应该注意,在推论 2 中即使是 $x_n < y_n$,也只能推出 $\lim\limits_{n\to\infty} x_n \leqslant \lim\limits_{n\to\infty} y_n$. 例如,$x_n = \frac{1}{n} > 0$,但 $\lim\limits_{n\to\infty} x_n = \lim\limits_{n\to\infty} \frac{1}{n} = 0$.

从计算的角度看,定理 3 及其推论给出了如何在一个含有极限符号的不等式 $\lim\limits_{n\to\infty} x_n > \lim\limits_{n\to\infty} y_n$ 中去掉极限符号 ($x_n > y_n, n > N$),以及如何在不等式两边取极限的方法. 微积分中常常要使用这些方法. 不过,在使用这些方法时应注意验证 x_n, y_n 的极限必须存在.

定理 4（夹逼定理） 设数列 $\{x_n\},\{y_n\},\{z_n\}$ 满足 $x_n \leqslant y_n \leqslant z_n$(当 $n > N$ 时),且 $\lim\limits_{n\to\infty} x_n = \lim\limits_{n\to\infty} z_n = a$,则 $\lim\limits_{n\to\infty} y_n = a$.

从几何上看,这一结论是明显的. 任取 $\varepsilon > 0$,作邻域 $U(a,\varepsilon)$,由于 $x_n \to a$ 且 $z_n \to a (n \to \infty)$,由几何意义知,存在 N_1,当 $n > N_1$ 时,所有的 x_n 和 z_n 均落在 $U(a,\varepsilon)$ 内,即

$$a - \varepsilon < x_n \text{ 且 } z_n < a + \varepsilon.$$

注意到 $x_n \leqslant y_n \leqslant z_n$,因此有

$$a - \varepsilon < x_n \leqslant y_n \leqslant z_n < a + \varepsilon,$$

即 y_n 也将落在 $U(a,\varepsilon)$ 内,故 $\lim\limits_{n\to\infty} y_n = a$(见图 2-8).

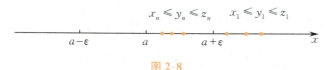

图 2-8

定理 4 不仅提供了一个判断数列极限存在的方法,也提供了一个求极限的方法,常能为我们解决一些较为困难的求极限的问题.

例 5 求 $\lim\limits_{n\to\infty}\left(\dfrac{1}{n^2+1}+\dfrac{1}{n^2+2}+\cdots+\dfrac{1}{n^2+n}\right)$.

解 用夹逼定理求解. 这里 $x_n=\dfrac{1}{n^2+1}+\dfrac{1}{n^2+2}+\cdots+\dfrac{1}{n^2+n}$. 注意,对 $k=1,2,\cdots,n$,有

$$0\leqslant\dfrac{1}{n^2+k}\leqslant\dfrac{1}{n^2},$$

故 $0\leqslant x_n\leqslant\dfrac{n}{n^2}=\dfrac{1}{n}$,且 $\lim\limits_{n\to\infty}\dfrac{1}{n}=0$,$\lim\limits_{n\to\infty}0=0$,由夹逼定理得 $\lim\limits_{n\to\infty}x_n=0$.

例 6 求 $\lim\limits_{n\to\infty}\dfrac{n!}{n^n}$.

解 用夹逼定理求解. 这里 $x_n=\dfrac{n!}{n^n}$.

$$0<x_n=\dfrac{n!}{n^n}=\dfrac{1}{n}\cdot\dfrac{2}{n}\cdot\cdots\cdot\dfrac{n}{n}\leqslant\dfrac{1}{n}\cdot 1\cdot 1\cdot\cdots\cdot 1=\dfrac{1}{n},$$

由于 $\lim\limits_{n\to\infty}0=0$,$\lim\limits_{n\to\infty}\dfrac{1}{n}=0$,由夹逼定理知,

$$\lim\limits_{n\to\infty}\dfrac{n!}{n^n}=0.$$

应该注意,有界数列和单调数列都不一定存在极限. 如例 1 中的数列 $x_n=\dfrac{1+(-1)^n}{2}$ 是有界数列,但其极限不存在;数列 $x_n=n^2$ 是单调递增数列,其极限也不存在. 但若一个数列既是单调的,还是有界的,则该数列的极限一定存在.

定理 5(单调有界数列收敛准则) 单调递增且有上界的数列必有极限;单调递减且有下界的数列必有极限. 即单调有界数列必有极限.

例 7 设 $x_n=\dfrac{1}{\ln(1+n)}$,证明:$\lim\limits_{n\to\infty}\dfrac{1}{\ln(1+n)}$ 存在.

证 因为

$$x_{n+1}-x_n=\dfrac{1}{\ln(2+n)}-\dfrac{1}{\ln(1+n)}\leqslant 0,$$

所以 x_n 单调递减,且由 $x_n\geqslant 0$,知 x_n 有下界,于是由定理 5 知,$\lim\limits_{n\to\infty}\dfrac{1}{\ln(1+n)}$ 存在.

例 8 设 $x_n=\dfrac{1}{3+1}+\dfrac{1}{3^2+1}+\cdots+\dfrac{1}{3^n+1}$,证明:$\lim\limits_{n\to\infty}x_n$ 存在.

证 因 $x_{n+1} - x_n = \dfrac{1}{3^{n+1}+1} \geqslant 0$, 故 x_n 单调递增. 又由

$$0 \leqslant x_n = \frac{1}{3+1} + \frac{1}{3^2+1} + \cdots + \frac{1}{3^n+1} \leqslant \frac{1}{3} + \frac{1}{3^2} + \cdots + \frac{1}{3^n}$$

$$= \frac{1}{3} \times \frac{1-\left(\frac{1}{3}\right)^n}{1-\frac{1}{3}} = \frac{1}{2}\left[1-\left(\frac{1}{3}\right)^n\right] \leqslant \frac{1}{2},$$

知 x_n 有上界. 由定理 5 得 $\lim\limits_{n\to\infty} x_n$ 存在.

单调有界数列的收敛准则是一个很重要的结论,我们以后还将利用它得到一些重要的结果.

习 题 2-1

1. 试利用本节定义 5 后面的注(3) 说明: 若 $\lim\limits_{n\to\infty} x_n = a$, 则对任何自然数 k, 有 $\lim\limits_{n\to\infty} x_{n+k} = a$.
2. 试利用不等式 $||A|-|B|| \leqslant |A-B|$, 说明: 若 $\lim\limits_{n\to\infty} x_n = a$, 则 $\lim\limits_{n\to\infty} |x_n| = |a|$. 考察数列 $x_n = (-1)^n$, 说明上述结论反之不成立.
3. 利用夹逼定理证明:
   (1) $\lim\limits_{n\to\infty}\left[\dfrac{1}{n^2} + \dfrac{1}{(n+1)^2} + \cdots + \dfrac{1}{(2n)^2}\right] = 0;$ (2) $\lim\limits_{n\to\infty} \dfrac{2^n}{n!} = 0.$
4. 利用单调有界数列收敛准则证明下列数列的极限存在:
   (1) $x_n = \dfrac{1}{e^n+1}, n=1,2,\cdots;$ (2) $x_1 = \sqrt{2}, x_{n+1} = \sqrt{2x_n}, n=1,2,\cdots.$

第二节 函数的极限

前面已讨论了数列 $x_n = f(n)$ 的极限,由于数列 $x_n = f(n)$ 也是一个函数,因此,数列的极限是函数极限中的特殊情形. 其特殊性在于自变量 n 只取正整数,且 n 趋向于无穷大,或者说,n 是离散地变化着趋向于正无穷大的. 在这一节里,将讨论一般函数 $y = f(x)$ 的极限问题. 这里,自变量 x 大致有两种变化形式: (1) $x \to \infty$; (2) $x \to x_0$(有限数),并且 x 不是离散变化的,而是连续变化的.

一、$x \to \infty$ 时,函数的极限

1. 概念

设 $y=f(x)$ 在 $(-\infty,-M)\cup(M,+\infty)$ 内有定义,其中 $M>0$,如果当自变量 x 的绝对值 $|x|$ 无限增大时,对应的函数值 $f(x)$ 无限接近于一个确定的常数 A,则称 A 为 $f(x)$ 当 x 趋向于无穷大时的极限,记作 $\lim\limits_{x\to\infty}f(x)=A$ 或 $f(x)\to A(x\to\infty)$.

一般地,有下述定义.

定义 1 设 $y=f(x)$ 在 $(-\infty,-M)\cup(M,+\infty)$ 内有定义,其中 $M>0$. 若对任给的 $\varepsilon>0$,存在实数 $X>0$,当 $|x|>X$ 时,相应的函数值 $f(x)$ 满足 $|f(x)-A|<\varepsilon$,则称 A 为 $f(x)$ 当 $x\to\infty$ 时的极限,记作 $\lim\limits_{x\to\infty}f(x)=A$ 或 $f(x)\to A(x\to\infty)$. 此时,也称当 $x\to\infty$ 时,$f(x)$ 的极限存在;否则,称当 $x\to\infty$ 时,$f(x)$ 的极限不存在.

将定义 1 与数列极限定义(任给 $\varepsilon>0$,存在 N,当 $n>N$ 时,有 $|x_n-A|<\varepsilon$)比较,可看出只是将数列极限定义中的"$x_n=f(n)$"换成了"$y=f(x)$";将"存在正整数 N"换成了"存在实数 $X>0$". 不过,数列极限中的 n 是离散变化的,而这里的 x 是连续变化的,它可取得 $(-\infty,-M)\cup(M,+\infty)$ 内的一切值.

如果 $x>0$ 且无限增大时,$f(x)$ 无限接近于常数 A,则记作 $\lim\limits_{x\to+\infty}f(x)=A$ 或 $f(x)\to A(x\to+\infty)$. 同样,如果 $x<0$ 且 $|x|$ 无限增大时,$f(x)$ 无限接近于 A,则记作 $\lim\limits_{x\to-\infty}f(x)=A$ 或 $f(x)\to A(x\to-\infty)$. 显然有

定理 1 $\lim\limits_{x\to\infty}f(x)=A$ 的充分必要条件是

$$\lim_{x\to+\infty}f(x)=\lim_{x\to-\infty}f(x)=A.$$

2. 几何意义

注意到定义 1 中的不等式 $|f(x)-A|<\varepsilon$ 等价于 $A-\varepsilon<f(x)<A+\varepsilon$,而此式表示 $y=f(x)$ 的函数图形夹在两直线 $y=A\pm\varepsilon$ 之间. 因此,$\lim\limits_{x\to\infty}f(x)=A$ 的几何意义是:对任给的 $\varepsilon>0$,作直线 $y=A\pm\varepsilon$,存在 $X>0$,当 $|x|>X$ 时,$y=f(x)$ 的函数图形夹在两平行直线 $y=A\pm\varepsilon$ 之间,如图 2-9 所示. 注意到 ε 可任意小,从而两平行线 $y=A\pm\varepsilon$ 所夹部分可任意窄,可见当 $|x|$ 越来越大时,函数图形要越来越贴近直线 $y=A$,即 $y=f(x)$ 应以直线 $y=A$ 为渐近线. 类似可得 $\lim\limits_{x\to+\infty}f(x)=A$ 和 $\lim\limits_{x\to-\infty}f(x)=A$ 的几何意义.

函数极限的几何解释

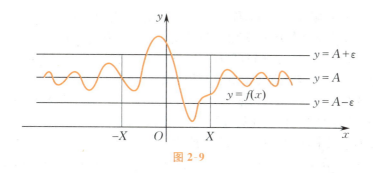

图 2-9

例 1 试由极限的几何意义确定 $\lim\limits_{x\to+\infty}\arctan x$ 和 $\lim\limits_{x\to-\infty}\arctan x$, 问 $\lim\limits_{x\to\infty}\arctan x$ 是否存在?

解 由 $y=\arctan x$ 的图形(见图 1-13(a))可以看出, 当 $x\to+\infty$ 时, $\arctan x$ 以直线 $y=\dfrac{\pi}{2}$ 为渐近线; 而当 $x\to-\infty$ 时, $\arctan x$ 以直线 $y=-\dfrac{\pi}{2}$ 为渐近线. 所以 $\lim\limits_{x\to+\infty}\arctan x=\dfrac{\pi}{2}$, $\lim\limits_{x\to-\infty}\arctan x=-\dfrac{\pi}{2}$. 由于 $\lim\limits_{x\to+\infty}\arctan x\ne\lim\limits_{x\to-\infty}\arctan x$, 由定理 1 知, $\lim\limits_{x\to\infty}\arctan x$ 不存在.

由基本初等函数的函数图形(见第一章第二节)还容易看出:
$\lim\limits_{x\to\infty}\dfrac{1}{x^{\alpha}}=0(\alpha>0)$, $\lim\limits_{x\to+\infty}a^{x}=0(0<a<1)$, $\lim\limits_{x\to-\infty}a^{x}=0(a>1)$,
$\lim\limits_{x\to-\infty}\operatorname{arccot} x=\pi$, $\lim\limits_{x\to+\infty}\operatorname{arccot} x=0$, $\lim\limits_{x\to\infty}\operatorname{arccot} x$ 不存在.

特别地, $\lim\limits_{x\to\infty}\dfrac{1}{x}=0$, $\lim\limits_{x\to-\infty}\mathrm{e}^{x}=0$.

二、$x\to x_0$ 时,函数的极限

1. 概念

设 $y=f(x)$ 在点 x_0 的某去心邻域 $\mathring{U}(x_0)$ 内有定义, 如果当 x 无限接近于 x_0 时, 对应的函数值 $f(x)$ 无限接近于常数 A, 则称 A 是 $f(x)$ 当 $x\to x_0$ 时的极限, 记作 $\lim\limits_{x\to x_0}f(x)=A$ 或 $f(x)\to A(x\to x_0)$.

类似于前面介绍的 $x\to\infty$ 时 $f(x)$ 的极限定义, $f(x)\to A$ 可用 $|f(x)-A|<\varepsilon$ 来刻画, 而 $x\to x_0$ 则可用 $|x-x_0|<\delta$ 来刻画. 因此, 有下述定义.

定义 2 设 $y=f(x)$ 在点 x_0 的某去心邻域 $\mathring{U}(x_0)$ 内有定义. 若对任给的 $\varepsilon>0$, 存在 $\delta>0$, 当 $0<|x-x_0|<\delta$ 时, 对应的函数值 $f(x)$ 满足 $|f(x)-A|<\varepsilon$, 则称 A 为 $f(x)$ 当 x 趋近于 x_0 时的极限, 记作 $\lim\limits_{x\to x_0}f(x)=A$ 或 $f(x)\to A(x\to x_0)$. 此时也称当 $x\to x_0$ 时

$f(x)$ 的极限存在;否则,称当 $x \to x_0$ 时 $f(x)$ 的极限不存在.

将定义2与数列极限定义(任给 $\varepsilon > 0$,存在 N,当 $n > N$ 时,有 $|x_n - A| < \varepsilon$)比较可看出,这里主要是将"$x_n = f(n)$"换成了"$y = f(x)$";将"存在正整数 N"换成了"存在 $\delta > 0$";将"$n > N$"换成"$0 < |x - x_0| < \delta$". N 和 δ 的含义是不一样的,虽然它们都是随着 ε 的变化而变化的,但 N 往往很大,而 δ 则往往很小. 由于在数列极限中,n 是趋向于无穷大的,"$n > N$"表示了 n 充分大这一含义. 而在定义2中,$|x - x_0| < \delta$ 则表示了 x 无限接近 x_0 的意思.

另外,式子"$0 < |x - x_0|$"表示 $x \neq x_0$,因此,自变量 $x \to x_0$ 总表示自变量 x 无限接近于 x_0,但 $x \neq x_0$ 这两部分含义.

由定义2还可看出,$\lim\limits_{x \to x_0} f(x)$ 是否存在与 $f(x)$ 在点 x_0 处是否有定义无关.

2. 几何意义

由定义2可知,如果 $\lim\limits_{x \to x_0} f(x) = A$,则表示对任给的 $\varepsilon > 0$,存在 $\delta > 0$,当 $0 < |x - x_0| < \delta$ 时,有 $|f(x) - A| < \varepsilon$,即 $A - \varepsilon < f(x) < A + \varepsilon$. 换句话说,就是当 x 落在 $\overset{\circ}{U}(x_0, \delta)$ 内时,函数图形夹在两平行直线 $y = A \pm \varepsilon$ 之间(见图2-10).

由于 $\varepsilon > 0$ 可任意小(一般地,δ 相应变小),从而 $y = A \pm \varepsilon$ 所夹部分可任意窄,这就从几何上表示当 x 越来越接近于 $x_0 (x \neq x_0)$ 时,对应的函数值将越来越接近于 A.

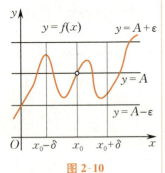

图2-10

例2 证明:$\lim\limits_{x \to x_0} C = C$,其中 C 为常数.

证 由于 $|f(x) - A| = |C - C| = 0$,因此对任给的 $\varepsilon > 0$,可任取一正数 δ,当 $0 < |x - x_0| < \delta$ 时,有 $|f(x) - A| < \varepsilon$ 成立,所以 $\lim\limits_{x \to x_0} C = C$. 类似地,由定义1可证明 $\lim\limits_{x \to \infty} C = C$. 因此,不论是哪一极限过程,常数的极限都等于常数本身.

例3 证明:$\lim\limits_{x \to x_0} x = x_0$.

证 由于 $|f(x) - A| = |x - x_0|$,因此对任给的 $\varepsilon > 0$,取 $\delta = \varepsilon$,则当 $0 < |x - x_0| < \delta$ 时,有 $|f(x) - A| < \varepsilon$,所以 $\lim\limits_{x \to x_0} x = x_0$.

例4 证明:$\lim\limits_{x \to 1} \dfrac{x^2 - 1}{x - 1} = 2$.

证 由于 $|f(x) - A| = \left|\dfrac{x^2 - 1}{x - 1} - 2\right| = |x - 1|$,因此对任给的 $\varepsilon > 0$,取 $\delta = \varepsilon$,则当 $0 < |x - 1| < \delta$ 时,有 $\left|\dfrac{x^2 - 1}{x - 1} - 2\right| < \varepsilon$,故 $\lim\limits_{x \to 1} \dfrac{x^2 - 1}{x - 1} = 2$.

例 4 说明，虽然 $f(x) = \dfrac{x^2-1}{x-1}$ 在 $x=1$ 处无定义，但它在 $x=1$ 处的极限存在．

例 5 证明：$\lim\limits_{x \to x_0} \sin x = \sin x_0$．

证 首先注意到不等式 $|\sin x| \leqslant |x|$ 及 $|\cos x| \leqslant 1$．由于
$$|f(x) - A| = |\sin x - \sin x_0| = \left|2\cos \frac{x+x_0}{2} \sin \frac{x-x_0}{2}\right|$$
$$\leqslant 2\left|\sin \frac{x-x_0}{2}\right| \leqslant 2\left|\frac{x-x_0}{2}\right| = |x - x_0|,$$

因此对任给的 $\varepsilon > 0$，取 $\delta = \varepsilon$，则当 $0 < |x - x_0| < \delta$ 时，有 $|\sin x - \sin x_0| < \varepsilon$，所以，$\lim\limits_{x \to x_0} \sin x = \sin x_0$．

类似地，$\lim\limits_{x \to x_0} \cos x = \cos x_0$．

3. 左、右极限

在 $x \to x_0$ 时 $f(x)$ 的极限概念中，自变量 x 既可从 x_0 的左侧，也可从 x_0 的右侧趋于 x_0．但有时常需考虑 x 只从 x_0 的左侧趋于 x_0，或者 x 只从 x_0 的右侧趋于 x_0 的情形，这就是下面将定义的左、右极限．

定义 3 设 $f(x)$ 在 (a, x_0)（或 (x_0, b)）内有定义，若对任给的 $\varepsilon > 0$，存在 $\delta > 0$，当 $0 < x_0 - x < \delta$（或 $0 < x - x_0 < \delta$）时，有 $|f(x) - A| < \varepsilon$，则称 A 为 $f(x)$ 当 $x \to x_0$ 时的**左（或右）极限**．左极限记作
$$\lim_{x \to x_0^-} f(x) = A \text{ 或 } f(x_0 - 0) = A \text{ 或 } f(x) \to A(x \to x_0^-);$$
右极限记作
$$\lim_{x \to x_0^+} f(x) = A \text{ 或 } f(x_0 + 0) = A \text{ 或 } f(x) \to A(x \to x_0^+).$$

由定义 2 和定义 3 可得到：

定理 2 $\lim\limits_{x \to x_0} f(x) = A$ 的充分必要条件是
$$\lim_{x \to x_0^-} f(x) = \lim_{x \to x_0^+} f(x) = A,$$
即当 $x \to x_0$ 时 $f(x)$ 的极限存在的充分必要条件是 $f(x)$ 在 x_0 处的左、右极限均存在并相等．

由定理 2、例 3、例 5 知，因为 $\lim\limits_{x \to x_0} x = x_0$，$\lim\limits_{x \to x_0} \sin x = \sin x_0$，$\lim\limits_{x \to x_0} \cos x = \cos x_0$，所以 $\lim\limits_{x \to x_0^-} x = \lim\limits_{x \to x_0^+} x = x_0$，$\lim\limits_{x \to x_0^-} \sin x = \lim\limits_{x \to x_0^+} \sin x = \sin x_0$，$\lim\limits_{x \to x_0^-} \cos x = \lim\limits_{x \to x_0^+} \cos x = \cos x_0$．

例6 设 $f(x) = \begin{cases} x, & x \leqslant 0, \\ \sin x, & x > 0, \end{cases}$ 求 $\lim\limits_{x \to 0} f(x)$.

解 $f(x)$ 是一个分段函数，$x=0$ 是这个分段函数的分段点. 对分段函数来说，其分段点处的极限要分左、右极限讨论. 由例3、例5，有
$$f(0-0) = \lim_{x \to 0^-} f(x) = \lim_{x \to 0^-} x = 0,$$
$$f(0+0) = \lim_{x \to 0^+} f(x) = \lim_{x \to 0^+} \sin x = \sin 0 = 0,$$
因 $f(0-0) = f(0+0)$，故 $\lim\limits_{x \to 0} f(x) = 0$.

例7 讨论 $\lim\limits_{x \to 0} \dfrac{x}{|x|}$ 是否存在.

解 $f(x) = \dfrac{x}{|x|} = \begin{cases} -1, & x < 0, \\ 1, & x > 0, \end{cases}$ $x=0$ 为其分段点. 由于
$$\lim_{x \to 0^-} f(x) = \lim_{x \to 0^-} \frac{x}{|x|} = \lim_{x \to 0^-} (-1) = -1, \quad \lim_{x \to 0^+} f(x) = \lim_{x \to 0^+} \frac{x}{|x|} = \lim_{x \to 0^+} 1 = 1,$$
即 $\lim\limits_{x \to 0^-} \dfrac{x}{|x|} \neq \lim\limits_{x \to 0^+} \dfrac{x}{|x|}$，因此 $\lim\limits_{x \to 0} \dfrac{x}{|x|}$ 不存在.

三、函数极限的性质

函数极限与数列极限一样，也具有唯一性、有界性、保号性等性质，并且证明的方法和几何解释均类似，因此，我们只给出这些定理的结论而不再证明或做出几何解释.

定理3 若 $\lim f(x)$ 存在，则其极限必唯一，其中"$\lim$"表示任一极限过程.

定理4 （1）若 $\lim\limits_{x \to \infty} f(x)$ 存在，则必存在 $X > 0$ 和 $M > 0$，使得当 $|x| > X$ 时，有 $|f(x)| \leqslant M$.

（2）若 $\lim\limits_{x \to x_0} f(x)$ 存在，则必存在 $\delta > 0$ 和 $M > 0$，使得当 $0 < |x - x_0| < \delta$ 时，有 $|f(x)| \leqslant M$.

定理5 （1）若 $\lim\limits_{x \to x_0} f(x) = a$ 且 $a > 0$（或 $a < 0$），则存在 $\delta > 0$，当 $0 < |x - x_0| < \delta$ 时，有 $f(x) > 0$（或 $f(x) < 0$）.

（2）若 $\lim\limits_{x \to \infty} f(x) = a$ 且 $a > 0$（或 $a < 0$），则存在 $X > 0$，当 $|x| > X$ 时，有 $f(x) > 0$（或 $f(x) < 0$）.

定理6 （1）若当 $x \in \overset{\circ}{U}(x_0)$ 时，有 $f(x) \geqslant 0$（或 $f(x) \leqslant 0$），且 $\lim\limits_{x \to x_0} f(x)$ 存在，则 $\lim\limits_{x \to x_0} f(x) \geqslant 0$（或 $\lim\limits_{x \to x_0} f(x) \leqslant 0$）.

（2）若当 $|x| > X$ 时，有 $f(x) \geqslant 0$（或 $f(x) \leqslant 0$），且 $\lim\limits_{x \to \infty} f(x)$ 存在，则 $\lim\limits_{x \to \infty} f(x) \geqslant 0$（或 $\lim\limits_{x \to \infty} f(x) \leqslant 0$）.

应该注意,在定理 6 中即使 $f(x) > 0(<0)$ 也只能得到 $\lim f(x) \geqslant 0(\leqslant 0)$ 的结论. 例如 $f(x) = \dfrac{1}{|x|}$,当 $x \neq 0$ 时 $f(x) > 0$,但 $\lim\limits_{x \to \infty} f(x) = \lim\limits_{x \to \infty} \dfrac{1}{|x|} = 0$.

定理 7(夹逼定理) 若当 $x \in \overset{\circ}{U}(x_0)$(或 $|x| > X$)时,有 $g(x) \leqslant f(x) \leqslant h(x)$,且 $\lim\limits_{\substack{x \to x_0 \\ (x \to \infty)}} g(x) = \lim\limits_{\substack{x \to x_0 \\ (x \to \infty)}} h(x) = A$,则

$$\lim_{\substack{x \to x_0 \\ (x \to \infty)}} f(x) = A.$$

习 题 2-2

*1. 证明:$\lim\limits_{x \to x_0} f(x) = a$ 的充分必要条件是 $f(x)$ 在 x_0 处的左、右极限均存在且都等于 a.

2. (1) 利用极限的几何意义确定 $\lim\limits_{x \to 0^+}(x^2 + a)$ 和 $\lim\limits_{x \to 0^-} e^{\frac{1}{x}}$;

(2) 设 $f(x) = \begin{cases} e^{\frac{1}{x}}, & x < 0, \\ x^2 + a, & x \geqslant 0, \end{cases}$ 问常数 a 为何值时 $\lim\limits_{x \to 0} f(x)$ 存在?

3. 利用极限的几何意义说明 $\lim\limits_{x \to +\infty} \sin x$ 不存在.

第三节 无穷小量、无穷大量

一、无穷小量

1. 无穷小量的概念

在微积分中,无穷小量是一个非常重要的概念. 许多变化状态较复杂的变量的研究常常可归结为相应的无穷小量的研究.

定义 1 若 $\lim f(x) = 0$,则称 $f(x)$ 是该极限过程中的一个**无穷小量**.

定义 1 中省去 $x \to x_0, x \to \infty$ 等极限过程的符号,"lim" 表示任一极限过程.

例如,因为 $\lim\limits_{n \to \infty} \dfrac{1}{n} = 0$,$\lim\limits_{x \to 0} \sin x = 0$,$\lim\limits_{x \to \frac{\pi}{2}} \cos x = 0$,所以 $\dfrac{1}{n}$,$\sin x, \cos x$ 都是相应极限过程中的无穷小量. 应该注意,无穷小量

与极限过程分不开,不能脱离极限过程说 $f(x)$ 是无穷小量. 例如, $\sin x$ 是 $x \to 0$ 时的无穷小量, 但因 $\lim\limits_{x \to \frac{\pi}{2}} \sin x = 1$, 故 $\sin x$ 不是 $x \to \frac{\pi}{2}$ 时的无穷小量. 由于 $\lim C = C$ (C 为常数), 因此任何非零常数都不是无穷小量. 不要把无穷小量与非常小的数混淆, 例如, 10^{-100} 很小, 但它不是无穷小量. 常数 0 是任何极限过程中的无穷小量.

由于无穷小量是用极限定义的, 因此, 我们可将其定义改述如下.

定义 2　如果对任给的 $\varepsilon > 0$, 存在 $\delta > 0$ (或 $X > 0$), 当 $0 < |x - x_0| < \delta$ (或 $|x| > X$) 时, 有 $|f(x)| < \varepsilon$, 则称 $f(x)$ 是 $x \to x_0$ (或 $x \to \infty$) 时的无穷小量.

定理 1　$\lim f(x) = A$ 的充分必要条件是存在该极限过程中的无穷小量 $\alpha(x)$, 使得 $f(x) = A + \alpha(x)$, 其中 A 为常数.

直观地, 这一结论是明显的. 因为若当 $x \to x_0$ 时, $f(x)$ 以 A 为极限, 则当 $x \to x_0$ 时, $f(x)$ 越来越接近于 A, 从而 $f(x) - A$ 越来越接近于 0, 即 $\alpha(x) = f(x) - A$ 是 $x \to x_0$ 时的一个无穷小量, 因此 $f(x) = A + \alpha(x)$; 反过来, 如果当 $x \to x_0$ 时, $\alpha(x) = f(x) - A$ 是一个无穷小量, 即 $f(x) - A$ 越来越接近于 0, 则 $f(x)$ 越来越接近于 A, 因此, $\lim\limits_{x \to x_0} f(x) = A$. $x \to \infty$ 时的情形和数列的情形与上述证明类似, 不再赘述.

从计算的角度看, 定理 1 给出了如何在一个含有极限符号的等式 $\lim f(x) = A$ 中去掉极限符号 ($f(x) = A + \alpha(x)$) 的方法, 这些方法在微积分中常常用到.

2. 无穷小量的运算

定理 2　在某极限过程中, 有限多个无穷小量的代数和仍为无穷小量.

证　现只就两个无穷小量的情形加以证明.

设 $\alpha(x) \to 0, \beta(x) \to 0 (x \to x_0)$, 对任给的 $\varepsilon > 0$, 由于 $\frac{\varepsilon}{2}$ 也是一个正数, 根据定义 2, 存在一个公共的 $\delta > 0$, 当 $0 < |x - x_0| < \delta$ 时, 有 $|\alpha(x)| < \frac{\varepsilon}{2}$, $|\beta(x)| < \frac{\varepsilon}{2}$, 从而

$$|\alpha(x) \pm \beta(x)| \leqslant |\alpha(x)| + |\beta(x)| < \frac{\varepsilon}{2} + \frac{\varepsilon}{2} = \varepsilon.$$

由定义 2 知, $\alpha(x) \pm \beta(x)$ 是 $x \to x_0$ 时的无穷小量.

$x \to \infty$ 和数列情形的证明与上述证明类似, 读者可自行完成.

应该注意, 定理 2 中的"有限多个"是必要的, 换言之, 无限多

个无穷小量的和不一定是无穷小量. 例如,当 $n\to\infty$ 时,$\frac{1}{n}\to 0$,但 n 个 $\frac{1}{n}$ 相加等于 1,它不是无穷小量,即

$$\lim_{n\to\infty}\Big(\underbrace{\frac{1}{n}+\frac{1}{n}+\cdots+\frac{1}{n}}_{n\text{个}}\Big)=1.$$

定义 3 在 $x\to x_0$(或 $x\to\infty$)的极限过程中,若存在 $M>0$,当 $x\in\overset{\circ}{U}(x_0)$(或 $|x|>X>0$)时,有 $|f(x)|\leqslant M$,则称 $f(x)$ 为 $x\to x_0$(或 $x\to\infty$)时的**有界量**.

定理 3 在某极限过程中,无穷小量与有界量之积仍为无穷小量.

证 设 $g(x)$ 为 $x\to x_0$ 时的有界量,而 $\alpha(x)\to 0(x\to x_0)$. 由有界量的定义知,存在 $\delta_1>0$,当 $0<|x-x_0|<\delta_1$ 时,有 $|g(x)|\leqslant M$.

任给 $\varepsilon>0$,由于 $\alpha(x)\to 0(x\to x_0)$,对 $\frac{\varepsilon}{M}>0$ 而言,存在 $\delta_2>0$,当 $0<|x-x_0|<\delta_2$ 时,有 $|\alpha(x)|<\frac{\varepsilon}{M}$.

取 $\delta=\min\{\delta_1,\delta_2\}$,则当 $0<|x-x_0|<\delta$ 时,

$$|g(x)\cdot\alpha(x)|=|g(x)||\alpha(x)|<M\cdot\frac{\varepsilon}{M}=\varepsilon.$$

由无穷小量定义知,$g(x)\cdot\alpha(x)$ 是 $x\to x_0$ 时的无穷小量.

$x\to\infty$ 和数列情形的证明与上述证明类似.

推论 1 在某极限过程中,常数与无穷小量之积仍为无穷小量.

这是因为常数 C 是任何极限过程中的有界量,由定理 3 即可得到推论 1.

定理 4 在某极限过程中,有限多个无穷小量之积仍为无穷小量.

证 只就 $x\to x_0$ 和两个无穷小量的情形加以证明,其他情形类似. 设 $\alpha(x)\to 0,\beta(x)\to 0(x\to x_0)$,由本章第二节的定理 4 知,$\alpha(x)$ 是 $x\to x_0$ 时的有界量,再由定理 3 即得 $\alpha(x)\cdot\beta(x)$ 是 $x\to x_0$ 的无穷小量.

例 1 求:(1) $\lim\limits_{x\to 0}(2\sin x+x^3)$;(2) $\lim\limits_{x\to 0}\Big(x\sin\frac{1}{x}\Big)$;(3) $\lim\limits_{x\to\infty}\frac{\arctan x}{x}$.

解 (1) 由于当 $x\to 0$ 时,$\sin x$ 和 x 均是无穷小量,因此 $2\sin x$ 和 x^3 也都是无穷小

量，由定理 2 知 $\lim\limits_{x\to 0}(2\sin x + x^3) = 0$.

(2) 由于 $\left|\sin\dfrac{1}{x}\right| \leqslant 1$，而当 $x \to 0$ 时，x 是无穷小量，由定理 3 知 $\lim\limits_{x\to 0}\left(x\sin\dfrac{1}{x}\right) = 0$.

(3) 由于 $|\arctan x| \leqslant \dfrac{\pi}{2}$，而当 $x \to \infty$ 时，$\dfrac{1}{x} \to 0$，因此 $\lim\limits_{x\to\infty}\dfrac{\arctan x}{x} = 0$.

应该注意，两个无穷小量的商不一定为无穷小量. 例如，当 $x \to 0$ 时，$\dfrac{x}{2x} \to \dfrac{1}{2}$.

二、无穷大量

1. 无穷大量的概念

无穷小量是在某极限过程中其绝对值可无限变小，趋近于 0 的变量. 无穷大量则正好相反，是在某极限过程中，其绝对值可无限增大的变量.

定义 4 若对任给的 $M > 0$（无论多么大），存在 $\delta > 0$（或 $X > 0$），当 $0 < |x - x_0| < \delta$（或 $|x| > X$）时，有 $|f(x)| > M$，则称 $f(x)$ 是 $x \to x_0$（或 $x \to \infty$）时的无穷大量，记作

$$\lim_{\substack{x\to x_0 \\ (x\to\infty)}} f(x) = \infty \text{ 或 } f(x) \to \infty (x \to x_0)(f(x) \to \infty(x\to\infty)).$$

由定义 4 可知，如果当 $x \to x_0$ 时，$f(x)$ 是无穷大量，则对于不论多么大的正数 M，只要 x 充分靠近 x_0，其对应的函数值的绝对值 $|f(x)|$ 就会比 M 还大. 这就刻画了当 $x \to x_0$ 时，$|f(x)|$ 可无限增大的性质（$x \to \infty$ 时，$f(x) \to \infty$ 的情形类似）.

如果当 $x \in \overset{\circ}{U}(x_0)$ 时，$f(x) > 0$（或 $f(x) < 0$）且 $|f(x)| \to \infty (x \to x_0)$，则称 $f(x)$ 是 $x \to x_0$ 时的正（或负）无穷大量，记作

$$\lim_{x\to x_0} f(x) = +\infty (\text{或} -\infty).$$

如果当 $|x| > X > 0$ 时，$f(x) > 0$（或 $f(x) < 0$）且 $|f(x)| \to \infty(x \to \infty)$，则称 $f(x)$ 是 $x \to \infty$ 时的正（或负）无穷大量，记作 $\lim\limits_{x\to\infty} f(x) = +\infty$（或 $-\infty$）.

应该注意，若 $f(x)$ 是某极限过程中的无穷大量，则 $f(x)$ 的极限不存在. 但由于习惯的原因，我们有时也称 $f(x)$ 的极限为无穷大.

例 2 试从函数图形判断下列极限：

(1) $\lim\limits_{x\to\frac{\pi}{2}^+}\tan x, \lim\limits_{x\to\frac{\pi}{2}^-}\tan x, \lim\limits_{x\to\frac{\pi}{2}}\tan x$； (2) $\lim\limits_{x\to+\infty} e^x, \lim\limits_{x\to-\infty} e^x, \lim\limits_{x\to\infty} e^x$；

(3) $\lim\limits_{x\to+\infty}\ln x, \lim\limits_{x\to 0^+}\ln x$.

解 (1) 由 $y=\tan x$ 的函数图形(见图 2-11(a))可看出,当 $x\to\frac{\pi}{2}^{-}$时,对应的函数值 $\tan x$ 越来越大,可以大于任何正数 M,所以 $\lim\limits_{x\to\frac{\pi}{2}^{-}}\tan x=+\infty$. 而当 $x\to\frac{\pi}{2}^{+}$时,对应的函数值 $\tan x<0$,但 $|\tan x|$ 越来越大,可大于任何正数 M,所以 $\lim\limits_{x\to\frac{\pi}{2}^{+}}\tan x=-\infty$. 综合起来可知,$\lim\limits_{x\to\frac{\pi}{2}}\tan x=\infty$.

(2) 由图 2-11(b) 可以看出,在 y 轴左侧,$y=\mathrm{e}^x$ 以 x 轴为渐近线,由极限的几何意义知 $\lim\limits_{x\to-\infty}\mathrm{e}^x=0$. 当 $x\to+\infty$时,对应的函数值 e^x 越来越大,可大于任意给定的正数 M,所以 $\lim\limits_{x\to+\infty}\mathrm{e}^x=\infty$. 由上节定理 1 知 $\lim\limits_{x\to\infty}\mathrm{e}^x$ 不存在.

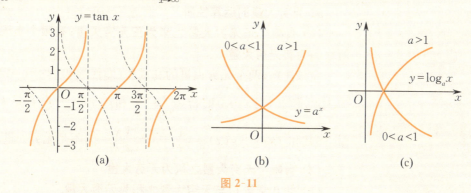

图 2-11

(3) 由图 2-11(c) 可以看出,$\lim\limits_{x\to 0^+}\ln x=-\infty$,$\lim\limits_{x\to+\infty}\ln x=+\infty$.

类似于例 2 的方法,由图 2-11 还可以看出 $\lim\limits_{x\to 0}\cot x=\infty$;$\lim\limits_{x\to-\infty}a^x=+\infty$,$\lim\limits_{x\to+\infty}a^x=0$ $(0<a<1)$;$\lim\limits_{x\to 0^+}\log_a x=+\infty$,$\lim\limits_{x\to+\infty}\log_a x=-\infty$ $(0<a<1)$.

2. 无穷大量与无穷小量的关系

在例 2 中我们发现一个有趣的现象:当 $a>1$ 时,$\lim\limits_{x\to+\infty}a^x=+\infty$,而 $\lim\limits_{x\to+\infty}\frac{1}{a^x}=\lim\limits_{x\to+\infty}\left(\frac{1}{a}\right)^x=0\left(0<\frac{1}{a}<1\right)$. 当 $a>1$ 时,$\lim\limits_{x\to-\infty}a^x=0$,而 $\lim\limits_{x\to-\infty}\frac{1}{a^x}=\lim\limits_{x\to-\infty}\left(\frac{1}{a}\right)^x=+\infty$. 换言之,无穷大量的倒数是无穷小量;非 0 的无穷小量的倒数是无穷大量. 这一现象不是偶然的,实际上我们有下述定理.

定理 5　在某极限过程中,若 $f(x)$ 是一个无穷大量,则 $\dfrac{1}{f(x)}$ 为无穷小量;若 $f(x)$ 为无穷小量$(f(x)\neq 0)$,则 $\dfrac{1}{f(x)}$ 为无穷大量.

例 3　证明:当 $x\to 0$ 时,$y=\csc x$ 是无穷大量.

证 由于 $\csc x = \dfrac{1}{\sin x}$，故只需证明当 $x \to 0$ 时，$\sin x$ 是无穷小量即可. 由本章第二节的例 5 知，$\lim\limits_{x \to 0} \sin x = 0$. 于是
$$\lim_{x \to 0} \csc x = \lim_{x \to 0} \frac{1}{\sin x} = \infty.$$

这种情形还有很多，例如，由于 $\lim\limits_{x \to 0} x^2 = 0$，因此 $\lim\limits_{x \to 0} \dfrac{1}{x^2} = \infty$；由于 $\lim\limits_{x \to \frac{\pi}{2}} \cos x = 0$，因此 $\lim\limits_{x \to \frac{\pi}{2}} \dfrac{1}{\cos x} = \infty$；由于 $\lim\limits_{n \to \infty} n^3 = \infty$，因此 $\lim\limits_{n \to \infty} \dfrac{1}{n^3} = 0$，等等.

3. 无穷大量的运算性质

(1) 有限个正无穷大量之和为正无穷大量；有限个负无穷大量之和为负无穷大量.

应该注意，两个无穷大量的和或差（即代数和）均不一定为无穷大量. 例如，当 $x \to 0$ 时，$f(x) = \dfrac{1}{x}$ 和 $g(x) = -\dfrac{1}{x}$ 都是无穷大量，但其和 $f(x) + g(x) = \dfrac{1}{x} + \left(-\dfrac{1}{x}\right) = 0$，不是无穷大量.

(2) 有限个无穷大量之积为无穷大量.

(3) 非 0 常量 C 与无穷大量之积为无穷大量.

(4) 无穷大量与有界量之和为无穷大量. 特别地，无穷大量与常量 C 之和为无穷大量.

应该注意的是无穷大量与有界量的乘积不一定是无穷大量. 特别地，无穷大量与无穷小量之积，无穷大量与无穷大量的商都不一定为无穷大量. 例如，当 $x \to \infty$ 时，$x^2 \to \infty$，$\dfrac{1}{x^2} \to 0$，但 $x^2 \cdot \dfrac{1}{x^2} = 1$，不是无穷大量. 又如，当 $x \to \infty$ 时，$y = x \sin x$ 不是无穷大量，其极限不存在.

习题 2-3

1. 举例说明：在某极限过程中，两个无穷小量之商、两个无穷大量之商、无穷小量与无穷大量之积都不一定是无穷小量，也不一定是无穷大量.

2. 判断下列命题是否正确：
(1) 无穷小量与无穷小量的商一定是无穷小量；
(2) 有界函数与无穷小量之积为无穷小量；
(3) 有界函数与无穷大量之积为无穷大量；
(4) 有限个无穷小量之和为无穷小量；
(5) 有限个无穷大量之和为无穷大量；

(6) $y = x\sin x$ 在 $(-\infty, +\infty)$ 内无界,但 $\lim\limits_{x\to\infty} x\sin x \neq \infty$;

(7) 无穷大量的倒数都是无穷小量;

(8) 无穷小量的倒数都是无穷大量.

3. 指出下列函数哪些是该极限过程中的无穷小量,哪些是该极限过程中的无穷大量:

(1) $f(x) = \dfrac{3}{x^2-4}, x \to 2$;

(2) $f(x) = \ln x, x \to 0^+, x \to 1, x \to +\infty$;

(3) $f(x) = e^{\frac{1}{x}}, x \to 0^+, x \to 0^-$;

(4) $f(x) = \dfrac{\pi}{2} - \arctan x, x \to +\infty$;

(5) $f(x) = \dfrac{1}{x}\sin x, x \to \infty$;

(6) $f(x) = \dfrac{1}{x^2}\sqrt{1+\dfrac{1}{x^2}}, x \to \infty$.

第四节　函数极限的运算

一、极限的运算法则

定理 1　若 $\lim f(x) = A, \lim g(x) = B$ 均存在,则

(1) $\lim[f(x) \pm g(x)] = \lim f(x) \pm \lim g(x) = A \pm B$;

(2) $\lim[f(x) \cdot g(x)] = \lim f(x) \cdot \lim g(x) = A \cdot B$;

(3) 若 $B \neq 0$,则 $\lim \dfrac{f(x)}{g(x)} = \dfrac{\lim f(x)}{\lim g(x)} = \dfrac{A}{B}$;

(4) 若 C 为常数,则 $\lim[Cf(x)] = C\lim f(x) = CA$;

(5) 若 n 为正整数,则 $\lim[f(x)]^n = [\lim f(x)]^n = A^n$.

证　我们仅证明(2),将(1),(3) 的证明留给读者,至于(4),(5) 则是(2) 的直接推论.

因 $\lim f(x) = A, \lim g(x) = B$ 均存在,由极限与无穷小量的关系定理,有 $f(x) = A + \alpha(x), g(x) = B + \beta(x)$,其中 $\lim \alpha(x) = 0, \lim \beta(x) = 0$. 于是

$$f(x) \cdot g(x) = [A + \alpha(x)] \cdot [B + \beta(x)]$$
$$= AB + [A \cdot \beta(x) + B \cdot \alpha(x) + \alpha(x) \cdot \beta(x)].$$

由无穷小量的运算性质知,$A \cdot \beta(x), B \cdot \alpha(x), \alpha(x) \cdot \beta(x)$ 均为无穷小量,进而知上式方括号内为无穷小量. 再由极限与无穷小量的关系定理知

$$\lim[f(x) \cdot g(x)] = A \cdot B = \lim f(x) \cdot \lim g(x).$$

应该注意,当定理 1 的条件"$\lim f(x), \lim g(x)$ 均存在"不满足时,定理 1 的结论不成立. 另外,定理 1 对数列极限情形显然成立.

例1 求 $\lim\limits_{x\to 2}\dfrac{2x^3+x^2-4}{x-6}$.

解 由定理1,有
$$\lim_{x\to 2}(x-6)=\lim_{x\to 2}x-\lim_{x\to 2}6=2-6=-4,$$
$$\lim_{x\to 2}(2x^3+x^2-4)=2\lim_{x\to 2}x^3+\lim_{x\to 2}x^2-4=2(\lim_{x\to 2}x)^3+(\lim_{x\to 2}x)^2-4$$
$$=2\cdot 2^3+2^2-4=16,$$

故
$$\lim_{x\to 2}\frac{2x^3+x^2-4}{x-6}=\frac{16}{-4}=-4.$$

若记 $f(x)=\dfrac{2x^3+x^2-4}{x-6}$,则对本例而言,有 $\lim\limits_{x\to 2}f(x)=f(2)=-4$. 这一结果不是偶然的,我们有更一般的结论.

例2 设 $f(x)=a_0x^n+a_1x^{n-1}+\cdots+a_{n-1}x+a_n$,其中 $a_0,a_1,\cdots,a_n$ 为常数,$a_0\neq 0$,n 为非负整数,称 $f(x)$ 为 n 次多项式,有

(1) $\lim\limits_{x\to x_0}f(x)=f(x_0)$;

(2) 若 $f(x),g(x)$ 均为多项式,称 $\dfrac{f(x)}{g(x)}$ 为有理函数. 若 $g(x_0)\neq 0$,则
$$\lim_{x\to x_0}\frac{f(x)}{g(x)}=\frac{f(x_0)}{g(x_0)}.$$

证 (1) 由定理1,有
$$\lim_{x\to x_0}f(x)=a_0\lim_{x\to x_0}x^n+a_1\lim_{x\to x_0}x^{n-1}+\cdots+a_{n-1}\lim_{x\to x_0}x+a_n$$
$$=a_0(\lim_{x\to x_0}x)^n+a_1(\lim_{x\to x_0}x)^{n-1}+\cdots+a_{n-1}\lim_{x\to x_0}x+a_n$$
$$=a_0x_0^n+a_1x_0^{n-1}+\cdots+a_{n-1}x_0+a_n=f(x_0).$$

(2) 由定理1及(1),得 $\lim\limits_{x\to x_0}g(x)=g(x_0)\neq 0$,$\lim\limits_{x\to x_0}f(x)=f(x_0)$,故
$$\lim_{x\to x_0}\frac{f(x)}{g(x)}=\frac{f(x_0)}{g(x_0)}.$$

更一般地,在本章第七节(函数的连续性)中,我们将得到:若 $f(x)$ 为初等函数,且 $f(x)$ 在 x_0 的某邻域 $U(x_0,\delta)$(或 $x_0\leqslant x<x_0+\delta$ 或 $x_0-\delta<x\leqslant x_0$)内有定义,则 $\lim\limits_{x\to x_0}f(x)=f(x_0)$.

例如,$\lim\limits_{x\to 1}\sqrt{x^2+1}=\sqrt{2}$,$\lim\limits_{x\to e}(x+\ln x)=e+1$.

例3 求 $\lim\limits_{x\to 1}\dfrac{x^n-1}{x^m-1}$,其中 m,n 为正整数.

解 由于分母的极限 $\lim\limits_{x\to 1}(x^m-1)=0$,不能用例2或定理1(3)的方法求极限. 应想

办法约去使得分子、分母均为零的因子$(x-1)$(称为零因子).

因 $x^n-1=(x-1)(x^{n-1}+x^{n-2}+\cdots+1)$,有

$$\lim_{x\to 1}\frac{x^n-1}{x^m-1}=\lim_{x\to 1}\frac{(x-1)(x^{n-1}+x^{n-2}+\cdots+1)}{(x-1)(x^{m-1}+x^{m-2}+\cdots+1)}=\lim_{x\to 1}\frac{x^{n-1}+x^{n-2}+\cdots+1}{x^{m-1}+x^{m-2}+\cdots+1}=\frac{n}{m}.$$

例 4 求 $\lim\limits_{x\to 2}\dfrac{x^2+x-6}{x^2-4}$.

解 类似于例 3,$\lim\limits_{x\to 2}\dfrac{x^2+x-6}{x^2-4}=\lim\limits_{x\to 2}\dfrac{(x-2)(x+3)}{(x-2)(x+2)}=\lim\limits_{x\to 2}\dfrac{x+3}{x+2}=\dfrac{5}{4}.$

例 5 求 $\lim\limits_{x\to 0}\dfrac{\sqrt{1+x}-1}{x}$.

解 注意到分子、分母的极限都为 0,不能用定理 1(3),应想办法约去零因子 x.有理化,有

$$\lim_{x\to 0}\frac{\sqrt{1+x}-1}{x}=\lim_{x\to 0}\frac{x}{x(\sqrt{1+x}+1)}=\lim_{x\to 0}\frac{1}{\sqrt{1+x}+1}=\frac{1}{2}.$$

前面例 1、例 3、例 4 和例 5 主要讨论的是有理函数当 $x\to x_0$ 时的极限问题,下面介绍当 $x\to\infty$ 时,有理函数的极限求法.

例 6 求:(1) $\lim\limits_{x\to\infty}\dfrac{x^2+5}{2x^2-9}$;(2) $\lim\limits_{x\to\infty}\dfrac{x^2+5}{2x^3-9}$;(3) $\lim\limits_{x\to\infty}\dfrac{x^3+5}{2x^2-9}$.

解 (1),(2),(3) 题只是改变了分子、分母两多项式的次数.

(1) 分子、分母同除以分母的最高次幂 x^2,$\lim\limits_{x\to\infty}\dfrac{x^2+5}{2x^2-9}=\lim\limits_{x\to\infty}\dfrac{1+\dfrac{5}{x^2}}{2-\dfrac{9}{x^2}}=\dfrac{1}{2}.$

(2) 与(1) 类似,分子、分母同除以分母的最高次幂 x^3,有

$$\lim_{x\to\infty}\frac{x^2+5}{2x^3-9}=\lim_{x\to\infty}\frac{\dfrac{1}{x}+\dfrac{5}{x^3}}{2-\dfrac{9}{x^3}}=\frac{0}{2}=0.$$

(3) 由(2) 可知,$\lim\limits_{x\to\infty}\dfrac{2x^2-9}{x^3+5}=0$,从而,由无穷小量与无穷大量的关系知,

$$\lim_{x\to\infty}\frac{x^3+5}{2x^2-9}=\infty.$$

由例 6 的方法容易得到下述结论.

设 $f(x)$ 和 $g(x)$ 分别为 n 次和 m 次多项式,即 $f(x)=a_0x^n+a_1x^{n-1}+\cdots+a_n$,$g(x)=b_0x^m+b_1x^{m-1}+\cdots+b_m$,其中 a_0,b_0 不为 0,则

$$\lim_{x\to\infty}\frac{f(x)}{g(x)}=\begin{cases}\dfrac{a_0}{b_0}, & \text{当 } m=n \text{ 时,}\\ 0, & \text{当 } m>n \text{ 时,}\\ \infty, & \text{当 } m<n \text{ 时.}\end{cases}$$

特别地,若 $g(x)=1$,则 $\lim\limits_{x\to\infty}(a_0x^n+a_1x^{n-1}+\cdots+a_n)=\infty$,其中 $n\geqslant 1, a_0\neq 0$.

例 7 求 $\lim\limits_{x\to -1}\left(\dfrac{1}{x+1}-\dfrac{3}{x^3+1}\right)$.

解 这是两个无穷大量之差的极限问题,无穷大量的和、差不一定是无穷大量. 通分,

$$\lim_{x\to -1}\left(\frac{1}{x+1}-\frac{3}{x^3+1}\right)=\lim_{x\to -1}\frac{x^2-x+1-3}{(x+1)(x^2-x+1)}$$
$$=\lim_{x\to -1}\frac{(x+1)(x-2)}{(x+1)(x^2-x+1)}=\lim_{x\to -1}\frac{x-2}{x^2-x+1}=-1.$$

例 8 求 $\lim\limits_{n\to\infty}(\sqrt{n^2+n}-\sqrt{n^2+1})$.

解 这是数列的极限问题,因定理 1 对数列情形也成立,故可用定理 1 来求解. 由于当 $n\to\infty$ 时,$\sqrt{n^2+n}$ 和 $\sqrt{n^2+1}$ 都为无穷大量,这是两个无穷大量之差的极限问题. 对无理式,可考虑有理化.

$$\lim_{n\to\infty}(\sqrt{n^2+n}-\sqrt{n^2+1})=\lim_{n\to\infty}\frac{n-1}{\sqrt{n^2+n}+\sqrt{n^2+1}}$$
$$=\lim_{n\to\infty}\frac{1-\dfrac{1}{n}}{\sqrt{1+\dfrac{1}{n}}+\sqrt{1+\dfrac{1}{n^2}}}=\frac{1}{2}.$$

例 9 求 $\lim\limits_{n\to\infty}\dfrac{2^n+1}{3^n-1}$.

解 这是无穷大量与无穷大量的商的极限问题,类似于例 6,分子、分母同除以 3^n,有

$$\lim_{n\to\infty}\frac{2^n+1}{3^n-1}=\lim_{n\to\infty}\frac{\left(\dfrac{2}{3}\right)^n+\left(\dfrac{1}{3}\right)^n}{1-\left(\dfrac{1}{3}\right)^n}=\frac{0}{1}=0.$$

二、复合函数的极限

求复合函数的极限时,常常用"换元法"简化运算,不仅如此,"换元法"还是求解一些较复杂的极限问题时有用的方法,读者应注意掌握.

例 10 求 $\lim\limits_{x\to 1}\cos(\ln x)$.

解 直观地,当 $x\to 1$ 时,$\ln x\to 0$;而当 $\ln x\to 0$ 时,$\cos(\ln x)\to\cos 0=1$,所以,应有 $\lim\limits_{x\to 1}\cos(\ln x)=1$.

或者令 $u=\ln x$,当 $x\to 1$ 时,$u\to 0$,代入原式,得 $\lim\limits_{x\to 1}\cos(\ln x)=\lim\limits_{u\to 0}\cos u=\cos 0=1$.

这种方法称为换元法,使用时,将原式中的 x 都用 u 的表达式代替,并将极限过程 $x\to x_0(x\to\infty)$ 换成 u 的相应极限过程. 关于换元法,有下述定理,它在理论上保证了换元法的正确性.

定理 2 设 $y=f(\varphi(x))$ 由 $y=f(u),u=\varphi(x)$ 复合而成,若 $\lim\limits_{x\to x_0}\varphi(x)=u_0$,而 $\lim\limits_{u\to u_0}f(u)=A$,且在 $\overset{\circ}{U}(x_0)$ 内,$\varphi(x)\neq u_0$,则
$$\lim_{x\to x_0}f(\varphi(x))=\lim_{u\to u_0}f(u)=A.$$

证明从略.

定理 2 对 $x\to\infty$ 时的情形也成立.

例 11 求 $\lim\limits_{x\to 1^+}\arctan\dfrac{x^2+2x-3}{(x-1)^2}$.

解 令 $u=\dfrac{x^2+2x-3}{(x-1)^2}=\dfrac{(x-1)(x+3)}{(x-1)^2}=\dfrac{x+3}{x-1}$,则当 $x\to 1^+$ 时,$u\to +\infty$. 因此
$$\lim_{x\to 1^+}\arctan\frac{x^2+2x-3}{(x-1)^2}=\lim_{u\to +\infty}\arctan u=\frac{\pi}{2}.$$

例 12 求 $\lim\limits_{x\to\infty}a^{\frac{1}{x}}$,其中 $a>0$.

解 令 $u=\dfrac{1}{x}$,则当 $x\to\infty$ 时,$u=\dfrac{1}{x}\to 0$,从而
$$\lim_{x\to\infty}a^{\frac{1}{x}}=\lim_{u\to 0}a^u=a^0=1.$$

由例 12 知,$\lim\limits_{x\to +\infty}a^{\frac{1}{x}}=1$. 应该注意,若 $\lim\limits_{x\to +\infty}f(x)=A$(存在),则 $\lim\limits_{n\to +\infty}f(n)=A$. 因此,对例 12 而言,有 $\lim\limits_{n\to +\infty}a^{\frac{1}{n}}=\lim\limits_{n\to +\infty}\sqrt[n]{a}=1$. 但反之结论不成立,即若 $\lim\limits_{n\to +\infty}f(n)=A$(存在),不一定能得出 $\lim\limits_{x\to +\infty}f(x)=A$ 的结论. 例如,$\lim\limits_{n\to +\infty}\sin n\pi=0$,但 $\lim\limits_{x\to +\infty}\sin x\pi=\lim\limits_{u\to +\infty}\sin u$(其中 $u=x\pi$)不存在(见习题 2-2,3).

例 13 设 $x_1>0,x_{n+1}=\dfrac{1}{2}\left(x_n+\dfrac{1}{x_n}\right)$ $(n=1,2,\cdots)$,证明 $\lim\limits_{n\to\infty}x_n$ 存在并求之.

解 显然 $x_n>0$,且 $x_{n+1}=\dfrac{1}{2}\left(x_n+\dfrac{1}{x_n}\right)\geqslant\sqrt{x_n\cdot\dfrac{1}{x_n}}=1$,从而

$$x_{n+1}-x_n=\frac{1}{2}\left(\frac{1}{x_n}-x_n\right)=\frac{1-x_n^2}{2x_n}\leqslant 0,$$

即 x_{n+1} 单调递减有下界，故 $\lim\limits_{n\to\infty}x_n$ 存在. 设 $\lim\limits_{n\to\infty}x_n=A$，由 $x_{n+1}=\frac{1}{2}\left(x_n+\frac{1}{x_n}\right)$，令 $n\to\infty$，得

$$A=\frac{1}{2}\left(A+\frac{1}{A}\right),$$

解得 $A^2=1$，即 $A=\pm 1$. 因 $x_{n+1}\geqslant 1$，由保号性定理知 $A=\lim\limits_{n\to\infty}x_{n+1}\geqslant 1$，故

$$A=\lim\limits_{n\to\infty}x_n=1.$$

习 题 2-4

1. 若 $\lim\limits_{x\to x_0}f(x)$ 存在，$\lim\limits_{x\to x_0}g(x)$ 不存在，问 $\lim\limits_{x\to x_0}[f(x)\pm g(x)]$，$\lim\limits_{x\to x_0}[f(x)\cdot g(x)]$ 是否存在，为什么？

2. 若 $\lim\limits_{x\to x_0}f(x)$ 和 $\lim\limits_{x\to x_0}g(x)$ 均存在，且 $f(x)\geqslant g(x)$，证明：$\lim\limits_{x\to x_0}f(x)\geqslant \lim\limits_{x\to x_0}g(x)$.

3. 利用夹逼定理证明：若 $a_1,a_2,\cdots,a_m$ 为 m 个正常数，则

$$\lim_{n\to\infty}\sqrt[n]{a_1^n+a_2^n+\cdots+a_m^n}=A,$$

其中 $A=\max\{a_1,a_2,\cdots,a_m\}$.

*4. 利用单调有界数列必存在极限这一收敛准则证明：若 $x_1=\sqrt{2}$，$x_2=\sqrt{2+\sqrt{2}}$，$\cdots$，$x_{n+1}=\sqrt{2+x_n}(n=1,2,\cdots)$，则 $\lim\limits_{n\to\infty}x_n$ 存在，并求该极限.

5. 求下列极限：

(1) $\lim\limits_{n\to\infty}\dfrac{3n^3+2n+4}{5n^3+n^2-n+1}$；

(2) $\lim\limits_{n\to\infty}\left[\left(1-\dfrac{1}{\sqrt[n]{2}}\right)\cos n\right]$；

(3) $\lim\limits_{n\to\infty}(\sqrt{n^2+n}-\sqrt{n})$；

(4) $\lim\limits_{n\to\infty}\dfrac{(-2)^n+3^n}{(-2)^{n+1}+3^{n+1}}$；

(5) $\lim\limits_{n\to\infty}\dfrac{1+\dfrac{1}{2}+\cdots+\dfrac{1}{2^n}}{1+\dfrac{1}{3}+\cdots+\dfrac{1}{3^n}}$.

6. 求下列极限：

(1) $\lim\limits_{x\to 3}\dfrac{x-3}{x^2-9}$；

(2) $\lim\limits_{x\to 1}\dfrac{2x-3}{x^2-5x+4}$；

(3) $\lim\limits_{x\to\infty}\dfrac{6x^3+4}{2x^4+3x^2}$；

(4) $\lim\limits_{x\to\frac{\pi}{2}}\dfrac{\sin x-\cos x}{\cos 2x}$；

(5) $\lim\limits_{h\to 0}\dfrac{(x+h)^3-x^3}{h}$；

(6) $\lim\limits_{x\to 3}\dfrac{\sqrt{2x+3}-3}{\sqrt{x+1}-2}$；

(7) $\lim\limits_{x\to 1}\dfrac{x+x^2+\cdots+x^n-n}{x-1}$；

(8) $\lim\limits_{x\to\infty}\dfrac{x+\sin x}{x-\sin x}$；

(9) $\lim\limits_{x\to+\infty}(\sqrt{x^2+x}-\sqrt{x^2-x})$；

(10) $\lim\limits_{x\to 1}\left(\dfrac{1}{1-x}-\dfrac{3}{1-x^3}\right)$；

(11) $\lim\limits_{x\to 0}\left(x^2\sin\dfrac{1}{x}\right)$.

第五节　两个重要极限

一、$\lim\limits_{x \to 0} \dfrac{\sin x}{x} = 1$

应用计算机（或计算器）读者容易验证：当 x 趋于 0 时，$\dfrac{\sin x}{x}$ 的值趋近于 1. 下面我们运用夹逼定理来证明 $\lim\limits_{x \to 0} \dfrac{\sin x}{x} = 1$.

作一单位圆，在第一象限中取此单位圆圆周上的两点 A，B（见图 2-12）. 设 $\angle AOB = x, 0 < x < \dfrac{\pi}{2}$，从而有

$$\triangle AOB \text{ 面积} < \text{扇形 } AOB \text{ 面积} < \triangle DOB \text{ 面积},$$

即

$$\dfrac{1}{2}\sin x < \dfrac{1}{2}x < \dfrac{1}{2}\tan x,$$

故当 $0 < x < \dfrac{\pi}{2}$ 时，有

$$\cos x < \dfrac{\sin x}{x} < 1.$$

由 $\sin x$ 与 $\cos x$ 的奇偶性可知，当 $-\dfrac{\pi}{2} < x < 0$ 时，该不等式仍成立，即当 $0 < |x| < \dfrac{\pi}{2}$ 时，有

$$\cos x < \dfrac{\sin x}{x} < 1.$$

于是由夹逼定理得到

$$\lim\limits_{x \to 0} \dfrac{\sin x}{x} = 1.$$

一般地，若在某极限过程中，$\lim \varphi(x) = 0$，则在该极限过程中，有

$$\lim \dfrac{\sin(\varphi(x))}{\varphi(x)} = 1,$$

或记为

$$\lim\limits_{\varphi(x) \to 0} \dfrac{\sin(\varphi(x))}{\varphi(x)} = 1.$$

两个重要极限

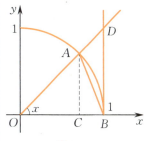

图 2-12

例1 求 $\lim\limits_{x\to 0}\dfrac{\sin ax}{x}$（$a$ 为非零常数）.

解 $\lim\limits_{x\to 0}\dfrac{\sin ax}{x}=\lim\limits_{x\to 0}\dfrac{a\sin ax}{ax}=a\lim\limits_{x\to 0}\dfrac{\sin ax}{ax}=a\cdot 1=a.$

例2 求 $\lim\limits_{x\to 0}\dfrac{\tan x}{x}$.

解 $\lim\limits_{x\to 0}\dfrac{\tan x}{x}=\lim\limits_{x\to 0}\left(\dfrac{\sin x}{x}\cdot\dfrac{1}{\cos x}\right)=\lim\limits_{x\to 0}\dfrac{\sin x}{x}\cdot\lim\limits_{x\to 0}\dfrac{1}{\cos x}=1.$

例3 求 $\lim\limits_{x\to a}\dfrac{\sin 5(x-a)}{x-a}$（$a$ 为常数）.

解 因 $\lim\limits_{x\to a}(x-a)=0$，故

$$\lim\limits_{x\to a}\dfrac{\sin 5(x-a)}{x-a}=5\lim\limits_{x\to a}\dfrac{\sin 5(x-a)}{5(x-a)}=5.$$

例4 求 $\lim\limits_{x\to \pi}\dfrac{\sin x}{x-\pi}$.

解 令 $t=x-\pi$，则当 $x\to\pi$ 时，$t\to 0$，故

$$\lim\limits_{x\to \pi}\dfrac{\sin x}{x-\pi}=\lim\limits_{t\to 0}\dfrac{\sin(t+\pi)}{t}=\lim\limits_{t\to 0}\dfrac{-\sin t}{t}=-1.$$

例5 求 $\lim\limits_{x\to 0}\dfrac{1-\cos x}{x^2}$.

解 $\lim\limits_{x\to 0}\dfrac{1-\cos x}{x^2}=\lim\limits_{x\to 0}\dfrac{2\sin^2\dfrac{x}{2}}{x^2}=\lim\limits_{x\to 0}\dfrac{1}{2}\left(\dfrac{\sin\dfrac{x}{2}}{\dfrac{x}{2}}\right)^2=\dfrac{1}{2}.$

例6 求 $\lim\limits_{x\to 0}\left(\dfrac{1}{x}\sin x+x\sin\dfrac{1}{x}\right)$.

解 因为

$$\lim\limits_{x\to 0}\dfrac{1}{x}\sin x=\lim\limits_{x\to 0}\dfrac{\sin x}{x}=1,\quad \lim\limits_{x\to 0}x\sin\dfrac{1}{x}=0\ \left(\left|\sin\dfrac{1}{x}\right|\leqslant 1\right),$$

所以

$$\lim\limits_{x\to 0}\left(\dfrac{1}{x}\sin x+x\sin\dfrac{1}{x}\right)=1.$$

例7 求 $\lim\limits_{x\to\infty}\left(\dfrac{1}{x}\sin x+x\sin\dfrac{1}{x}\right)$.

解 因为

$$\lim\limits_{x\to\infty}\dfrac{1}{x}\sin x=0\ (|\sin x|\leqslant 1),\quad \lim\limits_{x\to\infty}x\sin\dfrac{1}{x}=\lim\limits_{x\to\infty}\dfrac{\sin\dfrac{1}{x}}{\dfrac{1}{x}}=1,$$

所以

$$\lim\limits_{x\to\infty}\left(\dfrac{1}{x}\sin x+x\sin\dfrac{1}{x}\right)=1.$$

二、$\lim\limits_{x\to\infty}\left(1+\dfrac{1}{x}\right)^x = e$

我们利用单调递增并有上界的数列必有极限来证明 $\lim\limits_{n\to\infty}\left(1+\dfrac{1}{n}\right)^n = e$.

由中学代数知识可知，当 $a > b > 0$ 时，有
$$a^{n+1} - b^{n+1} = (a-b)(a^n + a^{n-1}b + \cdots + a^{n-k}b^k + \cdots + ab^{n-1} + b^n)$$
$$< (n+1)(a-b)a^n,$$
即
$$a^n[(n+1)b - na] < b^{n+1}. \qquad (2\text{-}5\text{-}1)$$

取 $a = 1 + \dfrac{1}{n}, b = 1 + \dfrac{1}{n+1}$，代入 (2-5-1) 式，得
$$\left(1+\dfrac{1}{n}\right)^n < \left(1+\dfrac{1}{n+1}\right)^{n+1},$$
从而数列 $x_n = \left(1+\dfrac{1}{n}\right)^n$ 是严格单调增加的.

再取 $a = 1 + \dfrac{1}{2n}, b = 1$，代入 (2-5-1) 式，得
$$\left(1+\dfrac{1}{2n}\right)^n < 2,$$
从而
$$\left(1+\dfrac{1}{2n}\right)^{2n} < 4, n = 1, 2, \cdots.$$

由于 $x_n = \left(1+\dfrac{1}{n}\right)^n$ 严格单调增加，故有
$$\left(1+\dfrac{1}{n}\right)^n < \left(1+\dfrac{1}{2n}\right)^{2n} < 4, n = 1, 2, \cdots,$$
即 $x_n = \left(1+\dfrac{1}{n}\right)^n$ 有上界. 因此根据本章第一节定理 5 即知 $x_n = \left(1+\dfrac{1}{n}\right)^n$ 收敛.

通常我们将这个数列的极限值记为 e，即
$$\lim_{n\to\infty}\left(1+\dfrac{1}{n}\right)^n = e.$$

可以证明 e 是一个无理数，且 $e \approx 2.718\ 281\ 828\ 459\ 045\cdots$.

可以证明，当 x 取实数趋向于 $+\infty$ 或 $-\infty$ 时，函数 $\left(1+\dfrac{1}{x}\right)^x$ 的极限存在且都等于 e，即
$$\lim_{x\to\infty}\left(1+\dfrac{1}{x}\right)^x = e.$$

在上式中，令 $t = \dfrac{1}{x}$，当 $x \to \infty$ 时，$t \to 0$，有
$$\lim_{t\to 0}(1+t)^{\frac{1}{t}} = e.$$

综合起来,得到以下公式:
$$\lim_{x\to\infty}\left(1+\frac{1}{x}\right)^x = e, \lim_{x\to 0}(1+x)^{\frac{1}{x}} = e.$$

上述两公式可推广为
$$\lim_{\varphi(x)\to 0}[1+\varphi(x)]^{\frac{1}{\varphi(x)}} = e.$$

其中的极限过程可以是任一使得 $\varphi(x)$ 趋于 0 的极限过程.

在利用上述公式求极限时,常常用到读者熟知的指数运算公式:

(1) $a^{xy} = (a^x)^y = (a^{kx})^{\frac{y}{k}}$,其中 $k \neq 0$;

(2) $a^x = a^{x-k+k} = a^{x-k} \cdot a^k$.

例 8 求 $\lim\limits_{x\to\infty}\left(1+\dfrac{1}{x}\right)^{3x}$.

解 $\lim\limits_{x\to\infty}\left(1+\dfrac{1}{x}\right)^{3x} = \lim\limits_{x\to\infty}\left[\left(1+\dfrac{1}{x}\right)^x\right]^3 = \left[\lim\limits_{x\to\infty}\left(1+\dfrac{1}{x}\right)^x\right]^3 = e^3.$

类似地,$\lim\limits_{x\to\infty}\left(1+\dfrac{1}{x}\right)^{kx} = \lim\limits_{x\to\infty}\left[\left(1+\dfrac{1}{x}\right)^x\right]^k = e^k$,其中 k 为常数.

例 9 求 $\lim\limits_{x\to\infty}\left(1+\dfrac{k}{x}\right)^x$,其中 $k \neq 0$.

解 $\lim\limits_{x\to\infty}\left(1+\dfrac{k}{x}\right)^x = \lim\limits_{x\to\infty}\left[\left(1+\dfrac{k}{x}\right)^{\frac{x}{k}}\right]^k = e^k.$

例 10 求 $\lim\limits_{x\to 0}(1-x)^{\frac{k}{x}}$,$k$ 为常数.

解 $\lim\limits_{x\to 0}(1-x)^{\frac{k}{x}} = \lim\limits_{x\to 0}(1-x)^{-\frac{1}{x}\cdot(-k)} = \lim\limits_{x\to 0}\left[(1-x)^{-\frac{1}{x}}\right]^{-k} = e^{-k}.$

例 11 求 $\lim\limits_{x\to 0}(1+3\tan^2 x)^{\cot^2 x}$.

解 $\lim\limits_{x\to 0}(1+3\tan^2 x)^{\cot^2 x} = \lim\limits_{x\to 0}\left[(1+3\tan^2 x)^{\frac{1}{3\tan^2 x}}\right]^3 = e^3.$

例 12 求 $\lim\limits_{x\to 0}\dfrac{\ln(1+x)}{x}$.

解 $\lim\limits_{x\to 0}\dfrac{\ln(1+x)}{x} = \lim\limits_{x\to 0}\dfrac{1}{x}\ln(1+x) = \lim\limits_{x\to 0}\ln(1+x)^{\frac{1}{x}} = \ln e = 1.$

例 13 求 $\lim\limits_{x\to 0}\dfrac{e^x - 1}{x}$.

解 令 $u = e^x - 1$,则 $x = \ln(1+u)$;当 $x \to 0$ 时,$u \to 0$,有
$$\lim_{x\to 0}\frac{e^x - 1}{x} = \lim_{u\to 0}\frac{u}{\ln(1+u)} = \lim_{u\to 0}\frac{1}{\frac{1}{u}\ln(1+u)} = 1.$$

由例 12、例 13，我们得到两个以后常用的结论：
$$\lim_{u\to 0}\frac{\ln(1+u)}{u}=1, \quad \lim_{u\to 0}\frac{e^u-1}{u}=1,$$
其中 u 可以是自变量，也可以是 x 的函数.

例 14 求 $\lim\limits_{x\to\infty}\left(\dfrac{x+1}{x+2}\right)^x$.

解 利用第二个重要极限 $\lim\limits_{x\to\infty}\left(1+\dfrac{1}{x}\right)^x=e$ 求极限时，要将底数写成数 1 与一个无穷小量之和的形式，而指数则恰是该无穷小量的倒数.

由于 $\dfrac{x+1}{x+2}=\dfrac{(x+2)-1}{x+2}=1+\dfrac{-1}{x+2}$，因此

$$\lim_{x\to\infty}\left(\frac{x+1}{x+2}\right)^x=\lim_{x\to\infty}\left(1+\frac{-1}{x+2}\right)^x=\lim_{x\to\infty}\left(1+\frac{-1}{x+2}\right)^{x+2-2}$$
$$=\lim_{x\to\infty}\left(1+\frac{-1}{x+2}\right)^{-(x+2)\cdot(-1)}\cdot\lim_{x\to\infty}\left(1+\frac{-1}{x+2}\right)^{-2}=e^{-1}.$$

例 15 求 $\lim\limits_{x\to 0}(\cos x)^{\frac{1}{x^2}}$.

解 由于 $\lim\limits_{x\to 0}\cos x=1$，因此底数 $\cos x$ 必可写成极限 1 与某一无穷小量之和的形式. 事实上，$\cos x=1+(\cos x-1)$，从而

$$\lim_{x\to 0}(\cos x)^{\frac{1}{x^2}}=\lim_{x\to 0}[1+(\cos x-1)]^{\frac{1}{x^2}}=\lim_{x\to 0}\{[1+(\cos x-1)]^{\frac{1}{\cos x-1}}\}^{\frac{\cos x-1}{x^2}}$$
$$=e^{-\frac{1}{2}},$$

其中 $\lim\limits_{x\to 0}\dfrac{\cos x-1}{x^2}=-\dfrac{1}{2}$（由例 5 知），而 $\lim\limits_{x\to 0}[1+(\cos x-1)]^{\frac{1}{\cos x-1}}=e$.

习题 2-5

求下列极限（其中 $a>0,a\neq 1$ 为常数）：

(1) $\lim\limits_{x\to 0}\dfrac{\sin 5x}{3x}$;

(2) $\lim\limits_{x\to 0}\dfrac{\tan 2x}{\sin 5x}$;

(3) $\lim\limits_{x\to 0}x\cot x$;

(4) $\lim\limits_{x\to 0}\dfrac{\sqrt{1-\cos x}}{|x|}$;

(5) $\lim\limits_{x\to\pi}\dfrac{1+\cos x}{(x-\pi)^2}$;

(6) $\lim\limits_{x\to\infty}\left(\dfrac{x}{1+x}\right)^x$;

(7) $\lim\limits_{x\to 0}(1+3\sin x)^{\cot x}$;

(8) $\lim\limits_{x\to 0}\dfrac{a^x-1}{x}$;

(9) $\lim\limits_{x\to 0}\dfrac{a^x-a^{-x}}{x}$;

(10) $\lim\limits_{x\to+\infty}\dfrac{\ln(1+x)-\ln x}{x}$;

(11) $\lim\limits_{x\to\infty}\left(\dfrac{3-2x}{2-2x}\right)^x$;

(12) $\lim\limits_{x\to\infty}\left(1+\dfrac{1}{x^2}\right)^x$;

(13) $\lim\limits_{x\to 0}\dfrac{\arcsin x}{x}$（提示：令 $t=\arcsin x$）;

(14) $\lim\limits_{x\to 0}\dfrac{\arctan x}{x}$.

第六节 无穷小量的比较，极限在经济学中的应用

一、无穷小量比较的概念

我们知道，在同一极限过程中，两个无穷小量的和、差、积仍然是无穷小量. 但两个无穷小量的商却不一定是无穷小量. 一般地，无穷小量的商有下列几种情形：

(1) 当 $x \to 0$ 时，$\dfrac{x^2}{x} \to 0$，仍为无穷小量；

(2) 当 $x \to 0$ 时，$\dfrac{3\sin x}{x} \to 3$，极限为非 0 常数；

(3) 当 $x \to 0$ 时，$\dfrac{\tan x}{x} \to 1$，极限为 1；

(4) 当 $x \to 0$ 时，$\dfrac{x}{x^2} \to \infty$，为无穷大量；

(5) 当 $x \to 0$ 时，$\dfrac{x\sin\dfrac{1}{x}}{x} = \sin\dfrac{1}{x}$，极限不存在且不为无穷大量.

将前面 4 种情形进行分类，并进一步讨论它们的数学含义.

定义 1 设 α, β 是同一极限过程中的两个无穷小量，即 $\lim \alpha = 0, \lim \beta = 0$.

(1) 若 $\lim \dfrac{\alpha}{\beta} = 0$，则称 α 是 β 的 **高阶无穷小量**，记作 $\alpha = o(\beta)$，此时也称 β 是 α 的 **低阶无穷小量**.

(2) 若 $\lim \dfrac{\alpha}{\beta} = A \neq 0$，则称 α 与 β 是 **同阶无穷小量**，记作 $\alpha = O(\beta)$. 特别地，若 $\lim \dfrac{\alpha}{\beta^k} = A \neq 0$，则称 α 是 β 的 **k 阶无穷小量**，记作 $\alpha = O(\beta^k)$.

(3) 若 $\lim \dfrac{\alpha}{\beta} = 1$，则称 α 与 β 是 **等价无穷小量**，记作 $\alpha \sim \beta$.

显然，若 $\alpha \sim \beta$，则 α 与 β 是同阶无穷小量，但反之结论不成立. 例如，因为 $\lim\limits_{x \to 0} \dfrac{x^2}{x} = 0$，所以 $x^2 = o(x)$. 因为 $\lim\limits_{x \to 0} \dfrac{1-\cos x}{x^2} = \dfrac{1}{2}$，所以 $1 - \cos x = O(x^2)$，而当 $x \to 0$ 时，$\sin x \sim x, \tan x \sim x$，

$e^x - 1 \sim x, \ln(1+x) \sim x, 1 - \cos x \sim \dfrac{1}{2}x^2.$

在同一极限过程中,两个无穷小量虽然都趋近于 0,但它们趋近于 0 的速度有快有慢. 通俗地说,若 α 是 β 的高阶无穷小,则 α 趋近于 0 的速度比 β 趋近于 0 的速度快得多;若 α 与 β 是同阶无穷小,则 α 与 β 趋近于 0 的速度差不多;若 α 与 β 是等价无穷小,则 α 与 β 趋近于 0 的速度几乎是一样的. 下面的例 1 说明了这一点.

例 1 当 $n \to \infty$ 时,$\dfrac{1}{n} \to 0, \dfrac{1}{n^2} = o\left(\dfrac{1}{n}\right), \dfrac{2}{n} = O\left(\dfrac{1}{n}\right), e^{\frac{1}{n}} - 1 \sim \dfrac{1}{n}$. 取 $n = 10$, $100, 1\,000, \cdots$,分别计算出以上 4 个无穷小量的值,并进行比较.

表 2-1

n	10	100	1 000	$\cdots$
$\dfrac{1}{n}$	0.1	0.01	0.001	$\cdots$
$\dfrac{1}{n^2}$	0.01	0.000 1	0.000 001	$\cdots$
$\dfrac{2}{n}$	0.2	0.02	0.002	$\cdots$
$e^{\frac{1}{n}} - 1$	0.105	0.010 05	0.001 000 5	$\cdots$

由表 2-1 可见,当 $n \to \infty$ 时,$\dfrac{1}{n^2}$ 比 $\dfrac{1}{n}$ 趋近于 0 的速度快得多;$\dfrac{2}{n}$ 与 $\dfrac{1}{n}$ 趋近于 0 的速度差不多;$e^{\frac{1}{n}} - 1$ 与 $\dfrac{1}{n}$ 趋近于 0 的速度几乎是一样的.

二、关于等价无穷小量的性质和定理

等价无穷小量在极限运算(包括数列极限运算)中的作用表述在下面的定理中.

定理 1 设在某极限过程中,$\alpha \sim \alpha', \beta \sim \beta'$. 若 $\lim \dfrac{\beta'}{\alpha'} = a$(或 ∞),则 $\lim \dfrac{\beta}{\alpha} = \lim \dfrac{\beta'}{\alpha'}$.

证 设 $\lim \dfrac{\beta'}{\alpha'} = a$,则

$$\lim \dfrac{\beta}{\alpha} = \lim \left(\dfrac{\beta}{\beta'} \cdot \dfrac{\beta'}{\alpha'} \cdot \dfrac{\alpha'}{\alpha}\right) = \lim \dfrac{\beta}{\beta'} \cdot \lim \dfrac{\beta'}{\alpha'} \cdot \lim \dfrac{\alpha'}{\alpha}$$
$$= \lim \dfrac{\beta'}{\alpha'} = a.$$

设 $\lim \dfrac{\beta'}{\alpha'} = \infty$,则 $\lim \dfrac{\alpha'}{\beta'} = 0$,于是 $\lim \dfrac{\alpha}{\beta} = 0$,故 $\lim \dfrac{\beta}{\alpha} = \infty$.

综上所述,$\lim \dfrac{\beta}{\alpha} = \lim \dfrac{\beta'}{\alpha'}$.

定理 2 设在某极限过程中,$\alpha \sim \beta, z$ 是该极限过程中的第

三个变量. 若 $\lim\beta z = a$(或 ∞),则 $\lim\alpha z = \lim\beta z$.

证 设 $\lim\beta z = a$,则

$$\lim\alpha z = \lim\left(\frac{\alpha}{\beta}\cdot\beta z\right) = \lim\frac{\alpha}{\beta}\cdot\lim\beta z = a.$$

设 $\lim\beta z = \infty$,则 $\lim\dfrac{1}{\beta z} = 0$,此时,$\lim\dfrac{1}{\alpha z} = 0$,故 $\lim\alpha z = \infty$.

综上所述,$\lim\alpha z = \lim\beta z$.

定理 3 设在某极限过程中,$\alpha \sim \beta$, $\beta \sim \gamma$,则 $\alpha \sim \gamma$.

以上的定理表明,在求极限的乘除运算中,无穷小量可以用其等价无穷小量替代.

下面将常用的等价无穷小量列举如下:若在某极限过程中,$\varphi(x) \to 0$,则

$$\sin\varphi(x) \sim \varphi(x), \qquad \tan\varphi(x) \sim \varphi(x),$$

$$1 - \cos\varphi(x) \sim \frac{1}{2}\varphi^2(x), \qquad \ln(1+\varphi(x)) \sim \varphi(x),$$

$$\sqrt[m]{1+\varphi(x)} - 1 \sim \frac{\varphi(x)}{m}, \qquad (1+\varphi(x))^n - 1 \sim n\varphi(x),$$

$$e^{\varphi(x)} - 1 \sim \varphi(x), \qquad a^{\varphi(x)} - 1 \sim \varphi(x)\ln a,$$

$$\arcsin\varphi(x) \sim \varphi(x), \qquad \arctan\varphi(x) \sim \varphi(x),$$

其中 m, n 为正整数,$a > 0$ 为常数.

例 2 求 $\lim\limits_{x\to 0}\dfrac{\tan 4x}{\sin 6x}$.

解 $\lim\limits_{x\to 0}\dfrac{\tan 4x}{\sin 6x} = \lim\limits_{x\to 0}\dfrac{4x}{6x} = \dfrac{2}{3}$.

例 3 求 $\lim\limits_{x\to\infty}x^2\sin\dfrac{1}{x}$.

解 $\lim\limits_{x\to\infty}x^2\sin\dfrac{1}{x} = \lim\limits_{x\to\infty}\left(x^2\cdot\dfrac{1}{x}\right) = \lim\limits_{x\to\infty}x = \infty$.

例 4 求 $\lim\limits_{x\to\infty}x^3\ln\left(1+\dfrac{4}{x^3}\right)$.

解 $\lim\limits_{x\to\infty}x^3\ln\left(1+\dfrac{4}{x^3}\right) = \lim\limits_{x\to\infty}\left(x^3\cdot\dfrac{4}{x^3}\right) = 4$.

例 5 求 $\lim\limits_{x\to 0}\dfrac{\sqrt[m]{1+ax}-\sqrt[n]{1+bx}}{x}$.

解
$$\lim_{x\to 0}\frac{\sqrt[m]{1+ax}-\sqrt[n]{1+bx}}{x} = \lim_{x\to 0}\frac{(\sqrt[m]{1+ax}-1)-(\sqrt[n]{1+bx}-1)}{x}$$

$$= \lim_{x\to 0}\frac{\sqrt[m]{1+ax}-1}{x} - \lim_{x\to 0}\frac{\sqrt[n]{1+bx}-1}{x}$$

$$= \lim_{x\to 0}\frac{\frac{1}{m}\cdot ax}{x} - \lim_{x\to 0}\frac{\frac{1}{n}\cdot bx}{x} = \frac{a}{m} - \frac{b}{n}.$$

应该注意,定理 1 和定理 2 只保证了在求函数的乘积和商的极限时,可用等价无穷小量代换原无穷小量来求极限,但在求函数的和、差的极限时,定理 1 和定理 2 不适用,这时若用等价无穷小量作代换,则可能出现错误.

例 6 求 $\lim\limits_{n\to\infty}\dfrac{\dfrac{1}{n}-\dfrac{1}{n+1}}{\dfrac{1}{n^2}}$.

解 $\lim\limits_{n\to\infty}\dfrac{\dfrac{1}{n}-\dfrac{1}{n+1}}{\dfrac{1}{n^2}}=\lim\limits_{n\to\infty}\dfrac{n^2}{n(n+1)}=1.$

在例 6 中,若将分子中的 $\dfrac{1}{n}$ 用它的等价无穷小 $\dfrac{1}{n+1}$ 代换,则会得出错误结论:

$$\lim_{n\to\infty}\dfrac{\dfrac{1}{n}-\dfrac{1}{n+1}}{\dfrac{1}{n^2}}=\lim_{n\to\infty}\dfrac{\dfrac{1}{n+1}-\dfrac{1}{n+1}}{\dfrac{1}{n^2}}=0.$$

三、极限在经济学中的应用

极限概念在经济生活中的运用非常广泛,对于在一定时期内反复多次进行或长期逐渐发展的经济过程,研究其经济变量的影响因素与变化规律,大都可以用极限方法. 极限方法体现着无限逼近的思想,对于经济问题来说无限逼近是相对的. 由于对经济量的估算并不要求绝对精确,达到基本可靠就能满足要求,因此在求极限的过程中,只要逼近次数足够多,偏差小到一定的程度即可在数学上作为逼近次数无限大来处理. 例如,银行在吸收存款和发放贷款的过程中,为了避免发生存款户提款时无款可提的被动情况,不能把吸收的存款全部贷放,客观上需要保留一定份额的存款作为"准备金". 我们可以通过大量的统计资料来确定存款保留率 r. 假定某家银行的最初存款为 R,那么该银行最初可以发放 $R(1-r)$ 的贷款,假设这 $R(1-r)$ 的贷款全被借贷者作为活期存款存入同自己有往来的银行中. 这样,在社会范围内就派生出一份数量为 $R(1-r)$ 的存款,这份派生的存款又被吸收了它的银行贷放出去,根据存款保留率,第二次贷放的数额为 $R(1-r)-R(1-r)r=R(1-r)^2$. 它们还会被贷款者再次存入某些银行,于是在社会范围内又派生出一份数额为 $R(1-r)^2$ 的存款……如此下去,在一定时间内(比如说一年),最初数额为 R 的存款就会发生许许多多的"派生",在数学上可以把这许许多多看成是无穷多次,这样就可以利用极限概念来研究存款形成总额及派生存款的创造系数.

存款形成总额:

最初存款　　　　$D_0 = R$,

第一次贷放后　　$D_1 = R + R(1-r)$,

第二次贷放后　　$D_2 = R + R(1-r) + R(1-r)^2$,

……

第 N 次贷放后

$$D_N = R + R(1-r) + R(1-r)^2 + \cdots + R(1-r)^N$$
$$= \sum_{n=1}^{N+1} R(1-r)^{n-1} = \frac{R}{r}[1-(1-r)^{N+1}].$$

最终派生存款形成总额 $D = \lim\limits_{N \to \infty} \frac{R}{r}[1-(1-r)^{N+1}] = \frac{R}{r}$,这样就有 $\frac{D}{R} = \frac{1}{r}$,我们称 $\frac{D}{R}$ 为**存款创造系数**.存款创造系数是存款保留率的倒数.例如,若存款保留率为 15%,即 $r = 15\%$,则存款创造系数 $\frac{D}{R}$ 就为 $\frac{1}{15\%} \approx 6.67$.例如,1 万元的最初存款,最终将形成 6.67 万元的存款形成总额.

例 7　(资金的时间价值)　设有本金 A_0,年利率为 r,则一年后得利息 $A_0 r$,本利和为 $A_1 = A_0 + A_0 r = A_0(1+r)$,$n$ 年后所得利息 $nA_0 r$,本利和为
$$A_n = A_0 + nA_0 r = A_0(1+nr).$$
这就是单利的本利和计算公式.

现在,若第二年以第一年后的本利和 A_1 为本金,则两年后的本利和为 $A_2 = A_0(1+r) + A_0(1+r)r = A_0(1+r)^2$,照此计算,$n$ 年后应得本利和为
$$A_n = A_0(1+r)^n.$$
这就是一般复利的本利和计算公式.

考虑到资金周转过程是不断持续进行的,计算利息分期越细越合理,若一年中分 t 期计算,年利率仍为 r,于是每期利率为 $\frac{r}{t}$,则一年后的本利和为
$$A_1 = A_0 \left(1 + \frac{r}{t}\right)^t,$$
n 年后的本利和为
$$A_n = A_0 \left(1 + \frac{r}{t}\right)^{nt}.$$

若采取瞬时结算法,即随时生息,随时计算,也就是 $t \to \infty$ 时,得 n 年后的本利和为

$$A_n = \lim_{t \to \infty} A_0 \left(1 + \frac{r}{t}\right)^{nt} = A_0 \lim_{t \to \infty} \left(1 + \frac{r}{t}\right)^{nt} = A_0 e^{nr}. \quad (2\text{-}6\text{-}1)$$

这就是连续复利公式.

以上讨论的利息计算问题,在财务决策中有重要应用. 进行财务决策,一定要有利息概念. 按单利计算,现在的 A 元, n 年后值 $A(1+nr)$ 元. 因此, n 年后的 A 元,现在只值 $\frac{A}{1+nr}$ 元. $A(1+nr)$ 元称为 A 元 n 年后的**终值**, $\frac{A}{1+nr}$ 元称为 A 元 n 年后的**现值**. 同样,若按复利计算,现在的 A 元, n 年后的终值为 $A(1+r)^n$ 元; n 年后的 A 元,现值则是 $A(1+r)^{-n}$ 元. 按连续复利计算,现在的 A 元, n 年后的终值为 Ae^{nr} 元; n 年后的 A 元,现值为 Ae^{-nr} 元. 因此,发生在不同时刻的现金收益不能简单相比,必须折算到相同的时刻,这就称为**资金的时间因素**.

对 A_0, A_n, n, r 的解释略做些变动, (2-6-1) 式又可作为描述群体繁殖的模型. 事实上,从数学上看,本金生利与群体繁殖遵循同一规律.

人口增长模型 考虑人口增长问题. A_0 为基数, r 为年平均纯增长率,即 $r = $ 年平均出生率 $-$ 年平均死亡率,则由 (2-6-1) 式可知 n 年后人口总数 $A_n = A_0 e^{nr}$. 例如,某城市 1995—1999 年人口总数如表 2-2 所示.

表 2-2

年份	人口总数(万)	计算 $A_n = (924.20) e^{n(0.01386)}$ (万)
1995	924.20	$A_0 = 924.20$
1996	937.17	$A_1 = 937.01$
1997	949.74	$A_2 = 950.19$
1998	962.59	$A_3 = 963.46$
1999	975.42	$A_4 = 976.86$

这里,取 $r \approx \frac{975.42 - 924.20}{924.20} \cdot \frac{1}{4} \approx 0.01386$.

我们看到, 1995—1999 年间城市人口发展情况与计算值很接近. 但是,应当指出,作为一个模型, (2-6-1) 式是粗糙的. 它没有考虑周围条件对人口增长的影响,并要求增长率等于常数,这显然不很合理. 事实上,新中国成立 60 多年来,城市人口的净增长率就很不稳定,高的年份几乎达到 30‰,低的年份不到 12‰. 但从统计资料看,在 1995—1999 年间,年平均增长率比较稳定,因此可用 (2-6-1) 式来描述.

习题 2-6

1. 证明：若当 $x \to x_0$ 时，$\alpha(x) \to 0, \beta(x) \to 0$，且 $\alpha(x) \neq 0$，则当 $x \to x_0$ 时，$\alpha(x) \sim \beta(x)$ 的充分必要条件是 $\lim\limits_{x \to x_0} \dfrac{\alpha(x) - \beta(x)}{\alpha(x)} = 0$.

2. 若 $\beta(x) \neq 0$，$\lim\limits_{x \to x_0} \beta(x) = 0$ 且 $\lim\limits_{x \to x_0} \dfrac{\alpha(x)}{\beta(x)}$ 存在，证明：$\lim\limits_{x \to x_0} \alpha(x) = 0$.

3. 证明：若当 $x \to 0$ 时，$f(x) = o(x^a), g(x) = o(x^b)$，则 $f(x) \cdot g(x) = o(x^{a+b})$，其中 a, b 都大于 0，并由此判断当 $x \to 0$ 时，$\tan x - \sin x$ 是 x 的几阶无穷小量.

4. 利用等价无穷小量求下列极限：

(1) $\lim\limits_{x \to 0} \dfrac{\sin ax}{\tan bx}$ $(b \neq 0)$；

(2) $\lim\limits_{x \to 0} \dfrac{1 - \cos kx}{x^2}$；

(3) $\lim\limits_{x \to 0} \dfrac{\ln(1+x)}{\sqrt{1+x} - 1}$；

(4) $\lim\limits_{x \to 0} \dfrac{\sqrt{2} - \sqrt{1 + \cos x}}{\sqrt{1 + x^2} - 1}$；

(5) $\lim\limits_{x \to 0} \dfrac{\arctan x}{\arcsin x}$；

(6) $\lim\limits_{x \to 0} \dfrac{e^{ax} - e^{bx}}{\sin ax - \sin bx}$ $(a \neq b)$；

(7) $\lim\limits_{x \to 0} \dfrac{\ln(\cos 2x)}{\ln(\cos 3x)}$；

(8) 设 $\lim\limits_{x \to 0} \dfrac{f(x) - 3}{x^2} = 100$，求 $\lim\limits_{x \to 0} f(x)$.

第七节　函数的连续性

一、函数连续性的概念

生活中有很多变量是连续变化的，如温度的升高、空气的流动等，要将 0 ℃ 的水烧到 100 ℃，则水的温度必须经过 0 ℃ 到 100 ℃ 中的每一个值.

例 1 火箭升空时，其质量 $m = m(t)$ 变化情形如图 2-13 所示，其中 t 为时间，分析函数的连续性.

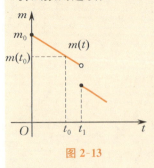

图 2-13

解 我们知道，火箭升空时通常携带了几节燃料，假定最初火箭质量为 m_0，当燃烧第一节燃料时，质量 $m(t)$ 是连续变化的，慢慢变小，这时，其图形是一条连续不断的曲线. 到时刻 t_1，第一节燃料燃烧完毕，其外壳会自动从火箭上脱落，此时，火箭的质量发生突变，函数图形也随之产生间断. 然后开始燃烧第二节燃料.

直观地，我们称函数 $m(t)$ 在 t_0 处连续（$0 < t_0 < t_1$），而称 $m(t)$ 在 t_1 处间断. 易见，$m(t)$ 在 t_1 处的左、右极限不相等，从而极限不存在. 而 $m(t)$ 在 t_0 处的极限不仅存在，并且就等于 $m(t_0)$. 这正是函数在 t_0 处连续的本质特征.

定义 1 设 $f(x)$ 在 x_0 的某邻域 $U(x_0)$ 内有定义,若 $\lim\limits_{x \to x_0} f(x) = f(x_0)$,则称 $f(x)$ 在点 x_0 处**连续**,x_0 称为 $f(x)$ 的**连续点**;否则,称 $f(x)$ 在 x_0 处**间断**,x_0 称为 $f(x)$ 的**间断点**(或**不连续点**).

由第二节的例 5 和第四节的例 2 可知,$\lim\limits_{x \to x_0} \sin x = \sin x_0$;$\lim\limits_{x \to x_0} \cos x = \cos x_0$;当 $f(x)$ 为多项式时,$\lim\limits_{x \to x_0} f(x) = f(x_0)$,所以,它们在任何点 $x_0 \in \mathbf{R}$ 处都连续.

例 2 证明函数 $f(x) = |x|$ 在 $x = 0$ 处连续.

证 $f(x) = |x|$ 的定义域为 $(-\infty, +\infty)$. 又
$$\lim_{x \to 0} f(x) = \lim_{x \to 0} |x| = 0 = f(0),$$
故由定义可知,$f(x) = |x|$ 在 $x = 0$ 处连续.

函数的连续性是一个局部性的概念,函数 $f(x)$ 在点 x_0 处连续,应该满足下列 3 点:

(1) $f(x)$ 在点 x_0 的某邻域 $U(x_0)$ 内有定义;

(2) $\lim\limits_{x \to x_0} f(x) = a$ 存在;

(3) $a = f(x_0)$.

由于函数的连续性是以极限来定义的,而极限可分为左、右极限. 因此,连续也可分为左、右连续来讨论.

定义 2 设函数 $f(x)$ 在 $[x_0, x_0 + \delta)$ $(\delta > 0$ 为常数$)$ 内有定义,若 $\lim\limits_{x \to x_0^+} f(x) = f(x_0)$,则称函数 $f(x)$ 在点 x_0 处是**右连续**的.

设函数 $f(x)$ 在 $(x_0 - \delta, x_0]$ $(\delta > 0$ 为常数$)$ 内有定义,若 $\lim\limits_{x \to x_0^-} f(x) = f(x_0)$,则称函数 $f(x)$ 在点 x_0 处是**左连续**的.

函数在点 x_0 处的左、右连续性统称为函数的**单侧连续性**.

由函数 $f(x)$ 当 $x \to x_0$ 时的极限与其相应的左、右极限的关系定理,以及函数 $f(x)$ 在点 x_0 处连续的定义,立即可得到下面的定理.

定理 1 $f(x)$ **在点** x_0 **处连续的充分必要条件是** $f(x)$ **在点** x_0 **处既是右连续的,又是左连续的**,即
$$\lim_{x \to x_0} f(x) = f(x_0) \Leftrightarrow \lim_{x \to x_0^+} f(x) = \lim_{x \to x_0^-} f(x) = f(x_0).$$

例 3 讨论函数 $f(x) = \begin{cases} x^2, & x \leqslant 1, \\ x+1, & x > 1 \end{cases}$ 在 $x = 1$ 处的连续性.

解 因 $f(1) = x^2 \big|_{x=1} = 1,$
$$\lim_{x \to 1^-} f(x) = \lim_{x \to 1^-} x^2 = 1,$$
$$\lim_{x \to 1^+} f(x) = \lim_{x \to 1^+} (x+1) = 2,$$
故 $f(x)$ 在 $x = 1$ 处不连续,但 $f(x)$ 在 $x = 1$ 处是左连续的.

例 4 问 a 为何值时,函数 $f(x) = \begin{cases} x^2 + 3, & x \geqslant 0, \\ a - x, & x < 0 \end{cases}$ 在 $x = 0$ 处连续?

解 因 $f(0) = 3$,且
$$\lim_{x \to 0^+} f(x) = \lim_{x \to 0^+} (x^2 + 3) = 3,$$
$$\lim_{x \to 0^-} f(x) = \lim_{x \to 0^-} (a - x) = a,$$
故由定理 1 知,当 $a = 3$ 时,$f(x)$ 在 $x = 0$ 处连续.

定义 3 若 $f(x)$ 在区间 (a,b) 内的每一点均连续,则称 **$f(x)$ 在区间 (a,b) 内连续**,记作 $f(x) \in C((a,b))$. 若 $f(x)$ 在 (a,b) 内连续,且在 $x = a$ 处右连续,$x = b$ 处左连续,则称 **$f(x)$ 在区间 $[a,b]$ 上连续**,记作 $f(x) \in C([a,b])$.

例如,$\sin x \in C((-\infty, +\infty)) = C(\mathbf{R}), \cos x \in C(\mathbf{R})$.

若函数 $y = f(x)$ 在 (a,b) 内连续,则 $y = f(x)$ 在 (a,b) 上的函数图形是一条连续而不间断的曲线,反之也成立. 这就是连续函数的几何意义.

在工程技术中常用增量来描述变量的改变量. 在某过程中,变量 u 的终值 u_2 与它的初值 u_1 的差 $u_2 - u_1$ 称为变量 u 在此过程中的**增量**,记为 $\Delta u = u_2 - u_1$. Δu 是一个整体记号,它可以取正值、负值或零.

对函数来说:设函数 $f(x)$ 在 $U(x_0)$ 内有定义,$x \in U(x_0)$,则称 $\Delta x = x - x_0$ 为自变量 x 在点 x_0 处的增量. 此时,$x = x_0 + \Delta x$. 相应地,函数 $f(x)$ 在点 x_0 处有增量
$$\Delta y = f(x) - f(x_0) = f(x_0 + \Delta x) - f(x_0).$$

注意到,若 $\lim\limits_{x \to x_0} f(x) = f(x_0)$ 或 $\lim\limits_{x \to x_0} [f(x) - f(x_0)] = 0$,令 $\Delta x = x - x_0$,则当 $x \to x_0$ 时,$\Delta x \to 0$,从而该式化为 $\lim\limits_{\Delta x \to 0} \Delta y = \lim\limits_{\Delta x \to 0} [f(x_0 + \Delta x) - f(x_0)] = 0$,反之也成立. 换言之,式子 $\lim\limits_{x \to x_0} f(x) = f(x_0)$ 与式子 $\lim\limits_{\Delta x \to 0} \Delta y = 0$ 是等价的. 因此,函数的连续性可用增量的形式表述如下.

定义 4 设 $f(x)$ 在 $U(x_0)$ 内有定义,若 $\lim\limits_{\Delta x \to 0} \Delta y = 0$,则称 $f(x)$ 在点 x_0 处连续,其中 $\Delta y = f(x_0 + \Delta x) - f(x_0)$.

易见,定义 4 和定义 1 是等价的. 定义 4 说明当 $f(x)$ 在 x_0 处

连续时,则它一定具有当自变量做微小变化时,相应的函数值的变化也很微小这一特征.

二、函数的间断点

函数 $f(x)$ 在点 x_0 处间断,一般有下列几种情形：
(1) $f(x)$ 在点 x_0 处无定义,即 $f(x_0)$ 不存在；
(2) $f(x)$ 在点 x_0 处的极限 $\lim\limits_{x \to x_0} f(x)$ 不存在；
(3) $f(x_0)$ 和 $\lim\limits_{x \to x_0} f(x)$ 均存在,但 $\lim\limits_{x \to x_0} f(x) \neq f(x_0)$.

例 5 讨论函数 $f(x) = \dfrac{\sin x}{x}$ 在 $x_0 = 0$ 处的连续性.

解 因 $f(x)$ 在 $x_0 = 0$ 处无定义,故 $f(x) = \dfrac{\sin x}{x}$ 在 $x_0 = 0$ 处间断.

但是,$\lim\limits_{x \to 0} \dfrac{\sin x}{x} = 1$,如果补充定义：$f(0) = 1$,则得到函数

$$y = \begin{cases} f(x), & x \neq 0, \\ 1, & x = 0, \end{cases}$$

该函数在 $x_0 = 0$ 处是连续的.

一般说来,若 $\lim\limits_{x \to x_0} f(x) = a$ 存在,但函数 $f(x)$ 在点 x_0 处无定义,或者虽有定义,但 $f(x_0) \neq a$,则称点 x_0 为函数 $f(x)$ 的**可去间断点**. 此时,若补充定义或改变函数 $f(x)$ 在点 x_0 处的值为 $f(x_0) = a$,就可得到一个在点 x_0 处连续的新的函数

$$y = \begin{cases} f(x), & x \neq x_0, \\ a, & x = x_0. \end{cases}$$

例 6 讨论函数

$$f(x) = \begin{cases} x+1, & x > 0, \\ \dfrac{1}{2}, & x = 0, \\ \sin x, & x < 0 \end{cases}$$

在 $x = 0$ 处的连续性.

解 因为
$$\lim\limits_{x \to 0^+} f(x) = \lim\limits_{x \to 0^+}(x+1) = 1, \quad \lim\limits_{x \to 0^-} f(x) = \lim\limits_{x \to 0^-} \sin x = 0,$$
即
$$\lim\limits_{x \to 0^+} f(x) \neq \lim\limits_{x \to 0^-} f(x),$$
所以函数 $f(x)$ 在点 $x = 0$ 处间断.

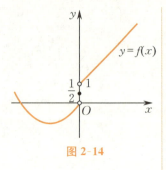

图 2-14

由图 2-14 可看出,例 6 中的函数 $f(x)$ 的图形在其间断点 $x=0$ 处有一间断,我们称这种左、右极限均存在但不相等的函数的间断点为**跳跃间断点**.

通常将函数的跳跃间断点和可去间断点统称为函数的**第一类间断点**.

定义 5 若 x_0 为函数 $f(x)$ 的一个间断点,且 $\lim\limits_{x \to x_0^+} f(x)$ 与 $\lim\limits_{x \to x_0^-} f(x)$ 均存在,则称点 x_0 为函数 $f(x)$ 的一个第一类间断点.

定义 6 凡不属于第一类的间断点,称为函数的**第二类间断点**. 或者说,左、右极限至少有一个不存在的间断点称为第二类间断点.

例 7 讨论函数 $f(x)=\begin{cases}\dfrac{1}{x}, & x \neq 0, \\ 0, & x=0\end{cases}$ 在 $x=0$ 处的连续性.

解 由于
$$\lim_{x \to 0} f(x) = \lim_{x \to 0} \frac{1}{x} = \infty,$$
因此函数 $f(x)$ 在 $x=0$ 处间断,且为 $f(x)$ 的第二类间断点,我们称之为**无穷型间断点**.

例 8 讨论函数 $f(x)=\begin{cases}\sin\dfrac{1}{x}, & x \neq 0, \\ 0, & x=0\end{cases}$ 在 $x=0$ 处的连续性.

解 由于 $\lim\limits_{x \to 0}\sin\dfrac{1}{x}$ 不存在,且由图 2-15 可看出,函数 $f(x)$ 的图形当 x 趋近于 0 时,在 -1 与 1 之间来回振荡,故 $x=0$ 为函数 $f(x)$ 的第二类间断点,且称之为**振荡型间断点**.

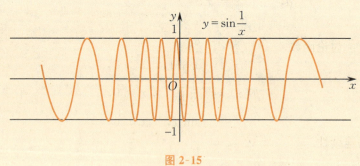

图 2-15

三、连续函数的基本性质

定理 2 若 $f(x),g(x)$ 在点 x_0 处连续,则
(1) $\alpha f(x)+\beta g(x)$ 在 x_0 处连续,其中 α,β 为常数;

(2) $f(x) \cdot g(x)$ 在 x_0 处连续;

(3) 当 $g(x_0) \neq 0$ 时,$\dfrac{f(x)}{g(x)}$ 在 x_0 处连续.

该定理只需根据极限的四则运算公式及函数连续性的定义即可证明.

定理 3 设 $y = f(\varphi(x))$ 由 $y = f(u), u = \varphi(x)$ 复合而成. 若 $u = \varphi(x)$ 在 x_0 处连续,$u_0 = \varphi(x_0)$,而 $y = f(u)$ 在 u_0 处连续,则复合函数 $y = f(\varphi(x))$ 在 x_0 处连续,即
$$\lim_{x \to x_0} f(\varphi(x)) = f(\varphi(x_0)).$$

由定理 2、定理 3 可知,连续函数的和、差、积、商(分母不为 0)仍为连续函数;两个连续函数的复合函数还是连续函数.

定理 3 中的极限式 $\lim\limits_{x \to x_0} f(\varphi(x)) = f(\varphi(x_0))$ 相当于 $\lim\limits_{x \to x_0} f(\varphi(x)) = f(\lim\limits_{x \to x_0} \varphi(x))$,因此可得到下述推论.

推论 1 若 $\lim \varphi(x) = A$,且 $y = f(u)$ 在 $u = A$ 处连续,则
$$\lim f(\varphi(x)) = f(\lim \varphi(x)).$$

换言之,若函数 $f(u)$ 连续,则极限符号可以拿到连续函数符号里边去.

例 9 求:(1) $\lim\limits_{x \to \infty} \sin\left(1 + \dfrac{1}{x}\right)^x$;(2) $\lim\limits_{x \to 0} e^{\frac{\sin x}{x}}$.

解 (1) $\lim\limits_{x \to \infty} \sin\left(1 + \dfrac{1}{x}\right)^x = \sin\left[\lim\limits_{x \to \infty}\left(1 + \dfrac{1}{x}\right)^x\right] = \sin e$.

(2) $\lim\limits_{x \to 0} e^{\frac{\sin x}{x}} = e^{\lim\limits_{x \to 0} \frac{\sin x}{x}} = e^1 = e$.

定理 4 设函数 $y = f(x)$ 在区间 I 上严格单调增加(减少)且连续,则其反函数 $x = f^{-1}(y)$ 在相应区间 $I^* = \{y \mid y = f(x), x \in I\}$ 上严格单调增加(减少)且连续.

显然,函数 $x = f^{-1}(y)$ 的图形与函数 $y = f(x)$ 的图形相同,而从图 2-16 可以看出,$y = f^{-1}(x)$ 的图形是 $y = f(x)$ 的图形绕直线 $y = x$ 翻转 180° 而成,故其单调性和连续性均保持.

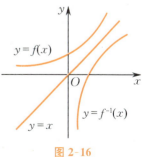

图 2-16

四、初等函数的连续性

由连续和极限的定义容易证明,基本初等函数即常数函数、指数函数、对数函数、幂函数、三角函数、反三角函数在其定义域内都是连续的. 由于初等函数是由基本初等函数经有限次四则运算和有限次复合运算而成,由定理 2、定理 3,可得下面的结论:**初**

等函数在其有定义的区间内连续.

这一结论给出了求初等函数 $f(x)$ 在 x_0 处的极限的简便方法,即若 $f(x)$ 是一初等函数,它在 $[a,b]$ 上有定义,则对任何 $x_0 \in (a,b)$,有
$$\lim_{x \to x_0} f(x) = f(x_0).$$

例 10 求下列极限:

(1) $\lim\limits_{x \to 1} \dfrac{x^2 + \ln(4-3x)}{\arctan x}$; (2) $\lim\limits_{x \to 0} \dfrac{x^2 + 1}{3x^2 + \cos x^2 + 2}$.

解 (1) $\lim\limits_{x \to 1} \dfrac{x^2 + \ln(4-3x)}{\arctan x} = \dfrac{1 + \ln(4-3)}{\arctan 1} = \dfrac{4}{\pi}$.

(2) $\lim\limits_{x \to 0} \dfrac{x^2 + 1}{3x^2 + \cos x^2 + 2} = \dfrac{0+1}{0 + \cos 0 + 2} = \dfrac{1}{3}$.

下面讨论幂指函数的连续性和幂指函数的极限.

称形如 $y = [f(x)]^{g(x)}$ 的函数为**幂指函数**,其中 $f(x) > 0$.

根据对数恒等式,当 $y > 0$ 时,$y = e^{\ln y}$,有 $[f(x)]^{g(x)} = e^{g(x) \cdot \ln f(x)}$,此式说明幂指函数可看作是由 $y = e^u$ 和 $u = g(x) \cdot \ln f(x)$ 复合而成. 又因 e^u 连续,故当 $g(x)$ 和 $f(x)$ 都连续时,$g(x) \ln f(x)$ 连续,进而 $[f(x)]^{g(x)} = e^{g(x) \cdot \ln f(x)}$ 连续. 即若 $\lim\limits_{x \to x_0} f(x) = f(x_0)$,$\lim\limits_{x \to x_0} g(x) = g(x_0)$,则 $\lim\limits_{x \to x_0} [f(x)]^{g(x)} = [f(x_0)]^{g(x_0)}$,其中 $f(x_0) > 0$.

上述结论可推广到更一般的情形.

若 $\lim f(x) = A > 0, \lim g(x) = B$(存在),则
$$\lim [f(x)]^{g(x)} = \lim e^{g(x) \cdot \ln f(x)} = e^{\lim [g(x) \cdot \ln f(x)]} = e^{B \cdot \ln A} = A^B,$$
其中 $f(x) > 0$.

例 11 求下列极限:

(1) $\lim\limits_{x \to 0}(x+2)^x$; (2) $\lim\limits_{x \to 0}\left(\dfrac{\sin 2x}{x}\right)^{1+x}$.

解 (1) $\lim\limits_{x \to 0}(x+2)^x = (0+2)^0 = 1$.

(2) $\lim\limits_{x \to 0}\left(\dfrac{\sin 2x}{x}\right)^{1+x} = 2^1 = 2$.

习 题 2-7

1. 研究下列函数的连续性,并画出函数的图形:

(1) $f(x) = \begin{cases} x^3 + 1, & 0 \leqslant x < 1, \\ 3 - x, & 1 \leqslant x \leqslant 2; \end{cases}$ (2) $f(x) = \begin{cases} x, & -1 \leqslant x < 1, \\ 1, & x < -1 \text{ 或 } x \geqslant 1. \end{cases}$

2. 说明函数 $f(x)$ 在点 x_0 处有定义、有极限、连续这 3 个概念有什么不同,又有什么联系.
3. 函数在其第二类间断点处的左、右极限是否一定均不存在?试举例说明.
4. 求下列函数的间断点,并说明间断点的类型:

(1) $f(x) = \dfrac{x^2-1}{x^2+3x+2}$; (2) $f(x) = \dfrac{\sin x + x}{\sin x}$; (3) $f(x) = (1+|x|)^{\frac{1}{x}}$;

(4) $f(x) = \dfrac{x+2}{x^2-4}$; (5) $f(x) = x\sin\dfrac{1}{x}$.

5. 适当选择 a 值,使函数 $f(x) = \begin{cases} e^x, & x<0, \\ a+x, & x\geqslant 0 \end{cases}$ 在 $x=0$ 处连续.

*6. 设 $f(x) = \lim\limits_{a\to+\infty}\dfrac{a^x-a^{-x}}{a^x+a^{-x}}$,讨论 $f(x)$ 的连续性.

7. 求下列极限:

(1) $\lim\limits_{x\to 2}\dfrac{2x}{x^2+x-2}$; (2) $\lim\limits_{x\to 0}\sqrt{3+2x-x^2}$; (3) $\lim\limits_{x\to 2}\ln(x-1)$;

(4) $\lim\limits_{x\to\frac{1}{2}}\arcsin\sqrt{1-x^2}$; (5) $\lim\limits_{x\to e}(\ln x)^x$.

第八节　闭区间上连续函数的性质

在闭区间上连续的函数有一些重要性质.它们可作为分析和论证某些问题时的理论根据.这些性质的几何意义十分明显,我们均不给予证明.

一、最值定理

我们首先引入最值的概念.

定义 1　设函数 $f(x)$ 在区间 I 上有定义,如果存在点 $x_0 \in I$,使得对任意 $x \in I$,恒有 $f(x_0) \geqslant f(x)$(或 $f(x_0) \leqslant f(x)$)成立,则称 $f(x_0)$ 为函数 $f(x)$ 在区间 I 上的**最大值**(或**最小值**),记为 $f(x_0) = \max\limits_{x\in I} f(x)$(或 $f(x_0) = \min\limits_{x\in I} f(x)$),$x_0$ 称为函数 $f(x)$ 在区间 I 上的**最大值点**(或**最小值点**).

一般说来,在一个区间上连续的函数,未必在该区间上存在最大值或最小值.但是,在一个闭区间上连续的函数,它必在该闭区间上取得最大值和最小值.

定理 1　若 $f(x) \in C([a,b])$,则 $f(x)$ 在 $[a,b]$ 上至少取到它的最大值和最小值各一次.

(1) $f(x)$ 为 $[a,b]$ 上的单调连续函数.

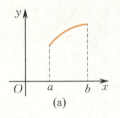

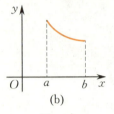

图 2-17

由图 2-17 可看出,此时函数 $f(x)$ 恰好在区间 $[a,b]$ 的端点 a 和 b 取得最大值和最小值.

(2) $f(x)$ 为 $[a,b]$ 上的一般连续函数.

在这种情形下,总可以将 $[a,b]$ 分成有限个小区间,使函数 $f(x)$ 在每个小区间上保持单调增加或单调减少. 于是,这有限个小区间的端点处的函数值中的最大者和最小者即分别为函数 $f(x)$ 在 $[a,b]$ 上的最大值和最小值. 如图 2-18 所示,最大值为 $f(b)$,而最小值为 $f(a_4)$.

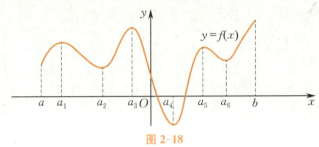

图 2-18

推论 1　若 $f(x) \in C([a,b])$,则 $f(x)$ 在 $[a,b]$ 上有界.

二、零点存在定理

定理 2　设 $f(x)$ 在闭区间 $[a,b]$ 上连续,且两端点上的函数值异号,即 $f(a) \cdot f(b) < 0$,则至少存在一点 $x_0 \in (a,b)$,使得 $f(x_0) = 0$.

从图 2-19 可看出零点存在定理的几何意义:若 $f(x)$ 在闭区间 $[a,b]$ 上连续,且 $f(a)$ 与 $f(b)$ 不同号,则函数 $y = f(x)$ 对应的曲线至少有一次穿过 x 轴.

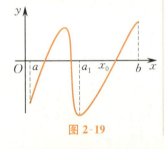

图 2-19

例 1　证明方程 $x^5 - 3x = 1$ 在 $x = 1$ 与 $x = 2$ 之间至少有一根.

证　令 $f(x) = x^5 - 3x - 1, x \in [1,2]$,则 $f(x) \in C([1,2])$,且 $f(1) = -3, f(2) = 25$,故由零点存在定理可知,至少存在一点 $x_0 \in (1,2)$,使得 $f(x_0) = 0$,即方程 $x^5 - 3x = 1$ 在 $x = 1$ 与 $x = 2$ 之间至少有一根.

例 2　证明方程 $x = a\sin x + b (a > 0, b > 0)$ 至少有一个不超过 $a+b$ 的正根.

证　设 $f(x) = x - a\sin x - b, x \in [0, a+b]$,则 $f(x) \in C([0, a+b])$,而
$$f(0) = 0 - a\sin 0 - b = -b < 0,$$
$$f(a+b) = a+b - a\sin(a+b) - b = a[1 - \sin(a+b)] \geqslant 0.$$

(1) 若 $f(a+b) = 0$,则 $x_0 = a+b$ 就是原方程的根.

(2) 若 $f(a+b) > 0$,则由零点存在定理可知,至少存在一点 $x_0' \in (0, a+b)$,使得 $f(x_0') = 0$.

综上所述,方程 $x = a\sin x + b$ 在 $(0, a+b]$ 上至少有一根,即至少有一不超过 $a+b$ 的正根.

例3 设 $f(x) \in C([a,b])$，$f(a) = f(b) = 0$，且存在正常数 δ 和 δ_1，使 $f(x)$ 在 $(a, a+\delta)$ 及 $(b-\delta_1, b)$ 内是严格单调增加的，证明至少存在一点 $x_0 \in (a,b)$，使得 $f(x_0) = 0$。

证 因 $f(x) \in C([a,b])$，$f(a) = 0$，且 $f(x)$ 在 $(a, a+\delta)$ 上严格单调增加，故至少存在一点 $a_0 \in (a, a+\delta)$，使得 $f(a_0) > f(a) = 0$。

同理，至少存在一点 $b_0 \in (b-\delta_1, b)$，使得 $f(b_0) < f(b) = 0$。

由 $f(x) \in C([a_0, b_0])$，$f(a_0)f(b_0) < 0$ 可知，至少存在一点 $x_0 \in (a_0, b_0) \subset (a, b)$，使得 $f(x_0) = 0$。

三、介值定理

由零点存在定理并运用坐标平移的方法，可以得到介值定理。

定理 3 设 $f(x) \in C([a,b])$，$f(a) = A$，$f(b) = B$，且 $A \neq B$，则对于 A, B 之间的任意一个数 C，至少存在一点 $x_0 \in (a, b)$，使得 $f(x_0) = C$。

该定理说明，当 x 在 $[a,b]$ 上变动时，$[a,b]$ 上的连续函数所取得的函数值必完全充满某个区间 $[A, B]$（见图 2-20）。

由定理 3，我们立即可得下面的推论。

推论 2 设 $f(x) \in C([a,b])$，则 $f(x)$ 可取得介于其在区间 $[a,b]$ 上的最大值 M 和最小值 m 之间的任何值。

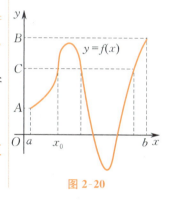

图 2-20

例 4 设 $f(x) \in C([a,b])$，$a < x_1 < x_2 < \cdots < x_n < b$，证明至少存在一点 $x_0 \in [x_1, x_n]$，使得

$$f(x_0) = \frac{f(x_1) + f(x_2) + \cdots + f(x_n)}{n}.$$

证 因为 $f(x) \in C([x_1, x_n])$，所以 $f(x)$ 在 $[x_1, x_n]$ 上有最大值和最小值存在。设 $M = \max\limits_{x \in [x_1, x_n]} f(x)$，$m = \min\limits_{x \in [x_1, x_n]} f(x)$，则

$$m \leqslant f(x_i) \leqslant M, i = 1, 2, \cdots, n.$$

从而

$$m \leqslant \frac{f(x_1) + f(x_2) + \cdots + f(x_n)}{n} \leqslant M.$$

由介值定理的推论，至少存在一点 $x_0 \in [x_1, x_n]$，使得

$$f(x_0) = \frac{f(x_1) + f(x_2) + \cdots + f(x_n)}{n}.$$

应该注意，这 3 个定理的共同条件"$f(x)$ 在闭区间 $[a,b]$ 上连续"不能减弱。将区间 $[a,b]$ 换成 (a,b)，或去掉"连续"的条件，定

理的结论都不一定成立. 例如, $y = \dfrac{1}{x}$ 在 $(0,1)$ 连续, 但 $\dfrac{1}{x}$ 在 $(0,1)$ 内不能取到最大值, 也无上界. 又如, $f(x) = \begin{cases} x, & x \neq 0, \\ 1, & x = 0 \end{cases}$ 在 $[-1,1]$ 上有定义, 仅在 $x = 0$ 处不连续, $f(-1) \cdot f(1) < 0$, 但不存在 $x_0 \in (-1,1)$, 使 $f(x_0) = 0$.

习 题 2-8

1. 证明方程 $x^5 - x^4 - x^2 - 3x = 1$ 至少有一个介于 1 和 2 之间的根.
2. 证明方程 $\ln(1 + e^x) - 2x = 0$ 至少有一个小于 1 的正根.
*3. 设 $f(x) \in C((-\infty, +\infty))$, 且 $\lim\limits_{x \to -\infty} f(x) = A$, $\lim\limits_{x \to +\infty} f(x) = B$, $A \cdot B < 0$, 试由极限及零点存在定理的几何意义说明至少存在一点 $x_0 \in (-\infty, +\infty)$, 使得 $f(x_0) = 0$.
4. 设多项式 $P_n(x) = x^n + a_1 x^{n-1} + \cdots + a_n$. 利用第 3 题证明: 当 n 为奇数时, 方程 $P_n(x) = 0$ 至少有一实根.

第三章

导数与微分

第一节 导数的概念

一、导数的引入

例 1 变速直线运动的瞬时速度.

设某物体做变速直线运动,在$[0,t]$内所走过的路程为$s=s(t)$,其中$t>0$为时间,求物体在时刻t_0的瞬时速度$v=v(t_0)$.

解 我们知道,当物体做匀速直线运动时,速度v等于物体所走过的路程s除以所用的时间t,即$v=\dfrac{s}{t}$.这一速度实际是物体走过某段路程的平均速度,平均速度通常记为$\bar{v}$.因为匀速运动物体的速度是不变的,所以瞬时速度$v=\bar{v}$.但变速直线运动物体的速度$v(t)$是随时间t的变化而变化的,不同时刻的速度可能不同,因此,用上述公式算出的平均速度$\bar{v}$不能真实反映物体在t_0时的瞬时速度$v(t_0)$.

为求$v(t_0)$,我们可先求出物体在$[t_0,t_0+\Delta t]$这一小段时间内的平均速度$\bar{v}$,当Δt很小时,通常速度的变化不会很大,因此平均速度$\bar{v}$可作为$v(t_0)$的近似值.容易看出,Δt越小,则$\bar{v}$越接近于$v(t_0)$,当Δt无限变小时,则$\bar{v}$将无限接近于$v(t_0)$,即$v(t_0)=\lim\limits_{\Delta t\to 0}\bar{v}$.这就是我们求$v(t_0)$的基本思路.

以下具体求$v(t_0)$.设物体在$[0,t_0]$内所走过的路程为$s(t_0)$,在$[0,t_0+\Delta t]$内所走过的路程为$s(t_0+\Delta t)$,从而物体在$[t_0,t_0+\Delta t]$这段时间内所走过的路程为

$$\Delta s=s(t_0+\Delta t)-s(t_0),$$

物体在$[t_0,t_0+\Delta t]$这段时间内的平均速度为

$$\bar{v}=\frac{\Delta s}{\Delta t}=\frac{s(t_0+\Delta t)-s(t_0)}{\Delta t},$$

且$v(t_0)\approx\bar{v}=\dfrac{\Delta s}{\Delta t}$.

根据前面的分析,Δt越小,$\bar{v}$越接近于$v(t_0)$,当Δt无限变小时,$\bar{v}$无限接近于$v(t_0)$,由极限的定义知,

$$v(t_0)=\lim_{\Delta t\to 0}\bar{v}=\lim_{\Delta t\to 0}\frac{\Delta s}{\Delta t}=\lim_{\Delta t\to 0}\frac{s(t_0+\Delta t)-s(t_0)}{\Delta t}. \qquad(3\text{-}1\text{-}1)$$

例 2 曲线的切线斜率.

解 首先说明什么是曲线的切线,因为在此之前,我们还没有对一般曲线的切线给出一个准确的定义.在中学时,曾定义圆的切线为"与圆只有一个交点的直线",但对一般曲线而言,这一定义是不合适的.如曲线$y=x^2$,在$x=0$处,x轴和y轴与曲线$y=x^2$都只有一个交点,应以哪条直线作为$y=x^2$在$x=0$处的切线?又如$y=\sin x$,直观地,似

应以 $y=1$ 作为 $y=\sin x$ 在 $x=\dfrac{\pi}{2}$ 处的切线,但 $y=1$ 与 $y=\sin x$ 有无穷多个交点(见图 3-1).

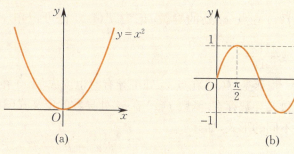

图 3-1

一般地,设连续曲线 C 及 C 上一点 M,在点 M 外任取一点 $N\in C$,作割线 MN,当点 N 沿曲线 C 趋向于点 M 时,如果割线 MN 趋向于它的极限位置 MT,则称直线 MT 为曲线 C 在点 M 处的切线(见图 3-2).

易见,这个定义包含了中学中关于圆的切线定义.

以下讨论曲线 $C\colon y=f(x)$ 在点 $M(x_0,y_0)$ 处的切线斜率.

如图 3-2 所示,设 N 的坐标为 $(x_0+\Delta x, y_0+\Delta y)$,割线 MN 的倾角为 φ,切线 MT 的倾角为 θ,则割线 MN 的斜率

$$\bar{k}=\tan\varphi=\frac{NP}{MP}=\frac{\Delta y}{\Delta x}=\frac{f(x_0+\Delta x)-f(x_0)}{\Delta x}.$$

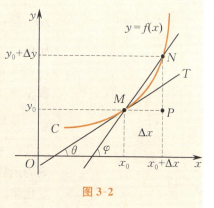

图 3-2

当 $\Delta x\to 0$ 时,点 N 沿曲线 C 趋于 M,由切线定义知 MN 趋于 MT,从而 $\varphi\to\theta$,$\tan\varphi\to\tan\theta$,即切线斜率

$$k=\tan\theta=\lim_{\Delta x\to 0}\tan\varphi=\lim_{\Delta x\to 0}\frac{\Delta y}{\Delta x}=\lim_{\Delta x\to 0}\frac{f(x_0+\Delta x)-f(x_0)}{\Delta x}. \tag{3-1-2}$$

例 1 和例 2 尽管实际意义不同,但它们最后都归结为要求函数的改变量与自变量的改变量的比值,当自变量的改变量趋于 0 时的极限,可见这种形式的极限问题是非常重要且普遍存在的,因此有必要将其抽象出来,进行重点的讨论和研究.这种形式的极限就是函数的导数.

二、导数的定义

定义 1　设函数 $y=f(x)$ 在点 x_0 的某个邻域 $U(x_0)$ 内有定义,当自变量 x 在 x_0 处取得增量 Δx(点 $x_0+\Delta x$ 仍在 $U(x_0)$ 内)时,相应地函数 y 取得增量 $\Delta y=f(x_0+\Delta x)-f(x_0)$,如果极限

$$\lim_{\Delta x \to 0} \frac{\Delta y}{\Delta x} = \lim_{\Delta x \to 0} \frac{f(x_0 + \Delta x) - f(x_0)}{\Delta x} \qquad (3\text{-}1\text{-}3)$$

存在,则称函数 $y = f(x)$ 在点 x_0 处**可导**,并称该极限值为函数 $y = f(x)$ 在点 x_0 处的**导数**,记为 $f'(x_0)$,也可记作 $y'\big|_{x=x_0}$,$\dfrac{\mathrm{d}y}{\mathrm{d}x}\big|_{x=x_0}$ 或 $\dfrac{\mathrm{d}f(x)}{\mathrm{d}x}\big|_{x=x_0}$.

函数 $f(x)$ 在点 x_0 处可导有时也说成 $f(x)$ 在点 x_0 处具有导数或导数存在. 函数 $f(x)$ 在 x_0 处导数的定义式(3-1-3)也可写成不同的形式,如

$$f'(x_0) = \lim_{h \to 0} \frac{f(x_0 + h) - f(x_0)}{h} \qquad (3\text{-}1\text{-}4)$$

或

$$f'(x_0) = \lim_{x \to x_0} \frac{f(x) - f(x_0)}{x - x_0}. \qquad (3\text{-}1\text{-}5)$$

如果(3-1-3)式的极限不存在(包括 ∞),则称函数 $y = f(x)$ 在点 x_0 处不可导或没有导数. 但当(3-1-3)式为 ∞ 时,我们也常说函数 $y = f(x)$ 在 x_0 处的导数为无穷大.

显然,函数增量与自变量增量之比 $\dfrac{\Delta y}{\Delta x}$ 是函数在区间 $[x_0, x_0 + \Delta x]$ 上的平均变化速度,即平均变化率. 而导数 $f'(x_0)$ 则为函数 $f(x)$ 在点 x_0 处的瞬时变化速度,即函数在 x_0 处的瞬时变化率,它反映了因变量随自变量的变化而变化的快慢程度.

以上研究的是函数在一点处可导. 如果函数 $y = f(x)$ 在区间 (a,b) 内每一点处都可导,则称 $f(x)$ 在区间 (a,b) 内可导. 此时对于该区间的每一点 x 都有一个导数值 $f'(x)$ 与之对应,这就构成了一个新函数. 这个函数称为 $f(x)$ 在 (a,b) 内的**导函数**(简称**导数**),记作 $f'(x), y', \dfrac{\mathrm{d}y}{\mathrm{d}x}$ 或 $\dfrac{\mathrm{d}f(x)}{\mathrm{d}x}$,即

$$f'(x) = \lim_{\Delta x \to 0} \frac{f(x + \Delta x) - f(x)}{\Delta x}, \ x \in (a, b). \qquad (3\text{-}1\text{-}6)$$

易见,函数 $y = f(x)$ 在点 x_0 处的导数 $f'(x_0)$ 就是导函数 $f'(x)$ 在 $x = x_0$ 处的函数值,即

$$f'(x_0) = f'(x)\big|_{x=x_0}.$$

从导数定义不难知道,变速直线运动的瞬时速度是位移 s 对时间 t 的导数,即 $v = s' = \dfrac{\mathrm{d}s}{\mathrm{d}t}$;曲线 $y = f(x)$ 在点 $(x, f(x))$ 处的切线斜率是 $f(x)$ 在 x 处的导数,即 $k = \tan \alpha = f'(x) = \dfrac{\mathrm{d}y}{\mathrm{d}x}$.

由导数的定义可知,求函数 $y = f(x)$ 在 x 处的导数可分为如下 3 步:

(1) 求增量　$\Delta y = f(x+\Delta x) - f(x)$；

(2) 算比值　$\dfrac{\Delta y}{\Delta x} = \dfrac{f(x+\Delta x) - f(x)}{\Delta x}$；

(3) 取极限　$f'(x) = \lim\limits_{\Delta x \to 0} \dfrac{\Delta y}{\Delta x} = \lim\limits_{\Delta x \to 0} \dfrac{f(x+\Delta x) - f(x)}{\Delta x}$.

例 3　求函数 $y = C$（C 为常数）的导数.

解　求增量　当自变量由 x 变到 $x + \Delta x$ 时，总有 $\Delta y = 0$.

算比值　$\dfrac{\Delta y}{\Delta x} = 0 \;(\Delta x \neq 0)$.

取极限　$\lim\limits_{\Delta x \to 0} \dfrac{\Delta y}{\Delta x} = 0$，即

$$C' = 0.$$

这就是说，常数的导数等于零.

例 4　求函数 $y = x^n \;(n \in \mathbf{N}^+)$ 的导数.

解　求增量　$\Delta y = (x+\Delta x)^n - x^n$

$$= x^n + nx^{n-1}\Delta x + \dfrac{n(n-1)}{2!}x^{n-2}(\Delta x)^2 + \cdots + (\Delta x)^n - x^n$$

$$= nx^{n-1}\Delta x + \dfrac{n(n-1)}{2!}x^{n-2}(\Delta x)^2 + \cdots + (\Delta x)^n.$$

算比值　$\dfrac{\Delta y}{\Delta x} = nx^{n-1} + \dfrac{n(n-1)}{2!}x^{n-2}\Delta x + \cdots + (\Delta x)^{n-1}$.

取极限　$\lim\limits_{\Delta x \to 0} \dfrac{\Delta y}{\Delta x} = nx^{n-1}$，即

$$(x^n)' = nx^{n-1}.$$

以后我们可以证明，对于幂函数 $y = x^\mu \;(\mu \in \mathbf{R})$，仍有

$$(x^\mu)' = \mu x^{\mu-1}$$

成立.

例 5　求函数 $y = \sin x$ 的导数.

解　求增量　$\Delta y = \sin(x+\Delta x) - \sin x = 2\sin\dfrac{\Delta x}{2}\cos\left(x + \dfrac{\Delta x}{2}\right)$.

算比值　$\dfrac{\Delta y}{\Delta x} = \cos\left(x + \dfrac{\Delta x}{2}\right) \cdot \dfrac{\sin\dfrac{\Delta x}{2}}{\dfrac{\Delta x}{2}}$.

取极限　$\lim\limits_{\Delta x \to 0} \dfrac{\Delta y}{\Delta x} = \lim\limits_{\Delta x \to 0} \cos\left(x + \dfrac{\Delta x}{2}\right) \cdot \lim\limits_{\Delta x \to 0} \dfrac{\sin\dfrac{\Delta x}{2}}{\dfrac{\Delta x}{2}} = \cos x$，即

$$(\sin x)' = \cos x.$$

类似地,可以得到
$$(\cos x)' = -\sin x.$$

例 6 求函数 $y = \log_a x \,(a > 0, a \neq 1)$ 的导数.

解 求增量 $\Delta y = \log_a(x + \Delta x) - \log_a x.$

算比值 $\dfrac{\Delta y}{\Delta x} = \dfrac{1}{\Delta x}\log_a\left(1 + \dfrac{\Delta x}{x}\right) = \dfrac{1}{x}\log_a\left(1 + \dfrac{\Delta x}{x}\right)^{\frac{x}{\Delta x}}.$

取极限 $\lim\limits_{\Delta x \to 0}\dfrac{\Delta y}{\Delta x} = \dfrac{1}{x}\log_a\left[\lim\limits_{\Delta x \to 0}\left(1 + \dfrac{\Delta x}{x}\right)^{\frac{x}{\Delta x}}\right] = \dfrac{1}{x}\log_a e = \dfrac{1}{x \ln a}$,即

$$(\log_a x)' = \dfrac{1}{x \ln a}.$$

特别地,当 $a = e$ 时,有 $(\ln x)' = \dfrac{1}{x}.$

例 7 求函数 $f(x) = a^x \,(a > 0, a \neq 1)$ 的导数.

解 $f'(x) = \lim\limits_{\Delta x \to 0}\dfrac{f(x + \Delta x) - f(x)}{\Delta x} = \lim\limits_{\Delta x \to 0}\dfrac{a^{x + \Delta x} - a^x}{\Delta x} = a^x \cdot \lim\limits_{\Delta x \to 0}\dfrac{a^{\Delta x} - 1}{\Delta x},$

注意到,当 $x \to 0$ 时,$e^x - 1 \sim x$,故 $a^{\Delta x} - 1 = e^{\Delta x \ln a} - 1 \sim \Delta x \ln a\,(\Delta x \to 0$ 时$)$,于是

$$f'(x) = a^x \lim\limits_{\Delta x \to 0}\dfrac{a^{\Delta x} - 1}{\Delta x} = a^x \lim\limits_{\Delta x \to 0}\dfrac{\Delta x \ln a}{\Delta x} = a^x \ln a,$$

即

$$(a^x)' = a^x \ln a.$$

特别地,当 $a = e$ 时,$(e^x)' = e^x.$

例 8 讨论函数 $f(x) = |x|$ 在 $x = 0$ 处的导数的存在性.

解 $\lim\limits_{\Delta x \to 0}\dfrac{\Delta y}{\Delta x} = \lim\limits_{\Delta x \to 0}\dfrac{f(0 + \Delta x) - f(0)}{\Delta x} = \lim\limits_{\Delta x \to 0}\dfrac{|\Delta x|}{\Delta x}.$

当 $\Delta x < 0$ 时,有 $\lim\limits_{\Delta x \to 0^-}\dfrac{|\Delta x|}{\Delta x} = -1$;

当 $\Delta x > 0$ 时,有 $\lim\limits_{\Delta x \to 0^+}\dfrac{|\Delta x|}{\Delta x} = 1.$

所以 $\lim\limits_{\Delta x \to 0}\dfrac{\Delta y}{\Delta x}$ 不存在,即函数 $f(x) = |x|$ 在 $x = 0$ 处不可导.

记

$$f'_-(x_0) = \lim\limits_{\Delta x \to 0^-}\dfrac{\Delta y}{\Delta x} = \lim\limits_{\Delta x \to 0^-}\dfrac{f(x_0 + \Delta x) - f(x_0)}{\Delta x}$$

$$= \lim_{x \to x_0^-} \frac{f(x) - f(x_0)}{x - x_0},$$

$$f'_+(x_0) = \lim_{\Delta x \to 0^+} \frac{\Delta y}{\Delta x} = \lim_{\Delta x \to 0^+} \frac{f(x_0 + \Delta x) - f(x_0)}{\Delta x}$$

$$= \lim_{x \to x_0^+} \frac{f(x) - f(x_0)}{x - x_0}$$

分别称为 $f(x)$ 在 x_0 处的**左、右导数**. 由导数的定义,以及当 $x \to x_0$ 时函数 $f(x)$ 的极限存在的充分必要条件是 $f(x)$ 在 x_0 处的左、右极限均存在且相等这一结论,可以得到下面结果.

定理 1 $f(x)$ 在 x_0 处可导的充分必要条件是 $f(x)$ 在 x_0 处的左、右导数均存在且相等.

在例 8 中,由于 $f'_-(0) = -1, f'_+(0) = 1, f'_-(0) \neq f'_+(0)$,因此 $f(x) = |x|$ 在 $x = 0$ 处不可导.

三、导数的几何意义

由前面有关曲线的切线斜率的讨论和导数的定义可知,函数 $f(x)$ 在点 x_0 的导数 $f'(x_0)$ 的几何意义就是曲线 $y = f(x)$ 在点 (x_0, y_0) 处的切线斜率,即

$$f'(x_0) = \tan \alpha \quad \left(\alpha \neq \frac{\pi}{2}\right),$$

其中 α 是切线的倾角.

导数的几何意义

如果 $f(x)$ 连续且 $f'(x_0) = \infty$,这时曲线 $y = f(x)$ 的割线以垂直于 x 轴的直线 $x = x_0$ 为极限位置,即曲线 $y = f(x)$ 在点 $(x_0, f(x_0))$ 处具有垂直于 x 轴的切线 $x = x_0$.

由导数的几何意义和直线的点斜式方程,可得曲线 $y = f(x)$ 在点 $(x_0, f(x_0))$ 处的切线方程为

$$y - f(x_0) = f'(x_0)(x - x_0);$$

曲线 $y = f(x)$ 在点 $(x_0, f(x_0))$ 处的法线方程为

$$y - f(x_0) = -\frac{1}{f'(x_0)}(x - x_0) \quad (f'(x_0) \neq 0).$$

如果 $f'(x_0) = 0$,则曲线 $y = f(x)$ 在点 $(x_0, f(x_0))$ 处的切线方程为 $y = f(x_0)$,法线方程为 $x = x_0$.

例 9 求曲线 $y = x^2$ 在点 $M_0(1, 1)$ 处的切线方程和法线方程.

解 根据导数的几何意义,所求切线的斜率为

$$k = y'\Big|_{x=1} = 2x\Big|_{x=1} = 2,$$

从而得切线方程为

$$y - 1 = 2(x - 1), \text{即 } 2x - y - 1 = 0;$$

所求法线方程为

$$y - 1 = -\frac{1}{2}(x-1), \text{即 } x + 2y - 3 = 0.$$

由导数的几何意义可知,如果 $y = f(x)$ 在 x_0 处可导,则曲线 $y = f(x)$ 在点 (x_0, y_0) 处一定有切线. 但反之不然,即若 $y = f(x)$ 在 (x_0, y_0) 处有切线,$y = f(x)$ 在 x_0 处不一定可导.

例 10 曲线 $y = \sqrt[3]{x}$ 在 $(0,0)$ 处是否有切线?函数 $y = \sqrt[3]{x}$ 在 $x = 0$ 处是否可导?

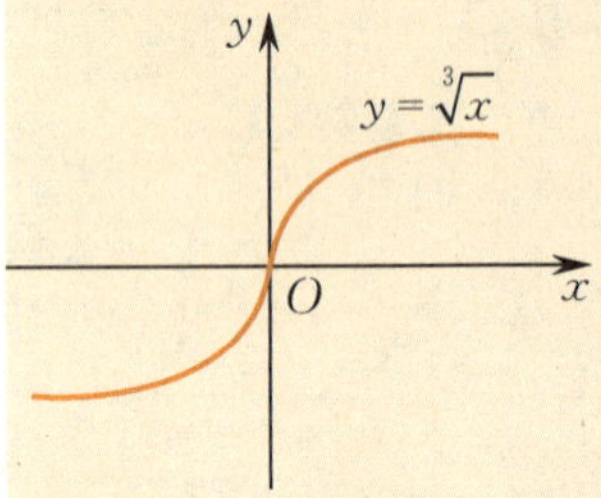

解 由图 3-3 可知,根据切线的定义,$y = \sqrt[3]{x}$ 在 $(0,0)$ 处有垂直于 x 轴的切线 $x = 0$,而

$$\lim_{\Delta x \to 0} \frac{\Delta y}{\Delta x} = \lim_{\Delta x \to 0} \frac{\sqrt[3]{\Delta x} - \sqrt[3]{0}}{\Delta x}$$

$$= \lim_{\Delta x \to 0} \frac{1}{\sqrt[3]{(\Delta x)^2}} = \infty,$$

故 $f'(0) = \infty$,即 $y = \sqrt[3]{x}$ 在 $x = 0$ 处不可导.

图 3-3

四、可导与连续的关系

定理 2 如果函数 $f(x)$ 在点 x_0 处可导,则函数 $f(x)$ 在点 x_0 处必连续.

证 因为函数 $f(x)$ 在点 x_0 处可导,则

$$\lim_{x \to x_0} \frac{f(x) - f(x_0)}{x - x_0} = f'(x_0).$$

根据函数极限与无穷小量的关系,得

$$\frac{f(x) - f(x_0)}{x - x_0} = f'(x_0) + \alpha,$$

其中 $\lim_{x \to x_0} \alpha = 0$. 从而

$$f(x) - f(x_0) = f'(x_0) \cdot (x - x_0) + \alpha \cdot (x - x_0).$$

当 $x \to x_0$ 时,$f(x) - f(x_0) \to 0$,即函数 $f(x)$ 在点 x_0 处连续.

该命题的逆命题不成立,即函数在某点连续却不一定在该点处可导. 例如,函数 $f(x) = |x|$ 在 $x = 0$ 处是连续的,但在 $x = 0$ 处却不可导.

例 11 试确定常数 a, b 之值,使函数

$$f(x) = \begin{cases} 2e^x + a, & x < 0, \\ x^2 + bx + 1, & x \geq 0 \end{cases}$$

在 $x = 0$ 处可导.

解 由可导与连续的关系,首先 $f(x)$ 在 $x=0$ 处必须是连续的,即
$$f(0-0) = \lim_{x \to 0^-} f(x) = \lim_{x \to 0^-}(2e^x + a) = 2 + a,$$
$$f(0+0) = \lim_{x \to 0^+} f(x) = \lim_{x \to 0^+}(x^2 + bx + 1) = 1 = f(0).$$
由连续性定理有 $f(0-0) = f(0+0) = f(0)$,即
$$2 + a = 1,$$
故 $a = -1$. 又
$$f'_-(0) = \lim_{x \to 0^-} \frac{f(x) - f(0)}{x - 0} = \lim_{x \to 0^-} \frac{(2e^x - 1) - 1}{x} = 2 \lim_{x \to 0^-} \frac{e^x - 1}{x} = 2,$$
$$f'_+(0) = \lim_{x \to 0^+} \frac{f(x) - f(0)}{x - 0} = \lim_{x \to 0^+} \frac{(x^2 + bx + 1) - 1}{x} = b,$$
由 $f(x)$ 在 $x=0$ 处可导,有 $f'_-(0) = f'_+(0)$,即 $b = 2$. 因此,当取 $a = -1, b = 2$ 时,$f(x)$ 在 $x=0$ 处可导.

习题 3-1

1. 设 $s = \frac{1}{2}gt^2$,求 $\left.\frac{ds}{dt}\right|_{t=2}$.

2. 设 $f(x) = \frac{1}{x}$,求 $f'(x_0)$ $(x_0 \neq 0)$.

3. (1) 求曲线 $y = x^2$ 上点 $(2,4)$ 处的切线方程和法线方程;
   (2) 求过点 $(3,8)$ 且与曲线 $y = x^2$ 相切的直线方程;
   (3) 求 $y = e^x$ 上点 $(2, e^2)$ 处的切线方程和法线方程;
   (4) 求过点 $(2,0)$ 且与 $y = e^x$ 相切的直线方程.

4. 下列各题中均假定 $f'(x_0)$ 存在,按照导数定义观察下列极限,指出 A 表示什么:
   (1) $\lim_{\Delta x \to 0} \frac{f(x_0 - \Delta x) - f(x_0)}{\Delta x} = A$;
   (2) $f(x_0) = 0, \lim_{x \to x_0} \frac{f(x)}{x_0 - x} = A$;
   (3) $\lim_{h \to 0} \frac{f(x_0 + h) - f(x_0 - h)}{h} = A$.

5. 求下列函数的导数:
   (1) $y = \sqrt{x}$;
   (2) $y = \frac{1}{\sqrt[3]{x^2}}$;
   (3) $y = \frac{x^2 \cdot \sqrt[3]{x^2}}{\sqrt{x^5}}$.

6. 讨论函数 $y = x^{\frac{2}{3}}$ 在 $x = 0$ 处的连续性和可导性.

7. 试由导数定义证明:若 $f(x)$ 为可导的奇(偶)函数,则 $f'(x)$ 是偶(奇)函数.

8. 求下列函数在 x_0 处的左、右导数,从而证明函数在 x_0 处不可导:
   (1) $y = \begin{cases} \sin x, & x \geq 0, \\ x^3, & x < 0, \end{cases}$ $x_0 = 0$;
   (2) $y = \begin{cases} \sqrt{x}, & x \geq 1, \\ x^2, & x < 1, \end{cases}$ $x_0 = 1$.

9. 设函数
$$f(x) = \begin{cases} x^2, & x \leq 1, \\ ax + b, & x > 1. \end{cases}$$
为了使函数 $f(x)$ 在 $x = 1$ 处连续且可导,a, b 应取什么值?

*10. 证明:双曲线 $xy = a^2$ 上任一点处的切线与两坐标轴构成的三角形的面积都等于 $2a^2$.

11. 垂直向上抛一物体,其上升高度 h 与时间 t 的关系式为 $h(t) = 10t - \frac{1}{2}gt^2 (\text{m})$,求:

(1) 物体从 $t=1$ s 到 $t=1.2$ s 的平均速度;
(2) 速度函数 $v(t)$;
(3) 物体何时到达最高点.

12. 设物体绕定轴旋转,在时间间隔 $[0,t]$ 内,转过角度 θ,从而转角 θ 是 t 的函数:$\theta=\theta(t)$. 如果旋转是匀速的,那么称 $\omega=\dfrac{\theta}{t}$ 为该物体旋转的角速度. 如果旋转是非匀速的,应怎样确定该物体在时刻 t_0 的角速度?

*13. 已知 $f(x)$ 在 $x=x_0$ 处可导,证明:
$$\lim_{h\to 0}\frac{f(x_0+\alpha h)-f(x_0-\beta h)}{h}=(\alpha+\beta)f'(x_0).$$

第二节 求 导 法 则

上面我们根据导数的定义,求出了一些简单函数的导数,但是对每一个函数都直接按定义去求它的导数,那将是极为复杂和困难的. 下面我们将介绍求导数的几个基本法则和基本初等函数的导数公式. 利用这些法则和公式,就可以简捷地求出初等函数的导数.

一、函数四则运算的求导法则

定理1　设函数 $u=u(x)$ 和 $v=v(x)$ 都在 x 处可导,则 $y=u\pm v$ 也在 x 处可导,且有
$$(u\pm v)'=u'\pm v'. \tag{3-2-1}$$

证　设当 x 有增量 Δx 时,u,v 所对应的增量分别为 $\Delta u, \Delta v$. 这时函数 y 的增量为
$$\begin{aligned}\Delta y &=[u(x+\Delta x)\pm v(x+\Delta x)]-[u(x)\pm v(x)]\\ &=[u(x+\Delta x)-u(x)]\pm[v(x+\Delta x)-v(x)]\\ &=\Delta u\pm \Delta v,\end{aligned}$$
于是
$$\frac{\Delta y}{\Delta x}=\frac{\Delta u}{\Delta x}\pm\frac{\Delta v}{\Delta x}.$$
取极限得
$$y'=\lim_{\Delta x\to 0}\frac{\Delta y}{\Delta x}=\lim_{\Delta x\to 0}\frac{\Delta u}{\Delta x}\pm\lim_{\Delta x\to 0}\frac{\Delta v}{\Delta x}=u'\pm v',$$
即
$$(u\pm v)'=u'\pm v'.$$

该定理可以推广到有限多个函数代数和的情形.

定理 2　设 $u(x)$ 和 $v(x)$ 在 x 处可导,则 $y=uv$ 也在 x 处可导,且有

$$(uv)' = u'v + uv'. \qquad (3\text{-}2\text{-}2)$$

证　$\Delta y = u(x+\Delta x)v(x+\Delta x) - u(x)v(x)$
$= u(x+\Delta x)v(x+\Delta x) - u(x)v(x+\Delta x)$
$\quad + u(x)v(x+\Delta x) - u(x)v(x)$
$= \Delta u \cdot v(x+\Delta x) + u(x)\Delta v$
$= \Delta u \cdot v + u \cdot \Delta v + \Delta u \cdot \Delta v.$

因此

$$\frac{\Delta y}{\Delta x} = \frac{\Delta u}{\Delta x} \cdot v + u \cdot \frac{\Delta v}{\Delta x} + \Delta u \cdot \frac{\Delta v}{\Delta x}.$$

注意到 $u(x)$ 在 x 处可导时必在 x 处连续,即 $\lim\limits_{\Delta x \to 0}\Delta u = 0$,则

$$y' = \lim_{\Delta x \to 0}\frac{\Delta y}{\Delta x}$$
$$= \lim_{\Delta x \to 0}\frac{\Delta u}{\Delta x} \cdot v + \lim_{\Delta x \to 0} u \cdot \frac{\Delta v}{\Delta x} + \lim_{\Delta x \to 0}\Delta u \cdot \lim_{\Delta x \to 0}\frac{\Delta v}{\Delta x}$$
$$= u'v + uv',$$

即

$$(uv)' = u'v + uv'.$$

特别地,当 C 为常数时,有

$$(Cu)' = Cu'.$$

该定理也可推广到有限个函数之积的情形,例如,

$$(uvw)' = u'vw + uv'w + uvw'.$$

定理 3　设 $u(x)$ 和 $v(x)$ 在 x 处可导,又 $v(x) \neq 0$,则 $y = \dfrac{u}{v}$ 也在 x 处可导,且有

$$\left(\frac{u}{v}\right)' = \frac{u'v - uv'}{v^2}. \qquad (3\text{-}2\text{-}3)$$

证　$\Delta y = \dfrac{u(x+\Delta x)}{v(x+\Delta x)} - \dfrac{u(x)}{v(x)}$
$= \dfrac{u(x+\Delta x)v(x) - u(x)v(x+\Delta x)}{v(x)v(x+\Delta x)}$
$= \dfrac{(u+\Delta u)v - u(v+\Delta v)}{v(v+\Delta v)}$
$= \dfrac{\Delta u \cdot v - u \cdot \Delta v}{v(v+\Delta v)}.$

当 $\Delta x \to 0$ 时,$\dfrac{\Delta u}{\Delta x} \to u'$,$\dfrac{\Delta v}{\Delta x} \to v'$. 又因 v 的连续性,当 $\Delta x \to 0$ 时,$\Delta v \to 0$. 于是

$$y' = \lim_{\Delta x \to 0} \frac{\Delta y}{\Delta x} = \lim_{\Delta x \to 0} \frac{\Delta u \cdot v - u \cdot \Delta v}{v(v + \Delta v)} \cdot \frac{1}{\Delta x}$$

$$= \lim_{\Delta x \to 0} \frac{\frac{\Delta u}{\Delta x} \cdot v - u \cdot \frac{\Delta v}{\Delta x}}{v^2 + v \cdot \Delta v} = \frac{u'v - uv'}{v^2},$$

即

$$\left(\frac{u}{v}\right)' = \frac{u'v - uv'}{v^2}.$$

特别地，如果 C 为常数时，则有

$$\left(\frac{C}{v}\right)' = -\frac{Cv'}{v^2}.$$

例 1　求 $y = x^2 \sin x$ 的导数.

解　$y' = (x^2)' \sin x + x^2 (\sin x)' = 2x \sin x + x^2 \cos x.$

例 2　求 $y = \tan x$ 的导数.

解　$y' = (\tan x)' = \left(\dfrac{\sin x}{\cos x}\right)' = \dfrac{(\sin x)' \cos x - \sin x (\cos x)'}{\cos^2 x}$

$= \dfrac{\cos^2 x + \sin^2 x}{\cos^2 x} = \dfrac{1}{\cos^2 x} = \sec^2 x,$

即

$$(\tan x)' = \sec^2 x.$$

类似地，可以得到

$$(\cot x)' = -\frac{1}{\sin^2 x} = -\csc^2 x;$$
$$(\sec x)' = \sec x \cdot \tan x;$$
$$(\csc x)' = -\csc x \cdot \cot x.$$

例 3　设 $y = x^4 + \sqrt{x} + \cos x + \ln 3$，求 y' 及 $y'\big|_{x=\frac{\pi}{2}}$.

解　$y' = (x^4)' + (x^{\frac{1}{2}})' + (\cos x)' + (\ln 3)' = 4x^3 + \dfrac{1}{2\sqrt{x}} - \sin x.$

$y'\big|_{x=\frac{\pi}{2}} = 4 \cdot \left(\dfrac{\pi}{2}\right)^3 + \dfrac{1}{2\sqrt{\frac{\pi}{2}}} - 1 = \dfrac{\pi^3}{2} + \dfrac{1}{\sqrt{2\pi}} - 1.$

二、复合函数的求导法则

定理 4　设函数 $u = \varphi(x)$ 在点 x 处可导，函数 $y = f(u)$ 在对应点 $u = \varphi(x)$ 处可导，则复合函数 $y = f(\varphi(x))$ 在点 x 处可导，

且有
$$y'(x) = f'(u) \cdot \varphi'(x) = f'(\varphi(x)) \cdot \varphi'(x). \quad (3\text{-}2\text{-}4)$$

证 设 x 有增量 Δx 时, u 的增量为 Δu, 从而 y 也有增量 Δy. 因为
$$\lim_{\Delta u \to 0} \frac{\Delta y}{\Delta u} = f'(u),$$
根据极限存在与无穷小量的关系定理有
$$\frac{\Delta y}{\Delta u} = f'(u) + \alpha,$$
其中 $\lim_{\Delta u \to 0} \alpha = 0$. 于是
$$\Delta y = f'(u) \cdot \Delta u + \alpha \cdot \Delta u.$$
当 $\Delta u = 0$ 时, $\Delta y = 0$, 故上式仍成立(这时取 $\alpha = 0$), 于是
$$\lim_{\Delta x \to 0} \frac{\Delta y}{\Delta x} = \lim_{\Delta x \to 0} \left(f'(u) \cdot \frac{\Delta u}{\Delta x} + \alpha \cdot \frac{\Delta u}{\Delta x} \right)$$
$$= f'(u) \cdot \lim_{\Delta x \to 0} \frac{\Delta u}{\Delta x} + \lim_{\Delta x \to 0} \alpha \cdot \lim_{\Delta x \to 0} \frac{\Delta u}{\Delta x}.$$
由于 $u = \varphi(x)$ 在 x 处连续, 因此当 $\Delta x \to 0$ 时, $\Delta u \to 0$, 从而 $\lim_{\Delta x \to 0} \alpha = \lim_{\Delta u \to 0} \alpha = 0$. 由上式即得到
$$\frac{\mathrm{d}y}{\mathrm{d}x} = \frac{\mathrm{d}y}{\mathrm{d}u} \cdot \frac{\mathrm{d}u}{\mathrm{d}x},$$
亦即
$$y'(x) = f'(u) \cdot \varphi'(x) \text{ 或 } y'(x) = f'(\varphi(x)) \cdot \varphi'(x).$$

可见复合函数 y 关于自变量 x 的导数是复合函数 y 关于中间变量 u 的导数与中间变量 u 关于自变量 x 的导数的乘积.

复合函数的求导法则可以推广到多个中间变量的情形. 例如, 设函数 $y = f(u), u = \varphi(v), v = \psi(x)$, 则复合函数 $y = f(\varphi(\psi(x)))$ 对 x 的导数 (如果下式中右端三个导数均存在) 是
$$\frac{\mathrm{d}y}{\mathrm{d}x} = \frac{\mathrm{d}y}{\mathrm{d}u} \cdot \frac{\mathrm{d}u}{\mathrm{d}v} \cdot \frac{\mathrm{d}v}{\mathrm{d}x}.$$

例 4 已知 $y = \ln(\sin x), x \in (2k\pi, (2k+1)\pi), k \in \mathbf{Z}$, 求 $\frac{\mathrm{d}y}{\mathrm{d}x}$.

解 $y = \ln(\sin x)$ 可以看作是由 $y = \ln u, u = \sin x$ 复合而成, 则
$$\frac{\mathrm{d}y}{\mathrm{d}x} = \frac{\mathrm{d}y}{\mathrm{d}u} \cdot \frac{\mathrm{d}u}{\mathrm{d}x} = \frac{1}{u} \cdot \cos x = \frac{1}{\sin x} \cdot \cos x = \cot x.$$

例 5 求 $y = \sqrt{\dfrac{1+x}{1-2x}}$ 的导数.

解 $y = \sqrt{\dfrac{1+x}{1-2x}}$ 可以看作是由 $y = \sqrt{u}, u = \dfrac{1+x}{1-2x}$ 复合而成, 则

$$\frac{dy}{dx} = \frac{dy}{du} \cdot \frac{du}{dx} = \frac{1}{2\sqrt{u}} \cdot \frac{3}{(1-2x)^2} = \frac{3}{2} \cdot \frac{1}{\sqrt{(1+x)(1-2x)^3}}.$$

例 6 设 $y = x^\mu (\mu \in \mathbf{R}, x > 0)$,证明:$(x^\mu)' = \mu x^{\mu-1}$.

证 $y = x^\mu = e^{\mu \ln x}$ 可以看作是 $y = e^u$ 与 $u = \mu \ln x$ 的复合函数,则

$$y' = \frac{dy}{du} \cdot \frac{du}{dx} = e^u \cdot \mu \cdot \frac{1}{x} = x^\mu \cdot \mu \cdot x^{-1} = \mu x^{\mu-1},$$

即 $(x^\mu)' = \mu x^{\mu-1} \quad (x > 0).$

复合函数求导法则熟练后,中间变量可以不必写出来. 但在求导数时应把中间变量记在脑子中,心中要弄清楚每一步"是在对哪个变量求导数".

例 7 求下列函数的导数:

(1) $y = \tan\sqrt{x-1}$; (2) $y = e^{\sec x^3}$; (3) $y = \log_a |x|$.

解 (1) $y' = \sec^2\sqrt{x-1} \cdot (\sqrt{x-1})'$
$= \sec^2\sqrt{x-1} \cdot \frac{1}{2\sqrt{x-1}} \cdot (x-1)' = \frac{1}{2\sqrt{x-1}} \sec^2\sqrt{x-1}.$

(2) $y' = e^{\sec x^3} \cdot (\sec x^3)' = e^{\sec x^3} \cdot (\sec x^3 \cdot \tan x^3) \cdot (x^3)'$
$= 3x^2 \cdot e^{\sec x^3} \cdot \sec x^3 \cdot \tan x^3.$

(3) $x > 0$ 时,由第一节例 6 知 $y' = (\log_a x)' = \frac{1}{x \ln a}$;

$x < 0$ 时,$y' = [\log_a(-x)]' = \frac{1}{(-x)\ln a}(-x)' = \frac{1}{x \ln a}.$

所以,对一切 $x \neq 0$ 有 $(\log_a |x|)' = \frac{1}{x \ln a}.$

三、反函数的求导法则

定理 5 设严格单调的连续函数 $x = \varphi(y)$ 在某区间 I_y 内可导且 $\varphi'(y) \neq 0$,则其反函数 $y = f(x)$ 在对应区间 I_x 内也可导,且有

$$f'(x) = \frac{1}{\varphi'(y)} \text{ 或 } \frac{dy}{dx} = \frac{1}{\frac{dx}{dy}}.$$

证 由第二章第七节定理 4 知,由于 $x = \varphi(y)$ 在区间 I_y 内是严格单调的连续函数,所以其反函数 $y = f(x)$ 存在,在相应区间 I_x 内有相同的单调性并连续. 因此,对任意的 $x \in I_x$,给增量 $\Delta x \neq 0 (x + \Delta x \in I_x)$,有

$$\Delta y = f(x + \Delta x) - f(x) \neq 0.$$

又由 $y = f(x)$ 的连续性知,当 $\Delta x \to 0$ 时,$\Delta y \to 0$. 于是当 $\Delta x \neq 0$ 时,有

$$\frac{\Delta y}{\Delta x} = \frac{1}{\frac{\Delta x}{\Delta y}},$$

从而

$$f'(x) = \lim_{\Delta x \to 0} \frac{\Delta y}{\Delta x} = \lim_{\Delta y \to 0} \frac{1}{\frac{\Delta x}{\Delta y}} = \frac{1}{\varphi'(y)}.$$

例 8 求 $y = \arcsin x$ ($|x| < 1$) 的导数.

解 $y = \arcsin x$ 是 $x = \sin y$ 的反函数. 由于函数 $x = \sin y$ 在 $\left(-\frac{\pi}{2}, \frac{\pi}{2}\right)$ 内严格单调可导,且 $(\sin y)' = \cos y > 0$. 因此,在对应区间 $(-1, 1)$ 内有

$$(\arcsin x)' = \frac{1}{(\sin y)'} = \frac{1}{\cos y} = \frac{1}{\sqrt{1 - \sin^2 y}} = \frac{1}{\sqrt{1 - x^2}},$$

即

$$(\arcsin x)' = \frac{1}{\sqrt{1 - x^2}}.$$

类似可得其他反三角函数的导数公式:

$$(\arccos x)' = -\frac{1}{\sqrt{1 - x^2}} \quad (|x| < 1),$$

$$(\arctan x)' = \frac{1}{1 + x^2} \quad (x \in \mathbf{R}),$$

$$(\mathrm{arccot}\, x)' = -\frac{1}{1 + x^2} \quad (x \in \mathbf{R}).$$

四、基本导数公式

为了便于查阅,我们将一些常用求导公式及求导法则归纳如下.

1. 基本初等函数的导数公式

(1) $C' = 0$ (C 为常数);   (2) $(x^\mu)' = \mu x^{\mu - 1}$ (μ 为实常数);

(3) $(\sin x)' = \cos x$;   (4) $(\cos x)' = -\sin x$;

(5) $(\tan x)' = \sec^2 x$;   (6) $(\cot x)' = -\csc^2 x$;

(7) $(\sec x)' = \sec x \cdot \tan x$; (8) $(\csc x)' = -\csc x \cdot \cot x$;

(9) $(a^x)' = a^x \ln a$ ($a > 0, a \neq 1$);

(10) $(\mathrm{e}^x)' = \mathrm{e}^x$;

(11) $(\log_a |x|)' = \frac{1}{x \ln a}$ ($a > 0, a \neq 1$);

(12) $(\ln|x|)' = \dfrac{1}{x}$;

(13) $(\arcsin x)' = \dfrac{1}{\sqrt{1-x^2}}$ ($|x|<1$);

(14) $(\arccos x)' = -\dfrac{1}{\sqrt{1-x^2}}$ ($|x|<1$);

(15) $(\arctan x)' = \dfrac{1}{1+x^2}$;

(16) $(\operatorname{arccot} x)' = -\dfrac{1}{1+x^2}$.

2. 函数四则运算的求导法则

设 $u=u(x)$, $v=v(x)$ 在 x 处可导,则
(1) $[Cu(x)]' = Cu'(x)$ （C 为常数）;
(2) $[u(x) \pm v(x)]' = u'(x) \pm v'(x)$;
(3) $[u(x) \cdot v(x)]' = u'(x)v(x) + u(x)v'(x)$;
(4) $\left[\dfrac{u(x)}{v(x)}\right]' = \dfrac{u'(x)v(x) - u(x)v'(x)}{v^2(x)}$ （$v(x) \neq 0$）.

3. 复合函数求导法则

设 $u=\varphi(x)$ 在点 x 处可导, $y=f(u)$ 在相应点 u 处可导,则

$$\frac{dy}{dx} = \frac{dy}{du} \cdot \frac{du}{dx}.$$

4. 反函数求导法则

设 $x=\varphi(y)$ 及 $y=f(x)$ 互为反函数,$\varphi'(y)$ 存在且不为零,则

$$f'(x) = \frac{1}{\varphi'(y)} \quad \text{或} \quad \frac{dy}{dx} = \frac{1}{\frac{dx}{dy}}.$$

五、隐函数的求导法则

一般称形如 $y=f(x)$ 的函数为**显函数**.函数也可不以显函数的形式出现.

设有方程 $F(x,y)=0$,如果在某区间 (a,b) 上存在函数 $y=y(x)$,使得当 $x \in (a,b)$ 时,$F(x,y(x)) \equiv 0$,则称 $F(x,y)=0$ 在 (a,b) 上确定 y 是 x 的**隐函数**.

对于由方程 $F(x,y)=0$ 确定的隐函数 y,若能从方程中解出 y,得到 $y=y(x)$,此时隐函数成为显函数,称为**隐函数的显化**.但是,有不少方程要从中解出 y 是很困难的,有时甚至是不可能的.例如 $y+x-e^{xy}=0$,就很难解出 $y=y(x)$.为此,我们有必要讨论隐函数的求导方法.

设由方程 $F(x,y)=0$ 确定 y 为 x 的隐函数 $y=f(x)$,将 $y=$

$f(x)$ 代入方程得恒等式:
$$F(x,f(x)) \equiv 0.$$
对上式两端关于自变量 x 求导,在此过程中,把 y 看作 x 的函数,运用复合函数的求导法则,便可解出 y 对 x 的导数 $\dfrac{\mathrm{d}y}{\mathrm{d}x}$.

例 9 求由方程 $xy - \mathrm{e}^x + \mathrm{e}^y = 0$ 所确定的隐函数 $y = y(x)$ 的导数.

解 方程两边关于 x 求导,注意 y 是 x 的函数,得
$$y + xy' - \mathrm{e}^x + \mathrm{e}^y \cdot y' = 0.$$
当 $x + \mathrm{e}^y \neq 0$ 时,有
$$y' = \frac{\mathrm{e}^x - y}{x + \mathrm{e}^y}.$$

例 10 求曲线 $x^2 + xy + y^2 = 4$ 上点 $(2,-2)$ 的切线方程.

解 方程两边对 x 求导,得
$$2x + y + xy' + 2yy' = 0.$$
当 $x + 2y \neq 0$ 时,有
$$y' = -\frac{2x + y}{x + 2y}.$$
过点 $(2,-2)$ 的切线斜率为
$$y'\Big|_{(2,-2)} = 1,$$
从而所求切线方程为
$$y - (-2) = x - 2, \text{即 } y - x + 4 = 0.$$

六、取对数求导法

对于某些函数,利用普通方法求导比较复杂,甚至难于进行,例如许多因子相乘和相除的函数及幂指函数. 这时我们可以采用取对数求导法使求导过程简化,即先将等式两边取对数,再用隐函数求导方法计算导数.

例 11 设 $y = x^{\sin x}, x > 0$,求 y'.

解 这是一个幂指函数,它既不是幂函数,也不是指数函数,为此我们在等式两边先取对数,化为隐函数的形式:
$$\ln y = \sin x \ln x,$$
上式两边关于 x 求导,得
$$\frac{1}{y} \cdot y' = \cos x \ln x + \frac{1}{x} \sin x,$$

故
$$y' = y\left(\cos x \ln x + \frac{1}{x}\sin x\right) = x^{\sin x}\left(\cos x \ln x + \frac{1}{x}\sin x\right).$$

例 12 求 $y = \sqrt[3]{\dfrac{(x-1)(x-2)}{(x-3)(x-4)}}$ 的导数.

解 两边取对数,得
$$\ln y = \frac{1}{3}[\ln(x-1) + \ln(x-2) - \ln(x-3) - \ln(x-4)],$$
上式两边对 x 求导,得
$$\frac{1}{y} \cdot y' = \frac{1}{3}\left(\frac{1}{x-1} + \frac{1}{x-2} - \frac{1}{x-3} - \frac{1}{x-4}\right),$$
故
$$y' = \frac{1}{3}\sqrt[3]{\frac{(x-1)(x-2)}{(x-3)(x-4)}} \cdot \left(\frac{1}{x-1} + \frac{1}{x-2} - \frac{1}{x-3} - \frac{1}{x-4}\right).$$

七、参数方程的求导法则

在解析几何里,我们知道曲线可用参数方程表示:
$$\begin{cases} x = \varphi(t), \\ y = \psi(t) \end{cases} \quad (\alpha \leqslant t \leqslant \beta),$$
这里 t 为参变量. 例如中心在原点,半径为 R 的圆可表示为
$$\begin{cases} x = R\cos t, \\ y = R\sin t \end{cases} \quad (0 \leqslant t < 2\pi).$$

参数方程可以确定变量 x, y 间的函数关系. 如果能消去参数,就可以得到 x, y 之间的函数关系式,但通常要消去参数是很困难的. 我们常常需要求出由参数方程所确定的函数的导数,因此需要建立一种方法,不管能否消去参数,都能直接由参数方程求出它所确定的函数的导数.

在参数方程中,若 $\varphi(t), \psi(t)$ 都有导数 $\varphi'(t), \psi'(t)$,又设 $x = \varphi(t)$ 有连续反函数 $t = \varphi^{-1}(x)$,则当 $\varphi'(t) \neq 0$ 时,反函数的导数存在,且 $\dfrac{\mathrm{d}t}{\mathrm{d}x} = \dfrac{1}{\dfrac{\mathrm{d}x}{\mathrm{d}t}} = \dfrac{1}{\varphi'(t)}$. 从而 y 通过变量 t 成为 x 的复合函数,即
$$y = \psi(t) = \psi(\varphi^{-1}(x)),$$ 故由复合函数求导法则,有
$$\frac{\mathrm{d}y}{\mathrm{d}x} = \frac{\mathrm{d}y}{\mathrm{d}t} \cdot \frac{\mathrm{d}t}{\mathrm{d}x} = \frac{\dfrac{\mathrm{d}y}{\mathrm{d}t}}{\dfrac{\mathrm{d}x}{\mathrm{d}t}} = \frac{\psi'(t)}{\varphi'(t)} \quad (\varphi'(t) \neq 0),$$
这就是参数方程所表示函数的求导方法.

例 13 求椭圆 $\begin{cases} x = a\cos t, \\ y = b\sin t \end{cases}$ 在 $t = \dfrac{\pi}{3}$ 的对应点处的切线方程,其中 $a>0, b>0$.

解 当 $t = \dfrac{\pi}{3}$ 时, $x = a\cos\dfrac{\pi}{3} = \dfrac{a}{2}$, $y = b\sin\dfrac{\pi}{3} = \dfrac{\sqrt{3}}{2}b$, 所以椭圆上相应点 M_0 的坐标为 $\left(\dfrac{a}{2}, \dfrac{\sqrt{3}}{2}b\right)$. 又

$$\dfrac{dy}{dx}\bigg|_{x=\frac{a}{2}} = \dfrac{(b\sin t)'}{(a\cos t)'}\bigg|_{t=\frac{\pi}{3}} = -\dfrac{b}{a}\cot\dfrac{\pi}{3} = -\dfrac{\sqrt{3}b}{3a}.$$

于是过 M_0 点的切线方程为

$$y - \dfrac{\sqrt{3}}{2}b = -\dfrac{\sqrt{3}b}{3a}\left(x - \dfrac{a}{2}\right).$$

例 14 求 $\begin{cases} x = a(\theta - \sin\theta), \\ y = a(1 - \cos\theta) \end{cases}$ 所确定的函数 $y = y(x)$ 的导数 $\dfrac{dy}{dx}$,其中 $a > 0$.

解 $\dfrac{dy}{dx} = \dfrac{[a(1-\cos\theta)]'}{[a(\theta-\sin\theta)]'} = \dfrac{\sin\theta}{1-\cos\theta}.$

习 题 3-2

1. 求下列函数的导数:

(1) $s = 3\ln t + \sin\dfrac{\pi}{7}$; (2) $y = \sqrt{x}\ln x$; (3) $y = (1-x^2)\cdot\sin x\cdot(1-\sin x)$;

(4) $y = \dfrac{1-\sin x}{1-\cos x}$; (5) $y = \tan x + e^\pi$; (6) $y = \dfrac{\sec x}{x} - 3\sec x$;

(7) $y = \ln x - 2\lg x + 3\log_2 x$; (8) $y = \dfrac{1}{1+x+x^2}$.

2. 求下列函数在给定点处的导数:

(1) $y = x\sin x + \dfrac{1}{2}\cos x$,求 $\dfrac{dy}{dx}\bigg|_{x=\frac{\pi}{4}}$; (2) $f(x) = \dfrac{3}{5-x} + \dfrac{x^2}{5}$,求 $f'(0)$ 和 $f'(2)$;

(3) $f(x) = \begin{cases} 5x-4, & x \leqslant 1, \\ 4x^2 - 3x, & x > 1, \end{cases}$ 求 $f'(1)$.

3. 设 $p(x) = f_1(x)f_2(x)\cdots f_n(x) \neq 0$,且所有的函数都可导,证明:

$$\dfrac{p'(x)}{p(x)} = \dfrac{f_1'(x)}{f_1(x)} + \dfrac{f_2'(x)}{f_2(x)} + \cdots + \dfrac{f_n'(x)}{f_n(x)}.$$

4. 求下列函数的导数:

(1) $y = e^{3x}$; (2) $y = \arctan x^2$; (3) $y = e^{\sqrt{2x+1}}$;

(4) $y = (1+x^2)\cdot\ln(x+\sqrt{1+x^2})$; (5) $y = x^2\cdot\sin\dfrac{1}{x}$; (6) $y = \cos(ax^3)^2$ (a 为常数);

(7) $y = \arccos\dfrac{1}{x}$; (8) $y = \left(\arcsin\dfrac{x}{2}\right)^2$; (9) $y = \sqrt{1+\ln^2 x}$;

(10) $y = \sin^n x \cdot \cos nx$; (11) $y = \dfrac{\sqrt{1+x}-\sqrt{1-x}}{\sqrt{1+x}+\sqrt{1-x}}$;

(12) $y = \arcsin\sqrt{\dfrac{1-x}{1+x}}$; (13) $y = \ln\cos\arctan(\operatorname{sh} x)$;

(14) $y = \dfrac{x}{2}\sqrt{a^2-x^2} + \dfrac{a^2}{2}\arcsin\dfrac{x}{a}$ （$a>0$ 为常数）.

5. 设 $y = \arccos\dfrac{x-3}{3} - 2\sqrt{\dfrac{6-x}{x}}$，求 $y'\big|_{x=3}$.

6. 试求曲线 $y = e^{-x} \cdot \sqrt[3]{x+1}$ 在点 $(0,1)$ 及点 $(-1,0)$ 处的切线方程和法线方程.

7. 设 $f(x)$ 可导，求下列函数 y 的导数 $\dfrac{dy}{dx}$：

(1) $y = f(x^2)$；   (2) $y = f(\sin^2 x) + f(\cos^2 x)$.

8. 求下列隐函数的导数：

(1) $x^3 + y^3 - 3axy = 0$；   (2) $x = y\ln(xy)$；   (3) $xe^y + ye^x = 10$；

(4) $\ln(x^2+y^2) = 2\arctan\dfrac{y}{x}$；   (5) $xy = e^{x+y}$.

9. 用取对数求导法求下列函数的导数：

(1) $y = \dfrac{\sqrt{x+2}\cdot(3-x)^4}{(x+1)^5}$；   (2) $y = \sin x^{\cos x}$；   (3) $y = \dfrac{e^{2x}(x+3)}{\sqrt{(x+5)(x-4)}}$.

10. 求下列参数方程所确定的函数的导数 $\dfrac{dy}{dx}$：

(1) $\begin{cases} x = a\cos bt + b\sin at \\ y = a\sin bt - b\cos at \end{cases}$ （a,b 为常数）；   (2) $\begin{cases} x = \theta(1-\sin\theta) \\ y = \theta\cos\theta \end{cases}$.

11. 已知 $\begin{cases} x = e^t\sin t \\ y = e^t\cos t \end{cases}$，求当 $t = \dfrac{\pi}{3}$ 时 $\dfrac{dy}{dx}$ 的值.

第三节 高阶导数

设函数 $y = f(x)$ 在区间 (a,b) 内可导，此时，其导数 $f'(x)$ 是 x 的函数. 若 $f'(x)$ 仍在 (a,b) 内可导，则可求出 $f'(x)$ 的导数.

一般地，设函数 $y = f(x)$ 的导数 $y' = f'(x)$ 在 (a,b) 内存在且仍可导，记 $f'(x)$ 的导数为 $f''(x)$，y'' 或 $\dfrac{d^2y}{dx^2}$，即 $y'' = f''(x) = \dfrac{d^2y}{dx^2} = [f'(x)]'$，称为 $f(x)$ 的**二阶导数**.

若 y'' 仍可导，则记 $y^{(3)} = f^{(3)}(x) = \dfrac{d^3y}{dx^3} = [f''(x)]'$，称为 $f(x)$ 的**三阶导数**.

若 $y = f(x)$ 的 $n-1$ 阶导数存在且仍可导，则记 $y^{(n)} = f^{(n)}(x) = \dfrac{d^n y}{dx^n} = [f^{(n-1)}(x)]'$，称为 $f(x)$ 的 **n 阶导数**.

二阶以上的导数统称为高阶导数. 设 I 为一个区间，记 $C^m(I)$

为所有在区间 I 上具有 m 阶连续导数的函数所成的集合,即若 $f(x) \in C^m(I)$,则在区间 I 上,$f'(x), f''(x), f^{(3)}(x), \cdots, f^{(m)}(x)$ 均存在且连续.

为统一符号,有时还记 $y^{(0)} = y, y^{(1)} = y', y^{(2)} = y''$.

例 1 验证 $y = \dfrac{x-3}{x-4}$ 满足 $2(y')^2 = (y-1)y''$.

解 只需求出 y' 和 y'',代入后看两边是否相等即可. 有
$$y' = \left(\frac{x-3}{x-4}\right)' = -\frac{1}{(x-4)^2},$$
$$y'' = -\left(\frac{1}{(x-4)^2}\right)' = \frac{2}{(x-4)^3},$$
$$2(y')^2 - (y-1)y'' = 2 \cdot \left[\frac{-1}{(x-4)^2}\right]^2 - \frac{1}{x-4} \cdot \frac{2}{(x-4)^3} = 0,$$
故 $y = \dfrac{x-3}{x-4}$ 满足 $2(y')^2 = (y-1)y''$.

例 2 设 $y = ax^n$,a 为常数,n 为正整数,求 $y^{(n)}$ 和 $y^{(n+1)}$.

解 易见
$$y' = a \cdot nx^{n-1},$$
$$y'' = a \cdot n(n-1)x^{n-2},$$
$$y^{(3)} = a \cdot n(n-1)(n-2)x^{n-3},$$
$$\cdots\cdots$$
$$y^{(n)} = an(n-1)(n-2)\cdots \cdot 3 \cdot 2 \cdot 1 = a \cdot n!,$$
$$y^{(n+1)} = (a \cdot n!)' = 0.$$

例 2 指出 $(ax^n)^{(n)} = a \cdot n!, (ax^n)^{(n+1)} = 0$.

注意到,若 $f(x), g(x)$ 均存在 n 阶导数,则
$$[f(x) \pm g(x)]^{(n)} = f^{(n)}(x) \pm g^{(n)}(x).$$

因此,若 $f(x) = a_0 x^n + a_1 x^{n-1} + \cdots + a_n$,其中 a_i 为常数,$i = 0, 1, \cdots, n, n$ 为正整数,则 $f^{(n)}(x) = a_0 \cdot n!, f^{(n+1)}(x) = 0$.

例 3 设 (1) $y = e^{\mu x}$,μ 为常数; (2) $y = a^x (a > 0, a \neq 1)$,求 $y^{(n)}$.

解 (1) 先求出 y 的前几阶导数,以寻找规律写出 $y^{(n)}$ 的一般表达式.
$$y' = \mu e^{\mu x},$$
$$y'' = (\mu e^{\mu x})' = \mu^2 e^{\mu x},$$
$$y^{(3)} = (\mu^2 e^{\mu x})' = \mu^3 e^{\mu x},$$
$$\cdots\cdots$$

从上述求导过程可以看出
$$y^{(n)} = \mu^n \cdot e^{\mu x}.$$

特别地,当 $\mu = -1$ 时,$(e^{-x})^{(n)} = (-1)^n e^{-x}$.

(2) 因 $a^x = e^{x\ln a}$,故由(1)得
$$(a^x)^{(n)} = (e^{x\ln a})^{(n)} = (\ln a)^n \cdot e^{x\ln a} = a^x (\ln a)^n.$$

例 4 设 $y = \sin x$,求 $y^{(n)}\big|_{x=0}$.

解 可先求出 $y^{(n)}$,然后求 $y^{(n)}\big|_{x=0}$.

由于 $y' = \cos x, y'' = -\sin x, y^{(3)} = -\cos x, y^{(4)} = \sin x$. 继续下去,将循环出现上述 4 个表达式. 由上述几个导数式,难以写出 $y^{(n)}$ 的一般表达式,即使写出,其形式也不整齐,不好记忆,因此,换一种方法求 $y^{(n)}$. 注意到诱导公式 $\cos x = \sin\left(x + \dfrac{\pi}{2}\right)$,从而

$$y' = \cos x = \sin\left(x + \frac{\pi}{2}\right),$$
$$y'' = \left[\sin\left(x + \frac{\pi}{2}\right)\right]' = \cos\left(x + \frac{\pi}{2}\right) = \sin\left(x + 2\cdot\frac{\pi}{2}\right),$$
$$y^{(3)} = \left[\sin\left(x + 2\cdot\frac{\pi}{2}\right)\right]' = \cos\left(x + 2\cdot\frac{\pi}{2}\right) = \sin\left(x + 3\cdot\frac{\pi}{2}\right),$$
……

一般地,
$$y^{(n)} = (\sin x)^{(n)} = \sin\left(x + n\cdot\frac{\pi}{2}\right),$$

从而
$$y^{(n)}\big|_{x=0} = \sin\left(n\cdot\frac{\pi}{2}\right) = \begin{cases} 0, & n = 2k, \\ (-1)^k, & n = 2k+1, \end{cases} k \in \mathbf{Z}.$$

类似地, $(\cos x)^{(n)} = \cos\left(x + n\cdot\dfrac{\pi}{2}\right)$.

例 5 求由方程 $x - y + \sin y = 0$ 所确定的隐函数 $y = y(x)$ 的二阶导数 $\dfrac{d^2 y}{dx^2}$.

解 先求 $y = y(x)$ 的一阶导数. 方程两边以 x 为自变量求导,注意到 y 是 x 的函数,有
$$1 - y' + \cos y \cdot y' = 0.$$

解得
$$y' = \frac{1}{1 - \cos y}.$$

再求 y'',注意到 y 是 x 的函数,有
$$y'' = \frac{-1}{(1 - \cos y)^2} \cdot (1 - \cos y)' = \frac{-\sin y}{(1 - \cos y)^2} \cdot y',$$

将 y' 的表达式代入,得
$$y'' = -\frac{\sin y}{(1 - \cos y)^3}.$$

例6 设函数 $y=y(x)$ 由方程 $e^{x+y}-xy=1$ 确定,求 $y''(0)$.

解 方程两边以 x 为自变量求导,y 是 x 的函数,有
$$(1+y')e^{x+y}-y-xy'=0, \text{且 } y'(0)=-1.$$
两边再求导,y 和 y' 都是 x 的函数,有
$$y''e^{x+y}+(1+y')^2 \cdot e^{x+y}-2y'-xy''=0.$$
注意到当 $x=0$ 时,$y=0$,$y'(0)=-1$,代入上式,得 $y''(0)=-2$.

下面讨论由参数方程所确定的函数的二阶导数. 设 $y=y(x)$ 由参数方程

$$\begin{cases} x=\varphi(t), \\ y=\psi(t) \end{cases} \quad (3\text{-}3\text{-}1)$$

确定,求 $y''=\dfrac{d^2 y}{dx^2}$.

我们知道,$y'=\dfrac{\psi'(t)}{\varphi'(t)}$. 由于 y' 仍是 t 的函数,它与 $x=\varphi(t)$ 联立可得新的参数方程

$$\begin{cases} x=\varphi(t), \\ y'=\dfrac{\psi'(t)}{\varphi'(t)}. \end{cases} \quad (3\text{-}3\text{-}2)$$

将 (3-3-2) 式中的 y' 看作 (3-3-1) 式中的 y,由参数方程的一阶导数公式知,

$$y''=(y')'=\dfrac{\left(\dfrac{\psi'(t)}{\varphi'(t)}\right)'}{\varphi'(t)}.$$

例7 设 $\begin{cases} x=a\cos^3 t, \\ y=a\sin^3 t, \end{cases} a>0$,求 $\dfrac{d^2 y}{dx^2}$.

解 $y'=\dfrac{dy}{dx}=\dfrac{(a\sin^3 t)'}{(a\cos^3 t)'}=\dfrac{3\sin^2 t \cos t}{3\cos^2 t(-\sin t)}=-\tan t$,

得到参数方程
$$\begin{cases} x=a\cos^3 t, \\ y'=-\tan t, \end{cases}$$
故
$$y''=(y')'=\dfrac{(-\tan t)'}{(a\cos^3 t)'}=\dfrac{-\sec^2 t}{-3a\cos^2 t \cdot \sin t}=\dfrac{1}{3a}\sec^4 t \cdot \csc t.$$

例8 设物体做变速直线运动,在 $[0,t]$ 这段时间内所走过的路程为 $s=s(t)$,指出 $s''(t)$ 的物理意义.

解 设物体的速度为 $v(t)$,则 $s'=v(t)$,$s''=v'(t)$. 注意到 $\Delta v=v(t+\Delta t)-v(t)$ 表示在 $[t,t+\Delta t]$ 这段时间内速度 $v(t)$ 的增量,因此 $\dfrac{\Delta v}{\Delta t}=\bar{a}$ 表示物体在这段时间内的平

均加速度. $v'(t) = \lim\limits_{\Delta t \to 0} \dfrac{\Delta v}{\Delta t} = \lim\limits_{\Delta t \to 0} \bar{a}$ 表示物体在时刻 t 的加速度 $a(t)$，即 $s''(t) = v'(t) = a(t)$ 表示物体在时刻 t 的加速度.

习题 3-3

1. 设 $f(x) = \ln(1+x)$，求 $f^{(n)}(x)$.

*2. 设 $y = \dfrac{1}{ax+b}, a \neq 0$，求 $y^{(n)}$，并由此求 $f(x) = \dfrac{1}{x^2-1}$ 的 n 阶导数 $f^{(n)}(x)$.

3. 求下列函数在指定点的高阶导数：

   (1) $f(x) = \dfrac{x}{\sqrt{1+x^2}}$，求 $f''(0)$； 　　(2) $f(x) = e^{2x-1}$，求 $f''(0), f^{(3)}(0)$；

   (3) $f(x) = (x+10)^6$，求 $f^{(5)}(0), f^{(6)}(0)$.

4. 求下列方程所确定的隐函数 $y = y(x)$ 的二阶导数 $\dfrac{d^2 y}{dx^2}$：

   (1) $b^2 x^2 + a^2 y^2 = a^2 b^2$； 　　(2) $y = 1 + xe^y$；

   (3) $y = \tan(x+y)$； 　　(4) $y^2 + 2\ln y = x^4$.

5. 求下列由参数方程所确定的函数的二阶导数 $\dfrac{d^2 y}{dx^2}$：

   (1) $\begin{cases} x = a(t - \sin t), \\ y = a(1 - \cos t), \end{cases}$ 其中 $a \neq 0$ 为常数；

   (2) $\begin{cases} x = f'(t), \\ y = tf'(t) - f(t), \end{cases}$ 其中 $f''(t)$ 存在且不为 0.

6. 已知 $f''(x)$ 存在，求 $\dfrac{d^2 y}{dx^2}$：

   *(1) $y = f(x^2)$； 　　(2) $y = \ln f(x), \quad f(x) > 0$.

*7. 试用数学归纳法证明莱布尼茨高阶导数公式：若 $u = u(x)$ 和 $v = v(x)$ 在点 x 处有 n 阶导数，则
$$(u \cdot v)^{(n)} = \sum_{k=0}^{n} C_n^k u^{(k)} \cdot v^{(n-k)},$$

其中
$$u^{(0)} = u, v^{(0)} = v, C_n^k = \dfrac{n(n-1)\cdots(n-k+1)}{k!}.$$

第四节　微分及其运算

一、微分的概念

微分也是微积分中的一个重要概念，它与导数等概念有着极为密切的关系. 如果说导数来源于求函数增量与自变量的增量之

比,当自变量的增量趋近于零时的极限,那么微分就来源于求函数的增量的近似值. 例如,一块边长为 x_0 的正方形金属薄片受热膨胀,边长增长了 Δx,其面积的增量为

$$\Delta y = (x_0 + \Delta x)^2 - x_0^2 = 2x_0 \Delta x + (\Delta x)^2.$$

这个增量分成两部分,第一部分 $2x_0\Delta x$ 是 Δx 的线性函数,第二部分 $(\Delta x)^2$ 是 Δx 的高阶无穷小量. 当 Δx 很小时,Δy 的表达式中,第一部分起主导作用,第二部分可以忽略不计. 因此,当给 x 以微小增量 Δx 时,由此所引起的面积增量 Δy 可近似地用 $2x_0\Delta x$ 来代替,相差仅是一个以 Δx 为边长的正方形面积(见图 3-4),当 $|\Delta x|$ 愈小时相差也愈小. 于是得到 $\Delta y \approx 2x_0\Delta x$.

图 3-4

定义 1 设函数 $y = f(x)$ 在点 x_0 的某一邻域 $U(x_0)$ 内有定义,$x_0 + \Delta x$ 在 $U(x_0)$ 内,如果 $f(x)$ 在点 x_0 处的增量 Δy 可以表示为

$$\Delta y = A\Delta x + o(\Delta x),$$

其中 A 与 Δx 无关,$o(\Delta x)$ 是 Δx 的高阶无穷小量,则称函数 $y = f(x)$ 在 x_0 处是**可微**的,且称 $A\Delta x$ 为函数 $y = f(x)$ 在 x_0 处的**微分**,记作 $\mathrm{d}y$ 或 $\mathrm{d}f(x)$,即

$$\mathrm{d}y = A\Delta x.$$

由定义可知,$\Delta y - \mathrm{d}y$ 是 Δx 的高阶无穷小,即

$$\lim_{\Delta x \to 0} \frac{\Delta y - \mathrm{d}y}{\Delta x} = \lim_{\Delta x \to 0} \frac{o(\Delta x)}{\Delta x} = 0.$$

二、微分与导数的关系

定理 1 函数 $y = f(x)$ 在点 x_0 可微的充分必要条件是 $f(x)$ 在点 x_0 可导,且有 $\mathrm{d}y = f'(x_0)\Delta x$.

证 设 $y = f(x)$ 在点 x_0 可微,即

$$\Delta y = A\Delta x + o(\Delta x),$$

于是

$$\lim_{\Delta x \to 0} \frac{\Delta y}{\Delta x} = \lim_{\Delta x \to 0} \left(A + \frac{o(\Delta x)}{\Delta x} \right) = A.$$

所以,$f(x)$ 在点 x_0 可导,且有 $A = f'(x_0)$,$\mathrm{d}y = A\Delta x = f'(x_0) \cdot \Delta x$.

反之,如果 $y = f(x)$ 在点 x_0 可导,即

$$\lim_{\Delta x \to 0} \frac{\Delta y}{\Delta x} = f'(x_0).$$

由极限与无穷小的关系,得

$$\frac{\Delta y}{\Delta x} = f'(x_0) + \alpha,$$

其中 $\lim\limits_{\Delta x \to 0}\alpha = 0$,于是
$$\Delta y = f'(x_0)\Delta x + \alpha\Delta x.$$
显然,$\Delta x \to 0$ 时,$\alpha\Delta x = o(\Delta x)$,且 $f'(x_0)$ 与 Δx 无关,故由微分定义可知,$y = f(x)$ 在点 x_0 可微,且有 $\mathrm{d}y = f'(x_0)\Delta x$.

该定理说明了函数在点 x_0 的可微性与可导性是等价的,且有关系式 $\mathrm{d}y = f'(x_0)\Delta x$.

通常把自变量 x 的增量 Δx 称为自变量的微分,记作 $\mathrm{d}x$,即
$$\mathrm{d}x = \Delta x.$$
于是函数 $y = f(x)$ 在点 x_0 的微分可以写成
$$\mathrm{d}y = f'(x_0)\mathrm{d}x.$$

当函数 $y = f(x)$ 在区间 (a,b) 内的每一点处都可微时,则称函数 $y = f(x)$ 在区间 (a,b) 内可微,此时微分表达式写为
$$\mathrm{d}y = f'(x)\mathrm{d}x.$$
上式也可写成
$$\frac{\mathrm{d}y}{\mathrm{d}x} = f'(x).$$
于是,函数 $y = f(x)$ 的导数等于该函数的微分 $\mathrm{d}y$ 与自变量的微分 $\mathrm{d}x$ 之商.因此,导数也叫**微商**.

注意:微分 $\mathrm{d}y$ 既与 x 有关,也与 $\mathrm{d}x$ 有关,而 x 与 $\mathrm{d}x$ 是相互独立的两个变量.

例 1 已知 $y = x^2$,求 $\mathrm{d}y\Big|_{\substack{x=1\\\Delta x=0.1}}$,$\mathrm{d}y\Big|_{x=1}$,$\mathrm{d}y$.

解 $\mathrm{d}y = y'\mathrm{d}x = 2x\mathrm{d}x.$

$\mathrm{d}y\Big|_{x=1} = (2x\mathrm{d}x)\Big|_{x=1} = 2\mathrm{d}x.$

$\mathrm{d}y\Big|_{\substack{x=1\\\Delta x=0.1}} = (2x\mathrm{d}x)\Big|_{\substack{x=1\\\Delta x=0.1}} = 0.2.$

由微分的定义知,当 $|\Delta x|$ 很小时,$\Delta y \approx \mathrm{d}y$,且以 $\mathrm{d}y$ 近似代替 Δy 所产生的误差 $\Delta y - \mathrm{d}y$ 是 Δx 的高阶无穷小量.我们常用它来求函数改变量的近似值或函数值的近似值.当 $f(x)$ 在点 x_0 可导,且 $|\Delta x|$ 很小时,有
$$f(x_0 + \Delta x) - f(x_0) \approx f'(x_0)\Delta x$$
或
$$f(x_0 + \Delta x) \approx f(x_0) + f'(x_0)\Delta x.$$
取 $x_0 = 0$,并改记 $\Delta x = x$,则当 $|x|$ 很小时,有
$$f(x) \approx f(0) + f'(0)x.$$

例 2 求 $\sin 30°30'$ 的近似值.

解 记 $f(x) = \sin x, x_0 = 30° = \dfrac{\pi}{6}, \Delta x = 30' = \dfrac{\pi}{360}$,且 $f'(x) = \cos x$,有

$$\sin 30°30' = f(x_0 + \Delta x) \approx f(x_0) + f'(x_0)\Delta x$$
$$= \sin \dfrac{\pi}{6} + \cos \dfrac{\pi}{6} \cdot \dfrac{\pi}{360} = \dfrac{1}{2} + \dfrac{\sqrt{3}}{2} \cdot \dfrac{\pi}{360} \approx 0.5076.$$

三、微分的几何意义

设函数 $y = f(x)$ 在 x_0 处可微,在直角坐标系中,过曲线 $y = f(x)$ 上的点 $P_0(x_0, f(x_0))$ 作切线 P_0T(见图 3-5). 设 P_0T 的倾角为 α,则

$$\tan \alpha = f'(x_0).$$

给 x 以增量 Δx,于是切线 P_0T 的纵坐标有相应的增量

$$NT = \tan \alpha \cdot \Delta x = f'(x_0) \cdot \Delta x = \mathrm{d}y.$$

由此可见,函数 $f(x)$ 在点 x_0 的微分 $\mathrm{d}y$ 就是曲线 $y = f(x)$ 在点 $P_0(x_0, f(x_0))$ 处的切线的纵坐标的增量.

微分的几何意义

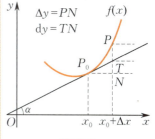

图 3-5

四、复合函数的微分及微分公式

1. 复合函数的微分

设 $y = f(u), u = \varphi(x)$,且 $f(u)$ 及 $\varphi(x)$ 均为可导函数. 由复合函数的导数公式有

$$\dfrac{\mathrm{d}y}{\mathrm{d}x} = f'(u) \cdot \varphi'(x).$$

从而得

$$\mathrm{d}y = f'(u) \cdot \varphi'(x)\mathrm{d}x.$$

注意到 $\mathrm{d}u = \varphi'(x)\mathrm{d}x$,则有

$$\mathrm{d}y = f'(u)\mathrm{d}u.$$

由此可见,无论 u 是自变量还是中间变量,微分形式 $\mathrm{d}y = f'(u)\mathrm{d}u$ 保持不变,这一性质称为**一阶微分的形式不变性**.

在求复合函数的导数时,可以不写出中间变量,在求复合函数的微分时,类似地也可以不写出中间变量.

例 3 设 $y = \ln(\sin x)$,求 $\mathrm{d}y$.

解 $\mathrm{d}y = \dfrac{1}{\sin x} \mathrm{d}(\sin x) = \dfrac{1}{\sin x} \cdot \cos x \mathrm{d}x = \cot x \mathrm{d}x.$

2. 微分公式

由于函数 $y=f(x)$ 在 x 处的可导性与可微性是等价的,且存在关系式 $\mathrm{d}y=f'(x)\mathrm{d}x$,因此由导数的基本公式和运算法则,我们不难得到下面的基本微分公式和微分运算法则.

1) 基本初等函数微分公式

(1) $\mathrm{d}(C)=0$ (C 为实常数);

(2) $\mathrm{d}(x^\mu)=\mu x^{\mu-1}\mathrm{d}x$ (μ 为常数);

(3) $\mathrm{d}(\ln|x|)=\dfrac{1}{x}\mathrm{d}x$;

(4) $\mathrm{d}(\log_a|x|)=\dfrac{1}{x\ln a}\mathrm{d}x$ ($a>0, a\neq 1$);

(5) $\mathrm{d}(a^x)=a^x\ln a\mathrm{d}x$ ($a>0, a\neq 1$);

(6) $\mathrm{d}(\mathrm{e}^x)=\mathrm{e}^x\mathrm{d}x$;

(7) $\mathrm{d}(\sin x)=\cos x\mathrm{d}x$;

(8) $\mathrm{d}(\cos x)=-\sin x\mathrm{d}x$;

(9) $\mathrm{d}(\tan x)=\sec^2 x\mathrm{d}x$;

(10) $\mathrm{d}(\cot x)=-\csc^2 x\mathrm{d}x$;

(11) $\mathrm{d}(\sec x)=\sec x\tan x\mathrm{d}x$;

(12) $\mathrm{d}(\csc x)=-\csc x\cot x\mathrm{d}x$;

(13) $\mathrm{d}(\arcsin x)=\dfrac{1}{\sqrt{1-x^2}}\mathrm{d}x$ ($|x|<1$);

(14) $\mathrm{d}(\arccos x)=-\dfrac{1}{\sqrt{1-x^2}}\mathrm{d}x$ ($|x|<1$);

(15) $\mathrm{d}(\arctan x)=\dfrac{1}{1+x^2}\mathrm{d}x$;

(16) $\mathrm{d}(\operatorname{arccot} x)=-\dfrac{1}{1+x^2}\mathrm{d}x$.

2) 微分运算法则

(1) $\mathrm{d}(u\pm v)=\mathrm{d}u\pm\mathrm{d}v$;

(2) $\mathrm{d}(uv)=u\mathrm{d}v+v\mathrm{d}u$, $\mathrm{d}(Cu)=C\mathrm{d}u$ (C 为常数);

(3) $\mathrm{d}\left(\dfrac{u}{v}\right)=\dfrac{v\mathrm{d}u-u\mathrm{d}v}{v^2}$ ($v\neq 0$).

例 4 设 $x^2y-\mathrm{e}^{2x}=\sin y$,求 $\mathrm{d}y$.

解 由 $\mathrm{d}(x^2y-\mathrm{e}^{2x})=\mathrm{d}(\sin y)$,得
$$\mathrm{d}(x^2y)-\mathrm{d}(\mathrm{e}^{2x})=\mathrm{d}(\sin y),$$
即
$$2xy\mathrm{d}x+x^2\mathrm{d}y-2\mathrm{e}^{2x}\mathrm{d}x=\cos y\mathrm{d}y.$$
整理得
$$\mathrm{d}y=\dfrac{2(\mathrm{e}^{2x}-xy)}{x^2-\cos y}\mathrm{d}x.$$

习题 3-4

1. 在括号内填入适当的函数，使等式成立：

   (1) d( ) = $\cos t dt$； (2) d( ) = $\sin \omega x dx$；

   (3) d( ) = $\dfrac{1}{1+x}dx$； (4) d( ) = $e^{-2x}dx$；

   (5) d( ) = $\dfrac{1}{\sqrt{x}}dx$； (6) d( ) = $\sec^2 3x dx$；

   (7) d( ) = $\dfrac{1}{x}\ln x dx$； (8) d( ) = $\dfrac{x}{\sqrt{1-x^2}}dx$.

2. 根据下面所给的值，求函数 $y = x^2 + 1$ 的 Δy, dy 及 $\Delta y - dy$：

   (1) 当 $x = 1, \Delta x = 0.1$ 时； (2) 当 $x = 1, \Delta x = 0.01$ 时.

3. 求下列函数的微分：

   (1) $y = xe^x$； (2) $y = \dfrac{\ln x}{x}$； (3) $y = \cos \sqrt{x}$；

   (4) $y = 5^{\ln(\tan x)}$； (5) $y = \ln\left[\tan\left(\dfrac{x}{2} - \dfrac{\pi}{4}\right)\right]$； (6) $y = 8x^x - 6e^{2x}$；

   (7) $y = \sqrt{\arcsin x} + (\arctan x)^2$.

4. 求由下列方程确定的隐函数 $y = y(x)$ 的微分 dy：

   (1) $y = 1 + xe^y$； (2) $\dfrac{x^2}{a^2} + \dfrac{y^2}{b^2} = 1$；

   (3) $y = x + \dfrac{1}{2}\sin y$； (4) $y^2 - x = \arccos y$.

5. 利用微分求下列各数的近似值：

   (1) $\sqrt[3]{8.1}$； (2) $\ln 0.99$； (3) $\arctan 1.02$.

6. 试利用结论"若 $f(x)$ 可导，则当 $|x|$ 很小时，有 $f(x) \approx f(0) + f'(0)x$"，证明下列近似公式：

   (1) 当 $|x|$ 很小时，$\sin x \approx x$； (2) 当 $|x|$ 很小时，$e^x \approx 1 + x$；

   (3) 设 $a > 0$ 且 $|b|$ 与 a^n 相比是很小的量，则 $\sqrt[n]{a^n + b} \approx a + \dfrac{b}{na^{n-1}}$.

第五节 导数与微分在经济学中的应用

一、边际分析

在经济学中，边际概念是与导数密切相关的一个经济学概念，它的数学描述是：设 $y = f(x)$ 为一经济函数，当经济自变量 x 有一个很小的改变量 Δx 时，因变量 y 的相应改变量为 Δy，那么当 x 的改变量为一个单位时，因变量 y 的相应改变量 Δy 与 Δx 的比

值 $\frac{\Delta y}{\Delta x}$（平均变化率）称为经济函数 $y=f(x)$ 在区间 $[x, x+\Delta x]$ 上**平均意义上的边际**. 如果函数 $y=f(x)$ 在点 x 可导,则称 $f'(x) = \lim\limits_{\Delta x \to 0} \frac{\Delta y}{\Delta x}$（瞬时变化率）为 $f(x)$ 在点 x 处的**边际**. 例如,称成本函数 $C(x)$ 的导数 $C'(x)$ 为成本函数在点 x 处的边际成本,记为 MC,即 MC $= C'(x)$；类似地有边际收益 MR $= R'(x)$,边际利润 ML $= L'(x)$ 等.

下面我们分析边际 $f'(x)$ 的经济含义. 因为
$$\Delta y = f(x+\Delta x) - f(x) \approx f'(x) \cdot \Delta x,$$
所以当 $\Delta x = 1$ 时,有
$$f'(x) \approx \Delta y = f(x+1) - f(x),$$
故边际的**经济含义**是：**它近似表示当函数 $f(x)$ 的自变量在 x 处增加一个单位时,函数值的相应增量**. 这里的增量 $f'(x)$ 可正可负. 若 $f'(x)$ 为正,则表明经济函数 $f(x)$ 与其自变量变化的方向相同；若 $f'(x)$ 为负,则表明 $f(x)$ 与其自变量变化的方向相反. 其增量的大小 $|f'(x)|$ 则表明 $f(x)$ 随自变量变化的速度,故边际概念实际上表明了经济函数随自变量变化的方向与速度.

例 1 已知某产品的总成本函数为
$$C(Q) = 0.001Q^3 - 0.3Q^2 + 40Q + 1\,000,$$
求它的边际成本函数及当 $Q = 50, 100, 150$ 时的边际成本.

解 边际成本函数
$$\text{MC} = \frac{dC}{dQ} = 0.003Q^2 - 0.6Q + 40.$$
当 $Q = 50$ 时,$\left.\frac{dC}{dQ}\right|_{Q=50} = 0.003 \times 50^2 - 0.6 \times 50 + 40 = 17.5$；

当 $Q = 100$ 时,$\left.\frac{dC}{dQ}\right|_{Q=100} = 10$；

当 $Q = 150$ 时,$\left.\frac{dC}{dQ}\right|_{Q=150} = 17.5$.

根据计算结果可知,生产第 51 个产品的生产成本约为 17.5. 同样,生产第 101 个及第 151 个产品的生产成本分别约为 10 和 17.5.

二、弹性分析

变化率是一个非常重要的概念,除以上用导数描述的瞬时变化率外,根据不同的需要,变化率可取其他的形式,从经济分析的角度看,常用的还有函数的弹性.

对于函数 $y = f(x)$ 来说,其改变量 Δx 或 Δy 是大还是小,往往与 x 或 y 的具体值大小有关. 例如,当 $x = 1$ 时,若改变量 $\Delta x =$

1,应该说变动是很大的;另一方面,当 $x = 10\,000$ 时,若改变量 $\Delta x = 10$,我们会认为变动并不算大.因此,在许多场合,除了考虑 Δx 本身,还希望研究 $\dfrac{\Delta x}{x}$,即变化的百分数,或称"相对改变量",从而变化率就应代之以"相对变化率",即

$$\dfrac{\Delta y}{y} \Big/ \dfrac{\Delta x}{x}.$$

先看实例.设某种牌号的电池,当价格 $P = 10$ 元时,其需求量 $Q = 100$ 对;当价格 $P_1 = 11$ 元时,需求量 $Q_1 = 95$ 对.我们可以计算出价格变化的百分比为 $\dfrac{\Delta P}{P} = \dfrac{11-10}{10} = 10\%$,即价格上涨了 10%;此时需求量变动的百分比为 $\dfrac{\Delta Q}{Q} = \dfrac{95-100}{100} = -5\%$,即需求量下降了 5%.那么 $\dfrac{\Delta Q}{Q} \Big/ \dfrac{\Delta P}{P} = \dfrac{-5\%}{10\%} = -0.5$,表明价格上涨 1% 时,需求量下降 0.5%.我们称 $\dfrac{\Delta Q}{Q} \Big/ \dfrac{\Delta P}{P} = -0.5$ 为区间 $[10,11]$ 上需求量 Q 对价格 P 的弧弹性.为此,我们给出抽象的弹性定义如下.

定义 1 设函数 $y = f(x)$ 在点 x 的某邻域内有定义,以 $\Delta x, \Delta y$ 分别表示自变量与函数的改变量,我们称函数变动的百分比与自变量变动的百分比之比值

$$\dfrac{\Delta y}{y} \Big/ \dfrac{\Delta x}{x} = \dfrac{x}{y} \cdot \dfrac{\Delta y}{\Delta x}$$

为函数 $f(x)$ 在区间 $[x, x+\Delta x]$(或 $[x+\Delta x, x]$)上的**弧弹性**,记为 e_{yx},即

$$e_{yx} = \dfrac{x}{y} \cdot \dfrac{\Delta y}{\Delta x}.$$

若函数 $f(x)$ 在点 x 处可导,则称

$$\lim_{\Delta x \to 0} \dfrac{\frac{\Delta y}{y}}{\frac{\Delta x}{x}} = \lim_{\Delta x \to 0} \dfrac{x}{y} \cdot \dfrac{\Delta y}{\Delta x} = \dfrac{x}{y} \cdot \dfrac{\mathrm{d}y}{\mathrm{d}x}$$

为 $f(x)$ 在点 x 处的**点弹性**,仍以记号 e_{yx} 表示,即

$$e_{yx} = \dfrac{x}{y} \cdot \dfrac{\mathrm{d}y}{\mathrm{d}x}.$$

我们也称 e_{yx} 为**弹性系数**.

由弹性定义知,函数的弹性(点弹性与弧弹性)反映的是因变量对自变量变化作出的反应程度,它与所研究变量的度量单位无关,因而比边际分析的用途更为广泛.

弹性的经济含义很明显:它表示因变量的相对变动对于自变量相对变动的反映程度.具体地讲,点弹性 e_{yx} 表示自变量变动 1% 时,因变量将变动 $e_{yx}\%$.

e_{yx} 可正可负,当 e_{yx} 为正时,表明因变量的变化方向与自变量的变化方向相同;当 e_{yx} 为负时,表明因变量的变化方向与自变量的变化方向相反.依据 $|e_{yx}|$ 的大小,将弹性分类如下:

(1) 如果 $|e_{yx}|=1$,表明 y 与 x 的变动幅度相同,此时称为**单位弹性**.

(2) 如果 $|e_{yx}|>1$,表明 y 变动的幅度高于 x 变动的幅度,此时称为**高弹性**.

(3) 如果 $|e_{yx}|<1$,表明 y 变动的幅度低于 x 变动的幅度,此时称为**低弹性**.

如果函数 $y=f(x)$ 在某区间内可导,则称 $e_{yx}=\dfrac{x}{y}\cdot\dfrac{\mathrm{d}y}{\mathrm{d}x}=\dfrac{x}{f(x)}\cdot f'(x)$ 为 $f(x)$ 在该区间内的**弹性函数**.

利用弹性分析经济现象的方法称为弹性分析法,是最常用的经济分析方法.

下面重点介绍需求弹性.

1. 需求价格弹性

定义 2 设某商品的市场需求量为 Q,价格为 P,需求函数 $Q=f(P)$ 可导,称

$$e_{QP}=-\frac{P}{Q}\cdot\frac{\mathrm{d}Q}{\mathrm{d}P}=-\frac{P}{f(P)}\cdot f'(P)$$

为该商品的**需求价格弹性**,简称**需求弹性**.

这里要指出的是,在通常情况下,因为商品的需求量与价格成反方向变化,$\dfrac{\mathrm{d}Q}{\mathrm{d}P}$ 为负值,所以 e_{QP} 为负值,为了使需求弹性系数 e_{QP} 是正值,利于比较,便在公式中加了一个负号.

一般而言,生活必需品的需求弹性小于 1,而奢侈品的需求弹性大于 1,这一规律在商品的定价政策上有重要应用.

例 2 设某商品的需求函数为 $Q=\mathrm{e}^{-\frac{P}{5}}$,求:(1) 需求弹性函数;(2) $P=3$,$P=5$,$P=6$ 时的需求弹性.

解 (1) 因为 $Q'=-\dfrac{1}{5}\mathrm{e}^{-\frac{P}{5}}$,所以需求弹性函数为

$$e_{QP}=-\frac{P}{\mathrm{e}^{-\frac{P}{5}}}\cdot\left(-\frac{1}{5}\mathrm{e}^{-\frac{P}{5}}\right)=\frac{P}{5}.$$

(2) 当 $P=3$,$P=5$,$P=6$ 时,需求弹性分别为

$$e_{QP}\bigg|_{P=3}=\frac{3}{5}=0.6;\quad e_{QP}\bigg|_{P=5}=\frac{5}{5}=1;\quad e_{QP}\bigg|_{P=6}=\frac{6}{5}=1.2.$$

当 $P=3$ 时,$e_{QP}=0.6<1$ 为低弹性,价格上涨 1%,需求量下降 0.6%;当 $P=6$ 时,$e_{QP}=1.2>1$ 为高弹性,价格上涨 1%,需求量下降 1.2%;当 $P=5$ 时,$e_{QP}=1$ 为单位弹性,价格上涨 1%,需求量也下降 1%.

下面运用需求弹性分析销售收益与消费支出.

设某商品的需求函数为 $Q=f(P)$，则销售收益函数为
$$R = P \cdot Q = Pf(P);$$
边际收益为
$$\frac{dR}{dP} = R'(P) = f(P) + Pf'(P) = f(P)\left[1 + \frac{P}{f(P)}f'(P)\right]$$
$$= f(P)(1 - e_{QP}).$$

(1) 若 $e_{QP} < 1$，则边际收益 $\frac{dR}{dP} > 0$，价格与收益呈同方向变化. 这说明对低弹性商品适当提价可使销售收益增加，同时使消费支出增加；

(2) 若 $e_{QP} > 1$，则边际收益 $\frac{dR}{dP} < 0$，价格与收益呈反方向变化. 这说明对高弹性商品适当降价可使销售收益增加，同时使消费支出增加；

(3) 若 $e_{QP} = 1$，则边际收益 $\frac{dR}{dP} = 0$，这说明对于单位弹性商品而言，价格的微小变化对收益无明显影响，同时对消费支出也无明显影响.

2. 需求收益弹性

定义 3 设在其他条件不变的情况下，某商品的需求量 Q 关于消费者收入 m 的函数为 $Q = f(m)$，$f(m)$ 可导，称
$$e_{Qm} = \frac{m}{Q} \cdot \frac{dQ}{dm} = \frac{m}{f(m)} \cdot f'(m)$$
为该商品的**需求收益弹性**.

对于正常物品而言，随着消费者收入的增加，其对商品的需求量也增加，即 $\frac{dQ}{dm} > 0$，所以需求收益弹性 $e_{Qm} > 0$. 如果 $e_{Qm} < 0$，则表明该商品是低档商品.

三、增长率

在许多宏观经济问题的研究中，所考察的对象一般是随时间的推移而不断变化的，如国民收入、人口、对外贸易额、投资总额等. 我们希望了解这些量在单位时间内相对于过去的变化率. 例如，人口增长率、国民收入增长率、投资增长率等.

设某经济变量 y 是时间 t 的函数：$y = f(t)$. 单位时间内 $f(t)$ 的增长量占基数 $f(t)$ 的百分比
$$\left.\frac{f(t+\Delta t) - f(t)}{\Delta t} \right/ f(t)$$
称为 $f(t)$ 从 t 到 $t + \Delta t$ 的平均增长率.

若 $f(t)$ 视为 t 的可微函数，则有

$$\lim_{\Delta t \to 0} \frac{1}{f(t)} \cdot \frac{f(t+\Delta t)-f(t)}{\Delta t} = \frac{1}{f(t)} \lim_{\Delta t \to 0} \frac{f(t+\Delta t)-f(t)}{\Delta t} = \frac{f'(t)}{f(t)}.$$

我们称 $\dfrac{f'(t)}{f(t)}$ 为 $f(t)$ 在时刻 t 的瞬时增长率，简称**增长率**，记为 r_f。

由导数的运算法则知函数的增长率有两条重要的运算法则：
(1) 积的增长率等于各因子的增长率之和；
(2) 商的增长率等于分子与分母的增长率之差。

事实上，设 $y(t) = u(t) \cdot v(t)$，则由 $\dfrac{\mathrm{d}y}{\mathrm{d}t} = u\dfrac{\mathrm{d}v}{\mathrm{d}t} + v\dfrac{\mathrm{d}u}{\mathrm{d}t}$，可得

$$r_y = \frac{1}{y}\frac{\mathrm{d}y}{\mathrm{d}t} = \frac{1}{uv}\left(u\frac{\mathrm{d}v}{\mathrm{d}t} + v\frac{\mathrm{d}u}{\mathrm{d}t}\right) = \frac{1}{v}\frac{\mathrm{d}v}{\mathrm{d}t} + \frac{1}{u}\frac{\mathrm{d}u}{\mathrm{d}t} = r_u + r_v.$$

同理可推出，若 $y(t) = \dfrac{u(t)}{v(t)}$，则 $r_y = r_u - r_v$。

例 3 设国民收入 Y 的增长率为 r_Y，人口 H 的增长率是 r_H，则人均国民收入 $\dfrac{Y}{H}$ 的增长率是 $r_Y - r_H$。

解 $r_{\frac{Y}{H}} = \dfrac{1}{\frac{Y}{H}} \cdot \left(\dfrac{Y}{H}\right)' = \dfrac{H}{Y} \cdot \dfrac{Y' \cdot H - Y \cdot H'}{H^2} = \dfrac{Y'}{Y} - \dfrac{H'}{H} = r_Y - r_H.$

例 4 求函数 (1) $y = ax + b$; (2) $y = a\mathrm{e}^{bx}$ 的增长率。

解 (1) $r_y = \dfrac{y'}{y} = \dfrac{a}{ax+b}.$ (2) $r_y = \dfrac{ab\mathrm{e}^{bx}}{a\mathrm{e}^{bx}} = b.$

由 (1) 知，当 $x \to +\infty$ 时，$r_y \to 0$，即线性函数的增长率随自变量的不断增大而不断减少，直至趋于零。由 (2) 知，指数函数的增长率恒等于常数。

习 题 3-5

1. 设总收入和总成本分别由以下两式给出：
$$R(q) = 5q - 0.003q^2, \quad C(q) = 300 + 1.1q,$$
其中 q 为产量，$0 \leqslant q \leqslant 1\,000$。求：
(1) 边际成本；
(2) 获得最大利润时的产量；
(3) 怎样的生产量盈亏平衡。

2. 设生产 q 件产品的总成本 $C(q)$ 由下式给出：
$$C(q) = 0.01q^3 - 0.6q^2 + 13q.$$
设每件产品的价格为 7 元，企业的最大利润是多少？

3. 求下列初等函数的边际函数、弹性和增长率：
(1) $y = ax + b$; (2) $y = a\mathrm{e}^{bx}$; (3) $y = x^a$.
其中 $a, b \in \mathbf{R}, a \neq 0$。

4. 设某种商品的需求弹性为 0.8，则当价格分别提高 10%, 20% 时，需求量将如何变化？

5. 国民收入的年增长率为 7.1%，若人口的增长率为 1.2%，则人均收入的年增长率为多少？

第四章

微分中值定理与导数的应用

第一节 微分中值定理

微分中值定理也称为微分学基本定理,它由罗尔(Rolle)定理、拉格朗日(Lagrange)中值定理和柯西(Cauchy)中值定理组成,是微分学中最重要的定理之一,是今后利用微分学解决实际问题的理论基础.在介绍微分中值定理前,先介绍费马(Fermat)定理.

费马个人简介

定理 1（费马定理） 设 $f(x)$ 在 $U(x_0,\delta)$ 内有定义,若 $f(x)$ 在 x_0 处可导且对任意的 $x \in U(x_0,\delta)$,有 $f(x) \leqslant f(x_0)$(或 $f(x) \geqslant f(x_0)$),则 $f'(x_0) = 0$.

证 因 $f'(x_0)$ 存在,故

$$f'(x_0) = \lim_{\Delta x \to 0^+} \frac{f(x_0 + \Delta x) - f(x_0)}{\Delta x}$$
$$= \lim_{\Delta x \to 0^-} \frac{f(x_0 + \Delta x) - f(x_0)}{\Delta x}.$$

不妨设在 $U(x_0,\delta)$ 内,有 $f(x) \leqslant f(x_0)$,则当 $x_0 + \Delta x \in U(x_0,\delta)$ 时,有

$$f(x_0 + \Delta x) - f(x_0) \leqslant 0.$$

当 $\Delta x > 0$ 时,$\dfrac{f(x_0 + \Delta x) - f(x_0)}{\Delta x} \leqslant 0$;

当 $\Delta x < 0$ 时,$\dfrac{f(x_0 + \Delta x) - f(x_0)}{\Delta x} \geqslant 0$.

由极限的保号性定理知,$0 \leqslant f'_-(x_0) = f'(x_0) = f'_+(x_0) \leqslant 0$,故 $f'(x_0) = 0$.

费马定理指出,对于可导函数 $f(x)$ 而言,若其在 x_0 处取得邻域 $U(x_0,\delta)$ 上的最大值(最小值),则 $f'(x_0) = 0$. 换言之,曲线 $y = f(x)$ 在点 $(x_0, f(x_0))$ 处有水平切线.

定理 2（罗尔定理） 如果函数 $f(x)$ 满足:

(1) 在闭区间 $[a,b]$ 上连续;

(2) 在开区间 (a,b) 内可导;

(3) $f(a) = f(b)$,

则至少存在一点 $\xi \in (a,b)$,使得 $f'(\xi) = 0$.

微分中值定理的几何意义

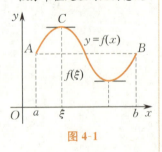

图 4-1

如图 4-1 所示,由定理假设知,函数 $y = f(x) (a \leqslant x \leqslant b)$ 的图形是一条连续曲线段 $\overparen{ACB}$,且直线段 $\overline{AB}$ 平行于 x 轴.定理的结论表明,在曲线上至少存在一点 C,在该点曲线具有水平切线,或者说,该点的切线平行于弦 AB.

证 因为 $f(x)$ 在 $[a,b]$ 上连续,根据闭区间上连续函数的性质,$f(x)$ 在 $[a,b]$ 上必取得最大值 M 和最小值 m.

(1) 若 $M = m$,则 $f(x)$ 在 $[a,b]$ 上恒等于常数 M,因此,对一切 $x \in (a,b)$,都有 $f'(x) = 0$.于是定理自然成立.

(2) 若 $M > m$,由于 $f(a) = f(b)$,因此 M 和 m 中至少有一个不等于 $f(a)$.不妨设 $M \neq f(a)$($m \neq f(a)$ 的证明完全类似),则 $f(x)$ 应在 (a,b) 内的某一点 ξ 处达到最大值,即 $f(\xi) = M$,由费马定理知,$f'(\xi) = 0$.

例 1 验证罗尔定理对函数 $f(x) = x^2 - 2x + 3$ 在区间 $[-1,3]$ 上的正确性.

解 显然函数 $f(x) = x^2 - 2x + 3$ 在 $[-1,3]$ 上满足罗尔定理的 3 个条件,由 $f'(x) = 2x - 2 = 2(x-1)$,可知 $f'(1) = 0$,因此存在 $\xi = 1 \in (-1,3)$,使 $f'(1) = 0$.

例 2 设 $f(x)$ 在 $[0,1]$ 上可导,当 $0 \leqslant x \leqslant 1$ 时,$0 \leqslant f(x) \leqslant 1$,且对 $(0,1)$ 内所有 x 有 $f'(x) \neq 1$,求证:在 $[0,1]$ 上有且仅有一点 x_0,使 $f(x_0) = x_0$.

证 令 $F(x) = f(x) - x$,则 $F(1) = f(1) - 1 \leqslant 0$,$F(0) = f(0) \geqslant 0$.由连续函数介值定理知,至少存在一点 $x_0 \in [0,1]$,使得 $F(x_0) = 0$,即 $f(x_0) = x_0$.

以下证明在 $[0,1]$ 上仅有一点 x_0,使 $F(x_0) = 0$.

假设另有一点 $x_1 \in [0,1]$,使得 $F(x_1) = 0$.不妨设 $x_0 < x_1$,则由罗尔定理可知,在 $[x_0, x_1]$ 上至少有一点 ξ,使 $F'(\xi) = 0$,即 $f'(\xi) = 1$,这与原题设矛盾.这就证明了在 $[0,1]$ 上有且仅有一点 x_0,使 $f(x_0) = x_0$.

在罗尔定理中,曲线上存在一点 C,使得 C 点处的切线平行于 x 轴.由于 $f(a) = f(b)$,从而切线平行于弦 AB.如果 $f(a) \neq f(b)$,曲线上是否仍然存在一点 C,使得 C 点的切线平行于弦 AB 呢?回答是肯定的.这就是拉格朗日中值定理.

定理 3(拉格朗日中值定理) 若函数 $y = f(x)$ 满足下列条件:

(1) 在闭区间 $[a,b]$ 上连续;

(2) 在开区间 (a,b) 内可导,

则至少存在一点 $\xi \in (a,b)$,使得

$$f'(\xi) = \frac{f(b) - f(a)}{b - a}. \quad (4\text{-}1\text{-}1)$$

拉格朗日个人简介

证 作辅助函数

$$F(x) = f(x) - \frac{f(b) - f(a)}{b - a} x.$$

由假设条件可知,$F(x)$ 在 $[a,b]$ 上连续,在 (a,b) 内可导,且

$$F(a) = f(a) - \frac{f(b) - f(a)}{b - a} a,$$

$$F(b) = f(b) - \frac{f(b)-f(a)}{b-a}b,$$

则 $F(b) - F(a) = 0$，即 $F(b) = F(a)$.

于是 $F(x)$ 满足罗尔定理的条件，故至少存在一点 $\xi \in (a,b)$，使得 $F'(\xi) = 0$，即

$$F'(\xi) = f'(\xi) - \frac{f(b)-f(a)}{b-a} = 0,$$

因此得

$$f'(\xi) = \frac{f(b)-f(a)}{b-a}.$$

由定理的结论我们可以看到，拉格朗日中值定理是罗尔定理的推广，它是由函数的局部性质来研究函数的整体性质的桥梁，其应用十分广泛，读者将会在今后应用中看到.

拉格朗日中值定理中的公式(4-1-1)称为**拉格朗日中值公式**，它也可以写成

$$f(b) - f(a) = f'(\xi)(b-a) \quad (a < \xi < b). \quad (4\text{-}1\text{-}2)$$

又因 ξ 是 (a,b) 中的一个点，故可表示为 $\xi = a + \theta(b-a)$ ($0 < \theta < 1$) 的形式. 因此拉格朗日中值公式还可写成

$$f(b) - f(a) = (b-a)f'(a + \theta(b-a)) \quad (0 < \theta < 1). \quad (4\text{-}1\text{-}3)$$

要注意的是，在公式(4-1-2)中，无论 $a < b$ 或 $a > b$，公式总是成立的，其中 ξ 是介于 a 与 b 之间的某个数.

例 3 证明不等式：
$$\arctan x_2 - \arctan x_1 \leqslant x_2 - x_1 \quad (x_1 < x_2).$$

证 设 $f(x) = \arctan x$，在 $[x_1, x_2]$ 上利用拉格朗日中值定理，得

$$\arctan x_2 - \arctan x_1 = \frac{1}{1+\xi^2}(x_2 - x_1), \quad x_1 < \xi < x_2.$$

由于 $\frac{1}{1+\xi^2} \leqslant 1$，因此

$$\arctan x_2 - \arctan x_1 \leqslant x_2 - x_1.$$

例 4 证明不等式：

$$\frac{x}{1+x} < \ln(1+x) < x$$

对一切 $x > 0$ 成立.

证 由于 $f(x) = \ln(1+x)$ 在 $[0, +\infty)$ 上连续、可导，对任何 $x > 0$，在 $[0, x]$ 上运用拉格朗日中值公式(4-1-3)可得

$$f(x) - f(0) = f'(\theta x)x, \quad 0 < \theta < 1,$$

即

$$\ln(1+x) = \frac{x}{1+\theta x}, \quad 0 < \theta < 1.$$

又由于 $\dfrac{x}{1+x} < \dfrac{x}{1+\theta x} < x$，因此当 $x>0$ 时，有

$$\dfrac{x}{1+x} < \ln(1+x) < x.$$

推论 1　如果 $f(x)$ 在开区间 (a,b) 内可导，且 $f'(x)\equiv 0$，则在 (a,b) 内，$f(x)$ 恒为一个常数.

证　在 (a,b) 内任取两点 x_1,x_2，不妨设 $x_1<x_2$，显然 $f(x)$ 在 $[x_1,x_2]$ 上满足拉格朗日中值定理的条件，于是

$$f(x_2)-f(x_1)=f'(\xi)(x_2-x_1),\quad x_1<\xi<x_2.$$

因为 $f'(x)\equiv 0$，所以 $f'(\xi)=0$，从而

$$f(x_2)=f(x_1).$$

这说明区间内任意两点的函数值相等，从而证明了在 (a,b) 内函数 $f(x)$ 是一个常数.

例 5　试证：$\arcsin x+\arccos x\equiv\dfrac{\pi}{2}$ （$|x|\leqslant 1$）.

证　设 $F(x)=\arcsin x+\arccos x$ （$|x|\leqslant 1$）. 当 $|x|<1$ 时，有

$$F'(x)=\dfrac{1}{\sqrt{1-x^2}}-\dfrac{1}{\sqrt{1-x^2}}=0,$$

由推论 1 知，$F(x)$ 在 $(-1,1)$ 上恒为常数，即 $F(x)\equiv C$，其中 C 为常数，$x\in(-1,1)$.

将 $x=0$ 代入上式，得 $C=\dfrac{\pi}{2}$. 因此，当 $|x|<1$ 时，有

$$\arcsin x+\arccos x=\dfrac{\pi}{2}.$$

显然，当 $|x|=1$ 时，$F(x)=\dfrac{\pi}{2}$. 因此当 $|x|\leqslant 1$ 时，有

$$\arcsin x+\arccos x\equiv\dfrac{\pi}{2}.$$

推论 2　若 $f(x)$ 及 $g(x)$ 在 (a,b) 内可导，且对任意 $x\in(a,b)$，有 $f'(x)=g'(x)$，则在 (a,b) 内，$f(x)=g(x)+C$（C 为常数）.

证　因 $[f(x)-g(x)]'=f'(x)-g'(x)=0$，故由推论 1，有 $f(x)-g(x)=C$，即 $f(x)=g(x)+C,x\in(a,b)$.

定理 4（柯西中值定理）　若函数 $f(x)$ 和 $g(x)$ 满足以下条件：

(1) 在闭区间 $[a,b]$ 上连续；

(2) 在开区间 (a,b) 内可导，且 $g'(x)\neq 0$，

柯西个人简介

那么在(a,b)内至少存在一点ξ,使得

$$\frac{f(b)-f(a)}{g(b)-g(a)} = \frac{f'(\xi)}{g'(\xi)} \quad (a<\xi<b). \qquad (4\text{-}1\text{-}4)$$

证 首先明确$g(a) \neq g(b)$。假若$g(a)=g(b)$,则由罗尔定理,至少存在一点$\xi_1 \in (a,b)$,使$g'(\xi_1)=0$,这与定理的假设矛盾,故$g(a) \neq g(b)$。

作辅助函数

$$F(x) = f(x) - \frac{f(b)-f(a)}{g(b)-g(a)}g(x).$$

不难验证,$F(x)$满足罗尔定理的3个条件,于是在(a,b)内至少存在一点ξ,使得

$$F'(\xi) = f'(\xi) - \frac{f(b)-f(a)}{g(b)-g(a)}g'(\xi) = 0,$$

从而有

$$\frac{f(b)-f(a)}{g(b)-g(a)} = \frac{f'(\xi)}{g'(\xi)}.$$

特别地,若取$g(x)=x$,则$g(b)-g(a)=b-a$,$g'(\xi)=1$,(4-1-4)式就成了(4-1-1)式,可见拉格朗日中值定理是柯西中值定理的特殊情形。

例6 设$0<a<b$,函数$f(x)$在$[a,b]$上连续,在(a,b)内可导,试证:至少存在一点$\xi \in (a,b)$,使得

$$f(\xi) - \xi f'(\xi) = \frac{bf(a)-af(b)}{b-a}.$$

证 将待证等式右端改写为

$$\frac{bf(a)-af(b)}{b-a} = \frac{\dfrac{f(b)}{b} - \dfrac{f(a)}{a}}{\dfrac{1}{b} - \dfrac{1}{a}}.$$

由上式右端可见,若令

$$F(x) = \frac{f(x)}{x}, \quad G(x) = \frac{1}{x},$$

则$F(x)$与$G(x)$在$[a,b]$上满足柯西中值定理的条件,因此,至少存在一点$\xi \in (a,b)$,使得

$$\frac{F'(\xi)}{G'(\xi)} = \frac{F(b)-F(a)}{G(b)-G(a)} = \frac{bf(a)-af(b)}{b-a}.$$

将$F'(\xi) = \dfrac{\xi f'(\xi)-f(\xi)}{\xi^2}$,$G'(\xi) = -\dfrac{1}{\xi^2}$代入上式,即得

$$f(\xi) - \xi f'(\xi) = \frac{bf(a)-af(b)}{b-a}.$$

习题 4-1

1. 验证函数 $f(x) = \ln(\sin x)$ 在 $\left[\dfrac{\pi}{6}, \dfrac{5\pi}{6}\right]$ 上满足罗尔定理的条件，并求出相应的 ξ，使 $f'(\xi) = 0$。

2. 下列函数在指定区间上是否满足罗尔定理的 3 个条件？有没有满足定理结论中的 ξ？
   (1) $f(x) = e^{x^2} - 1$，$[-1, 1]$；
   (2) $f(x) = |x-1|$，$[0, 2]$；
   (3) $f(x) = \begin{cases} \sin x, & 0 < x \leqslant \pi, \\ 1, & x = 0, \end{cases}$ $[0, \pi]$。

3. 不求出函数 $f(x) = (x-1)(x-2)(x-3)$ 的导数，说明方程 $f'(x) = 0$ 有几个实根，并指出它们所在的区间。

4. 验证拉格朗日中值定理对函数 $f(x) = x^3 + 2x$ 在区间 $[0, 1]$ 上的正确性。

*5. 设 $f'(x)$ 在 $[a, b]$ 上连续，在 (a, b) 内可导，$f'(a) = 0, f''(x) > 0$。证明：$f(b) > f(a)$。

6. 若方程 $a_0 x^n + a_1 x^{n-1} + \cdots + a_{n-1} x = 0$ 有一个正根 x_0，证明：方程 $a_0 n x^{n-1} + a_1 (n-1) x^{n-2} + \cdots + a_{n-1} = 0$ 必有一个小于 x_0 的正根。

*7. 设 $f(a) = f(c) = f(b)$，且 $a < c < b$，$f''(x)$ 在 $[a, b]$ 上存在，证明：在 (a, b) 内至少存在一点 ξ，使 $f''(\xi) = 0$。

第二节 洛必达法则

我们知道，两个无穷小量的比值的极限与两个无穷大量的比值的极限都可能存在，也可能不存在。通常称这种极限为**未定式**（或**待定型**），并分别简记为 $\dfrac{0}{0}$ 或 $\dfrac{\infty}{\infty}$。

洛必达（L'Hospital）法则是处理未定式极限的重要工具，是计算 $\dfrac{0}{0}$ 型、$\dfrac{\infty}{\infty}$ 型极限的简单而有效的法则。

一、$\dfrac{0}{0}$ 型未定式

定理 1 设 $f(x), g(x)$ 满足下列条件：

(1) $\lim\limits_{x \to x_0} f(x) = 0, \lim\limits_{x \to x_0} g(x) = 0$；

(2) $f(x), g(x)$ 在 $\overset{\circ}{U}(x_0)$ 内可导，且 $g'(x) \neq 0$；

(3) $\lim\limits_{x \to x_0} \dfrac{f'(x)}{g'(x)}$ 存在（或为 ∞），

则
$$\lim_{x \to x_0} \dfrac{f(x)}{g(x)} = \lim_{x \to x_0} \dfrac{f'(x)}{g'(x)}.$$

证 由于函数在 x_0 点的极限与函数在该点的定义无关,由条件(1),我们不妨设 $f(x_0)=0, g(x_0)=0$. 由条件(1)和(2)知 $f(x)$ 与 $g(x)$ 在 $U(x_0)$ 内连续. 设 $x \in \mathring{U}(x_0)$,则 $f(x)$ 与 $g(x)$ 在 $[x_0, x]$ 或 $[x, x_0]$ 上满足柯西中值定理的条件,于是

$$\frac{f(x)}{g(x)} = \frac{f(x)-f(x_0)}{g(x)-g(x_0)} = \frac{f'(\xi)}{g'(\xi)} \quad (\xi \text{ 在 } x_0 \text{ 与 } x \text{ 之间}).$$

当 $x \to x_0$ 时,显然有 $\xi \to x_0$,由条件(3)得

$$\lim_{x \to x_0} \frac{f(x)}{g(x)} = \lim_{\xi \to x_0} \frac{f'(\xi)}{g'(\xi)} = \lim_{x \to x_0} \frac{f'(x)}{g'(x)}.$$

这个定理的结果可以推广到 $x \to x_0^-$ 或 $x \to x_0^+$ 的情形.

注 (1) 如果 $\lim\limits_{x \to x_0} \frac{f'(x)}{g'(x)}$ 仍为 $\frac{0}{0}$ 型未定式,且 $f'(x), g'(x)$ 满足定理条件,则可继续使用洛必达法则;(2) 洛必达法则仅适用于未定式求极限,运用洛必达法则时,要验证定理的条件,当 $\lim\limits_{x \to x_0} \frac{f'(x)}{g'(x)}$ 既不存在也不为 ∞ 时,不能运用洛必达法则.

应该注意,求极限时应将洛必达法则和无穷小代换等技巧结合使用,才能使求解过程更加简便.

例1 求 $\lim\limits_{x \to 0} \dfrac{x-\tan x}{x-\sin x}$.

解 这是 $\dfrac{0}{0}$ 型未定式. 利用洛必达法则,可得

$$\lim_{x \to 0} \frac{x-\tan x}{x-\sin x} = \lim_{x \to 0} \frac{1-\sec^2 x}{1-\cos x} = -\lim_{x \to 0} \frac{2\sec^2 x \cdot \tan x}{\sin x} = -\lim_{x \to 0} 2\sec^3 x = -2.$$

例2 求 $\lim\limits_{x \to 0} \dfrac{\sin^2 x - x\sin x\cos x}{x^4}$.

解 这是 $\dfrac{0}{0}$ 型未定式. 利用无穷小代换和洛必达法则,可得

$$\lim_{x \to 0} \frac{\sin^2 x - x\sin x\cos x}{x^4} = \lim_{x \to 0} \frac{\sin x - x\cos x}{x^3}$$

$$= \lim_{x \to 0} \frac{\cos x - \cos x + x\sin x}{3x^2} = \frac{1}{3}.$$

例3 求 $\lim\limits_{x \to 0} \dfrac{x^2 \sin \dfrac{1}{x}}{\sin x}$.

解 这是 $\dfrac{0}{0}$ 型未定式,这时若对分子、分母分别求导再求极限,得

$$\lim_{x \to 0} \frac{x^2 \sin \dfrac{1}{x}}{\sin x} = \lim_{x \to 0} \frac{2x\sin \dfrac{1}{x} - \cos \dfrac{1}{x}}{\cos x}.$$

因为上式右端的极限不存在且不为 ∞，所以洛必达法则失效. 事实上，可以求得

$$\lim_{x \to 0} \frac{x^2 \sin \frac{1}{x}}{\sin x} = \lim_{x \to 0} x \sin \frac{1}{x} = 0.$$

洛必达法则对 $x \to \infty$ 的情形也成立. 只要把定理中的条件所考虑的点 x_0 的某邻域改成 $|x|$ 充分大.

推论 1 设 $f(x)$ 与 $g(x)$ 满足下列条件：

(1) $\lim_{x \to \infty} f(x) = 0, \lim_{x \to \infty} g(x) = 0$；

(2) 存在 $X > 0$，当 $|x| > X$ 时，$f(x)$ 和 $g(x)$ 可导，且 $g'(x) \neq 0$；

(3) $\lim_{x \to \infty} \frac{f'(x)}{g'(x)}$ 存在（或为 ∞），

则

$$\lim_{x \to \infty} \frac{f(x)}{g(x)} = \lim_{x \to \infty} \frac{f'(x)}{g'(x)}.$$

证 令 $x = \frac{1}{t}$，则 $x \to \infty$ 时，$t \to 0$. 于是

$$\lim_{x \to \infty} \frac{f(x)}{g(x)} = \lim_{t \to 0} \frac{f\left(\frac{1}{t}\right)}{g\left(\frac{1}{t}\right)} = \lim_{t \to 0} \frac{f'\left(\frac{1}{t}\right) \cdot \left(-\frac{1}{t^2}\right)}{g'\left(\frac{1}{t}\right) \cdot \left(-\frac{1}{t^2}\right)}$$

$$= \lim_{x \to \infty} \frac{f'(x)}{g'(x)}.$$

上述推论的结果也可推广到 $x \to -\infty$ 或 $x \to +\infty$ 的情形.

例 4 求 $\lim\limits_{x \to +\infty} \dfrac{\frac{\pi}{2} - \arctan x}{\ln\left(1 + \frac{1}{x}\right)}$.

解 这是 $\frac{0}{0}$ 型未定式，由等价无穷小代换和洛必达法则，有

$$\lim_{x \to +\infty} \frac{\frac{\pi}{2} - \arctan x}{\ln\left(1 + \frac{1}{x}\right)} = \lim_{x \to +\infty} \frac{\frac{\pi}{2} - \arctan x}{\frac{1}{x}} = \lim_{x \to +\infty} \frac{-\frac{1}{1+x^2}}{-\frac{1}{x^2}} = \lim_{x \to +\infty} \frac{x^2}{1+x^2} = 1.$$

二、$\frac{\infty}{\infty}$ 型未定式

当 $x \to x_0$（或 $x \to \infty$）时，$f(x)$ 和 $g(x)$ 都是无穷大量，即 $\frac{\infty}{\infty}$

型未定式,它也有与 $\dfrac{0}{0}$ 型未定式类似的方法,我们将其结果叙述如下,而将证明从略.

定理 2　设 $f(x), g(x)$ 满足下列条件:

(1) $\lim\limits_{x \to x_0} f(x) = \infty, \lim\limits_{x \to x_0} g(x) = \infty$;

(2) $f(x)$ 和 $g(x)$ 在 $\overset{\circ}{U}(x_0)$ 内可导,且 $g'(x) \neq 0$;

(3) $\lim\limits_{x \to x_0} \dfrac{f'(x)}{g'(x)}$ 存在(或为 ∞),

则

$$\lim_{x \to x_0} \dfrac{f(x)}{g(x)} = \lim_{x \to x_0} \dfrac{f'(x)}{g'(x)}.$$

推论 2　设 $f(x)$ 与 $g(x)$ 满足下列条件:

(1) $\lim\limits_{x \to \infty} f(x) = \infty, \lim\limits_{x \to \infty} g(x) = \infty$;

(2) 存在 $X > 0$,当 $|x| > X$ 时, $f(x)$ 和 $g(x)$ 可导,且 $g'(x) \neq 0$;

(3) $\lim\limits_{x \to \infty} \dfrac{f'(x)}{g'(x)}$ 存在(或为 ∞),

则

$$\lim_{x \to \infty} \dfrac{f(x)}{g(x)} = \lim_{x \to \infty} \dfrac{f'(x)}{g'(x)}.$$

上述定理及推论中的结果可分别推广到 $x \to x_0^-, x \to x_0^+$ 和 $x \to -\infty, x \to +\infty$ 的情形.

例 5　求 $\lim\limits_{x \to 0^+} \dfrac{\ln(\cot x)}{\ln x}$.

解　这是 $\dfrac{\infty}{\infty}$ 型未定式,由洛必达法则,有

$$\lim_{x \to 0^+} \dfrac{\ln(\cot x)}{\ln x} = \lim_{x \to 0^+} \dfrac{\dfrac{1}{\cot x} \cdot (-\csc^2 x)}{\dfrac{1}{x}}$$

$$= \lim_{x \to 0^+} \dfrac{-x}{\sin x \cdot \cos x} = -\lim_{x \to 0^+} \dfrac{1}{\cos x} = -1.$$

例 6　求 $\lim\limits_{x \to +\infty} \dfrac{x^n}{e^{\lambda x}}$ (n 为正整数,$\lambda > 0$).

解　这是 $\dfrac{\infty}{\infty}$ 型未定式,应用洛必达法则 n 次,得

$$\lim_{x \to +\infty} \dfrac{x^n}{e^{\lambda x}} = \lim_{x \to +\infty} \dfrac{nx^{n-1}}{\lambda e^{\lambda x}} = \lim_{x \to +\infty} \dfrac{n(n-1)x^{n-2}}{\lambda^2 e^{\lambda x}}$$

$$= \cdots = \lim_{x \to +\infty} \dfrac{n!}{\lambda^n \cdot e^{\lambda x}} = 0.$$

事实上,当 n 为任意正实数时,结论也成立,这说明任何正数幂的幂函数的增长总比指数函数 $e^{\lambda x}$ 的增长慢.

例7 求 $\lim\limits_{x \to 0^+} \dfrac{e^{-\frac{1}{x}}}{x}$.

解 这是 $\dfrac{0}{0}$ 型未定式. 运用洛必达法则,有

$$\lim_{x \to 0^+} \frac{e^{-\frac{1}{x}}}{x} = \lim_{x \to 0^+} \frac{e^{-\frac{1}{x}} \cdot \frac{1}{x^2}}{1} = \lim_{x \to 0^+} \frac{e^{-\frac{1}{x}}}{x^2} = \lim_{x \to 0^+} \frac{e^{-\frac{1}{x}}}{2x^3} \quad \left(\frac{0}{0} \text{型}\right).$$

可见,这样做下去得不出结果,但此时我们可以采用下面的变换技巧来求得其极限.

$$\lim_{x \to 0^+} \frac{e^{-\frac{1}{x}}}{x} = \lim_{x \to 0^+} \frac{\frac{1}{x}}{e^{\frac{1}{x}}} \xrightarrow{\text{令} t = \frac{1}{x}} \lim_{t \to +\infty} \frac{t}{e^t} \quad \left(\frac{\infty}{\infty} \text{型}\right) = \lim_{t \to +\infty} \frac{1}{e^t} = 0.$$

三、其他未定式

若在某极限过程中,有 $f(x) \to 0$ 且 $g(x) \to \infty$,则称 $\lim[f(x)g(x)]$ 为 $0 \cdot \infty$ 型未定式.

若在某极限过程中,有 $f(x) \to \infty$ 且 $g(x) \to \infty$,则称 $\lim[f(x) - g(x)]$ 为 $\infty - \infty$ 型未定式.

若在某极限过程中,有 $f(x) \to 0^+$ 且 $g(x) \to 0$,则称 $\lim f(x)^{g(x)}$ 为 0^0 型未定式.

若在某极限过程中,有 $f(x) \to 1$ 且 $g(x) \to \infty$,则称 $\lim f(x)^{g(x)}$ 为 1^∞ 型未定式.

若在某极限过程中,有 $f(x) \to +\infty$ 且 $g(x) \to 0$,则称 $\lim f(x)^{g(x)}$ 为 ∞^0 型未定式.

上面这些未定式都可以经过简单的变换转化成 $\dfrac{0}{0}$ 型或 $\dfrac{\infty}{\infty}$ 型. 因此常常可以用洛必达法则求出其极限,下面举例说明.

例8 求 $\lim\limits_{x \to 1^-}[\ln x \cdot \ln(1-x)]$.

解 这是 $0 \cdot \infty$ 型未定式.

方法1 $\lim\limits_{x \to 1^-}[\ln x \cdot \ln(1-x)] = \lim\limits_{x \to 1^-} \dfrac{\ln(1-x)}{(\ln x)^{-1}} \quad \left(\dfrac{\infty}{\infty} \text{型}\right)$

$$= \lim_{x \to 1^-} \frac{-\dfrac{1}{1-x}}{-\dfrac{1}{x \ln^2 x}} = \lim_{x \to 1^-} \frac{x \ln^2 x}{1-x}$$

$$= \lim_{x \to 1^-} x \cdot \lim_{x \to 1^-} \frac{\ln^2 x}{1-x} = \lim_{x \to 1^-} \frac{(2\ln x) \cdot \dfrac{1}{x}}{-1} = 0.$$

方法 2 $\lim\limits_{x \to 1^-}[\ln x \cdot \ln(1-x)] = \lim\limits_{x \to 1^-}[\ln(1+(x-1)) \cdot \ln(1-x)]$

$$= \lim_{x \to 1^-}[(x-1)\ln(1-x)] = \lim_{x \to 1^-}\frac{\ln(1-x)}{\dfrac{1}{x-1}}$$

$$= \lim_{x \to 1^-}\frac{-\dfrac{1}{1-x}}{-\dfrac{1}{(x-1)^2}} = 0.$$

例 9 求 $\lim\limits_{x \to 1}\left(\dfrac{x}{x-1} - \dfrac{1}{\ln x}\right)$.

解 这是 $\infty - \infty$ 型未定式,通分后可转化成 $\dfrac{0}{0}$ 型.

$$\lim_{x \to 1}\left(\frac{x}{x-1} - \frac{1}{\ln x}\right) = \lim_{x \to 1}\frac{x\ln x - x + 1}{(x-1)\ln x} \quad \left(\frac{0}{0} \text{ 型}\right)$$

$$= \lim_{x \to 1}\frac{\ln x}{\dfrac{x-1}{x} + \ln x} = \lim_{x \to 1}\frac{\dfrac{1}{x}}{\dfrac{1}{x^2} + \dfrac{1}{x}} = \frac{1}{2}.$$

例 10 求 $\lim\limits_{x \to 0^+} x^{\sin x}$.

解 这是 0^0 型未定式,我们先运用对数恒等式 $x^{\sin x} = \mathrm{e}^{\sin x \cdot \ln x}$,再求极限.

$$\lim_{x \to 0^+} x^{\sin x} = \lim_{x \to 0^+} \mathrm{e}^{\sin x \cdot \ln x} = \mathrm{e}^{\lim\limits_{x \to 0^+}\sin x \cdot \ln x} = \mathrm{e}^{\lim\limits_{x \to 0^+} \ln x / \frac{1}{\sin x}}$$

$$= \mathrm{e}^{\lim\limits_{x \to 0^+}\frac{1}{x} / \frac{-\cos x}{\sin^2 x}} = \mathrm{e}^{\lim\limits_{x \to 0^+}\frac{-\sin^2 x}{x^2} \cdot \frac{x}{\cos x}} = \mathrm{e}^0 = 1.$$

例 11 求 $\lim\limits_{x \to 1}(2-x)^{\tan\frac{\pi}{2}x}$.

解 这是 1^∞ 型未定式.我们还是先运用对数恒等式 $(2-x)^{\tan\frac{\pi}{2}x} = \mathrm{e}^{\tan\frac{\pi}{2}x \cdot \ln(2-x)}$,再求极限.

$$\lim_{x \to 1}(2-x)^{\tan\frac{\pi}{2}x} = \mathrm{e}^{\lim\limits_{x \to 1}\tan\frac{\pi}{2}x \cdot \ln(2-x)} = \mathrm{e}^{\lim\limits_{x \to 1}\ln(2-x)/\cot\frac{\pi}{2}x}$$

$$= \mathrm{e}^{\lim\limits_{x \to 1}\left(-\frac{1}{2-x}\right)/\left(-\csc^2\frac{\pi}{2}x\right)\cdot\frac{\pi}{2}} = \mathrm{e}^{\frac{2}{\pi}\lim\limits_{x \to 1}\sin^2\frac{\pi}{2}x/(2-x)} = \mathrm{e}^{\frac{2}{\pi}}.$$

注 此例也可结合运用第二章中介绍的方法求得,

$$\lim_{x \to 1}(2-x)^{\tan\frac{\pi}{2}x} = \lim_{x \to 1}[1+(1-x)]^{\frac{1}{1-x}\cdot(1-x)\tan\frac{\pi}{2}x}$$

$$= \mathrm{e}^{\lim\limits_{x \to 1}(1-x)\tan\frac{\pi}{2}x} = \mathrm{e}^{\lim\limits_{x \to 1}(1-x)/\cot\frac{\pi}{2}x}$$

$$= \mathrm{e}^{\lim\limits_{x \to 1}-1/-\csc^2\frac{\pi}{2}x \cdot \frac{\pi}{2}} = \mathrm{e}^{\frac{2}{\pi}\lim\limits_{x \to 1}\sin^2\frac{\pi}{2}x} = \mathrm{e}^{\frac{2}{\pi}}.$$

例 12 求 $\lim\limits_{x \to 0^+}\left(1+\dfrac{1}{x}\right)^x$.

解 这是 ∞^0 型未定式.

$$\lim_{x\to 0^+}\left(1+\frac{1}{x}\right)^x = \lim_{x\to 0^+} e^{x\ln\left(1+\frac{1}{x}\right)} = e^{\lim\limits_{x\to 0^+}\frac{\ln\left(1+\frac{1}{x}\right)}{\frac{1}{x}}}$$

$$= e^{\lim\limits_{x\to 0^+}\frac{\left(1+\frac{1}{x}\right)^{-1}\cdot\left(-\frac{1}{x^2}\right)}{-\frac{1}{x^2}}} = e^{\lim\limits_{x\to 0^+}\frac{x}{1+x}} = e^0 = 1.$$

洛必达法则是求未定式的一种有效方法,但不是万能的. 有些问题甚至不能用洛必达法则求解.

例 13 求 $\lim\limits_{x\to +\infty}\dfrac{e^x+e^{-x}}{e^x-e^{-x}}$.

解 这是 $\dfrac{\infty}{\infty}$ 型未定式. 若用洛必达法则求该极限,有

$$\lim_{x\to +\infty}\frac{e^x+e^{-x}}{e^x-e^{-x}} = \lim_{x\to +\infty}\frac{e^x-e^{-x}}{e^x+e^{-x}} = \lim_{x\to +\infty}\frac{e^x+e^{-x}}{e^x-e^{-x}},$$

可见无法得到最后结果. 而

$$\lim_{x\to +\infty}\frac{e^x+e^{-x}}{e^x-e^{-x}} = \lim_{x\to +\infty}\frac{1+e^{-2x}}{1-e^{-2x}} = 1.$$

习 题 4-2

1. 利用洛必达法则求下列极限:

(1) $\lim\limits_{x\to \pi}\dfrac{\sin 3x}{\tan 5x}$;

(2) $\lim\limits_{x\to 0}\dfrac{e^x-x-1}{x(e^x-1)}$;

(3) $\lim\limits_{x\to a}\dfrac{x^m-a^m}{x^n-a^n}$;

(4) $\lim\limits_{x\to 0}\dfrac{(a+x)^x-a^x}{x^2}$ $(a>0)$;

(5) $\lim\limits_{x\to 0^+}\dfrac{\ln x}{\cot x}$;

(6) $\lim\limits_{x\to 0^+}\sin x\ln x$;

(7) $\lim\limits_{x\to +\infty}\dfrac{\ln\left(1+\dfrac{1}{x}\right)}{\operatorname{arccot} x}$;

(8) $\lim\limits_{x\to 0}\left(\dfrac{e^x}{x}-\dfrac{1}{e^x-1}\right)$;

(9) $\lim\limits_{x\to 0}(1+\sin x)^{\frac{1}{x}}$;

(10) $\lim\limits_{x\to +\infty}\left(\dfrac{2}{\pi}\arctan x\right)^x$;

(11) $\lim\limits_{x\to 0}\left(\dfrac{3-e^x}{2+x}\right)^{\csc x}$;

(12) $\lim\limits_{x\to 0}x^2 e^{\frac{1}{x^2}}$;

(13) $\lim\limits_{x\to +\infty}\left(\sqrt[3]{x^3+x^2+x+1}-x\right)$;

(14) $\lim\limits_{x\to 0}\left[\dfrac{1}{e}(1+x)^{\frac{1}{x}}\right]^{\frac{1}{x}}$.

2. 设 $\lim\limits_{x\to 1}\dfrac{x^2+mx+n}{x-1}=5$,求常数 m,n 的值.

3. 验证极限 $\lim\limits_{x\to \infty}\dfrac{x+\sin x}{x}$ 存在,但不能由洛必达法则得出.

4. 设 $f(x)$ 二阶可导,求 $\lim\limits_{h\to 0}\dfrac{f(x+h)-2f(x)+f(x-h)}{h^2}$.

第三节 泰勒公式

泰勒个人简介

一、泰勒公式

在理论分析和近似计算中,常常希望能将一个复杂函数 $f(x)$ 用一个多项式 $p_n(x) = a_0 + a_1 x + \cdots + a_n x^n$ 来近似表示. 这是因为多项式 $p_n(x)$ 只涉及数的加、减、乘三种运算,计算起来比较简单,例如,利用微分的概念就可以得到,当 $|x|$ 很小时,有 $e^x \approx 1 + x$, $\sin x \approx x$, $\sqrt[n]{1+x} \approx 1 + \frac{1}{n}x$. 这些都是用一次多项式近似表示函数 $f(x)$ 的例子. 但这些近似公式有两点不足:(1) 精度不高,误差仅为 x 的高阶无穷小 $o(x)$;(2) 没有准确实用的误差估计式.

从几何上看,上述近似公式精度不高是因为在 $x=0$ 附近,我们以直线(一次多项式)来近似代替曲线,两条线的吻合程度当然不会很好,从而精度也就不高. 自然会想到,若改用二次曲线、三次曲线,甚至 n 次曲线来近似代替曲线 $y = f(x)$,在 $x=0$ 附近,两条曲线的吻合程度应该会更好,其精度也将有所提高. 于是,提出下面两个问题:设 $f(x)$ 在 $U(x_0)$ 内有直到 $n+1$ 阶导数.

(1) 试求一个关于 $x-x_0$ 的 n 次多项式

$$p_n(x) = a_0 + a_1(x-x_0) + a_2(x-x_0)^2 + \cdots + a_n(x-x_0)^n, \tag{4-3-1}$$

使得在 x_0 附近,有 $f(x) \approx p_n(x)$. 换言之,我们要求

$$f(x_0) = p_n(x_0), f'(x_0) = p'_n(x_0), \cdots, f^{(n)}(x_0) = p_n^{(n)}(x_0), \tag{4-3-2}$$

即 $f(x)$ 和 $p_n(x)$ 在 $x=x_0$ 处的函数值及 k 阶($k \leqslant n$)导数值相等.

从几何上看,条件 $f(x_0) = p_n(x_0)$ 和 $f'(x_0) = p'_n(x_0)$ 表示两曲线 $y = f(x)$ 和 $y = p_n(x)$ 都过点 $(x_0, f(x_0))$,且在该点处有相同的切线. 以后还将知道,条件 $f''(x_0) = p''_n(x_0)$ 表示这两条曲线在点 $(x_0, f(x_0))$ 处的弯曲方向和弯曲程度相同,从而在该点附近,两曲线的吻合程度将较好.

注意到条件 $f(x_0) = p_n(x_0), f'(x_0) = p'_n(x_0), \cdots, f^{(n)}(x_0) = p_n^{(n)}(x_0)$. 我们利用这些条件来确定系数 $a_0, a_1, \cdots, a_n$. 将 $x = x_0$ 代入 $p_n(x)$ 的表达式,得到

$$a_0 = p_n(x_0) = f(x_0), \text{即 } a_0 = f(x_0).$$

对 $p_n(x)$ 求导,再将 $x = x_0$ 代入,得到

$$a_1 = p_n'(x_0) = f'(x_0), \text{即 } a_1 = f'(x_0).$$

求出 $p_n''(x)$,再将 $x = x_0$ 代入,得

$$a_2 \cdot 2! = p_n''(x_0) = f''(x_0), \text{即 } a_2 = \frac{f''(x_0)}{2!}.$$

一般地,

$$a_k = \frac{f^{(k)}(x_0)}{k!},\ k = 0,1,2,\cdots,n.$$

从而所求多项式

$$p_n(x) = f(x_0) + \frac{f'(x_0)}{1!}(x - x_0) + \frac{f''(x_0)}{2!}(x - x_0)^2 + \cdots$$
$$+ \frac{f^{(n)}(x_0)}{n!}(x - x_0)^n. \tag{4-3-3}$$

(2) 给出误差 $f(x) - p_n(x)$ 的表达式.

一般有以下结果.

定理 1（泰勒中值定理） 设函数 $f(x)$ 在 (a,b) 内具有直到 $n+1$ 阶导数,$x_0 \in (a,b)$,且在闭区间 $[a,b]$ 上连续,则对于任意 $x \in (a,b), x \neq x_0$,有

$$f(x) = f(x_0) + f'(x_0)(x - x_0) + \frac{f''(x_0)}{2!}(x - x_0)^2 + \cdots$$
$$+ \frac{f^{(n)}(x_0)}{n!}(x - x_0)^n + R_n(x), \tag{4-3-4}$$

其中

$$R_n(x) = \frac{f^{(n+1)}(\xi)}{(n+1)!}(x - x_0)^{n+1} \quad (\xi \text{ 介于 } x_0 \text{ 与 } x \text{ 之间}).$$
$$\tag{4-3-5}$$

证 令 $G(x) = (x - x_0)^{n+1}$. 由假设可知

$$R_n(x) = f(x) - f(x_0) - f'(x_0)(x - x_0) - \frac{f''(x_0)}{2!}(x - x_0)^2 - \cdots$$
$$- \frac{f^{(n)}(x_0)}{n!}(x - x_0)^n$$

在 (a,b) 内具有直到 $n+1$ 阶的导数,由 (4-3-2) 式知

$$R_n(x_0) = R_n'(x_0) = \cdots = R_n^{(n)}(x_0) = 0,$$
$$R_n^{(n+1)}(x) = f^{(n+1)}(x).$$

此外,易求得

$$G(x_0) = G'(x_0) = \cdots = G^{(n)}(x_0) = 0,$$
$$G^{(n+1)}(x) = (n+1)!.$$

对 $R_n(x)$ 与 $G(x)$ 在相应区间上使用柯西中值定理 $n+1$ 次,则有

$$\frac{R_n(x)}{G(x)} = \frac{R_n(x) - R_n(x_0)}{G(x) - G(x_0)} = \frac{R_n'(\xi_1)}{G'(\xi_1)} \quad (\xi_1 \text{ 介于 } x_0 \text{ 与 } x \text{ 之间})$$

$$= \frac{R'_n(\xi_1) - R'_n(x_0)}{G'(\xi_1) - G'(x_0)} = \frac{R''_n(\xi_2)}{G''(\xi_2)} \quad (\xi_2 \text{ 介于 } x_0 \text{ 与 } \xi_1 \text{ 之间})$$

$$= \frac{R''_n(\xi_2) - R''_n(x_0)}{G''(\xi_2) - G''(x_0)}$$

$$= \cdots = \frac{R_n^{(n)}(\xi_n)}{G^{(n)}(\xi)} \quad (\xi_n \text{ 介于 } x_0 \text{ 与 } \xi_{n-1} \text{ 之间})$$

$$= \frac{R_n^{(n)}(\xi_n) - R_n^{(n)}(x_0)}{G^{(n)}(\xi_n) - G^{(n)}(x_0)} = \frac{R_n^{(n+1)}(\xi)}{G^{(n+1)}(\xi)}$$

$$= \frac{f^{(n+1)}(\xi)}{(n+1)!} \quad (\xi \text{ 在 } x_0 \text{ 与 } \xi_n \text{ 之间, 因而也在 } x_0 \text{ 与 } x \text{ 之间}).$$

于是 $R_n(x) = \dfrac{f^{(n+1)}(\xi)}{(n+1)!}(x - x_0)^{n+1}$ （ξ 在 x_0 与 x 之间）.

定理中的公式(4-3-4)称为函数 $f(x)$ 在 $x = x_0$ 处的 **n 阶泰勒展开式**，或称为**具有拉格朗日型余项的 n 阶泰勒公式**. (4-3-5)式中的 $R_n(x)$ 称为**拉格朗日型余项**, (4-3-3) 式中的多项式

$$p_n(x) = f(x_0) + f'(x_0)(x - x_0) + \frac{f''(x_0)}{2!}(x - x_0)^2 + \cdots$$
$$+ \frac{f^{(n)}(x_0)}{n!}(x - x_0)^n$$

称为 $f(x)$ 在 $x = x_0$ 处的 n 阶泰勒多项式（或称为 n 次近似公式）.

拉格朗日型余项还可写成以下形式：

$$R_n(x) = \frac{f^{(n+1)}(x_0 + \theta(x - x_0))}{(n+1)!}(x - x_0)^{n+1} \quad (0 < \theta < 1).$$

第一节中的拉格朗日中值定理可看作是零阶($n = 0$)拉格朗日型余项的泰勒公式：

$$f(x) = f(x_0) + f'(\xi)(x - x_0) \quad (\xi \text{ 在 } x_0 \text{ 与 } x \text{ 之间}).$$

因此拉格朗日型余项的泰勒公式是拉格朗日中值定理的推广.

由泰勒中值定理可知，以多项式 $p_n(x)$ 近似表达函数 $f(x)$ 时，其误差为 $|R_n(x)|$. 若当 x 在开区间 (a,b) 内变动时，有 $|f^{(n+1)}(x)| \leqslant M$（$M$ 为常数），则其误差有估计式 $|R_n(x)| \leqslant \dfrac{M}{(n+1)!}|x - x_0|^{n+1}$，且 $\lim\limits_{x \to x_0} \dfrac{R_n(x)}{(x - x_0)^n} = 0$. 从而当 $x \to x_0$ 时，$R_n(x)$ 是关于 $(x - x_0)^n$ 的高阶无穷小，即余项又可以表示为 $R_n(x) = o((x - x_0)^n)$，我们称这种形式的余项为**皮亚诺（Peano）型余项**.

当 $x_0 = 0$ 时的泰勒公式，又称为**马克劳林(Maclaurin) 公式**：

$$f(x) = f(0) + f'(0)x + \frac{f''(0)}{2!}x^2 + \cdots$$
$$+ \frac{f^{(n)}(0)}{n!}x^n + \frac{f^{(n+1)}(\xi)}{(n+1)!}x^{n+1} \quad (\xi \text{ 在 } 0 \text{ 与 } x \text{ 之间}),$$

余项也可写成 $R_n(x) = \dfrac{f^{(n+1)}(\theta x)}{(n+1)!} x^{n+1} (0 < \theta < 1)$. 若使用皮亚诺型余项,则

$$f(x) = f(0) + f'(0)x + \dfrac{f''(0)}{2!} x^2 + \cdots + \dfrac{f^{(n)}(0)}{n!} x^n + o(x^n).$$

二、函数的泰勒展开式举例

例 1 写出函数 $f(x) = e^x$ 的 n 阶马克劳林公式,并利用三阶马克劳林多项式计算 $\sqrt{e}$ 的近似值,并估计误差.

解 由 $f'(x) = e^x, \cdots, f^{(n)}(x) = e^x, f^{(n+1)}(x) = e^x$,得

$$f(0) = 1, f'(0) = 1, \cdots, f^{(n)}(0) = 1, f^{(n+1)}(\xi) = e^\xi.$$

于是得 e^x 的马克劳林公式为

$$e^x = 1 + x + \dfrac{x^2}{2!} + \cdots + \dfrac{x^n}{n!} + \dfrac{e^\xi}{(n+1)!} x^{n+1} \quad (\xi \text{ 在 } 0 \text{ 与 } x \text{ 之间})$$

或

$$e^x = 1 + x + \dfrac{x^2}{2!} + \cdots + \dfrac{x^n}{n!} + \dfrac{e^{\theta x}}{(n+1)!} x^{n+1} \quad (0 < \theta < 1).$$

因此,将 e^x 用 n 阶马克劳林多项式来近似表达为

$$e^x \approx 1 + x + \dfrac{x^2}{2!} + \cdots + \dfrac{x^n}{n!},$$

所产生的误差为

$$|R_n(x)| = \left| \dfrac{e^{\theta x}}{(n+1)!} x^{n+1} \right|.$$

取 $x = \dfrac{1}{2}, n = 3$,则

$$\sqrt{e} \approx 1 + \dfrac{1}{2} + \dfrac{1}{2!} \left(\dfrac{1}{2}\right)^2 + \dfrac{1}{3!} \left(\dfrac{1}{2}\right)^3 \approx 1.645\,8,$$

其误差

$$\left| R_3 \left(\dfrac{1}{2}\right) \right| = \dfrac{e^\xi}{4!} \left(\dfrac{1}{2}\right)^4 < \dfrac{e^{\frac{1}{2}}}{4!} \left(\dfrac{1}{2}\right)^4 < \dfrac{3^{\frac{1}{2}}}{4!} \left(\dfrac{1}{2}\right)^4 < \dfrac{1.8}{4!} \dfrac{1}{2^4}$$
$$< 0.004\,7 < 0.005 = 5 \times 10^{-3}.$$

例 2 写出函数 $f(x) = \sin x$ 的 n 阶马克劳林公式.

解 由 $f^{(n)}(x) = \sin\left(x + n \cdot \dfrac{\pi}{2}\right) (n = 1, 2, \cdots)$,有

$$f(0) = 0, f'(0) = 1, f''(0) = 0, f'''(0) = -1, f^{(4)}(0) = 0, \cdots,$$
$$f^{(2m)}(0) = 0, f^{(2m+1)}(0) = (-1)^m, \cdots.$$

于是当 $n = 2m + 1$ 时,$\sin x$ 的 n 阶马克劳林展开式为

$$\sin x = x - \dfrac{x^3}{3!} + \dfrac{x^5}{5!} - \dfrac{x^7}{7!} + \cdots + (-1)^m \dfrac{x^{2m+1}}{(2m+1)!} + R_{2m+1}(x),$$

其中 $R_{2m+1}(x) = \dfrac{\sin\left(\theta x + (2m+3)\dfrac{\pi}{2}\right)}{(2m+3)!} x^{2m+3}$ $(0 < \theta < 1)$；

当 $n = 2m$ 时，$\sin x$ 的 n 阶马克劳林展开式为
$$\sin x = x - \frac{x^3}{3!} + \frac{x^5}{5!} - \frac{x^7}{7!} + \cdots + (-1)^{m-1} \frac{x^{2m-1}}{(2m-1)!} + R_{2m}(x),$$

其中 $R_{2m}(x) = \dfrac{\sin\left(\theta x + (2m+1)\dfrac{\pi}{2}\right)}{(2m+1)!} x^{2m+1}$ $(0 < \theta < 1)$.

类似地，当 $n = 2m+1$ 时，$\cos x$ 的 n 阶马克劳林展开式为
$$\cos x = 1 - \frac{x^2}{2!} + \frac{x^4}{4!} - \frac{x^6}{6!} + \cdots + (-1)^m \frac{x^{2m}}{(2m)!}$$
$$+ \frac{\cos(\theta x + (m+1)\pi)}{(2m+2)!} x^{2m+2} \quad (0 < \theta < 1);$$

当 $n = 2m$ 时，$\cos x$ 的 n 阶马克劳林展开式为
$$\cos x = 1 - \frac{x^2}{2!} + \frac{x^4}{4!} - \frac{x^6}{6!} + \cdots + (-1)^m \frac{x^{2m}}{(2m)!}$$
$$+ \frac{\cos(\theta x + (m+1)\pi)}{(2m+2)!} x^{2m+2} \quad (0 < \theta < 1).$$

如果 m 分别取 2 和 3，则可得 $\sin x$ 的 3 次和 5 次近似多项式
$$\sin x \approx x - \frac{1}{3!} x^3 \quad \text{和} \quad \sin x \approx x - \frac{1}{3!} x^3 + \frac{1}{5!} x^5,$$
其误差的绝对值依次不超过 $\dfrac{1}{5!}|x^5|$ 和 $\dfrac{1}{7!}|x^7|$.

以上 3 个近似多项式及正弦函数的图形画在图 4-2 中，以便比较.

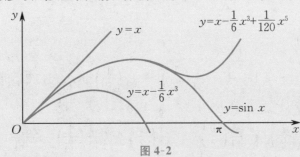

图 4-2

例 3 求函数 $f(x) = (1+x)^\alpha$（α 为任意实数）在 $x = 0$ 处的泰勒公式.

解 由于
$$f'(x) = \alpha(1+x)^{\alpha-1}, f''(x) = \alpha(\alpha-1)(1+x)^{\alpha-2}, \cdots,$$
$$f^{(n)}(x) = \alpha(\alpha-1)\cdots(\alpha-n+1)(1+x)^{\alpha-n},$$
于是有
$$f(0) = 1, f'(0) = \alpha, f''(0) = \alpha(\alpha-1), \cdots,$$
$$f^{(n)}(0) = \alpha(\alpha-1)\cdots(\alpha-n+1), \cdots,$$
从而得 $f(x) = (1+x)^\alpha$ 在 $x = 0$ 处的泰勒公式为

$$(1+x)^\alpha = 1 + \alpha x + \frac{\alpha(\alpha-1)}{2!}x^2 + \cdots + \frac{\alpha(\alpha-1)\cdots(\alpha-n+1)}{n!}x^n + o(x^n).$$

特别地,当 $\alpha = n$(正整数)时,有

$$(1+x)^n = 1 + nx + \frac{n(n-1)}{2!}x^2 + \cdots + nx^{n-1} + x^n + o(x^n).$$

习题 4-3

1. 求函数 $f(x) = xe^x$ 的 n 阶马克劳林公式.
2. 当 $x_0 = -1$ 时,求函数 $f(x) = \dfrac{1}{x}$ 的 n 阶泰勒公式.
3. 按 $(x-4)$ 的乘幂展开多项式 $f(x) = x^4 - 5x^3 + x^2 - 3x + 4$.

第四节 函数的单调性与极值

一、函数的单调性

我们知道,如果函数在定义域的某个区间内随着自变量的增加而增加(减少),则称函数在这一区间上是单调增加(减少)的. 函数的单调性在几何上表现为图形的升降. 单调增加函数的图形在平面直角坐标系中是一条从左至右(自变量增加的方向)逐渐上升(函数值增加的方向)的曲线,曲线上各点处的切线(如果存在的话)与横轴正向所夹角度为锐角,即曲线切线的斜率为正,也即导数为正. 类似地,单调减少函数的图形是平面直角坐标系中一条从左至右逐渐下降的曲线,其上任一点的导数(如果存在的话)为负. 由此可见,函数的单调性与导数的符号有着密切的关系. 事实上,有如下定理.

定理 1 设 $f(x) \in C([a,b])$,且在 (a,b) 内可导,则

(1) 若对任意 $x \in (a,b)$,有 $f'(x) > 0$,则 $f(x)$ 在 $[a,b]$ 上严格单调增加;

(2) 若对任意 $x \in (a,b)$,有 $f'(x) < 0$,则 $f(x)$ 在 $[a,b]$ 上严格单调减少.

证 对任意 $x_1, x_2 \in [a,b]$,不妨设 $x_1 < x_2$,由拉格朗日中值定理有

$$f(x_2) - f(x_1) = f'(\xi)(x_2 - x_1), \quad \xi \in (x_1, x_2).$$

由 $f'(x) > 0$,得 $f'(\xi) > 0$,故 $f(x_2) > f(x_1)$,(1)得证. 类似地可证(2).

> 从上面证明过程可以看到,定理中的闭区间若换成其他区间(如开的、闭的或无穷区间等),结论仍成立.

例 1 $y = \sin x$ 在 $\left(-\dfrac{\pi}{2}, \dfrac{\pi}{2}\right)$ 内单调增加.

这是因为对任意的 $x \in \left(-\dfrac{\pi}{2}, \dfrac{\pi}{2}\right)$,有 $(\sin x)' = \cos x > 0$.

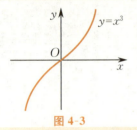

图 4-3

定理 1 的条件可以适当放宽,即若在 (a, b) 内的有限个点上,有 $f'(x) = 0$,其余点处处满足定理条件,则定理的结论仍然成立. 例如,$y = x^3$ 在 $x = 0$ 处有 $f'(0) = 0$,但它在 $(-\infty, +\infty)$ 上单调增加,如图 4-3 所示.

例 2 求函数 $y = 2x^2 - \ln x$ 的单调区间.

解 函数的定义域为 $(0, +\infty)$,函数在整个定义域内可导,且 $y' = 4x - \dfrac{1}{x}$.

令 $y' = 0$,解得 $x = \pm \dfrac{1}{2}$.

当 $0 < x < \dfrac{1}{2}$ 时,$y' < 0$;当 $x > \dfrac{1}{2}$ 时,$y' > 0$,故函数在 $\left(0, \dfrac{1}{2}\right)$ 内单调减少,在 $\left(\dfrac{1}{2}, +\infty\right)$ 内单调增加.

例 3 讨论函数 $y = \sqrt[3]{x^2}$ 的单调性.

解 函数的定义域为 $(-\infty, +\infty)$,当 $x \neq 0$ 时,$y' = \dfrac{2}{3\sqrt[3]{x}}$;当 $x = 0$ 时,函数的导数不存在. 而当 $x > 0$ 时,$y' > 0$;当 $x < 0$ 时,$y' < 0$,故函数在 $(-\infty, 0)$ 内单调减少,在 $(0, +\infty)$ 内单调增加. 如图 4-4 所示.

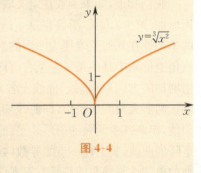

图 4-4

> 从例 2、例 3 可以看出,函数单调增减区间的分界点是导数为零的点或导数不存在的点. 一般地,如果函数在定义域区间上连续,且除去有限个导数不存在的点外导数存在,那么只要用 $f'(x) = 0$ 的点及 $f'(x)$ 不存在的点来划分函数的定义域区间,在每一区间上判别导数的符号,便可求得函数的单调增减区间.

例 4 确定函数 $f(x) = \dfrac{3}{5}x^{\frac{5}{3}} - \dfrac{3}{2}x^{\frac{2}{3}} + 5$ 的单调区间.

解 $f'(x) = x^{\frac{2}{3}} - x^{-\frac{1}{3}} = \dfrac{x - 1}{\sqrt[3]{x}}$.

可见，$x_1 = 0$ 处导数不存在，$x_2 = 1$ 处导数为零. 以 x_1 和 x_2 为分点，将函数定义域 $(-\infty, +\infty)$ 分为 3 个部分区间，其讨论结果如表 4-1 所示.

表 4-1

x	$(-\infty, 0)$	$(0, 1)$	$(1, +\infty)$
$f'(x)$	$+$	$-$	$+$
$f(x)$	↗	↘	↗

由表 4-1 可知，$f(x)$ 的单调增加区间为 $(-\infty, 0)$ 和 $(1, +\infty)$，单调减少区间为 $(0, 1]$.

例 5 在经济学中，消费品的需求量 y 与消费者的收入 $x(x>0)$ 的关系常常简化为函数 $y = f(x)$，称为恩格尔(Engle)函数，它有多种形式. 例如，
$$f(x) = Ax^b, \quad A > 0, b \text{ 为常数}.$$
将恩格尔函数求导得
$$f'(x) = Abx^{b-1}.$$
因为 $A > 0$，所以当 $b > 0$ 时，有 $f'(x) = Abx^{b-1} > 0$，$f(x)$ 为单调增函数；当 $b < 0$ 时，$f'(x) = Abx^{b-1} < 0$，$f(x)$ 为单调减函数. 恩格尔函数单调性的经济学解释为：收入越高，购买力越强，正常情况下，该商品的需求量也越多，即恩格尔函数为增函数；相反，若收入增加，该商品的需求量反而减少，只能说明该商品是劣等的，即因生活水平提高而放弃质量较低的商品转向购买高质量的商品. 因此，恩格尔函数 $f(x) = Ax^b$ 当 $b > 0$ 时，该商品为正常品；当 $b < 0$ 时，为劣等品.

利用函数的单调性，可以证明一些不等式. 例如，要证 $f(x) > 0$ 在 (a, b) 上成立，只要证明在 $[a, b]$ 上 $f(x)$ 严格单调增加（减少）且 $f(a) \geqslant 0 (f(b) \geqslant 0)$ 即可.

例 6 证明：当 $x > 0$ 时，$1 + \dfrac{1}{2}x > \sqrt{1+x}$.

证 令 $f(x) = 1 + \dfrac{1}{2}x - \sqrt{1+x}$，则 $f(0) = 0$，且
$$f'(x) = \frac{1}{2} - \frac{1}{2\sqrt{1+x}} > 0.$$
因此，$f(x)$ 在 $[0, +\infty)$ 上严格单调增加，从而当 $x > 0$ 时，$f(x) > f(0)$，即
$$1 + \frac{1}{2}x > \sqrt{1+x}.$$

例 7 证明：当 $0 < x < \dfrac{\pi}{2}$ 时，$\sin x + \tan x > 2x$.

证 令 $f(x) = \sin x + \tan x - 2x$，则
$$f'(x) = \cos x + \sec^2 x - 2,$$
$$f''(x) = -\sin x + 2\sec^2 x \tan x = \sin x(2\sec^3 x - 1).$$
当 $0 < x < \dfrac{\pi}{2}$ 时，$f''(x) > 0$，即在 $\left(0, \dfrac{\pi}{2}\right)$ 上 $f'(x)$ 严格单调增加. 由此有 $f'(x) > f'(0)$

$= 0$,从而 $f(x)$ 在 $\left(0, \frac{\pi}{2}\right)$ 上严格单调增加,即有 $f(x) > f(0)$,也即

$$\sin x + \tan x > 2x, \quad x \in \left(0, \frac{\pi}{2}\right).$$

二、函数的极值

函数的极值是一个局部性概念,其确切定义如下:

定义 1 设 $f(x)$ 在 x_0 的某邻域 $U(x_0)$ 内有定义. 若对任意 $x \in \overset{\circ}{U}(x_0)$,有

$$f(x) < f(x_0) \quad (f(x) > f(x_0)),$$

则称 $f(x)$ 在点 x_0 处取得**极大值**(**极小值**)$f(x_0)$[①],x_0 称为**极大值点**(**极小值点**).

极大值和极小值统称为**极值**,极大值点和极小值点统称为**极值点**. 由定义可知,极值是在一点的邻域内比较函数值的大小而产生的. 因此对于一个定义在 (a,b) 内的函数,极值往往可能有很多个,且某一点取得的极大值可能会比另一点取得的极小值还要小(见图 4-5).

由费马定理可知,若可导函数 $f(x)$ 在 $x_0 \in (a,b)$ 处取得极值,则 $f'(x_0) = 0$. 换言之,曲线上函数取极值的点处,曲线的切线(如果存在)都是水平的.

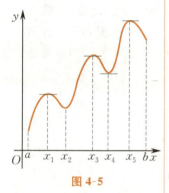

图 4-5

通常称 $f'(x) = 0$ 的根为函数 $f(x)$ 的**驻点**. 费马定理告诉我们:可导函数的极值点一定是驻点. 但其逆命题不成立. 例如,$x = 0$ 是 $f(x) = x^3$ 的驻点,但不是 $f(x)$ 的极值点. 事实上,$f(x) = x^3$ 在 $(-\infty, +\infty)$ 上是单调函数. 另外,连续函数在导数不存在的点处也可能取得极值,例如,$y = |x|$ 在 $x = 0$ 处取极小值,而函数在 $x = 0$ 处不可导. 因此,对于连续函数来说,驻点和导数不存在的点均有可能成为极值点. 那么,如何判别它们是否确为极值点呢?我们有以下的判别准则.

定理 2 设 $f(x)$ 在点 x_0 连续,在 $\overset{\circ}{U}(x_0)$ 内可导.

(1) 若对任意 $x \in \overset{\circ}{U}(x_0^-)$,$f'(x) > 0$;对任意 $x \in \overset{\circ}{U}(x_0^+)$,$f'(x) < 0$,则 $f(x)$ 在 x_0 处取得极大值;

(2) 若对任意 $x \in \overset{\circ}{U}(x_0^-)$,$f'(x) < 0$;对任意 $x \in \overset{\circ}{U}(x_0^+)$,$f'(x) > 0$,则 $f(x)$ 在 x_0 处取得极小值.

---

① 将不等号"<"(或">")换成"≤"(或"≥")称为广义极大值(或广义极小值).

证 只证(1). 当 $x \in \overset{\circ}{U}(x_0^-)$ 时,因为 $f'(x) > 0$,所以 $f(x)$ 严格单调增加,因而 $f(x) < f(x_0), x \in \overset{\circ}{U}(x_0^-)$.

当 $x \in \overset{\circ}{U}(x_0^+)$ 时,因为 $f'(x) < 0$,所以 $f(x)$ 严格单调减少,因而同样有 $f(x) < f(x_0), x \in \overset{\circ}{U}(x_0^+)$.

因此 $f(x)$ 在 x_0 处取得极大值.

定理 2 实际上是利用 $f(x)$ 在点 x_0 左、右两侧的不同单调性来确定它在 x_0 处取得极值的. 因此,若 $f'(x)$ 在 $\overset{\circ}{U}(x_0)$ 内不变号,则 $f(x)$ 在 x_0 处就不取极值.

我们常把定理 2 称为**极值第一判别法**(或**极值第一充分条件**).

例 8 求函数 $y = 2x^2 - \ln x$ 和 $y = \sqrt[3]{x^2}$ 的极值.

解 例 2 中函数 $y = 2x^2 - \ln x$ 在 $x = \frac{1}{2}$ 处导数为零且导数在 $x = \frac{1}{2}$ 的左、右两边由负变正,故 $x = \frac{1}{2}$ 是函数的极小值点;例 3 中函数 $y = \sqrt[3]{x^2}$ 在 $x = 0$ 处导数不存在,但其导数在该点左、右两边由负变正,故 $x = 0$ 是函数的极小值点.

例 9 求函数 $f(x) = \frac{1}{\sqrt{2\pi}} e^{-\frac{x^2}{2}}$ 的极值.

解 $f'(x) = -\frac{x}{\sqrt{2\pi}} e^{-\frac{x^2}{2}}$.

由 $f'(x) = 0$,解得 $x = 0$. 由于当 $x < 0$ 时,$f'(x) > 0$,而 $x > 0$ 时,$f'(x) < 0$,因此 $x = 0$ 是 $f(x)$ 的极大值点,极大值 $f(0) = \frac{1}{\sqrt{2\pi}}$.

极值第一判别法和函数单调性判别法有紧密联系. 此判别法在几何上也是很直观的,如图 4-6 所示.

有时候,对于判别驻点是否为极值点,利用下面定理更简便.

定理 3 设 $f(x)$ 在 $U(x_0)$ 内具有二阶导数且 $f'(x_0) = 0$,$f''(x_0) \neq 0$,则

(1) 当 $f''(x_0) < 0$ 时,$f(x)$ 在 x_0 处取得极大值;

(2) 当 $f''(x_0) > 0$ 时,$f(x)$ 在 x_0 处取得极小值.

证 将 $f(x)$ 在 x_0 处展开为二阶泰勒公式,并注意到 $f'(x_0) = 0$,得

$$f(x) - f(x_0) = \frac{f''(x_0)}{2!}(x-x_0)^2 + o((x-x_0)^2).$$

因 $x \to x_0$ 时,$o((x-x_0)^2)$ 是比 $(x-x_0)^2$ 高阶的无穷小,故存在

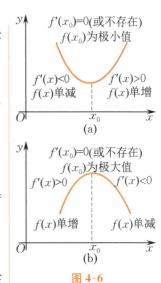

图 4-6

$\overset{\circ}{U}(x_0,\delta) \subset U(x_0)$, 使得当 $x \in \overset{\circ}{U}(x_0,\delta)$ 时上式右端的正负取决于第一项. 因此当 $f''(x_0) > 0$ 时, 对任意 $x \in \overset{\circ}{U}(x_0,\delta)$, 有 $f(x) > f(x_0)$, 即 $f(x_0)$ 为极小值; 当 $f''(x_0) < 0$ 时, 对任意 $x \in \overset{\circ}{U}(x_0,\delta)$, 有 $f(x) < f(x_0)$, 即 $f(x_0)$ 为极大值.

例 10 求 $f(x) = x^3 - 3x^2 - 9x + 5$ 的极值.

解 $f'(x) = 3x^2 - 6x - 9$, $f''(x) = 6x - 6$.

令 $f'(x) = 0$, 得 $x_1 = -1, x_2 = 3$. 而 $f''(-1) = -12 < 0, f''(3) = 12 > 0$, 所以 $f(x)$ 的极大值为 $f(-1) = 10, f(x)$ 的极小值为 $f(3) = -22$.

定理 3 常称为**极值第二判别法**(或**极值第二充分条件**).

如果在驻点 x_0 处 $f''(x_0) = 0$, 那么利用定理 3 不能判别 $f(x)$ 在 x_0 处是否取得极值. 例如 $f(x) = x^3$, 不仅 $f'(0) = 0$, 而且 $f''(0) = 0$, 此时我们可运用定理 2 来判别.

习题 4-4

1. 求下列函数的单调区间与极值:
   (1) $f(x) = 2x^3 - 6x^2 - 18x - 7$;
   (2) $f(x) = x - \ln x$;
   (3) $f(x) = 1 - (x-2)^{\frac{2}{3}}$;
   (4) $f(x) = |x|(x-4)$.

2. 试证方程 $\sin x = x$ 只有一个根.

*3. 已知 $f(x) \in C([0, +\infty))$, 若 $f(0) = 0, f'(x)$ 在 $[0, +\infty)$ 内存在且单调增加, 试利用本节内容及拉格朗日中值定理证明 $\dfrac{f(x)}{x}$ 在 $(0, +\infty)$ 内也单调增加.

4. 证明下列不等式:
   (1) $x - \dfrac{x^3}{6} < \sin x < x, x > 0$;
   (2) $x - \dfrac{x^2}{2} < \ln(1+x) < x, x > 0$.

5. 试问 a 为何值时, $f(x) = a\sin x + \dfrac{1}{3}\sin 3x$ 在 $x = \dfrac{\pi}{3}$ 处取得极值? 是极大值还是极小值? 并求出此极值.

第五节 最优化问题

在许多实际问题中, 经常提出诸如用料最省、成本最低、效益最大等问题, 这就是所谓的最优化问题. 这类问题在数学上常归结为求一个函数(称为**目标函数**)的最大值或最小值问题.

一、闭区间上连续函数的最大值和最小值

若 $f(x) \in C([a,b])$,且在 (a,b) 内只有有限个驻点或导数不存在的点,设其为 $x_1, x_2, \cdots, x_n$,由闭区间上连续函数的最值定理知 $f(x)$ 在 $[a,b]$ 上必取得最大值和最小值. 若最值在区间内部取得,则最值一定也是极值. 因为最值也可能在区间端点 $x=a$ 或 $x=b$ 处取得,而极值点只能是驻点或导数不存在的点,所以 $f(x)$ 在 $[a,b]$ 上的最大值为

$$\max_{x \in [a,b]} f(x) = \max\{f(a), f(x_1), \cdots, f(x_n), f(b)\};$$

最小值为

$$\min_{x \in [a,b]} f(x) = \min\{f(a), f(x_1), \cdots, f(x_n), f(b)\}.$$

例 1 求 $f(x) = x^4 - 8x^2 + 2$ 在 $[-1,3]$ 上的最大值和最小值.

解 $f'(x) = 4x(x-2)(x+2)$.

令 $f'(x) = 0$,得驻点 $x_1 = 0, x_2 = 2, x_3 = -2$(舍去). 计算 $f(-1) = -5, f(0) = 2, f(2) = -14, f(3) = 11$,故有 $\max\limits_{x \in [-1,3]} f(x) = f(3) = 11, \min\limits_{x \in [-1,3]} f(x) = f(2) = -14.$

例 2 设 $f(x) = xe^x$,求它在定义域上的最大值和最小值.

解 $f(x)$ 在定义域 $(-\infty, +\infty)$ 上连续可导,且

$$f'(x) = (x+1)e^x.$$

令 $f'(x) = 0$,得驻点 $x = -1$.

当 $x \in (-\infty, -1)$ 时,$f'(x) < 0$;当 $x \in (-1, +\infty)$ 时,$f'(x) > 0$,故 $x = -1$ 为极小值点. 又 $\lim\limits_{x \to -\infty} f(x) = 0, \lim\limits_{x \to +\infty} f(x) = +\infty$,从而 $f(-1) = -e^{-1}$ 为 $f(x)$ 的最小值,$f(x)$ 无最大值.

二、经济学中的最优化问题举例

下面结论在解决应用问题时特别有用.

(1) 若 $f(x) \in C([a,b])$,且在 (a,b) 内只有唯一的一个驻点 x_0(或不可导点),则当 $f(x_0)$ 为极大值时,它就是 $f(x)$ 在 $[a,b]$ 上的最大值;当 $f(x_0)$ 为极小值时,它就是 $f(x)$ 在 $[a,b]$ 上的最小值.

(2) 在实际问题中,若根据问题的性质可以断定 $f(x)$ 确有最大值(或最小值),且在 (a,b) 内部取得,则当 $f(x)$ 在 (a,b) 内只有唯一的一个驻点 x_0(或不可导点)时,$f(x)$ 在 x_0 处取得最大值(或最小值).

(3) 若 $f(x)$ 在 $[a,b]$ 上严格单调增加,则 $f(a)$ 为最小值,

$f(b)$ 为最大值;若 $f(x)$ 在 $[a,b]$ 上严格单调减少,则 $f(a)$ 为最大值,$f(b)$ 为最小值.

下面举例说明经济学中的有关最优化问题.

1. 最大利润与最小成本问题

设某种产品的总成本函数为 $C(Q)$,总收益函数为 $R(Q)$(Q 为产量),则总利润 L 可表示为

$$L(Q) = R(Q) - C(Q).$$

我们知道,假如 $L(Q)$ 在 $(0, +\infty)$ 内二阶可导,则要使利润最大,必须使产量 Q 满足条件 $L'(Q) = 0$,即

$$R'(Q) = C'(Q). \tag{4-5-1}$$

(4-5-1) 式表明产出的边际收益等于边际成本,再根据极值存在的第二充分条件知,若 $L''(Q) = R''(Q) - C''(Q) < 0$,即

$$R''(Q) < C''(Q), \tag{4-5-2}$$

则 $L(Q)$ 取最大值.(4-5-1),(4-5-2) 两式在经济学中称为**最大利润原则**或**亏损最小原则**.

按照经济学的解释,总成本由固定成本和可变成本两部分构成,且可变成本随产量的增加而增加,因此,总成本一般来说没有最小值(除非不生产),在经济学上有意义的是单位成本(即平均成本)最小的问题,假设某种产品的总成本为 $C(Q)$,则生产的平均成本为

$$\overline{C(Q)} = \frac{C(Q)}{Q}.$$

如果平均成本函数 $\overline{C(Q)}$ 可导,则要使 $\overline{C(Q)}$ 最小,就必须使产量 Q 满足条件 $(\overline{C(Q)})' = 0$,即

$$C'(Q) = \overline{C(Q)}. \tag{4-5-3}$$

(4-5-3) 式表明产出的边际成本等于平均成本,这正是微观经济学的一个重要结论.

例 3 设每日生产某产品的总成本函数为

$$C(Q) = 1\,000 + 60Q - 0.3Q^2 + 0.001Q^3,$$

产品单价为 $P = 60$ 元,问每日产量为多少时可获最大利润?

解 总收益 $R(Q) = PQ = 60Q$,

总利润 $L(Q) = R(Q) - C(Q) = -1\,000 + 0.3Q^2 - 0.001Q^3 \quad (Q > 0)$.

$L'(Q) = 0.6Q - 0.003Q^2, \quad L''(Q) = 0.6 - 0.006Q.$

令 $L'(Q) = 0$,得唯一驻点 $Q_0 = 200$,又 $L''(Q_0) = L''(200) = -0.6 < 0$,所以当日产量 $Q_0 = 200$ 单位时可获最大利润,最大利润为

$$L(200) = -1\,000 + 0.3 \times 200^2 - 0.001 \times 200^3 = 3\,000(元).$$

例 4 设某产品的总成本函数为 $C(Q) = 54 + 18Q + 6Q^2$,试求平均成本最小时的产

量水平.

解 因为
$$C'(Q) = 18 + 12Q, \quad \overline{C(Q)} = \frac{54}{Q} + 18 + 6Q,$$
令 $C'(Q) = \overline{C(Q)}$,得 $Q = 3$($Q = -3$ 已舍),所以当产量 $Q = 3$ 时可使平均成本最小.

2. 库存问题

库存是商品生产与销售过程中不可缺少的一个环节,为了保证正常的生产与销售,必须有适当的库存量. 库存量过大,会造成库存费用高,流动资金积压等额外的经济损失;库存量过小,又会造成订货费用增多或生产准备费用增高,甚至造成停工待料的更大损失. 因此控制库存量,使库存总费用降至最低水平是管理中的一个重要问题,下面以一个简单模型为例来讨论这一问题.

假定计划期内货物的总需求为 R,考虑分 n 次均匀进货且不允许缺货的进货模型. 设计划期为 T 天,待求的进货次数为 n,那么每次进货的批量为 $q = \dfrac{R}{n}$,进货周期为 $t = \dfrac{T}{n}$. 再设每件物品储存一天的费用为 c_1,每次进货的费用为 c_2,则在计划期(T 天)内总费用 E 由两部分组成(见图 4-7):

(1) 进货费 $E_1 = c_2 n = \dfrac{c_2 R}{q}$;   (2) 储存费 $E_2 = \dfrac{q}{2} c_1 T$.

于是总费用 E 可表示为批量 q 的函数,
$$E = E_1 + E_2 = \frac{c_2 R}{q} + \frac{1}{2} c_1 q T.$$

最优批量 q^* 应使一元函数 $E = f(q)$ 达到极小值,因而 q^* 满足
$$\frac{dE}{dq} = -\frac{c_2 R}{q^2} + \frac{1}{2} c_1 T = 0,$$

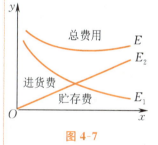

图 4-7

由此即可求得最优批量为
$$q^* = \sqrt{\frac{2 c_2 R}{c_1 T}};$$

从而求出最优进货次数为
$$n^* = \frac{R}{q^*} = \sqrt{\frac{c_1 T R}{2 c_2}};$$

最优进货周期为
$$t^* = \frac{T}{n^*} = \sqrt{\frac{2 c_2 T}{c_1 R}};$$

最小总费用为
$$E^* = c_2 R \sqrt{\frac{c_1 T}{2 c_2 R}} + \frac{1}{2} c_1 T \sqrt{\frac{2 c_2 R}{c_1 T}} = \sqrt{2 c_1 c_2 T R}.$$

例 5 某厂每月需要某种产品 100 件,每批产品进货费用为 5 元,每件产品每月保管费用(储存费)为 0.4 元. 求最优订购批量 q^*、最优进货次数 n^*、最优进货周期 t^*、最小总费用 E^*.

解 按已知条件知,$R = 100, T = 1, c_1 = 0.4, c_2 = 5$,因此可得最优批量为

$$q^* = \sqrt{\frac{2c_2 R}{c_1 T}} = \sqrt{\frac{2 \times 5 \times 100}{0.4 \times 1}} = 50(\text{件});$$

最优进货次数为

$$n^* = \frac{R}{q^*} = \frac{100}{50} = 2(\text{批});$$

最优进货周期为

$$t^* = \frac{T}{n^*} = \frac{1}{2}(\text{月});$$

最小总费用为

$$E^* = \sqrt{2c_1 c_2 TR} = 20(\text{元}/\text{月}).$$

3. 复利问题

在第二章中我们讨论了连续复利问题,即若期初有一笔钱 A 存入银行,年利率为 r,按连续复利计息,则 t 年末本利和为 $A\mathrm{e}^{rt}$. 现在反过来看,若 t 年末本利和为 A,则期初本金为 $A\mathrm{e}^{-rt}$. 下面以一个例子说明极值在连续复利问题中的应用.

例 6 设林场的林木价值 V 是时间 t 的增函数 $V = 2^{\sqrt{t}}$,又设在树木生长期间保养费用为零,试求最佳伐木出售的时间.

解 乍一看来,林场的树木越长越大,价值越来越高,若保养费用为零,则应是越晚砍伐获利越大,因此本例的最值不存在.

但是,如果考虑到资金的时间因素,晚砍伐所得收益与早砍伐所得收益不能简单相比,而应折成现值. 设年利率为 r,则在时刻 t 伐木所得收益 $V(t) = 2^{\sqrt{t}}$ 的现值,按连续复利计算应为

$$A(t) = V(t)\mathrm{e}^{-rt} = 2^{\sqrt{t}} \mathrm{e}^{-rt},$$
$$A'(t) = 2^{\sqrt{t}}\ln 2 \cdot \frac{\mathrm{e}^{-rt}}{2\sqrt{t}} - r \cdot 2^{\sqrt{t}}\mathrm{e}^{-rt} = 2^{\sqrt{t}}\mathrm{e}^{-rt}\left(\frac{\ln 2}{2\sqrt{t}} - r\right) = A(t)\left(\frac{\ln 2}{2\sqrt{t}} - r\right).$$

令 $A'(t) = 0$,得驻点 $t_0 = \left(\frac{\ln 2}{2r}\right)^2$. 又

$$A''(t) = \left[A(t)\left(\frac{\ln 2}{2\sqrt{t}} - r\right)\right]' = A'(t)\left(\frac{\ln 2}{2\sqrt{t}} - r\right) + A(t)\left(\frac{\ln 2}{2\sqrt{t}} - r\right)'.$$

在驻点处,$A'(t_0) = 0$,从而 $A''(t_0) = A(t_0)\left(\frac{-\ln 2}{4\sqrt{t_0^3}}\right) < 0$,从而当 $t = t_0 = \left(\frac{\ln 2}{2r}\right)^2$ 时,将树木砍伐出售最为有利.

三、其他优化问题

例 7 注入人体血液的麻醉药浓度随注入时间的长短而变. 据临床观测,某麻醉药在某人血液中的浓度 C 与时间 t 的函数关系为

$$C(t) = 0.29483t + 0.04253t^2 - 0.00035t^3,$$

其中 C 的单位是 mg,t 的单位是 s. 现问:这种麻醉药从注入人体开始,过多长时间其血液含该麻醉药的浓度最大?

解 我们的问题是要求出函数 $C(t)$ 当 $t > 0$ 时的最大值. 为此,令

$$C'(t) = 0.29483 + 0.08506t - 0.00105t^2 = 0,$$

得 $t_0 = 84.34$(负值已舍).

又因为

$$C''(t_0) = 0.08506 - 0.17711 < 0,$$

所以当该麻醉药注入患者体内 84.34 s 时,其血液里麻醉剂的浓度最大.

例 8 宽为 2 m 的支渠道垂直地流向宽为 3 m 的主渠道. 若在其中漂运原木,问能通过的原木的最大长度是多少?

解 将问题理想化,原木的直径不计.

建立坐标系如图 4-8 所示,AB 是通过点 $C(3,2)$,且与渠道两侧壁分别交于 A 和 B 的线段.

设 $\angle OAC = t, t \in \left(0, \dfrac{\pi}{2}\right)$,则当原木长度不超过线段 AB 的长度 L 的最小值时,原木就能通过,于是建立目标函数

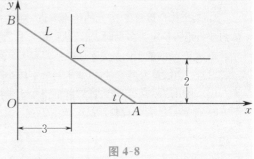

图 4-8

$$L(t) = AC + CB = \frac{2}{\sin t} + \frac{3}{\cos t}, \quad t \in \left(0, \frac{\pi}{2}\right).$$

由于

$$L'(t) = -\frac{2\cos t}{\sin^2 t} - \frac{3(-\sin t)}{\cos^2 t} = \frac{3\sin t}{\cos^2 t} - \frac{2\cos t}{\sin^2 t} = \frac{3\sin t}{\cos^2 t} \cdot \left(1 - \frac{2}{3}\cot^3 t\right),$$

当 $t \in \left(0, \dfrac{\pi}{2}\right)$ 时,$\dfrac{\sin t}{\cos^2 t} > 0$. 于是从 $L'(t) = 0$,解得

$$t_0 = \arctan \sqrt[3]{\frac{2}{3}} \approx 48°52'.$$

因这个问题的最小值(L 的最小值)一定存在,而在 $\left(0, \dfrac{\pi}{2}\right)$ 内只有一个驻点 t_0,故它就是 L 的最小值点,于是

$$\min_{t \in \left(0, \frac{\pi}{2}\right)} L(t) = L(t_0) \approx 7.02,$$

即能通过的原木最长为 7.02 m.

例9 巴巴拉小姐得到纽约市隧道管理局一份工作,她的第一项任务是确定每辆汽车以多大速度通过隧道,可使车流量最大. 经观测,她找到了一个很好的描述平均车速 v(km/h) 与车流量 $f(v)$(辆/s) 关系的数学模型

$$f(v) = \frac{35v}{1.6v + \frac{v^2}{22} + 31.1}.$$

试问:平均车速多大时,车流量最大?最大车流量是多少?

解 令

$$f'(v) = \frac{35 \times 31.1 - \frac{35}{22}v^2}{\left(1.6v + \frac{v^2}{22} + 31.1\right)^2} = 0,$$

得唯一驻点 $v_0 = 26.16$(km/h). 由于这是一个实际问题,因此函数的最大值必存在. 从而可知,当车速 $v = 26.16$ km/h 时,车流量最大,且最大车流量为

$$f(26.16) = 8.8(\text{辆/s}).$$

习题 4-5

1. 某个体户以每条 10 元的价格购进一批牛仔裤,设此批牛仔裤的需求函数为 $Q = 40 - 2P$,问该个体户应将销售价定为多少时,才能获得最大利润?

2. 某产品的成本函数为 $C(Q) = 15Q - 6Q^2 + Q^3$.
(1) 生产数量为多少时,可使平均成本最小?
(2) 求出边际成本,并验证边际成本等于平均成本时平均成本最小.

3. 已知某厂生产 Q 件产品的成本为

$$C = 25\,000 + 2\,000Q + \frac{1}{40}Q^2 (\text{元}).$$

问:
(1) 要使平均成本最小,应生产多少件产品?
(2) 若产品以每件 5 000 元售出,要使利润最大,应生产多少件产品?

4. 某厂全年消耗(需求)某种钢材 5 170 吨,每次订购费用为 5 700 元,每吨钢材单价为 2 400 元,每吨钢材一年的库存维护费用为钢材单价的 13.2%,求:
(1) 最优订购批量;
(2) 最优进货次数;
(3) 最优进货周期;
(4) 最小总费用.

5. 用一块半径为 R 的圆形铁皮,剪去一圆心角为 α 的扇形后,做成一个漏斗形容器,问 α 为何值时,容器的容积最大?

6. 工厂生产出的酒可立刻卖出,售价为 k;也可窖藏一个时期后再以较高的价格卖出. 设售价 V 为时间 t 的函数 $V = ke^{\sqrt{t}}, k > 0$ 为常数. 若储存成本为零,年利率为 r,则应何时将酒售出方获得最大利润(按连续复利计算).

7. 若火车每小时所耗燃料费用与火车速度的三次方成正比,已知速度为 20 km/h,每小时的燃料费用为 40 元,其他费用每小时 200 元,求最经济的行驶速度.

第六节 函数的凸性、曲线的拐点及渐近线

一、函数的凸性、曲线的拐点

考虑两个函数 $f(x)=x^2$ 和 $g(x)=\sqrt{x}$，它们在 $(0,+\infty)$ 上都是单调的（见图 4-9），但它们增长的方式不同. 从几何上来说，两条曲线的弯曲方向不同，$f(x)=x^2$ 的图形往下凸出，而 $g(x)=\sqrt{x}$ 的图形往上凸出. 我们把函数图形向上或向下凸的性质称为函数的凸性. 对于向下凸的曲线来说，其上任意两点间的弧段总位于连接此两点的弦的下方，而向上凸的情形正好相反（见图 4-10）.

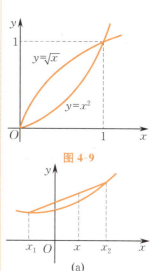

图 4-9

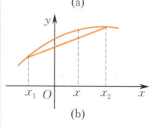

图 4-10

一般地，设曲线 $y=f(x)$ 在 $[a,b]$ 上连续，任取 $x_1, x_2 \in [a,b]$. 若曲线是向下凸的，则由于连接点 $(x_1, f(x_1))$ 和 $(x_2, f(x_2))$ 的弦在曲线 $y=f(x)$ 的上方，从而弦上中点处的纵坐标 $\dfrac{f(x_1)+f(x_2)}{2}$ 应大于或等于曲线上相应点（横坐标相同点）处的纵坐标 $f\left(\dfrac{x_1+x_2}{2}\right)$（见图 4-11），即

$$f\left(\frac{x_1+x_2}{2}\right) \leqslant \frac{f(x_1)+f(x_2)}{2}.$$

反过来，可以证明，对于连续函数 $f(x)$ 来说，若上述不等式在 $[a,b]$ 上恒成立，则曲线在 $[a,b]$ 上是向下凸的. 类似可得曲线向上凸的不等式.

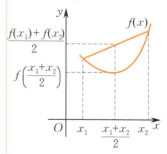

图 4-11

定义 1 设 $f(x)$ 在 $[a,b]$ 上连续，若对 $[a,b]$ 中任意两点 x_1 和 x_2，恒有

$$f\left(\frac{x_1+x_2}{2}\right) \leqslant \frac{f(x_1)+f(x_2)}{2}, \quad (4\text{-}6\text{-}1)$$

则称 $f(x)$ 在 $[a,b]$ 上是**下凸的**[①]；若恒有

$$f\left(\frac{x_1+x_2}{2}\right) \geqslant \frac{f(x_1)+f(x_2)}{2}, \quad (4\text{-}6\text{-}2)$$

则称 $f(x)$ 在 $[a,b]$ 上是**上凸的**.

曲线的凹凸性

---

① 数学上通常把下凸的函数称为凸函数，把上凸的函数称为凹函数. 为了简便，本书把曲线的凸向与函数的凸性视为等同，即曲线 $y=f(x)$ 上凸（下凸）也就指函数 $y=f(x)$ 是上凸（下凸）的.

若上述不等式(4-6-1)(或(4-6-2))中的不等号"≤"(或"≥")为严格的不等号"<"(或">"),则称 $y=f(x)$ 在 $[a,b]$ 上是**严格下凸**(或**严格上凸**)的.

直接利用定义来判断函数的凸性是比较困难的. 下面我们仍以图 4-9 所示两函数为考察对象,不难发现,在上凸函数 $g(x)=\sqrt{x}$ 的图形上任一点处($x=0$ 除外)的切线总在曲线的上方,且切线的斜率随 x 增大而减小,即 $f''(x)<0$;而在下凸函数 $f(x)=x^2$ 图形上任一点处的切线总在曲线的下方,且切线斜率是不断增加的,即 $f''(x)>0$(见图 4-12). 因此我们发现可以利用二阶导数的符号来研究曲线的凸性,并有如下定理.

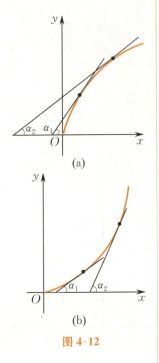

图 4-12

定理 1 设 $f(x) \in C([a,b])$,且在 (a,b) 内具有二阶导数,那么

(1) 若对任意 $x \in (a,b)$ 有 $f''(x)>0$,则 $y=f(x)$ 在 $[a,b]$ 上是严格下凸的;

(2) 若对任意 $x \in (a,b)$ 有 $f''(x)<0$,则 $y=f(x)$ 在 $[a,b]$ 上是严格上凸的.

定理的证明从略. 定理中的闭区间可以换成其他类型的区间. 此外,若在 (a,b) 内除有限个点上有 $f''(x)=0$ 外,其余点处均满足定理的条件,则定理的结论仍然成立. 例如,$y=x^4$ 在 $x=0$ 处有 $f''(x)=0$,但它在 $(-\infty,+\infty)$ 上是严格下凸的.

例 1 函数 $y=e^x$ 是严格下凸的,$y=\ln x$ 是严格上凸的.

事实上,当 $x \in (-\infty,+\infty)$ 时,由 $y=e^x$ 得 $y''=e^x>0$;当 $x \in (0,+\infty)$ 时,由 $y=\ln x$ 得 $y''=-\dfrac{1}{x^2}<0$,故结论成立.

例 2 讨论函数 $y=x^3$ 的凸性.

解 由 $y''=6x$ 知,当 $x \in (0,+\infty)$ 时,$y''>0$;当 $x \in (-\infty,0)$ 时,$y''<0$,因此 $y=x^3$ 在 $(0,+\infty)$ 上是下凸的,在 $(-\infty,0)$ 上是上凸的.

利用函数的凸性,可以证明一些不等式.

例 3 证明:当 $x>0, y>0$ 且 $x \neq y$ 时,有不等式
$$\left(\dfrac{x+y}{2}\right)^n < \dfrac{1}{2}(x^n+y^n).$$

证 令 $f(x)=x^n, x>0$,则
$$f''(x)=n(n-1)x^{n-2}>0,$$
因此,$y=f(x)$ 在 $x>0$ 时是严格下凸的,在定义 1 的(4-6-1)式中取 $x_1=x, x_2=y$,则有
$$\left(\dfrac{x+y}{2}\right)^n < \dfrac{1}{2}(x^n+y^n).$$

定义 2　设 $f(x) \in C(U(x_0))$,若曲线 $y = f(x)$ 在点 $(x_0, f(x_0))$ 的左、右两侧凸性相反,则称点 $(x_0, f(x_0))$ 为该曲线的**拐点**.

由于函数的凸性可由其二阶导数的符号来判断,因此对于二阶可导函数 $y = f(x)$ 来说,先求出方程 $f''(x) = 0$ 的根,再判别 $f''(x)$ 在这些点左、右两侧的符号是否改变,便可求出拐点.

例 4　讨论 $y = 3x^4 - 4x^3 + 1$ 的凸性,并求拐点.

解　$y' = 12x^3 - 12x^2$,$y'' = 36x^2 - 24x = 36x\left(x - \dfrac{2}{3}\right)$. 令 $y'' = 0$,得 $x_1 = 0$,$x_2 = \dfrac{2}{3}$. 这两个点将定义域 $(-\infty, +\infty)$ 分成 3 个部分区间.

列表考察各部分区间上二阶导数的符号(见表 4-2),确定出函数的凸性与曲线的拐点("∪"表示下凸,"∩"表示上凸).

表 4-2

x	$(-\infty, 0)$	0	$\left(0, \dfrac{2}{3}\right)$	$\dfrac{2}{3}$	$\left(\dfrac{2}{3}, +\infty\right)$
y''	+	0	−	0	+
y	∪	有拐点	∩	有拐点	∪

可见,曲线在 $(-\infty, 0)$ 及 $\left(\dfrac{2}{3}, +\infty\right)$ 上是下凸的,在 $\left(0, \dfrac{2}{3}\right)$ 上是上凸的,拐点为 $(0, 1)$ 及 $\left(\dfrac{2}{3}, \dfrac{11}{27}\right)$.

例 5　讨论 $y = \sqrt[3]{x}$ 的凸性,并求拐点.

解　当 $x \neq 0$ 时,

$$y' = \dfrac{1}{3\sqrt[3]{x^2}}, \quad y'' = -\dfrac{2}{9x\sqrt[3]{x^2}}.$$

方程 $y'' = 0$ 无实根,且在 $x = 0$ 处,y'' 不存在,当 $x < 0$ 时,$y'' > 0$,故曲线在 $(-\infty, 0)$ 内为下凸的;当 $x > 0$ 时,$y'' < 0$,曲线在 $(0, +\infty)$ 内为上凸的. 又函数 $y = \sqrt[3]{x}$ 在 $x = 0$ 处连续,故 $(0, 0)$ 是曲线的拐点.

由例 4、例 5 可以看出,若 $(x_0, f(x_0))$ 是曲线 $y = f(x)$ 的拐点,则 $f''(x_0) = 0$ 或 $f''(x_0)$ 不存在,但要注意的是,$f''(x) = 0$ 的根或 $f''(x)$ 不存在的点不一定都是曲线的拐点. 例如 $f(x) = x^4$,由 $f''(x) = 12x^2 = 0$ 得 $x = 0$,但在 $x = 0$ 的两侧二阶导数的符号不变,即函数的凸性不变,故 $(0, 0)$ 不是拐点. 又如 $f(x) = \sqrt[3]{x^2}$,它在 $x = 0$ 处不可导,但 $(0, 0)$ 也不是该曲线的拐点(详细讨论请读者完成).

二、曲线的渐近线

在中学,我们已学习过双曲线和渐近线的概念,下面我们对曲线的渐近线做进一步的讨论.

当 $x \to x_0$ 或 $x \to \infty$ 时,有些函数的图形会与某条直线无限地接近. 例如函数 $y = \dfrac{1}{x}$(见图 4-13),当 $x \to \infty$ 时,曲线上的点无限地接近于直线 $y = 0$;当 $x \to 0$ 时,曲线上的点无限地接近于直线 $x = 0$. 数学上,把直线 $y = 0$ 和 $x = 0$ 分别称为曲线 $y = \dfrac{1}{x}$ 的水平渐近线和垂直渐近线.

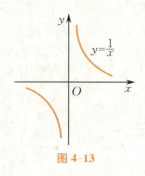

图 4-13

下面给出一般定义.

1. 水平渐近线

定义 3 设函数 $y = f(x)$ 的定义域为无限区间,如果 $\lim\limits_{x \to +\infty} f(x) = A$ 或 $\lim\limits_{x \to -\infty} f(x) = A$($A$ 为常数),则称直线 $y = A$ 为曲线 $y = f(x)$ 的<u>水平渐近线</u>.

例 6 求曲线 $y = \arctan x$ 的水平渐近线.

解 因为 $\lim\limits_{x \to +\infty} \arctan x = \dfrac{\pi}{2}$,$\lim\limits_{x \to -\infty} \arctan x = -\dfrac{\pi}{2}$,所以曲线 $y = \arctan x$ 有水平渐近线 $y = \dfrac{\pi}{2}$ 和 $y = -\dfrac{\pi}{2}$(见图 4-14).

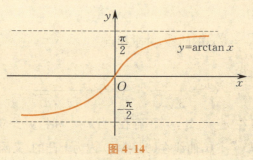

图 4-14

2. 垂直渐近线

定义 4 设函数 $y = f(x)$ 在点 x_0 处间断,如果 $\lim\limits_{x \to x_0^-} f(x) = \infty$ 或 $\lim\limits_{x \to x_0^+} f(x) = \infty$,则称直线 $x = x_0$ 为曲线 $y = f(x)$ 的<u>垂直渐近线</u>.

例 7 求曲线 $y = \dfrac{2}{x^2 - 2x - 3}$ 的垂直渐近线.

解 因为 $y = \dfrac{2}{x^2-2x-3} = \dfrac{2}{(x-3)(x+1)}$ 有两个间断点 $x=3$ 和 $x=-1$，而

$$\lim_{x \to 3} y = \lim_{x \to 3} \frac{2}{(x-3)(x+1)} = \infty,$$

$$\lim_{x \to -1} y = \lim_{x \to -1} \frac{2}{(x-3)(x+1)} = \infty,$$

所以曲线有垂直渐近线 $x=3$ 和 $x=-1$.

3. 斜渐近线

定义 5 设函数 $y=f(x)$ 的定义域为无限区间，且它与直线 $y=ax+b$ 有如下关系：

$$\lim_{x \to +\infty}[f(x)-(ax+b)] = 0 \tag{4-6-3}$$

或

$$\lim_{x \to -\infty}[f(x)-(ax+b)] = 0, \tag{4-6-4}$$

则称直线 $y=ax+b$ 为曲线 $y=f(x)$ 的**斜渐近线**.

要求斜渐近线 $y=ax+b$，关键在于确定常数 a 和 b，下面介绍求 a,b 的方法.

由 (4-6-3) 式得 $\lim\limits_{x \to +\infty}\left[\dfrac{f(x)}{x}-a-\dfrac{b}{x}\right]x = 0$，由于左边两式之积的极限存在，且当 $x \to +\infty$ 时，因子 x 是无穷大量，从而因子 $\dfrac{f(x)}{x}-a-\dfrac{b}{x}$ 必是无穷小量. 因此

$$a = \lim_{x \to +\infty} \frac{f(x)}{x}.$$

将求出的 a 代入 (4-6-3) 式得

$$\lim_{x \to +\infty}[(f(x)-ax)-b] = 0,$$

所以

$$b = \lim_{x \to +\infty}[f(x)-ax].$$

对 $x \to -\infty$，可做类似的讨论.

例 8 求曲线 $y = \dfrac{x^2}{1+x}$ 的渐近线.

解 显见 $x=-1$ 为垂直渐近线，无水平渐近线.

因为 $\lim\limits_{x \to \infty} \dfrac{f(x)}{x} = \lim\limits_{x \to \infty} \dfrac{x}{1+x} = 1$，所以 $a=1$.

又因为 $\lim\limits_{x \to \infty}[f(x)-ax] = \lim\limits_{x \to \infty}\left(\dfrac{x^2}{1+x}-x\right) = -1$，所以 $b=-1$，故曲线有斜渐近线

$$y = x-1.$$

三、函数图形的描绘

我们借助于函数的一阶、二阶导数讨论了函数的单调性、极值、凸性及曲线的拐点等，利用函数的这些性态，我们可以比较准确地描绘函数的图形，现将描绘图形的一般步骤概括如下：

(1) 确定函数 $y=f(x)$ 的定义域；

(2) 讨论函数的单调性、奇偶性、周期性等；

(3) 求出方程 $f'(x)=0,f''(x)=0$ 的根及使 $f'(x),f''(x)$ 不存在的点，这些点把函数的定义域分成几个部分区间；

(4) 列表确定函数的单调区间和极值及曲线的凸向区间和拐点；

(5) 确定曲线的渐近线；

(6) 算出方程 $f'(x)=0,f''(x)=0$ 的根所对应的函数值，定出图形上的相应点(有时需添加一些辅助点以便把曲线描绘得更精确)；

(7) 作图.

例9 作函数 $y=3x-x^3$ 的图形．

解 (1) 定义域为 $(-\infty,+\infty)$.

(2) 函数是奇函数，所以函数的图形关于原点对称.

(3) 令 $y'=3-3x^2=3(1-x)(1+x)=0$，得驻点 $x_1=1,x_2=-1$；令 $y''=-6x=0$，得 $x_3=0$.

(4) 列表讨论(见表4-3). 由于对称性，这里也可以只列 $(0,+\infty)$ 上的表格.

表 4-3

x	$(-\infty,-1)$	-1	$(-1,0)$	0	$(0,1)$	1	$(1,+\infty)$
y'	$-$	0	$+$	$+$	$+$	0	$-$
y''	$+$	$+$	$+$	0	$-$	$-$	$-$
y	↘	极小值 $y=-2$	↗	拐点 $(0,0)$	↗	极大值 $y=2$	↘

(5) 无渐近线.

(6) 已知点 $(0,0),(1,2)$，辅助点 $(\sqrt{3},0),(2,-2)$，再利用函数的图形关于原点的对称性，找出对称点 $(-1,-2),(-\sqrt{3},0),(-2,2)$.

(7) 描点作图(见图 4-15).

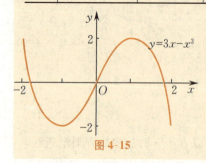

图 4-15

注 表4-3中记号"↘"表示下降上凸曲线；"↘"表示下降下凸曲线；"↑"表示上升下凸曲线；"↗"表示上升上凸曲线.

例 10 描绘 $f(x) = \dfrac{1}{\sqrt{2\pi}} e^{-\frac{x^2}{2}}$ 的图形.

解 (1) 函数的定义域为 $(-\infty, +\infty)$,且 $f(x) \in C((-\infty, +\infty))$. $f(x)$ 为偶函数,因此函数的图形关于 y 轴对称,可以只讨论 $(0, +\infty)$ 上该函数的图形. 又对任意 $x \in (-\infty, +\infty)$ 有 $f(x) > 0$,所以 $y = f(x)$ 的图形位于 x 轴的上方.

(2) $f'(x) = -\dfrac{x}{\sqrt{2\pi}} e^{-\frac{x^2}{2}}$, $f''(x) = \dfrac{1}{\sqrt{2\pi}} e^{-\frac{x^2}{2}}(x^2 - 1)$. 令 $f'(x) = 0$ 得 $x = 0$;令 $f''(x) = 0$ 得 $x = \pm 1$.

(3) 列表讨论(见表 4-4).

表 4-4

x	0	(0,1)	1	$(1, +\infty)$
$f'(x)$	0	$-$	$-$	$-$
$f''(x)$	$-$	$-$	0	$+$
$f(x)$	极大值	↓	拐点	↓

(4) 因 $\lim\limits_{x \to +\infty} \dfrac{1}{\sqrt{2\pi}} e^{-\frac{x^2}{2}} = 0$,故有水平渐近线 $y = 0$.

(5) $f(0) = \dfrac{1}{\sqrt{2\pi}}$, $f(1) = \dfrac{1}{\sqrt{2\pi e}}$, $f(2) = \dfrac{1}{\sqrt{2\pi} e^2}$,取辅助点 $\left(0, \dfrac{1}{\sqrt{2\pi}}\right), \left(1, \dfrac{1}{\sqrt{2\pi e}}\right), \left(2, \dfrac{1}{\sqrt{2\pi} e^2}\right)$,画出函数在 $[0, +\infty)$ 上的图形,再利用对称性便得到函数在 $(-\infty, 0]$ 上的图形(见图 4-16).

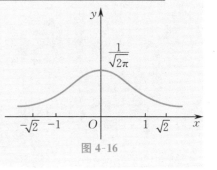

图 4-16

例 10 中的函数是概率论与数理统计中常用到的标准正态分布的密度函数.

习题 4-6

1. 讨论下列函数的凸性,并求曲线的拐点:

   (1) $y = x^2 - x^3$;　　(2) $y = \ln(1 + x^2)$;　　(3) $y = xe^x$;

   (4) $y = (x+1)^4 + e^x$;　　(5) $y = \dfrac{x}{(x+3)^2}$;　　(6) $y = e^{\arctan x}$.

2. 利用函数的凸性证明下列不等式:

   (1) $\dfrac{e^x + e^y}{2} > e^{\frac{x+y}{2}}$, $x \neq y$;　　(2) $x\ln x + y\ln y > (x+y)\ln\dfrac{x+y}{2}$, $x > 0, y > 0, x \neq y$.

3. 当 a, b 为何值时,点 (1,3) 为曲线 $y = ax^3 + bx^2$ 的拐点?

4. 求下列曲线的渐近线:

   (1) $y = \ln x$;　　(2) $y = \dfrac{x}{3 - x^2}$;　　(3) $y = \dfrac{x^2}{2x - 1}$.

5. 作出下列函数的图形:

   (1) $f(x) = \dfrac{x}{1 + x^2}$;　　(2) $f(x) = x - 2\arctan x$;　　(3) $f(x) = 2xe^{-x}$, $x \in (0, +\infty)$.

第五章

不定积分

知识框图

第一节　不定积分的概念与性质

一、原函数

在微分学中,导数是作为函数的变化率引进的,例如,已知做变速直线运动物体的路程函数 $s=s(t)$,则物体在时刻 t 的瞬时速度 $v(t)=s'(t)$,它的反问题是:已知物体在时刻 t 的瞬时速度 $v=v(t)$,求路程函数 $s(t)$,也就是说,已知一个函数的导数,要求原来的函数.这就引出了原函数的概念.

定义 1　设 $f(x)$ 是定义在区间 I 上的已知函数,如果存在函数 $F(x)$,使对任意 $x\in I$ 都有
$$F'(x)=f(x) \quad 或 \quad \mathrm{d}F(x)=f(x)\mathrm{d}x, \quad (5\text{-}1\text{-}1)$$
则称 $F(x)$ 为 $f(x)$ 在区间 I 上的一个**原函数**.

例如,在 $(1,+\infty)$ 内,
$$\left[\ln(x+\sqrt{x^2+1})\right]'=\frac{1}{\sqrt{x^2+1}},$$
故 $\ln(x+\sqrt{x^2+1})$ 是 $\dfrac{1}{\sqrt{x^2+1}}$ 在区间 $(1,+\infty)$ 内的一个原函数.显然,$\ln(x+\sqrt{x^2+1})+2,\ln(x+\sqrt{x^2+1})+\sqrt{3}$ 等都是 $\dfrac{1}{\sqrt{x^2+1}}$ 的原函数.一般地,对任意常数 $C,\ln(x+\sqrt{x^2+1})+C$ 都是 $\dfrac{1}{\sqrt{x^2+1}}$ 的原函数.

由此可知,当一个函数具有原函数时,它的原函数不止一个.

关于原函数,我们首先要问:一个函数具备什么条件,能保证它的原函数一定存在?这个问题将在下一章中讨论,这里先介绍一个结论.

定理 1（原函数存在性定理）　如果函数 $f(x)$ 在区间 I 上连续,则在区间 I 上存在可导函数 $F(x)$,使对任意 $x\in I$,都有
$$F'(x)=f(x).$$

这个结论告诉我们连续函数一定有原函数.

我们已经知道:一个函数如果存在原函数,那么原函数不止一个,这些原函数之间的关系有如下定理:

定理 2　如果 $F(x)$ 是 $f(x)$ 在区间 I 上的一个原函数,则在

区间 I 上 $f(x)$ 的所有原函数都可以表示成 $F(x)+C$(C 为任意常数) 的形式.

定理需要证明两个结论：

(1) $F(x)+C$ 是 $f(x)$ 的原函数；

(2) $f(x)$ 的任一原函数都可以表示成 $F(x)+C$ 的形式.

证 (1) 已知 $F(x)$ 是 $f(x)$ 的一个原函数，故
$$F'(x) = f(x).$$
又 $[F(x)+C]' = F'(x) = f(x)$，所以 $F(x)+C$ 是 $f(x)$ 的一个原函数.

(2) 设 $G(x)$ 是 $f(x)$ 的任意一个原函数，即 $G'(x) = f(x)$，则有
$$[G(x) - F(x)]' = G'(x) - F'(x) = f(x) - f(x) = 0.$$
由拉格朗日中值定理的推论 1 知，导数恒等于零的函数是常数，故
$$G(x) - F(x) = C,$$
即
$$G(x) = F(x) + C.$$

由定理 2 知，只要找到 $f(x)$ 的一个原函数 $F(x)$，就能写出 $f(x)$ 的原函数的一般表达形式 $F(x)+C$(C 为任意常数)，即 $f(x)$ 的全体原函数.

二、不定积分

定义 2 设 $F(x)$ 是 $f(x)$ 的一个原函数，则 $f(x)$ 的全体原函数 $F(x)+C$(C 为任意常数) 称为 $f(x)$ 的**不定积分**，记作 $\int f(x)\mathrm{d}x$，即

$$\int f(x)\mathrm{d}x = F(x) + C, \tag{5-1-2}$$

其中，$\int$ 称为**积分号**，$f(x)$ 称为**被积函数**，$f(x)\mathrm{d}x$ 称为**被积表达式**，x 称为**积分变量**，C 称为**积分常数**.

例 1 求 $\int x\mathrm{d}x$.

解 由于 $\left(\dfrac{1}{2}x^2\right)' = x$，故 $\dfrac{1}{2}x^2$ 是 x 在 $(-\infty, +\infty)$ 内的一个原函数. 因此
$$\int x\mathrm{d}x = \dfrac{1}{2}x^2 + C.$$

例 2 求 $\int \dfrac{1}{x}\mathrm{d}x$.

解 由于 $(\ln|x|)' = \dfrac{1}{x}$，故 $\ln|x|$ 是 $\dfrac{1}{x}$ 在 $(-\infty, 0) \cup (0, +\infty)$ 内的一个原函数.

因此
$$\int \frac{1}{x} \mathrm{d}x = \ln|x| + C.$$

例 3 设曲线通过点 $(1,2)$，且其上任一点处的切线斜率等于这点横坐标的两倍，求此曲线的方程.

解 设所求的曲线方程为 $y = f(x)$，按题设，曲线上任一点 (x, y) 处的切线斜率为
$$\frac{\mathrm{d}y}{\mathrm{d}x} = 2x,$$
即 $f(x)$ 是 $2x$ 的一个原函数. 因为
$$\int 2x \mathrm{d}x = x^2 + C,$$
从而 $y = x^2 + C$. 因所求曲线通过点 $(1,2)$，故
$$2 = 1 + C, C = 1.$$
于是所求曲线方程为
$$y = x^2 + 1.$$

函数 $f(x)$ 的原函数的图形称为 $f(x)$ 的积分曲线. 本例即是求函数 $2x$ 的通过点 $(1,2)$ 的那条积分曲线. 显然，这条积分曲线可以由另一条积分曲线（例如 $y = x^2$）经 y 轴方向平移而得（见图 5-1）.

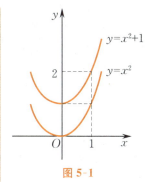

图 5-1

三、不定积分的性质

从不定积分的定义，即可知其下述性质：

由于 $\int f(x) \mathrm{d}x$ 是 $f(x)$ 的原函数，所以有

(1) $\dfrac{\mathrm{d}}{\mathrm{d}x}\left[\int f(x) \mathrm{d}x\right] = f(x)$ 或 $\mathrm{d}\left[\int f(x) \mathrm{d}x\right] = f(x) \mathrm{d}x$；

又由于 $F(x)$ 是 $F'(x)$ 的原函数，所以有

(2) $\int F'(x) \mathrm{d}x = F(x) + C$，或记作 $\int \mathrm{d}F(x) = F(x) + C$.

由此可见，微分运算（以记号 d 表示）与求不定积分的运算（简称积分运算，以记号 $\int$ 表示）是互逆的. 当记号 $\int$ 与 d 连在一起时，或者抵消，或者抵消后差一个常数.

(3) $\int [\alpha f(x) + \beta g(x)] \mathrm{d}x = \alpha \int f(x) \mathrm{d}x + \beta \int g(x) \mathrm{d}x$，其中 α, β 为任意常数.

此性质可以简单地说成：和的积分等于积分的和；常数因子可以从积分符号中提出来，这是一个积分常用的性质.

性质 (3) 可以推广到任意有限个函数的情形.

四、基本积分表

既然积分运算是微分运算的逆运算,那么很自然地可以从导数公式得到相应的积分公式.

例如,因为 $\alpha \neq -1$ 时,$\left(\dfrac{x^{\alpha+1}}{\alpha+1}\right)' = x^\alpha$,所以 $\dfrac{x^{\alpha+1}}{\alpha+1}$ 是 x^α 的一个原函数,于是

$$\int x^\alpha \mathrm{d}x = \dfrac{1}{\alpha+1} x^{\alpha+1} + C \quad (\alpha \neq -1).$$

类似地可以得到其他积分公式.下面我们把一些基本的积分公式列成一个表,这个表通常叫作基本积分表.

(1) $\int k \mathrm{d}x = kx + C \quad (k\text{ 为常数})$;

(2) $\int x^\alpha \mathrm{d}x = \dfrac{x^{\alpha+1}}{\alpha+1} + C \quad (\alpha \text{ 为常数且} \alpha \neq -1)$;

(3) $\int \dfrac{1}{x} \mathrm{d}x = \ln|x| + C$;

(4) $\int a^x \mathrm{d}x = \dfrac{1}{\ln a} a^x + C$;

(5) $\int \mathrm{e}^x \mathrm{d}x = \mathrm{e}^x + C$;

(6) $\int \cos x \mathrm{d}x = \sin x + C$;

(7) $\int \sin x \mathrm{d}x = -\cos x + C$;

(8) $\int \sec^2 x \mathrm{d}x = \int \dfrac{\mathrm{d}x}{\cos^2 x} = \tan x + C$;

(9) $\int \csc^2 x \mathrm{d}x = \int \dfrac{\mathrm{d}x}{\sin^2 x} = -\cot x + C$;

(10) $\int \sec x \tan x \mathrm{d}x = \sec x + C$;

(11) $\int \csc x \cot x \mathrm{d}x = -\csc x + C$;

(12) $\int \dfrac{\mathrm{d}x}{\sqrt{1-x^2}} = \arcsin x + C$;

(13) $\int \dfrac{\mathrm{d}x}{1+x^2} = \arctan x + C$.

以上 13 个基本积分公式及前面的不定积分性质是求不定积分的基础,读者应该熟记.

例 4 求 $\int \left(x + \dfrac{1}{x} - \sqrt{x} + \dfrac{3}{x^3}\right) \mathrm{d}x$.

解 $\int \left(x + \dfrac{1}{x} - \sqrt{x} + \dfrac{3}{x^3}\right) \mathrm{d}x = \int x \mathrm{d}x + \int \dfrac{1}{x} \mathrm{d}x - \int x^{\frac{1}{2}} \mathrm{d}x + 3\int x^{-3} \mathrm{d}x$

$= \dfrac{x^2}{2} + \ln|x| - \dfrac{2}{3} x^{\frac{3}{2}} - \dfrac{3}{2} x^{-2} + C.$

例 5 求 $\int \dfrac{x^4}{1+x^2} \mathrm{d}x$.

解 $\int \dfrac{x^4}{1+x^2} \mathrm{d}x = \int \dfrac{x^4 - 1 + 1}{1+x^2} \mathrm{d}x = \int \left(x^2 - 1 + \dfrac{1}{1+x^2}\right) \mathrm{d}x$

$= \dfrac{1}{3} x^3 - x + \arctan x + C.$

例 6 求 $\int \tan^2 x \mathrm{d}x$.

解 $\int \tan^2 x \mathrm{d}x = \int (\sec^2 x - 1) \mathrm{d}x = \int \sec^2 x \mathrm{d}x - \int \mathrm{d}x = \tan x - x + C.$

例 7 求 $\int \sin^2 \dfrac{x}{2} \mathrm{d}x$.

解 $\int \sin^2 \dfrac{x}{2} \mathrm{d}x = \int \dfrac{1}{2}(1 - \cos x) \mathrm{d}x = \dfrac{1}{2} \int (1 - \cos x) \mathrm{d}x$

$= \dfrac{1}{2}(x - \sin x) + C.$

应该注意，由于两个原函数之间可以相差一个常数，因此，积分结果在形式上可能不一样，此时可通过求导来验证结果. 比如，

$$\int \dfrac{\mathrm{d}x}{\sqrt{1-x^2}} = \arcsin x + C.$$

另一方面，由于 $(\arccos x)' = -\dfrac{1}{\sqrt{1-x^2}}$，因此

$$\int \dfrac{\mathrm{d}x}{\sqrt{1-x^2}} = -\arccos x + C.$$

这两个结果都正确. 造成积分结果形式不同的原因是

$$\arcsin x + \arccos x = \dfrac{\pi}{2}.$$

习 题 5-1

1. 求下列不定积分：

(1) $\int \sqrt{x}(x^2 - 5) \mathrm{d}x$; (2) $\int \dfrac{(1-x)^2}{\sqrt{x}} \mathrm{d}x$; (3) $\int 3^x \mathrm{e}^x \mathrm{d}x$;

(4) $\int \cos^2 \dfrac{x}{2} \mathrm{d}x$; (5) $\int \dfrac{2 \cdot 3^x - 5 \cdot 2^x}{3^x} \mathrm{d}x$; (6) $\int \dfrac{\cos 2x}{\cos^2 x \sin^2 x} \mathrm{d}x$.

2. 解答下列各题：

(1) 一平面曲线经过点 $(1,0)$，且曲线上任一点 (x,y) 处的切线斜率为 $2x-2$，求该曲线方程；

(2) 设 $\sin x$ 为 $f(x)$ 的一个原函数，求 $\int f'(x)\mathrm{d}x$；

(3) 已知 $f(x)$ 的导数是 $\sin x$，求 $f(x)$ 的一个原函数；

(4) 某商品的需求量 Q 是价格 P 的函数，该商品的最大需求量为 1 000 (即 $P=0$ 时，$Q=1\,000$)，已知需求量的变化率(边际需求)为 $Q'(P)=-1\,000\left(\dfrac{1}{3}\right)^P\ln 3$，求需求量与价格的函数关系．

第二节 换元积分法

直接利用基本积分表和积分的性质所能计算的不定积分是非常有限的．因此，有必要进一步研究求不定积分的方法．本节把复合函数的微分法反过来用于求不定积分，利用变量代换得到复合函数的积分法，称为**换元积分法**，简称**换元法**，换元法通常分为两类，分别称为第一类换元法和第二类换元法．

一、第一类换元法

我们知道，如果 $F(u)$ 是 $f(u)$ 的原函数，则
$$\int f(u)\mathrm{d}u = F(u)+C,$$
而如果 u 又是另一变量 x 的函数 $u=\varphi(x)$，且 $\varphi(x)$ 可微，那么根据复合函数的微分法，有
$$[F(\varphi(x))]' = f(\varphi(x))\varphi'(x).$$
再由不定积分的定义，得
$$\int f(\varphi(x))\varphi'(x)\mathrm{d}x = F(\varphi(x))+C = \left[\int f(u)\mathrm{d}u\right]_{u=\varphi(x)}.$$
于是有下述定理．

定理 1 设 $f(u)$ 具有原函数，$u=\varphi(x)$ 可导，则有换元公式
$$\int f(\varphi(x))\varphi'(x)\mathrm{d}x = \left[\int f(u)\mathrm{d}u\right]_{u=\varphi(x)}. \tag{5-2-1}$$

由此可见，如果被积函数具有 $f(\varphi(x))\varphi'(x)$ 的形式，那么可令 $u=\varphi(x)$，代入后有
$$\int f(\varphi(x))\varphi'(x)\mathrm{d}x = \left[\int f(u)\mathrm{d}u\right]_{u=\varphi(x)}.$$
这样，上式左端的积分便转化成了函数 $f(u)$ 的积分，如果能求得

$f(u)$ 的原函数 $F(u)$，再将 $u = \varphi(x)$ 代回，就可得到左端的积分 $F(\varphi(x)) + C$.

例 1 求 $\int 2\cos 2x \mathrm{d}x$.

解 被积函数中，$\cos 2x$ 是 $\cos u$ 与 $u = 2x$ 的复合函数，常数因子 2 恰好是中间变量 $u = 2x$ 的导数，因此做变量代换 $u = 2x$，便有

$$\int 2\cos 2x \mathrm{d}x = \int \cos 2x \cdot 2 \mathrm{d}x = \int \cos 2x \cdot (2x)' \mathrm{d}x$$
$$= \int \cos u \mathrm{d}u = \sin u + C.$$

再以 $u = 2x$ 代入，即得

$$\int 2\cos 2x \mathrm{d}x = \sin 2x + C.$$

例 2 求 $\int \frac{1}{2x+5} \mathrm{d}x$.

解 $\frac{1}{2x+5}$ 可看成 $\frac{1}{u}$ 与 $u = 2x+5$ 的复合函数，被积函数中虽没有 $u' = 2$ 这个因子，但我们可以凑出这个因子：

$$\frac{1}{2x+5} = \frac{1}{2} \cdot \frac{1}{2x+5} \cdot 2 = \frac{1}{2} \cdot \frac{1}{2x+5} \cdot (2x+5)',$$

从而令 $u = 2x+5$，便有

$$\int \frac{1}{2x+5} \mathrm{d}x = \int \frac{1}{2} \cdot \frac{1}{2x+5} (2x+5)' \mathrm{d}x = \frac{1}{2} \int \frac{1}{2x+5} \mathrm{d}(2x+5)$$
$$= \frac{1}{2} \int \frac{1}{u} \mathrm{d}u = \frac{1}{2} \ln|u| + C = \frac{1}{2} \ln|2x+5| + C.$$

一般地，对于积分 $\int f(ax+b) \mathrm{d}x$，总可以做变量代换 $u = ax + b$，把它化为

$$\int f(ax+b) \mathrm{d}x = \int \frac{1}{a} f(ax+b) \mathrm{d}(ax+b)$$
$$= \frac{1}{a} \left[\int f(u) \mathrm{d}u \right]_{u=\varphi(x)}.$$

以后，我们还常常用到下列微分公式，读者应熟悉.

设 k, C 为常数，则

$$k \mathrm{d}x = \mathrm{d}(kx) = \mathrm{d}(kx+C); \quad x \mathrm{d}x = \frac{1}{2} \mathrm{d}(x^2) = \mathrm{d}\left(\frac{1}{2}x^2\right);$$

$$x^2 \mathrm{d}x = \frac{1}{3} \mathrm{d}(x^3); \quad \frac{1}{x} \mathrm{d}x = \mathrm{d}(\ln x); \quad \frac{1}{\sqrt{x}} \mathrm{d}x = 2\mathrm{d}(\sqrt{x});$$

$$\sin x \mathrm{d}x = -\mathrm{d}(\cos x); \quad \cos x \mathrm{d}x = \mathrm{d}(\sin x); \quad \sec^2 x \mathrm{d}x = \mathrm{d}(\tan x).$$

例 3 求 $\int \tan x \, dx$.

解 $\int \tan x \, dx = \int \dfrac{\sin x}{\cos x} dx = -\int \dfrac{1}{\cos x}(\cos x)' dx = -\int \dfrac{1}{\cos x} d(\cos x)$

$\xlongequal{\text{令} u = \cos x} -\int \dfrac{1}{u} du = -\ln|u| + C = -\ln|\cos x| + C.$

类似地可得
$$\int \cot x \, dx = \ln|\sin x| + C.$$

例 4 求 $\int x\sqrt{1-x^2} \, dx$.

解 $\int x\sqrt{1-x^2} \, dx = -\dfrac{1}{2}\int \sqrt{1-x^2}(1-x^2)' dx = -\dfrac{1}{2}\int (1-x^2)^{\frac{1}{2}} d(1-x^2)$

$\xlongequal{\text{令} u = 1-x^2} -\dfrac{1}{2}\int u^{\frac{1}{2}} du = -\dfrac{1}{3} u^{\frac{3}{2}} + C = -\dfrac{1}{3}(1-x^2)^{\frac{3}{2}} + C.$

在对变量代换比较熟练以后,就不一定写出中间变量 u,只需做到"心中有数"即可.

例 5 求 $\int \dfrac{1}{a^2 + x^2} dx \quad (a > 0)$.

解 $\int \dfrac{1}{a^2 + x^2} dx = \int \dfrac{1}{a^2} \cdot \dfrac{1}{1 + \left(\dfrac{x}{a}\right)^2} dx = \dfrac{1}{a} \int \dfrac{1}{1 + \left(\dfrac{x}{a}\right)^2} d\left(\dfrac{x}{a}\right) = \dfrac{1}{a} \arctan \dfrac{x}{a} + C.$

例 6 求 $\int \dfrac{1}{\sqrt{a^2 - x^2}} dx \quad (a > 0)$.

解 $\int \dfrac{1}{\sqrt{a^2 - x^2}} dx = \int \dfrac{dx}{a\sqrt{1 - \left(\dfrac{x}{a}\right)^2}} = \int \dfrac{d\left(\dfrac{x}{a}\right)}{\sqrt{1 - \left(\dfrac{x}{a}\right)^2}} = \arcsin \dfrac{x}{a} + C.$

例 7 求 $\int \sin^3 x \, dx$.

解 $\int \sin^3 x \, dx = \int (1 - \cos^2 x) \sin x \, dx = -\int (1 - \cos^2 x) d(\cos x)$

$= -\int d(\cos x) + \int \cos^2 x \, d(\cos x) = -\cos x + \dfrac{1}{3} \cos^3 x + C.$

例 8 求 $\int \sin^2 x \, dx$.

解 $\int \sin^2 x \, dx = \int \dfrac{1 - \cos 2x}{2} dx = \dfrac{1}{2} \int dx - \dfrac{1}{4} \int \cos 2x \, d(2x)$

$= \dfrac{1}{2} x - \dfrac{1}{4} \sin 2x + C.$

类似地可得
$$\int \cos^2 x \, dx = \frac{1}{2}x + \frac{1}{4}\sin 2x + C.$$

例 9 求 $\int \dfrac{1}{a^2 - x^2} dx \quad (a > 0).$

解
$$\int \frac{1}{a^2 - x^2} dx = \int \frac{1}{(a+x)(a-x)} dx = \frac{1}{2a} \int \left(\frac{1}{a+x} + \frac{1}{a-x} \right) dx$$
$$= \frac{1}{2a} \left[\int \frac{d(a+x)}{a+x} - \int \frac{d(a-x)}{a-x} \right]$$
$$= \frac{1}{2a} [\ln|a+x| - \ln|a-x|] + C$$
$$= \frac{1}{2a} \ln \left| \frac{a+x}{a-x} \right| + C.$$

例 10 求 $\int \sec x \, dx.$

解
$$\int \sec x \, dx = \int \frac{1}{\cos x} dx = \int \frac{\cos x}{\cos^2 x} dx = \int \frac{1}{1 - \sin^2 x} d(\sin x)$$
$$= \frac{1}{2} \ln \left| \frac{1 + \sin x}{1 - \sin x} \right| + C \quad (\text{由例 9})$$
$$= \frac{1}{2} \ln \left(\frac{1 + \sin x}{\cos x} \right)^2 + C$$
$$= \ln|\sec x + \tan x| + C.$$

类似地可得
$$\int \csc x \, dx = \ln|\csc x - \cot x| + C.$$

例 11 求 $\int \cos 3x \cos 2x \, dx.$

解 利用三角函数的积化和差公式有
$$\int \cos 3x \cos 2x \, dx = \int \frac{1}{2}(\cos x + \cos 5x) dx = \frac{1}{2} \int \cos x \, dx + \frac{1}{10} \int \cos 5x \, d(5x)$$
$$= \frac{1}{2} \sin x + \frac{1}{10} \sin 5x + C.$$

例 12 求 $\int \dfrac{e^{3\sqrt{x}}}{\sqrt{x}} dx.$

解 $\int \dfrac{e^{3\sqrt{x}}}{\sqrt{x}} dx = \dfrac{2}{3} \int e^{3\sqrt{x}} d(3\sqrt{x}) = \dfrac{2}{3} e^{3\sqrt{x}} + C.$

例 13 求 $\int \tan^5 x \sec^3 x \, dx.$

解
$$\int \tan^5 x \sec^3 x \, dx = \int \tan^4 x \sec^2 x \sec x \tan x \, dx = \int (\sec^2 x - 1)^2 \sec^2 x \, d(\sec x)$$
$$= \int (\sec^6 x - 2\sec^4 x + \sec^2 x) d(\sec x)$$
$$= \frac{1}{7} \sec^7 x - \frac{2}{5} \sec^5 x + \frac{1}{3} \sec^3 x + C.$$

二、第二类换元法

上面介绍的第一类换元法是通过变量代换 $u = \varphi(x)$，将积分 $\int f(\varphi(x))\varphi'(x)\mathrm{d}x$ 化为积分 $\int f(u)\mathrm{d}u$. 下面将介绍的第二类换元法是：适当地选择变量代换 $x = \varphi(t)$，将积分 $\int f(x)\mathrm{d}x$ 化为积分 $\int f(\varphi(t))\varphi'(t)\mathrm{d}t$，这是另一种形式的变量代换，换元公式可表示为

$$\int f(x)\mathrm{d}x = \int f(\varphi(t))\varphi'(t)\mathrm{d}t.$$

上述公式的成立是需要一定条件的，首先等式右边的不定积分要存在，即 $f(\varphi(t))\varphi'(t)$ 有原函数；其次，$\int f(\varphi(t))\varphi'(t)\mathrm{d}t$ 求出后必须用 $x = \varphi(t)$ 的反函数 $t = \varphi^{-1}(x)$ 代回去，为了保证反函数存在而且是可导的，我们假定直接函数 $x = \varphi(t)$ 在 t 的某个区间（这区间和所考虑的 x 的区间相对应）上是严格单调的、可导的，并且 $\varphi'(t) \neq 0$.

归纳上述，我们有下面的定理.

定理 2 设 $x = \varphi(t)$ 是严格单调的、可导的函数，并且 $\varphi'(t) \neq 0$，又设 $f(\varphi(t))\varphi'(t)$ 具有原函数，则有换元公式

$$\int f(x)\mathrm{d}x = \left[\int f(\varphi(t))\varphi'(t)\mathrm{d}t\right]_{t=\varphi^{-1}(x)}. \tag{5-2-2}$$

证 设 $f(\varphi(t))\varphi'(t)$ 的原函数为 $\Phi(t)$，记 $\Phi(\varphi^{-1}(x)) = F(x)$，利用复合函数的求导法则及反函数的导数公式可得

$$F'(x) = \frac{\mathrm{d}\Phi}{\mathrm{d}t} \cdot \frac{\mathrm{d}t}{\mathrm{d}x} = \frac{\mathrm{d}\Phi}{\mathrm{d}t} \Big/ \frac{\mathrm{d}x}{\mathrm{d}t} = f(\varphi(t))\varphi'(t) \cdot \frac{1}{\varphi'(t)}$$
$$= f(\varphi(t)) = f(x).$$

即 $F(x)$ 是 $f(x)$ 的原函数，所以有

$$\int f(x)\mathrm{d}x = F(x) + C = \Phi(\varphi^{-1}(x)) + C$$
$$= \left[\int f(\varphi(t))\varphi'(t)\mathrm{d}t\right]_{t=\varphi^{-1}(x)}.$$

这就证明了公式(5-2-2).

下面举例说明公式(5-2-2)的应用.

例 14 求 $\int x\sqrt[3]{1-3x}\,\mathrm{d}x$.

解 遇到根式中是一次多项式时，可先通过适当的换元将被积函数有理化，然后再积分.

令 $\sqrt[3]{1-3x}=t$，即 $x=\frac{1}{3}(1-t^3)$，则 $dx=-t^2 dt$. 因而

$$\int x\sqrt[3]{1-3x}\,dx=-\frac{1}{3}\int(1-t^3)t^3\,dt=-\frac{1}{3}\left(\frac{t^4}{4}-\frac{t^7}{7}\right)+C$$

$$=\frac{1}{21}(1-3x)^{\frac{7}{3}}-\frac{1}{12}(1-3x)^{\frac{4}{3}}+C.$$

例 15 求 $\int\frac{1}{\sqrt{1+e^x}}dx$.

解 令 $\sqrt{1+e^x}=u$，则 $x=\ln(u^2-1)$，$dx=\frac{2u}{u^2-1}du$. 于是

$$\int\frac{dx}{\sqrt{1+e^x}}=2\int\frac{1}{u^2-1}du=\ln\left|\frac{u-1}{u+1}\right|+C=\ln\left|\frac{\sqrt{1+e^x}-1}{\sqrt{1+e^x}+1}\right|+C.$$

例 16 求 $\int\sqrt{a^2-x^2}\,dx$ $(a>0)$.

解 由于根号内是二次式，因此，若如例14一样，令 $\sqrt{a^2-x^2}=t$，将不能去掉根号. 注意到 $\sin^2 t+\cos^2 t=1$，故令 $x=a\sin t, t\in\left(-\frac{\pi}{2},\frac{\pi}{2}\right)$，则它是 t 的单调可微函数，且 $dx=a\cos t\,dt, \sqrt{a^2-x^2}=a\cos t$，因而

$$\int\sqrt{a^2-x^2}\,dx=\int a\cos t\cdot a\cos t\,dt=\int a^2\cos^2 t\,dt$$

$$=a^2\int\frac{1+\cos 2t}{2}dt=a^2\left(\frac{1}{2}t+\frac{1}{4}\sin 2t\right)+C$$

$$=\frac{a^2}{2}t+\frac{a^2}{2}\sin t\cos t+C$$

$$=\frac{a^2}{2}\arcsin\frac{x}{a}+\frac{1}{2}x\sqrt{a^2-x^2}+C,$$

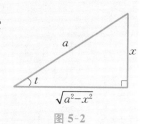

图 5-2

其中最后一个等式是由 $x=a\sin t, \sqrt{a^2-x^2}=a\cos t$ 得到的（见图 5-2）.

例 17 求 $\int\frac{1}{\sqrt{a^2+x^2}}dx$ $(a>0)$.

解 令 $x=a\tan t, t\in\left(-\frac{\pi}{2},\frac{\pi}{2}\right)$，则 $dx=a\sec^2 t\,dt, \sqrt{x^2+a^2}=a\sec t$，因而

$$\int\frac{1}{\sqrt{x^2+a^2}}dx=\int\frac{1}{a\sec t}\cdot a\sec^2 t\,dt=\int\sec t\,dt$$

$$=\ln|\sec t+\tan t|+C_1$$

$$=\ln\left|\frac{\sqrt{x^2+a^2}}{a}+\frac{x}{a}\right|+C_1$$

$$=\ln\left|\sqrt{x^2+a^2}+x\right|+C,$$

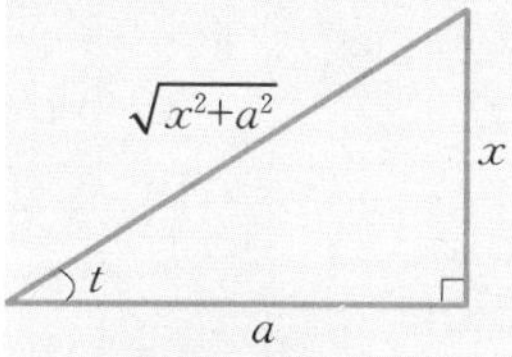

图 5-3

其中 $C=C_1-\ln a$（见图 5-3）.

例 18 求 $\int\frac{1}{\sqrt{x^2-a^2}}dx$ $(a>0)$.

解 令 $x = a\sec t, t \in \left(0, \dfrac{\pi}{2}\right)$，可求得被积函数在 $(a, +\infty)$ 上的不定积分，这时 $\mathrm{d}x = a\sec t \tan t \mathrm{d}t, \sqrt{x^2 - a^2} = a\tan t$，故

$$\int \frac{1}{\sqrt{x^2 - a^2}} \mathrm{d}x = \int \frac{1}{a\tan t} \cdot a\sec t \tan t \mathrm{d}t = \int \sec t \mathrm{d}t$$

$$= \ln|\sec t + \tan t| + C_1$$

$$= \ln\left|\frac{x}{a} + \frac{\sqrt{x^2 - a^2}}{a}\right| + C_1$$

$$= \ln\left|x + \sqrt{x^2 - a^2}\right| + C,$$

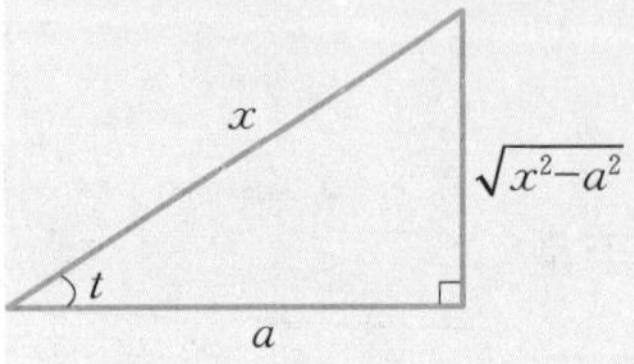

其中 $C = C_1 - \ln a$（见图 5-4）.

图 5-4

至于 $x \in (-\infty, -a)$，可令 $x = a\sec t \left(\dfrac{\pi}{2} < t < \pi\right)$，类似地可得到相同形式的结果.

以上 3 例所做变换均利用了三角恒等式，称之为三角代换，目的是将被积函数中的无理式化为三角函数的有理式. 一般地，若被积函数含有 $\sqrt{a^2 - x^2}$ 时，可做代换 $x = a\sin t$；若含有 $\sqrt{x^2 + a^2}$，可做代换 $x = a\tan t$；若含有 $\sqrt{x^2 - a^2}$，可做代换 $x = a\sec t$.

下面通过例子来介绍一种在不定积分计算中很有用的代换——倒代换 $x = \dfrac{1}{t}$，利用它常可消去在被积函数 $f(x)$ 的分母中的变量因子 x^{μ}.

例 19 求 $\displaystyle\int \dfrac{\mathrm{d}x}{x\sqrt{x^2 - 1}}$.

解 令 $x = \dfrac{1}{t}$，则 $\mathrm{d}x = -\dfrac{1}{t^2}\mathrm{d}t$，于是

$$\int \frac{\mathrm{d}x}{x\sqrt{x^2 - 1}} = -\int \frac{|t|}{t\sqrt{1 - t^2}} \mathrm{d}t.$$

当 $x > 0$ 时，有

$$\int \frac{\mathrm{d}x}{x\sqrt{x^2 - 1}} = -\int \frac{1}{\sqrt{1 - t^2}} \mathrm{d}t = -\arcsin t + C = -\arcsin \frac{1}{x} + C;$$

当 $x < 0$ 时，有

$$\int \frac{\mathrm{d}x}{x\sqrt{x^2 - 1}} = \int \frac{1}{\sqrt{1 - t^2}} \mathrm{d}t = \arcsin t + C = \arcsin \frac{1}{x} + C.$$

综合起来，则有

$$\int \frac{\mathrm{d}x}{x\sqrt{x^2 - 1}} = -\arcsin \frac{1}{|x|} + C.$$

当被积函数中含有无理式 $\sqrt[n]{\dfrac{ax+b}{cx+d}}$ (a,b,c,d 为实数)时,我们常做代换

$$t = \sqrt[n]{\dfrac{ax+b}{cx+d}}.$$

例 20 求 $\displaystyle\int \sqrt{\dfrac{1-x}{1+x}} \cdot \dfrac{\mathrm{d}x}{x}$.

解 令 $t = \sqrt{\dfrac{1-x}{1+x}}$,则 $x = \dfrac{1-t^2}{1+t^2}$, $\mathrm{d}x = -\dfrac{4t}{(1+t^2)^2}\mathrm{d}t$,从而

$$\int \sqrt{\dfrac{1-x}{1+x}} \cdot \dfrac{\mathrm{d}x}{x} = \int t \cdot \dfrac{1+t^2}{1-t^2} \cdot \dfrac{-4t}{(1+t^2)^2}\mathrm{d}t = -\int \dfrac{4t^2}{(1+t^2)(1-t^2)}\mathrm{d}t$$

$$= \int \left(\dfrac{2}{1+t^2} - \dfrac{2}{1-t^2}\right)\mathrm{d}t = \int \left(\dfrac{2}{1+t^2} - \dfrac{1}{1+t} - \dfrac{1}{1-t}\right)\mathrm{d}t$$

$$= 2\arctan t - \ln|1+t| + \ln|1-t| + C$$

$$= 2\arctan t + \ln\left|\dfrac{1-t}{1+t}\right| + C$$

$$= 2\arctan\sqrt{\dfrac{1-x}{1+x}} + \ln\left|\dfrac{\sqrt{1+x}-\sqrt{1-x}}{\sqrt{1+x}+\sqrt{1-x}}\right| + C.$$

在本节的例题中,有几个积分是以后经常会遇到的,所以它们通常也被当作公式使用(其中常数 $a > 0$):

(14) $\displaystyle\int \tan x\,\mathrm{d}x = -\ln|\cos x| + C$;

(15) $\displaystyle\int \cot x\,\mathrm{d}x = \ln|\sin x| + C$;

(16) $\displaystyle\int \sec x\,\mathrm{d}x = \ln|\sec x + \tan x| + C$;

(17) $\displaystyle\int \csc x\,\mathrm{d}x = \ln|\csc x - \cot x| + C$;

(18) $\displaystyle\int \dfrac{\mathrm{d}x}{a^2+x^2} = \dfrac{1}{a}\arctan\dfrac{x}{a} + C$;

(19) $\displaystyle\int \dfrac{\mathrm{d}x}{x^2-a^2} = \dfrac{1}{2a}\ln\left|\dfrac{x-a}{x+a}\right| + C$;

(20) $\displaystyle\int \dfrac{\mathrm{d}x}{\sqrt{a^2-x^2}} = \arcsin\dfrac{x}{a} + C$;

(21) $\displaystyle\int \dfrac{\mathrm{d}x}{\sqrt{x^2+a^2}} = \ln(x + \sqrt{x^2+a^2}) + C$;

(22) $\displaystyle\int \dfrac{\mathrm{d}x}{\sqrt{x^2-a^2}} = \ln|x + \sqrt{x^2-a^2}| + C$.

例 21 求 $\int \dfrac{dx}{x^2+2x+3}$.

解 $\int \dfrac{dx}{x^2+2x+3} = \int \dfrac{1}{(x+1)^2+(\sqrt{2})^2} d(x+1)$,

利用公式(18),便得

$$\int \dfrac{dx}{x^2+2x+3} = \dfrac{1}{\sqrt{2}} \arctan \dfrac{x+1}{\sqrt{2}} + C.$$

例 22 求 $\int \dfrac{dx}{\sqrt{4x^2+9}}$.

解 $\int \dfrac{dx}{\sqrt{4x^2+9}} = \int \dfrac{dx}{\sqrt{(2x)^2+3^2}} = \dfrac{1}{2} \int \dfrac{d(2x)}{\sqrt{(2x)^2+3^2}}$,

利用公式(21),便得

$$\int \dfrac{dx}{\sqrt{4x^2+9}} = \dfrac{1}{2} \ln(2x+\sqrt{4x^2+9}) + C.$$

例 23 求 $\int \dfrac{dx}{\sqrt{1+x-x^2}}$.

解 $\int \dfrac{dx}{\sqrt{1+x-x^2}} = \int \dfrac{d\left(x-\dfrac{1}{2}\right)}{\sqrt{\left(\dfrac{\sqrt{5}}{2}\right)^2-\left(x-\dfrac{1}{2}\right)^2}}$,

利用公式(20),便得

$$\int \dfrac{dx}{\sqrt{1+x-x^2}} = \arcsin \dfrac{2x-1}{\sqrt{5}} + C.$$

习题 5-2

1. 在下列各式等号右端的空白处填入适当的系数,使等式成立:

(1) $dx = \underline{\quad} d(ax+b)\,(a \neq 0)$;　　(2) $dx = \underline{\quad} d(7x-3)$;

(3) $x\,dx = \underline{\quad} d(5x^2)$;　　(4) $x\,dx = \underline{\quad} d(1-x^2)$;

(5) $x^3\,dx = \underline{\quad} d(3x^4-2)$;　　(6) $e^{2x}\,dx = \underline{\quad} d(e^{2x})$;

(7) $e^{-\frac{x}{2}}\,dx = \underline{\quad} d(1+e^{-\frac{x}{2}})$;　　(8) $\dfrac{dx}{x} = \underline{\quad} d(5\ln|x|)$;

(9) $\dfrac{dx}{\sqrt{1-x^2}} = \underline{\quad} d(1-\arcsin x)$;　　(10) $\dfrac{x\,dx}{\sqrt{1-x^2}} = \underline{\quad} d(\sqrt{1-x^2})$;

(11) $\dfrac{dx}{1+9x^2} = \underline{\quad} d(\arctan 3x)$;　　(12) $\dfrac{dx}{1+2x^2} = \underline{\quad} d(\arctan\sqrt{2}\,x)$;

(13) $(3x^2-2)dx = \underline{\quad} d(2x-x^3)$;　　(14) $\cos\left(\dfrac{2x}{3}-1\right)dx = \underline{\quad} d\sin\left(\dfrac{2x}{3}-1\right)$.

2. 求下列不定积分:

(1) $\int e^{5t}\,dt$;　　(2) $\int (3-2x)^3\,dx$;

(3) $\int \dfrac{dx}{1-2x}$;　　(4) $\int \dfrac{dx}{\sqrt[3]{2-3x}}$;

(5) $\int \dfrac{\sin\sqrt{t}}{\sqrt{t}}\mathrm{d}t$;

(6) $\int \dfrac{\mathrm{d}x}{x\ln x \cdot \ln(\ln x)}$;

(7) $\int \tan^{10} x \sec^2 x \mathrm{d}x$;

(8) $\int x\mathrm{e}^{-x^2}\mathrm{d}x$;

(9) $\int \dfrac{\mathrm{d}x}{\sin x \cos x}$;

(10) $\int \tan\sqrt{1+x^2}\cdot\dfrac{x\mathrm{d}x}{\sqrt{1+x^2}}$;

*(11) $\int \dfrac{\mathrm{d}x}{\mathrm{e}^x+\mathrm{e}^{-x}}$;

(12) $\int \dfrac{x}{\sqrt{2-3x^2}}\mathrm{d}x$;

(13) $\int \dfrac{3x^3}{1-x^4}\mathrm{d}x$;

(14) $\int \dfrac{\sin x}{\cos^3 x}\mathrm{d}x$;

(15) $\int \dfrac{1-x}{\sqrt{9-4x^2}}\mathrm{d}x$;

(16) $\int \dfrac{x^3}{9+x^2}\mathrm{d}x$;

*(17) $\int \dfrac{\mathrm{d}x}{2x^2-1}$;

(18) $\int \dfrac{\mathrm{d}x}{(x+1)(x-2)}$;

(19) $\int \cos^2(\omega t+\varphi)\mathrm{d}t$;

(20) $\int \cos^2(\omega t+\varphi)\sin(\omega t+\varphi)\mathrm{d}t$;

(21) $\int \sin 2x\cos 3x\mathrm{d}x$;

(22) $\int \cos x\cos\dfrac{x}{2}\mathrm{d}x$;

(23) $\int \sin 5x\sin 7x\mathrm{d}x$;

(24) $\int \tan^3 x\sec x\mathrm{d}x$;

(25) $\int \dfrac{\arctan\sqrt{x}}{\sqrt{x}(1+x)}\mathrm{d}x$;

(26) $\int \dfrac{\mathrm{d}x}{(\arcsin x)^2\sqrt{1-x^2}}$;

*(27) $\int \dfrac{\ln(\tan x)}{\cos x\sin x}\mathrm{d}x$;

*(28) $\int \dfrac{1+\ln x}{(x\ln x)^2}\mathrm{d}x$;

(29) $\int \dfrac{x^2\mathrm{d}x}{\sqrt{a^2-x^2}}, a>0$;

(30) $\int \dfrac{\mathrm{d}x}{\sqrt{(x^2+1)^3}}$;

(31) $\int \dfrac{\sqrt{x^2-9}}{x}\mathrm{d}x$;

*(32) $\int \dfrac{\mathrm{d}x}{x+\sqrt{1-x^2}}$;

*(33) $\int \dfrac{\mathrm{d}x}{1+\sqrt{1-x^2}}$;

(34) $\int \sqrt{\dfrac{a+x}{a-x}}\mathrm{d}x\ (a>0)$.

第三节 分部积分法

前面我们在复合函数求导法则的基础上，得到了换元积分法. 现在我们利用两个函数乘积的求导法则，来推得另一个求积分的基本方法 —— **分部积分法**.

设函数 $u=u(x)$ 及 $v=v(x)$ 具有连续导数. 那么，两个函数乘积的导数公式为

$$(uv)' = u'v + uv',$$

移项,得

$$uv' = (uv)' - u'v.$$

对这个等式两边求不定积分,得

$$\int uv' dx = uv - \int u'v dx. \qquad (5\text{-}3\text{-}1)$$

公式(5-3-1) 称为**分部积分公式**. 如果求 $\int uv' dx$ 有困难,而求 $\int u'v dx$ 比较容易时,分部积分公式就可以发挥作用了.

为简便起见,也可把公式(5-3-1) 写成下面的形式:

$$\int u dv = uv - \int v du. \qquad (5\text{-}3\text{-}2)$$

现在通过例子说明如何运用这个重要公式.

例 1 求 $\int x \cos x dx$.

解 设 $u = x, dv = \cos x dx = d(\sin x)$,则

$$\int x \cos x dx = \int x d(\sin x) = x \sin x - \int \sin x dx = x \sin x + \cos x + C.$$

如果考虑到 $\int x \cos x dx = \int \cos x d\left(\frac{1}{2}x^2\right)$,而设 $u = \cos x, dv = d\left(\frac{1}{2}x^2\right)$,则

$$\int x \cos x dx = \int \cos x d\left(\frac{1}{2}x^2\right) = \frac{1}{2}x^2 \cos x + \frac{1}{2}\int x^2 \sin x dx.$$

上式右端的积分比原积分更不容易求出.

由此可见,如果 u 和 dv 选取不当就求不出结果,所以应用分部积分法时,恰当选取 u 和 dv 是关键,一般以 $\int v du$ 比 $\int u dv$ 易求出为准则.

例 2 求 $\int x^2 \sin x dx$.

解 类似例 1,有

$$\int x^2 \sin x dx = -\int x^2 d(\cos x) = -\left(x^2 \cos x - \int 2x \cos x dx\right)$$

$$= -x^2 \cos x + 2\int x d(\sin x)$$

$$= -x^2 \cos x + 2\left(x \sin x - \int \sin x dx\right)$$

$$= -x^2 \cos x + 2x \sin x + 2\cos x + C.$$

由例1、例2可看出,对形如 $\int x^n \sin x \mathrm{d}x$, $\int x^n \cos x \mathrm{d}x$ 的积分,均可利用分部积分公式,经 n 次分部积分求出,其中 n 为正整数.

例 3 求 $\int x \mathrm{e}^x \mathrm{d}x$.

解 $\int x \mathrm{e}^x \mathrm{d}x = \int x \mathrm{d}(\mathrm{e}^x) = x \mathrm{e}^x - \int \mathrm{e}^x \mathrm{d}x = x \mathrm{e}^x - \mathrm{e}^x + C$.

此处若取 $u = \mathrm{e}^x, v = \frac{1}{2}x^2$,则

$$\int x \mathrm{e}^x \mathrm{d}x = \int \mathrm{e}^x \mathrm{d}\left(\frac{1}{2}x^2\right) = \frac{1}{2}x^2 \mathrm{e}^x - \int \frac{1}{2}x^2 \mathrm{d}(\mathrm{e}^x) = \frac{1}{2}x^2 \mathrm{e}^x - \frac{1}{2}\int x^2 \mathrm{e}^x \mathrm{d}x.$$

显然此时求右端积分 $\int x^2 \mathrm{e}^x \mathrm{d}x$ 比求左端积分 $\int x \mathrm{e}^x \mathrm{d}x$ 更困难.

一般地,形如 $\int x^n \mathrm{e}^x \mathrm{d}x$ 的积分均可经 n 次分部积分求出,其中 n 为正整数.

例 4 求 $\int x \ln x \mathrm{d}x$.

解 $\int x \ln x \mathrm{d}x = \frac{1}{2}\int \ln x \mathrm{d}(x^2) = \frac{1}{2}\left(x^2 \ln x - \int x^2 \cdot \frac{1}{x} \mathrm{d}x\right)$

$= \frac{1}{2}x^2 \ln x - \frac{1}{4}x^2 + C$.

一般地,形如 $\int x^\alpha \ln^n x \mathrm{d}x$ 的积分均可经 n 次分部积分求出,其中 n 为正整数,$\alpha \neq -1$. 当 $\alpha = -1$ 时,可用凑微分法求得.

例 5 求 $\int \arcsin x \mathrm{d}x$.

解 $\int \arcsin x \mathrm{d}x = x \arcsin x - \int \frac{x}{\sqrt{1-x^2}} \mathrm{d}x$

$= x \arcsin x + \frac{1}{2}\int \frac{1}{\sqrt{1-x^2}} \mathrm{d}(1-x^2)$

$= x \arcsin x + \sqrt{1-x^2} + C$.

一般地,形如 $\int x^n \arcsin x \mathrm{d}x$, $\int x^n \arccos x \mathrm{d}x$, $\int x^n \arctan x \mathrm{d}x$, $\int x^n \mathrm{arccot}\, x \mathrm{d}x$ 的积分可考虑用分部积分求解.

例 6 求 $\int e^x \cos x dx$.

解 $\int e^x \cos x dx = \int \cos x d(e^x) = e^x \cos x - \int e^x d(\cos x)$

$= e^x \cos x + \int e^x \sin x dx = e^x \cos x + \int \sin x d(e^x)$

$= e^x \cos x + e^x \sin x - \int e^x d(\sin x)$

$= e^x \cos x + e^x \sin x - \int e^x \cos x dx.$

$2\int e^x \cos x dx = e^x(\sin x + \cos x) + C_1.$

因为上式右端已不包含不定积分项,所以必须加上任意常数 C_1,因而

$$\int e^x \cos x dx = \frac{1}{2} e^x (\sin x + \cos x) + C,$$

其中 $C = \frac{1}{2} C_1$.

例 7 求 $\int \sec^3 x dx$.

解 $\int \sec^3 x dx = \int \sec x \cdot \sec^2 x dx = \int \sec x d(\tan x)$

$= \sec x \tan x - \int \tan^2 x \sec x dx$

$= \sec x \tan x - \int (\sec^2 x - 1) \sec x dx$

$= \sec x \tan x - \int \sec^3 x dx + \int \sec x dx$

$= \sec x \tan x + \ln|\sec x + \tan x| - \int \sec^3 x dx.$

所以

$$\int \sec^3 x dx = \frac{1}{2} \sec x \tan x + \frac{1}{2} \ln|\sec x + \tan x| + C.$$

从上面的例题可以看出,不定积分的计算是具有较强的技巧性的. 对求不定积分的几种方法我们要认真理解,并能灵活地应用. 下面再看一例.

例 8 求 $\int \frac{x e^x}{\sqrt{e^x - 3}} dx$.

解 令 $t = \sqrt{e^x - 3}$,则 $x = \ln(t^2 + 3), dx = \frac{2t}{t^2 + 3} dt$,于是

$\int \frac{x e^x}{\sqrt{e^x - 3}} dx = 2\int \ln(t^2 + 3) dt = 2t \ln(t^2 + 3) - \int \frac{4t^2}{t^2 + 3} dt$

$$= 2t\ln(t^2+3) - 4t + 4\sqrt{3}\arctan\frac{t}{\sqrt{3}} + C$$

$$= 2(x-2)\sqrt{e^x-3} + 4\sqrt{3}\arctan\sqrt{\frac{e^x}{3}-1} + C.$$

习题 5-3

求下列不定积分：

(1) $\int x\sin x\,dx$;

(2) $\int xe^{-x}\,dx$;

(3) $\int \arcsin x\,dx$;

(4) $\int e^{-x}\cos x\,dx$;

(5) $\int e^{-2x}\sin\frac{x}{2}\,dx$;

(6) $\int x\tan^2 x\,dx$;

(7) $\int te^{-2t}\,dt$;

*(8) $\int (\arcsin x)^2\,dx$;

(9) $\int e^x\sin^2 x\,dx$;

*(10) $\int e^{\sqrt[3]{x}}\,dx$;

*(11) $\int \cos(\ln x)\,dx$;

(12) $\int (x^2-1)\sin 2x\,dx$;

(13) $\int x\ln(x-1)\,dx$;

(14) $\int x^2\cos^2\frac{x}{2}\,dx$;

(15) $\int \frac{\ln^3 x}{x^2}\,dx$;

(16) $\int x\sin x\cos x\,dx$.

第四节　几种特殊类型函数的积分

一、有理函数的积分

设 $P_m(x)$ 和 $Q_n(x)$ 分别是 m 次和 n 次实系数多项式，则形如

$$\frac{P_m(x)}{Q_n(x)} \tag{5-4-1}$$

的函数称为有理函数. 当 $m < n$ 时，称(5-4-1)式为真分式，否则称(5-4-1)式为假分式.

由代数学的有关理论知道：任何一个假分式都可以分解成一个整式（即多项式）与一个真分式之和. 多项式的积分容易求得，所以为了求有理函数的不定积分，只需研究真分式的积分即可.

以下四个真分式称为最简真分式（其中 A, B 为常数）：

(1) $\dfrac{A}{x-a}$　（a 为常数）；

(2) $\dfrac{A}{(x-a)^k}$ ($k>1$ 为整数,a 为常数);

(3) $\dfrac{Ax+B}{x^2+px+q}$ (p,q 为常数,且 $p^2-4q<0$);

(4) $\dfrac{Ax+B}{(x^2+px+q)^k}$ (p,q 为常数,且 $p^2-4q<0$,$k>1$ 为整数).

显然,(1) 式与(2) 式的积分很容易求出;(3) 式与(4) 式形式的积分将分别以例 1、例 2 为例来说明.

例 1 求 $\displaystyle\int \dfrac{x-2}{x^2+2x+3}\mathrm{d}x$.

解 由于 x^2+2x+3 为二次质因式,因此被积函数为最简真分式,于是

$$\int \dfrac{x-2}{x^2+2x+3}\mathrm{d}x = \int \dfrac{\dfrac{1}{2}(x^2+2x+3)'-3}{x^2+2x+3}\mathrm{d}x$$

$$= \dfrac{1}{2}\int \dfrac{1}{x^2+2x+3}\mathrm{d}(x^2+2x+3) - 3\int \dfrac{\mathrm{d}x}{(x+1)^2+2}$$

$$= \dfrac{1}{2}\ln(x^2+2x+3) - \dfrac{3}{2}\int \dfrac{\mathrm{d}x}{1+\left(\dfrac{x+1}{\sqrt{2}}\right)^2}$$

$$= \dfrac{1}{2}\ln(x^2+2x+3) - \dfrac{3}{\sqrt{2}}\int \dfrac{\mathrm{d}\left(\dfrac{x+1}{\sqrt{2}}\right)}{1+\left(\dfrac{x+1}{\sqrt{2}}\right)^2}$$

$$= \dfrac{1}{2}\ln(x^2+2x+3) - \dfrac{3}{\sqrt{2}}\arctan\dfrac{x+1}{\sqrt{2}} + C.$$

注 本例中积分 $\displaystyle\int \dfrac{\mathrm{d}x}{(x+1)^2+2}$ 也可以直接利用本章第二节中的积分公式(18) 求得.

例 2 求 $\displaystyle\int \dfrac{x+1}{(x^2+1)^2}\mathrm{d}x$.

解 $\displaystyle\int \dfrac{x+1}{(x^2+1)^2}\mathrm{d}x = \dfrac{1}{2}\int \dfrac{\mathrm{d}(x^2+1)}{(x^2+1)^2} + \int \dfrac{\mathrm{d}x}{(x^2+1)^2}$

$= -\dfrac{1}{2(x^2+1)} + \dfrac{x}{2(x^2+1)} + \dfrac{1}{2}\arctan x + C.$

注 其中 $\displaystyle\int \dfrac{\mathrm{d}x}{(x^2+1)^2}$ 可由三角代换 $x=\tan t$ 或分部积分求得.

一般地,对任何一个有理函数(5-4-1) 都可以通过以下程序求出它的原函数:

(1) 如果式(5-4-1)是假分式,则将其表示成一个整式与一个真分式之和,然后分别求其原函数;

(2) 如果式(5-4-1)已经是一个真分式,则可以将其分解成若干个最简分式之和,分别求原函数;

(3) 将上述过程中分别求出的原函数相加,就得到有理函数(5-4-1)的原函数.

以下通过例题说明将真分式分解成若干最简分式之和的方法,此方法称为待定系数法.

例 3 试将分式 $\dfrac{x^2+5x+6}{(x-1)(x^2+2x+3)}$ 分解为部分最简分式之和.

解 设

$$\frac{x^2+5x+6}{(x-1)(x^2+2x+3)} = \frac{A}{x-1} + \frac{Bx+C}{x^2+2x+3}.$$

两边去分母并合并同类项得

$$x^2 + 5x + 6 = (A+B)x^2 + (2A-B+C)x + (3A-C).$$

比较 x 同次幂的系数,得方程组

$$\begin{cases} A+B=1, \\ 2A-B+C=5, \\ 3A-C=6. \end{cases}$$

解之得 $A=2, B=-1, C=0$,故

$$\frac{x^2+5x+6}{(x-1)(x^2+2x+3)} = \frac{2}{x-1} - \frac{x}{x^2+2x+3}.$$

例 4 将 $\dfrac{2x+2}{(x-1)(x^2+1)^2}$ 分解为部分最简分式之和.

解 设

$$\frac{2x+2}{(x-1)(x^2+1)^2} = \frac{A}{x-1} + \frac{B_1 x + C_1}{x^2+1} + \frac{B_2 x + C_2}{(x^2+1)^2}.$$

去分母并合并同类项可得

$$2x+2 = (A+B_1)x^4 + (C_1-B_1)x^3 + (2A+B_2+B_1-C_1)x^2 \\ + (C_2+C_1-B_2-B_1)x + (A-C_2-C_1).$$

比较 x 同次幂系数得

$$\begin{cases} A+B_1=0, \\ C_1-B_1=0, \\ 2A+B_2+B_1-C_1=0, \\ C_2+C_1-B_2-B_1=2, \\ A-C_2-C_1=2. \end{cases}$$

解之得 $A=1, B_1=-1, C_1=-1, B_2=-2, C_2=0.$ 故

$$\frac{2x+2}{(x-1)(x^2+1)^2} = \frac{1}{x-1} - \frac{x+1}{x^2+1} - \frac{2x}{(x^2+1)^2}.$$

例 5 求 $\displaystyle\int \dfrac{\mathrm{d}x}{x(x-1)^2}.$

解 设
$$\frac{1}{x(x-1)^2} = \frac{A}{x} + \frac{B}{x-1} + \frac{C}{(x-1)^2}.$$

两边去分母,得
$$1 = A(x-1)^2 + Bx(x-1) + Cx.$$

此式为恒等式,对任何 x 均成立,故对特殊的 x 值也成立.

取 $x = 1$,得 $C = 1$;取 $x = 0$,得 $A = 1$;取 $x = 2$,得 $B = -1$. 于是

$$\int \frac{\mathrm{d}x}{x(x-1)^2} = \int \frac{1}{x} \mathrm{d}x - \int \frac{\mathrm{d}x}{x-1} + \int \frac{\mathrm{d}x}{(x-1)^2} = \ln|x| - \ln|x-1| - \frac{1}{x-1} + C$$
$$= \ln\left|\frac{x}{x-1}\right| - \frac{1}{x-1} + C.$$

二、三角函数有理式的积分

三角函数有理式是指三角函数和常数经过有限次四则运算构成的函数. 由于各种三角函数都可以用 $\sin x$ 及 $\cos x$ 的有理式表示,故三角函数有理式也就是 $\sin x, \cos x$ 的有理式,记作 $R(\sin x, \cos x)$.

对于三角函数有理式的积分 $\int R(\sin x, \cos x) \mathrm{d}x$,可通过万能代换化为有理函数的积分. 具体方法为:取 $t = \tan \frac{x}{2}$,则 $x = 2\arctan t, \mathrm{d}x = \frac{2}{1+t^2} \mathrm{d}t$,由三角函数中的万能公式,有

$$\sin x = \frac{2t}{1+t^2}, \quad \cos x = \frac{1-t^2}{1+t^2}.$$

因此有
$$\int R(\sin x, \cos x) \mathrm{d}x = \int R\left(\frac{2t}{1+t^2}, \frac{1-t^2}{1+t^2}\right) \frac{2}{1+t^2} \mathrm{d}t.$$

根据 $R(\sin x, \cos x)$ 的定义知 $R\left(\frac{2t}{1+t^2}, \frac{1-t^2}{1+t^2}\right) \frac{2}{1+t^2}$ 是一个有理函数,而有理函数的积分问题我们已得到解决. 因此,通过变换 $t = \tan \frac{x}{2}$,能将 $\int R(\sin x, \cos x) \mathrm{d}x$ 求出.

例 6 求 $\int \frac{\mathrm{d}x}{3 + 5\cos x}$.

解 令 $t = \tan \frac{x}{2}$,则

$$\int \frac{\mathrm{d}x}{3 + 5\cos x} = \int \frac{1}{3 + 5\frac{1-t^2}{1+t^2}} \cdot \frac{2}{1+t^2} \mathrm{d}t = \int \frac{\mathrm{d}t}{4 - t^2}$$

$$= \frac{1}{4} \ln\left|\frac{2+t}{2-t}\right| + C = \frac{1}{4} \ln\left|\frac{2 + \tan\frac{x}{2}}{2 - \tan\frac{x}{2}}\right| + C.$$

值得注意的是,虽然三角函数有理式的积分可转化为有理函数积分,但并非这样积分的途径最简捷,有时可能还有更简单的方法.

例 7 求 $\int \dfrac{\cos x}{1+\sin x}\mathrm{d}x$.

解 $\int \dfrac{\cos x}{1+\sin x}\mathrm{d}x = \int \dfrac{\mathrm{d}(1+\sin x)}{1+\sin x} = \ln(1+\sin x) + C.$

例 8 求 $\int \dfrac{\mathrm{d}x}{1+\sin x+\cos x}$.

解 $\int \dfrac{1}{1+\sin x+\cos x}\mathrm{d}x = \int \dfrac{\mathrm{d}x}{2\sin\dfrac{x}{2}\cos\dfrac{x}{2}+2\cos^2\dfrac{x}{2}}$

$= \int \dfrac{\mathrm{d}\left(1+\tan\dfrac{x}{2}\right)}{1+\tan\dfrac{x}{2}} = \ln\left|1+\tan\dfrac{x}{2}\right| + C.$

某些积分本身虽不属有理函数积分,但经某些代换后,可以化为有理函数的积分. 比如,对于形如 $\int R(x,\sqrt[n]{ax+b})\mathrm{d}x (a\neq 0)$ 的积分(其中 $R(x,y)$ 表示 x,y 的有理函数),一般地,若令 $t=\sqrt[n]{ax+b}$,则可化为有理函数的积分. 对于形如 $\int R\left(x,\sqrt[n]{\dfrac{ax+b}{cx+d}}\right)\mathrm{d}x$ 的积分,若令 $t=\sqrt[n]{\dfrac{ax+b}{cx+d}}$,则可将其化为有理函数的积分. 这样的例子我们在第二类换元法中已给出了一些,不再赘述.

在本章结束之前,我们还要指出:对初等函数来讲,在其定义区间上,它的原函数一定存在,但原函数不一定都是初等函数,如 $\int \mathrm{e}^{-x^2}\mathrm{d}x, \int \dfrac{\sin x}{x}\mathrm{d}x, \int \dfrac{\mathrm{d}x}{\ln x}, \int \dfrac{\mathrm{d}x}{\sqrt{1+x^4}}$ 等,就都不是初等函数. 这就是说,这些积分不能用初等函数明显表示出来,我们常称这样的积分为"积不出来"的积分.

习题 5-4

求下列不定积分:

(1) $\int \dfrac{1}{x^3+1}\mathrm{d}x$;

(2) $\int \dfrac{x^5+x^4-8}{x^3-x}\mathrm{d}x$;

(3) $\int \dfrac{\sin x}{1+\sin x}\mathrm{d}x$;

(4) $\int \dfrac{\cot x}{\sin x+\cos x+1}\mathrm{d}x$.

第六章

定 积 分

定积分的有关理论是从 17 世纪开始出现和发展起来的,人们对几何与力学中某些问题的研究是导致定积分理论出现的主要背景. 尽管其中某些问题早在公元前就被古希腊人研究过,但直到 17 世纪有了牛顿(Newton)和莱布尼茨(Leibniz)的微积分思想后,才使这些问题统一到一起,并且与求不定积分的问题联系起来. 下面我们先从几何与力学问题出发引进定积分的定义,然后讨论它的性质、计算方法及其应用.

知识框图

第一节 定积分的概念

一、定积分问题举例

1. 曲边梯形的面积

设 $f(x)$ 是定义在区间 $[a,b]$ 上的非负连续函数,由曲线 $y=f(x)$ 及直线 $x=a, x=b$ 和 $y=0$ 所围成的图形称为曲边梯形(见图 6-1),下面我们讨论如何求这个曲边梯形的面积 A.

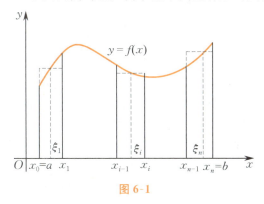

图 6-1

曲边梯形的面积

为了利用已知图形(比如说矩形)的面积公式,可以先在 $[a,b]$ 内任意插入 $n-1$ 个分点

$$a = x_0 < x_1 < x_2 < \cdots < x_n = b.$$

这样整个曲边梯形就相应地被直线 $x = x_i (i=1,2,\cdots,n-1)$ 分成 n 个小曲边梯形,区间 $[a,b]$ 分成 n 个小区间 $[x_0, x_1], [x_1, x_2]$, $\cdots, [x_{n-1}, x_n]$,记第 i 个小区间的长度为 $\Delta x_i = x_i - x_{i-1} (i=1,2,\cdots,n)$. 对于第 i 个小曲边梯形来说,当其底边长 Δx_i 足够小时,其高度的变化也是非常小的,这时它的面积 ΔA_i 可以用某个小矩形的面积来近似. 若任取 $\xi_i \in [x_{i-1}, x_i]$,用 $f(\xi_i)$ 作为第 i 个小矩形的高(见图6-1),则第 i 个小曲边梯形面积的近似值为

$$\Delta A_i \approx f(\xi_i) \Delta x_i.$$

这样,整个曲边梯形面积的近似值就是

$$A = \sum_{i=1}^{n} \Delta A_i \approx \sum_{i=1}^{n} f(\xi_i) \Delta x_i.$$

从几何直观上看,当分点越密时,小矩形的面积与小曲边梯形的面积就会越接近,因而和式 $\sum_{i=1}^{n} f(\xi_i) \Delta x_i$ 与整个曲边梯形的面

积也会越接近,当分点无限加密,即各小区间长度 Δx_i 均趋于 0 时,$\sum_{i=1}^{n} f(\xi_i)\Delta x_i$ 将无限接近于曲边梯形的面积 A. 因此,记 $\lambda = \max_{1\leqslant i\leqslant n}\{\Delta x_i\}$,如果当 $\lambda \to 0$ 时,和式 $\sum_{i=1}^{n} f(\xi_i)\Delta x_i$ 的极限存在,则这个极限值即为曲边梯形的面积 A,即

$$A = \lim_{\lambda \to 0}\sum_{i=1}^{n} f(\xi_i)\Delta x_i.$$

2. 变速直线运动的路程

设某物体做直线运动,已知速度 $v = v(t)$ 是时间间隔 $[T_1, T_2]$ 上 t 的连续函数,且 $v(t) \geqslant 0$,计算在这段时间内物体所经过的路程 s.

我们知道,对于匀速直线运动,有公式:

$$\text{路程} = \text{速度} \times \text{时间}.$$

但是在我们的问题中,速度不是常量而是随时间变化着的变量,因此所求路程 s 不能直接按匀速直线运动的路程公式来计算. 然而,物体运动的速度函数 $v = v(t)$ 是连续变化的,在很短的时间内,速度的变化很小. 因此如果把时间间隔分小,在小段时间内,以等速运动近似代替变速运动,那么就可算出各部分路程的近似值,再求和得到整个路程的近似值. 最后,通过对时间间隔无限细分的极限过程,求得物体在时间间隔 $[T_1, T_2]$ 内的路程. 对于这一问题的数学描述可以类似于上述求曲边梯形面积的做法进行,具体描述为:

在区间 $[T_1, T_2]$ 内任意插入 $n-1$ 个分点

$$T_1 = t_0 < t_1 < t_2 < \cdots < t_{n-1} < t_n = T_2,$$

把区间 $[T_1, T_2]$ 分成 n 个小区间

$$[t_0, t_1], [t_1, t_2], \cdots, [t_{n-1}, t_n],$$

各小区间的长度依次为 $\Delta t_1, \Delta t_2, \cdots, \Delta t_n$,在时间段 $[t_{i-1}, t_i]$ 上路程的近似值为

$$v(\tau_i)\Delta t_i$$

其中 τ_i 为 $[t_{i-1}, t_i]$ 上的任意一点,$i = 1, 2, \cdots, n$. 整个时间段 $[T_1, T_2]$ 上路程的近似值为

$$s \approx v(\tau_1)\Delta t_1 + v(\tau_2)\Delta t_2 + \cdots + v(\tau_n)\Delta t_n = \sum_{i=1}^{n} v(\tau_i)\Delta t_i.$$

当分点越密时,$\sum_{i=1}^{n} v(\tau_i)\Delta t_i$ 就会与 s 越接近,当分点无限加密时,$\sum_{i=1}^{n} v(\tau_i)\Delta t_i$ 将无限接近于 s. 因此记 $\lambda = \max_{1\leqslant i\leqslant n}\{\Delta t_i\}$,当 $\lambda \to 0$ 时,和式 $\sum_{i=1}^{n} v(\tau_i)\Delta t_i$ 的极限如果存在,则这个极限值即为物体在时间间

隔 $[T_1, T_2]$ 内所走过的路程,即

$$s = \lim_{\lambda \to 0} \sum_{i=1}^{n} v(\tau_i) \Delta t_i.$$

二、定积分定义

从上面的两个例子可以看到,尽管所要计算的量,即曲边梯形的面积 A 及变速直线运动的路程 s 的实际意义不同,前者是几何量,后者是物理量,但计算这些量的方法与步骤都是相同的,它们都可归结为具有相同结构的一种特定和的极限,如

$$\text{面积 } A = \lim_{\lambda \to 0} \sum_{i=1}^{n} f(\xi_i) \Delta x_i,$$

$$\text{路程 } s = \lim_{\lambda \to 0} \sum_{i=1}^{n} v(\tau_i) \Delta t_i.$$

抛开这些问题的具体意义,抓住它们在数量上共同的本质与特性加以概括,我们可以抽象出下述定积分的概念.

定义 1 设函数 $f(x)$ 在 $[a,b]$ 上有界,在 $[a,b]$ 中任意插入 $n-1$ 个分点

$$a = x_0 < x_1 < x_2 < \cdots < x_n = b,$$

把区间 $[a,b]$ 分成 n 个小区间

$$[x_0, x_1], [x_1, x_2], \cdots, [x_{n-1}, x_n],$$

各小区间的长度依次为

$$\Delta x_1 = x_1 - x_0, \Delta x_2 = x_2 - x_1, \cdots, \Delta x_n = x_n - x_{n-1},$$

在每个小区间 $[x_{i-1}, x_i]$ 上任取一点 ξ_i,做乘积 $f(\xi_i)\Delta x_i (i = 1, 2, \cdots, n)$,再做和式

$$S = \sum_{i=1}^{n} f(\xi_i) \Delta x_i. \tag{6-1-1}$$

记 $\lambda = \max\{\Delta x_1, \Delta x_2, \cdots, \Delta x_n\}$,如果不论 $[a,b]$ 怎样分法,也不论 $[x_{i-1}, x_i]$ 上点 ξ_i 怎样取法,当 $\lambda \to 0$ 时,和 S 总趋于确定的极限 I,这时我们称这个极限 I 为函数 $f(x)$ 在区间 $[a,b]$ 上的**定积分**(简称**积分**),记作 $\int_a^b f(x) \mathrm{d}x$,即

$$\int_a^b f(x) \mathrm{d}x = \lim_{\lambda \to 0} \sum_{i=1}^{n} f(\xi_i) \Delta x_i = I, \tag{6-1-2}$$

其中,$f(x)$ 称为**被积函数**,$f(x)\mathrm{d}x$ 称为**被积表达式**,x 称为**积分变量**,a 称为**积分下限**,b 称为**积分上限**,$[a,b]$ 称为**积分区间**.

注 当和式 $\sum_{i=1}^{n} f(\xi_i)\Delta x_i$ 的极限存在时,其极限值仅与被积函数 $f(x)$ 及积分区间 $[a,b]$ 有关,而与积分变量所用字母无关,即

$$\int_a^b f(x) \mathrm{d}x = \int_a^b f(t) \mathrm{d}t = \int_a^b f(u) \mathrm{d}u.$$

读者容易由定积分的定义或下面介绍的定积分的几何意义得到这一结论.

如果 $f(x)$ 在 $[a,b]$ 上的定积分存在,我们就说 $f(x)$ 在 $[a,b]$ 上可积. 由于这个定义是由黎曼(Riemann)首先给出的,所以这里的可积也称为黎曼可积,相应的积分和式 $\sum_{i=1}^{n} f(\xi_i)\Delta x_i$ 也称为黎曼和.

对于定积分,有这样一个重要问题:函数 $f(x)$ 在 $[a,b]$ 上满足怎样的条件,$f(x)$ 在 $[a,b]$ 上一定可积?这个问题我们不做深入讨论,而只给出以下两个充分条件.

定理 1 设 $f(x)$ 在区间 $[a,b]$ 上连续,则 $f(x)$ 在 $[a,b]$ 上可积.

定理 2 设 $f(x)$ 在区间 $[a,b]$ 上有界,且只有有限个间断点,则 $f(x)$ 在 $[a,b]$ 上可积.

利用定积分的定义,前面所讨论的实际问题可以分别表述如下:

曲线 $y=f(x)(f(x)\geqslant 0)$、x 轴及两条直线 $x=a$,$x=b$ 所围成的曲边梯形的面积 A 等于函数 $f(x)$ 在区间 $[a,b]$ 上的定积分,即

$$A = \int_a^b f(x)\mathrm{d}x.$$

物体以变速 $v=v(t)(v(t)\geqslant 0)$ 做直线运动,从时刻 $t=T_1$ 到时刻 $t=T_2$,这物体经过的路程 s 等于函数 $v(t)$ 在区间 $[T_1,T_2]$ 上的定积分,即

$$s = \int_{T_1}^{T_2} v(t)\mathrm{d}t.$$

三、定积分的几何意义

在 $[a,b]$ 上 $f(x)\geqslant 0$ 时,我们已经知道,定积分 $\int_a^b f(x)\mathrm{d}x$ 在几何上表示曲线 $y=f(x)$、两条直线 $x=a$,$x=b$ 与 x 轴所围成的曲边梯形的面积;在 $[a,b]$ 上 $f(x)\leqslant 0$ 时,由曲线 $y=f(x)$、两条直线 $x=a$,$x=b$ 与 x 轴所围成的曲边梯形位于 x 轴的下方,定积分 $\int_a^b f(x)\mathrm{d}x$ 在几何上表示上述曲边梯形面积的负值;在 $[a,b]$ 上 $f(x)$ 既取得正值又取得负值时,函数 $f(x)$ 的图形某些部分在 x 轴上方,而其他部分在 x 轴的下方(见图6-2). 如果我们对面积赋以正负号,在 x 轴上方的图形面积赋以正号,在 x 轴下方的图形

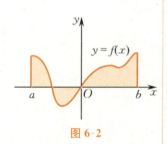

图 6-2

面积赋以负号,则在一般情形下,定积分 $\int_a^b f(x)\mathrm{d}x$ 的几何意义为:它是介于 x 轴、函数 $f(x)$ 的图形及两条直线 $x=a,x=b$ 之间的各部分面积的代数和.

例 1 利用定积分的几何意义,计算 $\int_0^1 \sqrt{1-x^2}\,\mathrm{d}x$.

解 显然,根据定积分的定义来求解是比较困难的,根据定积分的几何意义知,$\int_0^1 \sqrt{1-x^2}\,\mathrm{d}x$ 就是图 6-3 所示半径为 1 的圆在第一象限部分的面积,所以

$$\int_0^1 \sqrt{1-x^2}\,\mathrm{d}x = \frac{1}{4}\pi \cdot 1^2 = \frac{\pi}{4}.$$

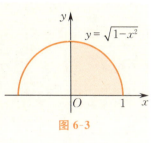

图 6-3

四、定积分的性质

为了以后计算及应用方便起见,我们先对定积分做以下两点补充规定:

(1) 当 $a=b$ 时,$\int_a^b f(x)\mathrm{d}x = 0$;

(2) 当 $a>b$ 时,$\int_a^b f(x)\mathrm{d}x = -\int_b^a f(x)\mathrm{d}x$.

由上式可知,交换定积分的上、下限时,绝对值不变而符号相反.

下面我们讨论定积分的性质. 下列各性质中积分上、下限的大小,如不特别指明,均不加限制;并假定各性质中所列出的定积分都是存在的.

性质 1 函数的和(差)的定积分等于它们的定积分的和(差),即

$$\int_a^b [f(x) \pm g(x)]\mathrm{d}x = \int_a^b f(x)\mathrm{d}x \pm \int_a^b g(x)\mathrm{d}x.$$

证
$$\begin{aligned}
\int_a^b [f(x) \pm g(x)]\mathrm{d}x &= \lim_{\lambda \to 0}\sum_{i=1}^n [f(\xi_i) \pm g(\xi_i)]\Delta x_i \\
&= \lim_{\lambda \to 0}\sum_{i=1}^n f(\xi_i)\Delta x_i \pm \lim_{\lambda \to 0}\sum_{i=1}^n g(\xi_i)\Delta x_i \\
&= \int_a^b f(x)\mathrm{d}x \pm \int_a^b g(x)\mathrm{d}x.
\end{aligned}$$

性质 1 对于任意有限个函数都是成立的. 类似地,可以证明:

性质 2 被积函数的常数因子可以提到积分号外面,即

$$\int_a^b kf(x)\mathrm{d}x = k\int_a^b f(x)\mathrm{d}x \quad (k \text{ 是常数}).$$

性质 3 如果将积分区间分成两部分,则在整个区间上的定积分等于这两部分区间上定积分之和,即设 $a<c<b$,则

$$\int_a^b f(x)\mathrm{d}x = \int_a^c f(x)\mathrm{d}x + \int_c^b f(x)\mathrm{d}x.$$

由定积分的几何意义容易看出这一结论. 这个性质表明定积分对于积分区间具有**可加性**.

按定积分的补充规定,不论 a,b,c 的相对位置如何,总有等式

$$\int_a^b f(x)\mathrm{d}x = \int_a^c f(x)\mathrm{d}x + \int_c^b f(x)\mathrm{d}x$$

成立. 例如,当 $a<b<c$ 时,由于

$$\int_a^c f(x)\mathrm{d}x = \int_a^b f(x)\mathrm{d}x + \int_b^c f(x)\mathrm{d}x,$$

于是

$$\int_a^b f(x)\mathrm{d}x = \int_a^c f(x)\mathrm{d}x - \int_b^c f(x)\mathrm{d}x$$
$$= \int_a^c f(x)\mathrm{d}x + \int_c^b f(x)\mathrm{d}x.$$

由定积分的几何意义还容易得到下面两条性质.

性质 4 如果在区间 $[a,b]$ 上,$f(x) \equiv 1$,则

$$\int_a^b 1\mathrm{d}x = \int_a^b \mathrm{d}x = b-a,$$

以及 $\int_a^b k\mathrm{d}x = k(b-a)$ (k 为常数).

性质 5 如果在区间 $[a,b]$ 上,$f(x) \geqslant 0$,则

$$\int_a^b f(x)\mathrm{d}x \geqslant 0.$$

推论 1 如果在区间 $[a,b]$ 上,$f(x) \leqslant g(x)$,则

$$\int_a^b f(x)\mathrm{d}x \leqslant \int_a^b g(x)\mathrm{d}x.$$

证 因为 $g(x) - f(x) \geqslant 0$,由性质 5 得

$$\int_a^b [g(x)-f(x)]\mathrm{d}x \geqslant 0.$$

再利用性质 1,便得到要证的不等式.

推论 2 $\left|\int_a^b f(x)\mathrm{d}x\right| \leqslant \int_a^b |f(x)|\mathrm{d}x \quad (a<b).$

证 因为

$$-|f(x)| \leqslant f(x) \leqslant |f(x)|,$$

所以由推论 1 可得

$$-\int_a^b |f(x)|\mathrm{d}x \leqslant \int_a^b f(x)\mathrm{d}x \leqslant \int_a^b |f(x)|\mathrm{d}x,$$

即

$$\left|\int_a^b f(x)\mathrm{d}x\right| \leqslant \int_a^b |f(x)|\,\mathrm{d}x.$$

性质 6 设 M 及 m 分别是函数 $f(x)$ 在区间 $[a,b]$ 上的最大值及最小值，则

$$m(b-a) \leqslant \int_a^b f(x)\mathrm{d}x \leqslant M(b-a).$$

证 因为 $m \leqslant f(x) \leqslant M$，所以由性质 5 的推论 1 得

$$\int_a^b m\,\mathrm{d}x \leqslant \int_a^b f(x)\mathrm{d}x \leqslant \int_a^b M\,\mathrm{d}x.$$

再由性质 2 及性质 4，即得到所要证的不等式.

这个性质说明，由被积函数在积分区间上的最大值及最小值可以估计积分值的大致范围.

例 2 估计定积分 $\int_1^2 \dfrac{x}{x^2+1}\mathrm{d}x$ 的值.

解 因 $f(x) = \dfrac{x}{x^2+1}$ 在 $[1,2]$ 上连续，所以在 $[1,2]$ 上可积，又因为

$$f'(x) = \frac{1-x^2}{(x^2+1)^2} \leqslant 0 \quad (1 \leqslant x \leqslant 2),$$

所以 $f(x)$ 在 $[1,2]$ 上单调减少，从而有

$$\frac{2}{5} \leqslant f(x) \leqslant \frac{1}{2},$$

于是由性质 6 有

$$\frac{2}{5} \leqslant \int_1^2 f(x)\mathrm{d}x \leqslant \frac{1}{2}.$$

性质 7（定积分中值定理） 如果函数 $f(x)$ 在闭区间 $[a,b]$ 上连续，则在积分区间 $[a,b]$ 上至少存在一点 ξ，使下式成立：

$$\int_a^b f(x)\mathrm{d}x = f(\xi)(b-a) \quad (a \leqslant \xi \leqslant b).$$

这个公式称为积分中值公式.

证 把性质 6 中的不等式各除以 $b-a$ 得

$$m \leqslant \frac{1}{b-a}\int_a^b f(x)\mathrm{d}x \leqslant M.$$

这表明，确定的数值 $\dfrac{1}{b-a}\int_a^b f(x)\mathrm{d}x$ 介于函数 $f(x)$ 的最小值 m 及最大值 M 之间. 根据闭区间上连续函数的介值定理，在 $[a,b]$ 上至少存在一点 ξ，使得函数 $f(x)$ 在点 ξ 处的值与这个确定的数值相等，即

$$\frac{1}{b-a}\int_a^b f(x)\mathrm{d}x = f(\xi) \quad (a \leqslant \xi \leqslant b).$$

两端各乘以 $b-a$，即得所要证的等式.

积分中值公式有如下的几何解释：在区间 $[a,b]$ 上至少存在一点 ξ，使得以区间 $[a,b]$ 为底边、以曲线 $y=f(x)$ 为曲边的曲边梯形的面积等于同一底边而高为 $f(\xi)$ 的一个矩形的面积（见图6-4）.

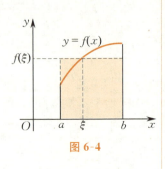

图 6-4

显然，积分中值公式

$$\int_a^b f(x)\mathrm{d}x = f(\xi)(b-a) \quad (\xi \text{ 在 } a \text{ 与 } b \text{ 之间})$$

不论 $a<b$ 或 $a>b$ 都是成立的.

例 3 求 $\lim\limits_{n\to+\infty}\int_0^{\frac{1}{2}} \dfrac{x^n}{\sqrt{1+x^2}}\mathrm{d}x$.

解 由于当 $0 \leqslant x \leqslant \dfrac{1}{2}$ 时，有

$$0 \leqslant \dfrac{x^n}{\sqrt{1+x^2}} \leqslant x^n,$$

所以

$$0 \leqslant \int_0^{\frac{1}{2}} \dfrac{x^n}{\sqrt{1+x^2}}\mathrm{d}x \leqslant \int_0^{\frac{1}{2}} x^n \mathrm{d}x.$$

又由积分中值定理，有

$$\lim\limits_{n\to+\infty}\int_0^{\frac{1}{2}} x^n\mathrm{d}x = \lim\limits_{n\to+\infty} \dfrac{1}{2}\xi^n = 0 \quad \left(0\leqslant \xi \leqslant \dfrac{1}{2}\right),$$

故

$$\lim\limits_{n\to+\infty}\int_0^{\frac{1}{2}} \dfrac{x^n}{\sqrt{1+x^2}}\mathrm{d}x = 0.$$

习 题 6-1

1. 利用定积分定义计算由直线 $y=x+1$，直线 $x=a, x=b(a<b)$ 及 x 轴所围成的图形的面积.
2. 利用定积分的几何意义求定积分：

   (1) $\int_0^1 2x\mathrm{d}x$； (2) $\int_0^a \sqrt{a^2-x^2}\,\mathrm{d}x$ $(a>0)$.

3. 根据定积分的性质，比较积分值的大小：

   (1) $\int_0^1 x^2\mathrm{d}x$ 与 $\int_0^1 x^3\mathrm{d}x$； (2) $\int_0^1 \mathrm{e}^x\mathrm{d}x$ 与 $\int_0^1 (1+x)\mathrm{d}x$.

4. 估计下列各积分值的范围：

   (1) $\int_1^4 (x^2+1)\mathrm{d}x$； (2) $\int_{\frac{1}{\sqrt{3}}}^{\sqrt{3}} x\arctan x\,\mathrm{d}x$；

   (3) $\int_{-a}^a \mathrm{e}^{-x^2}\mathrm{d}x$ $(a>0)$； (4) $\int_2^0 \mathrm{e}^{x^2-x}\mathrm{d}x$.

第二节 微积分基本公式

在第一节中,我们介绍了定积分的定义和性质,但并未给出一个有效的计算方法,当被积函数较复杂时,难以利用定义直接计算. 为了解决这个问题,自本节开始将介绍一些求定积分的方法.

一、积分上限函数

设函数 $f(t)$ 在 $[a,b]$ 上可积,对于 $x \in [a,b]$,则函数 $f(t)$ 在 $[a,x]$ 上可积. 定积分 $\int_a^x f(t)\mathrm{d}t$ 对每一个取定的 x 值都有一个对应值,记为

$$F(x) = \int_a^x f(t)\mathrm{d}t, \ a \leqslant x \leqslant b,$$

$F(x)$ 是积分上限 x 的函数,称为**积分上限函数**,或称**变上限函数**或**变上限积分**.

积分上限函数具有下述重要性质.

定理 1(原函数存在定理) 设函数 $f(x)$ 在 $[a,b]$ 上连续,则积分上限函数 $F(x) = \int_a^x f(t)\mathrm{d}t$ 就是 $f(x)$ 在 $[a,b]$ 上的一个原函数,即

$$F'(x) = \frac{\mathrm{d}}{\mathrm{d}x}\int_a^x f(t)\mathrm{d}t = f(x), \ a \leqslant x \leqslant b.$$

证 我们只对 $x \in (a,b)$ 来证明($x = a$ 处的右导数与 $x = b$ 处的左导数也可类似证明).

取 $|\Delta x|$ 充分小,使 $x + \Delta x \in (a,b)$,则

$$\Delta F = F(x + \Delta x) - F(x) = \int_a^{x+\Delta x} f(t)\mathrm{d}t - \int_a^x f(t)\mathrm{d}t$$
$$= \int_a^x f(t)\mathrm{d}t + \int_x^{x+\Delta x} f(t)\mathrm{d}t - \int_a^x f(t)\mathrm{d}t$$
$$= \int_x^{x+\Delta x} f(t)\mathrm{d}t.$$

因 $f(x)$ 在 $[a,b]$ 上连续,由积分中值定理,有

$$\Delta F = f(\xi)\Delta x,$$

ξ 在 x 与 $x + \Delta x$ 之间,即

$$\frac{\Delta F}{\Delta x} = f(\xi).$$

由于 $\Delta x \to 0$ 时,$\xi \to x$,而 $f(x)$ 是连续函数,上式两边取极限有

$$\lim_{\Delta x \to 0}\frac{\Delta F}{\Delta x} = \lim_{\Delta x \to 0} f(\xi) = \lim_{\xi \to x} f(\xi) = f(x),$$

即

$$F'(x) = f(x).$$

另外,若 $f(x)$ 在 $[a,b]$ 上可积,则称函数

$$\psi(x) = \int_x^b f(t)\mathrm{d}t, \quad x \in [a,b]$$

为 $f(x)$ 在 $[a,b]$ 上的积分下限函数,它的有关性质及运算可直接通过关系式

$$\int_x^b f(t)\mathrm{d}t = -\int_b^x f(t)\mathrm{d}t$$

转化为积分上限函数而获得.

例1 设 $f(x) \in C((-\infty, +\infty))$,且满足方程

$$\int_0^x f(t)\mathrm{d}t = \int_x^1 t^2 f(t)\mathrm{d}t + \frac{x^{16}}{8} + \frac{x^{18}}{9},$$

求 $f(x)$.

解 在方程两端对变量 x 求导,得

$$f(x) = -x^2 f(x) + 2x^{15} + 2x^{17},$$

即

$$(1+x^2)f(x) = 2x^{15}(1+x^2),$$

故

$$f(x) = 2x^{15}.$$

设 $f(x)$ 连续,$g(x)$ 可导,则

$$\left(\int_a^{g(x)} f(t)\mathrm{d}t\right)'_x = f[g(x)] \cdot g'(x).$$

事实上,记 $F(x) = \int_a^x f(t)\mathrm{d}t$,从而 $\int_a^{g(x)} f(t)\mathrm{d}t = F[g(x)]$.由复合函数求导法,有

$$\left(\int_a^{g(x)} f(t)\mathrm{d}t\right)'_x = \{F[g(x)]\}'_x = f[g(x)] \cdot g'(x).$$

例2 计算下列导数:

(1) $\dfrac{\mathrm{d}}{\mathrm{d}x}\displaystyle\int_0^{\sin x} f(t)\mathrm{d}t$; (2) $\dfrac{\mathrm{d}}{\mathrm{d}x}\displaystyle\int_{x^2}^{x^3} \mathrm{e}^{-t}\mathrm{d}t$.

解 (1) $\dfrac{\mathrm{d}}{\mathrm{d}x}\displaystyle\int_0^{\sin x} f(t)\mathrm{d}t = f(\sin x) \cdot \cos x.$

(2) $\dfrac{\mathrm{d}}{\mathrm{d}x}\displaystyle\int_{x^2}^{x^3} \mathrm{e}^{-t}\mathrm{d}t = \dfrac{\mathrm{d}}{\mathrm{d}x}\left(\displaystyle\int_{x^2}^{0} \mathrm{e}^{-t}\mathrm{d}t + \displaystyle\int_0^{x^3} \mathrm{e}^{-t}\mathrm{d}t\right) = -\dfrac{\mathrm{d}}{\mathrm{d}x}\displaystyle\int_0^{x^2} \mathrm{e}^{-t}\mathrm{d}t + \dfrac{\mathrm{d}}{\mathrm{d}x}\displaystyle\int_0^{x^3} \mathrm{e}^{-t}\mathrm{d}t$

$$= -e^{-x^2} \cdot 2x + e^{-x^3} \cdot 3x^2 = -2xe^{-x^2} + 3x^2 e^{-x^3}.$$

例 3 求 $\lim\limits_{x \to 0} \dfrac{\int_{\cos x}^{1} e^{-t^2} dt}{x^2}$.

解 易知这是一个 $\dfrac{0}{0}$ 型的未定式，我们用洛必达法则来计算

$$\lim_{x \to 0} \frac{\int_{\cos x}^{1} e^{-t^2} dt}{x^2} = \lim_{x \to 0} \frac{\left(-\int_{1}^{\cos x} e^{-t^2} dt\right)'_x}{(x^2)'} = \lim_{x \to 0} \frac{e^{-\cos^2 x} \sin x}{2x} = \frac{1}{2e}.$$

例 4 求 $\lim\limits_{x \to 0} \dfrac{\int_0^x f(t)(x-t) dt}{x^2}$，其中 $f(x)$ 是 $(-\infty, +\infty)$ 内的连续函数.

解 由于

$$\int_0^x f(t)(x-t) dt = x \int_0^x f(t) dt - \int_0^x t f(t) dt,$$

且 $\lim\limits_{x \to 0} \int_0^x f(t) dt = 0$，故

$$\lim_{x \to 0} \frac{\int_0^x f(t)(x-t) dt}{x^2} = \lim_{x \to 0} \frac{\left(x \int_0^x f(t) dt - \int_0^x t f(t) dt\right)'_x}{(x^2)'}$$

$$= \lim_{x \to 0} \frac{\int_0^x f(t) dt + x f(x) - x f(x)}{2x}$$

$$= \lim_{x \to 0} \frac{\int_0^x f(t) dt}{2x} = \lim_{x \to 0} \frac{f(x)}{2} = \frac{1}{2} f(0).$$

二、微积分基本公式

现在我们用定理 1 来证明一个重要定理，它给出了用原函数计算定积分的公式.

定理 2 设函数 $f(x)$ 在 $[a,b]$ 上连续，$F(x)$ 是 $f(x)$ 在 $[a,b]$ 上的一个原函数，则

$$\int_a^b f(x) dx = F(b) - F(a). \qquad (6\text{-}2\text{-}1)$$

证 因为 $F(x)$ 与 $\int_a^x f(t) dt$ 都是 $f(x)$ 在 $[a,b]$ 上的原函数，所以它们只能相差一个常数 C，即

$$\int_a^x f(t) dt = F(x) + C.$$

令 $x = a$，由于 $\int_a^a f(t) dt = 0$，得 $C = -F(a)$，因此

$$\int_a^x f(t) dt = F(x) - F(a).$$

在上式中令 $x = b$，得
$$\int_a^b f(x)\,\mathrm{d}x = F(b) - F(a).$$

为方便起见，把 $F(b) - F(a)$ 记成 $F(x)\Big|_a^b$，于是(6-2-1)式又可写成
$$\int_a^b f(x)\,\mathrm{d}x = F(x)\Big|_a^b.$$

通常称公式(6-2-1)为**微积分基本公式**或**牛顿-莱布尼茨(Newton-Leibniz)公式**，它表明：一个连续函数在$[a,b]$上的定积分等于它的任意一个原函数在$[a,b]$上的改变量. 这个公式进一步揭示了定积分与被积函数的原函数或不定积分之间的联系，给定积分提供了一个有效而简便的计算方法.

下面我们举几个应用公式(6-2-1)来计算定积分的简单例子.

牛顿个人简介

例 5 计算 $\int_0^1 x^2\,\mathrm{d}x$.

解 由于 $\dfrac{1}{3}x^3$ 是 x^2 的一个原函数，故由公式(6-2-1)有
$$\int_0^1 x^2\,\mathrm{d}x = \frac{1}{3}x^3\Big|_0^1 = \frac{1}{3}.$$

例 6 计算 $\int_0^{\frac{\pi}{2}} \sqrt{1 - \sin 2x}\,\mathrm{d}x$.

解
$$\int_0^{\frac{\pi}{2}} \sqrt{1 - \sin 2x}\,\mathrm{d}x = \int_0^{\frac{\pi}{2}} \sqrt{\sin^2 x - 2\sin x \cos x + \cos^2 x}\,\mathrm{d}x$$
$$= \int_0^{\frac{\pi}{2}} |\sin x - \cos x|\,\mathrm{d}x$$
$$= \int_0^{\frac{\pi}{4}} (\cos x - \sin x)\,\mathrm{d}x + \int_{\frac{\pi}{4}}^{\frac{\pi}{2}} (\sin x - \cos x)\,\mathrm{d}x$$
$$= (\sin x + \cos x)\Big|_0^{\frac{\pi}{4}} + (-\cos x - \sin x)\Big|_{\frac{\pi}{4}}^{\frac{\pi}{2}}$$
$$= 2\sqrt{2} - 2.$$

习 题 6-2

1. 求下列导数：

(1) $\dfrac{\mathrm{d}}{\mathrm{d}x}\int_0^{x^2} \sqrt{1+t^2}\,\mathrm{d}t$；

(2) $\dfrac{\mathrm{d}}{\mathrm{d}x}\int_{\ln 2}^{x} t^5 \mathrm{e}^{-3t}\,\mathrm{d}t$；

(3) $\left[\int_{\sin x}^{\cos x} \cos(\pi t^2)\,\mathrm{d}t\right]'$；

(4) $\dfrac{\mathrm{d}^2}{\mathrm{d}x^2}\int_x^{\pi} \dfrac{\sin t}{t}\,\mathrm{d}t \quad (x > 0)$.

2. 求下列极限:

(1) $\lim\limits_{x\to 0}\dfrac{\int_x^0 \arctan t\,dt}{x^2}$;　　　(2) $\lim\limits_{x\to 0}\dfrac{\int_0^{x^2}\sin 3t\,dt}{\int_0^x t^3 e^{-t}\,dt}$;　　　(3) $\lim\limits_{x\to 0}\dfrac{\left(\int_0^x e^{t^2}\,dt\right)^2}{\int_0^x te^{2t^2}\,dt}$.

3. 求由方程 $\int_0^y e^t\,dt + \int_0^x \cos t\,dt = 0$ 所确定的隐函数 $y = y(x)$ 的导数.

4. 当 x 为何值时, $I(x) = \int_0^x te^{-t^2}\,dt$ 有极值?

5. 计算下列定积分:

(1) $\int_3^4 \sqrt{x}\,dx$;　　　(2) $\int_{-1}^2 |x^2 - x|\,dx$;

(3) $\int_0^\pi f(x)\,dx$, 其中 $f(x) = \begin{cases} x, & 0 \leqslant x \leqslant \dfrac{\pi}{2}, \\ \sin x, & \dfrac{\pi}{2} < x \leqslant \pi; \end{cases}$

(4) $\int_{-2}^2 \max\{1, x^2\}\,dx$.

6. 已知 $f(x)$ 连续, 且 $f(2) = 3$, 求 $\lim\limits_{x\to 2}\dfrac{\int_2^x \left[\int_t^2 f(u)\,du\right]dt}{(x-2)^2}$.

第三节　定积分的换元法

由上节知道, 计算定积分 $\int_a^b f(x)\,dx$ 的简便方法是把它转化为求 $f(x)$ 的原函数的增量. 在第五章中, 我们知道用换元法可以求出一些函数的原函数. 因此, 在一定条件下, 可以用换元法来计算定积分. 我们有下面的定理.

定理 1　假设 $f(x)$ 在 $[a,b]$ 上连续, 函数 $x = \varphi(t)$ 满足条件:

(1) 当 $t \in [\alpha, \beta]$ 时, $a \leqslant \varphi(t) \leqslant b$, 且 $\varphi(\alpha) = a, \varphi(\beta) = b$;

(2) $\varphi(t)$ 在 $[\alpha, \beta]$ 上具有连续导数, 则有

$$\int_a^b f(x)\,dx = \int_\alpha^\beta f(\varphi(t))\varphi'(t)\,dt. \qquad (6\text{-}3\text{-}1)$$

公式 (6-3-1) 称为**定积分的换元公式**.

证　由假设知, 上式两边的被积函数都是连续的, 因此不仅上式两端的定积分都存在, 而且由上节定理 1 知, 被积函数的原函数也都存在. 所以 (6-3-1) 式两边的定积分都可用牛顿-莱布尼茨公式计算. 现假设 $F(x)$ 是 $f(x)$ 的一个原函数, 则

$$\int_a^b f(x)\mathrm{d}x = F(b) - F(a).$$

又由复合函数的求导法则知 $\Phi(t) = F(\varphi(t))(t \in (\alpha,\beta))$ 是 $f(\varphi(t))\varphi'(t)$ 的一个原函数,所以

$$\int_\alpha^\beta f(\varphi(t))\varphi'(t)\mathrm{d}t = F(\varphi(\beta)) - F(\varphi(\alpha)) = F(b) - F(a),$$

故

$$\int_a^b f(x)\mathrm{d}x = \int_\alpha^\beta f(\varphi(t))\varphi'(t)\mathrm{d}t.$$

这就证明了换元公式.

应用换元公式时有两点值得注意:(1) 用 $x = \varphi(t)$ 把原来变量 x 代换成新变量 t 时,原积分限也要换成相应于新变量 t 的积分限;(2) 求出 $f(\varphi(t))\varphi'(t)$ 的一个原函数 $\Phi(t)$ 后,不必像计算不定积分那样把 $\Phi(t)$ 变换成原来变量 x 的函数,而只要把新变量 t 的上、下限分别代入 $\Phi(t)$ 中,然后相减就行了.

例 1 计算 $\int_0^a \sqrt{a^2 - x^2}\,\mathrm{d}x$ $(a > 0)$.

解 设 $x = a\sin t$,则 $\mathrm{d}x = a\cos t\,\mathrm{d}t$,且当 $x = 0$ 时,$t = 0$;当 $x = a$ 时,$t = \dfrac{\pi}{2}$. 于是

$$\int_0^a \sqrt{a^2 - x^2}\,\mathrm{d}x = a^2 \int_0^{\frac{\pi}{2}} \cos^2 t\,\mathrm{d}t = \frac{a^2}{2}\int_0^{\frac{\pi}{2}} (1 + \cos 2t)\mathrm{d}t$$

$$= \frac{a^2}{2}\left(t + \frac{1}{2}\sin 2t\right)\Big|_0^{\frac{\pi}{2}} = \frac{\pi a^2}{4}.$$

换元公式也可反过来使用. 为使用方便起见,把换元公式中左右两边对调位置,同时把 t 改记为 x,而 x 改记为 t,得

$$\int_a^b f(\varphi(x))\varphi'(x)\mathrm{d}x = \int_\alpha^\beta f(t)\mathrm{d}t.$$

于是,我们可用 $t = \varphi(x)$ 来引入新变量 t,而 $\alpha = \varphi(a), \beta = \varphi(b)$.

例 2 计算 $\int_0^4 \dfrac{x+2}{\sqrt{2x+1}}\mathrm{d}x$.

解 设 $t = \sqrt{2x+1}$,则 $x = \dfrac{t^2-1}{2}$,$\mathrm{d}x = t\mathrm{d}t$,且当 $x = 0$ 时,$t = 1$;当 $x = 4$ 时,$t = 3$. 于是

$$\int_0^4 \frac{x+2}{\sqrt{2x+1}}\mathrm{d}x = \frac{1}{2}\int_1^3 (t^2 + 3)\mathrm{d}t = \frac{1}{2}\left(\frac{t^3}{3} + 3t\right)\Big|_1^3$$

$$= \frac{1}{2}\left[\left(\frac{27}{3} + 9\right) - \left(\frac{1}{3} + 3\right)\right] = \frac{22}{3}.$$

例 3 计算 $\int_0^{\frac{\pi}{2}} \cos^5 x \sin x \, dx$.

解 设 $t = \cos x$,则 $dt = -\sin x \, dx$,且当 $x = 0$ 时,$t = 1$;当 $x = \frac{\pi}{2}$ 时,$t = 0$. 于是

$$\int_0^{\frac{\pi}{2}} \cos^5 x \sin x \, dx = -\int_1^0 t^5 \, dt = \int_0^1 t^5 \, dt = \frac{t^6}{6}\bigg|_0^1 = \frac{1}{6}.$$

在例 3 中,如果我们不明显地写出新变量 t,那么定积分的上、下限就不要变更.

$$\int_0^{\frac{\pi}{2}} \cos^5 x \sin x \, dx = -\int_0^{\frac{\pi}{2}} \cos^5 x \, d(\cos x)$$
$$= -\left(\frac{\cos^6 x}{6}\right)\bigg|_0^{\frac{\pi}{2}} = -\left(0 - \frac{1}{6}\right) = \frac{1}{6}.$$

例 4 设 $f(x) \in C([-a, a])$,试证:

(1) $\int_{-a}^a f(x) \, dx = \int_0^a [f(-x) + f(x)] \, dx$;

(2) 当 $f(x)$ 为奇函数时,$\int_{-a}^a f(x) \, dx = 0$;

(3) 当 $f(x)$ 为偶函数时,$\int_{-a}^a f(x) \, dx = 2\int_0^a f(x) \, dx$.

证 (1) 由于

$$\int_{-a}^a f(x) \, dx = \int_{-a}^0 f(x) \, dx + \int_0^a f(x) \, dx,$$

在 $\int_{-a}^0 f(x) \, dx$ 中,设 $x = -t$,则

$$\int_{-a}^0 f(x) \, dx = -\int_a^0 f(-t) \, dt = \int_0^a f(-x) \, dx.$$

于是

$$\int_{-a}^a f(x) \, dx = \int_0^a f(-x) \, dx + \int_0^a f(x) \, dx = \int_0^a [f(-x) + f(x)] \, dx.$$

(2) 当 $f(x)$ 是奇函数时,$f(-x) + f(x) = 0$,因此

$$\int_{-a}^a f(x) \, dx = 0.$$

(3) 当 $f(x)$ 是偶函数时,$f(-x) + f(x) = 2f(x)$,因此

$$\int_{-a}^a f(x) \, dx = 2\int_0^a f(x) \, dx.$$

利用例 4 的结论,常可简化在对称区间上的定积分的计算,比如

$$\int_{-1}^1 \frac{x^2 \sin x}{1 + x^2 + x^4} \, dx = 0, \quad \int_{-a}^a \frac{x \sin |x|}{2 + x^6} \, dx = 0.$$

例 5 求定积分 $\int_{-\frac{\pi}{4}}^{\frac{\pi}{4}} \frac{dx}{1+\sin x}$.

解 由于被积函数为非奇非偶函数，由例 4(1) 知

$$\int_{-\frac{\pi}{4}}^{\frac{\pi}{4}} \frac{dx}{1+\sin x} = \int_0^{\frac{\pi}{4}} \left(\frac{1}{1-\sin x} + \frac{1}{1+\sin x} \right) dx = 2\int_0^{\frac{\pi}{4}} \sec^2 x\, dx = 2\tan x \Big|_0^{\frac{\pi}{4}} = 2,$$

或

$$\int_{-\frac{\pi}{4}}^{\frac{\pi}{4}} \frac{dx}{1+\sin x} = \int_{-\frac{\pi}{4}}^{\frac{\pi}{4}} \frac{1-\sin x}{1-\sin^2 x} dx = \int_{-\frac{\pi}{4}}^{\frac{\pi}{4}} \frac{dx}{\cos^2 x} + 0 = 2.$$

例 6 设函数 $f(x)$ 在 $[0,1]$ 上连续，试证：

(1) $\int_0^{\frac{\pi}{2}} f(\sin x) dx = \int_0^{\frac{\pi}{2}} f(\cos x) dx$;

特别地，$\int_0^{\frac{\pi}{2}} \sin^n x\, dx = \int_0^{\frac{\pi}{2}} \cos^n x\, dx$ （n 为非负整数）；

(2) $\int_0^{\pi} x f(\sin x) dx = \frac{\pi}{2} \int_0^{\pi} f(\sin x) dx$，并由此计算 $\int_0^{\pi} \frac{x\sin x}{1+\cos^2 x} dx$.

证 (1) 设 $x = \frac{\pi}{2} - t$，则 $dx = -dt$，且当 $x=0$ 时，$t = \frac{\pi}{2}$；当 $x = \frac{\pi}{2}$ 时，$t = 0$. 于是

$$\int_0^{\frac{\pi}{2}} f(\sin x) dx = -\int_{\frac{\pi}{2}}^0 f\left(\sin\left(\frac{\pi}{2} - t\right)\right) dt = \int_0^{\frac{\pi}{2}} f(\cos t) dt = \int_0^{\frac{\pi}{2}} f(\cos x) dx.$$

特别地，取 $f(x) = x^n$ 在 $[0,1]$ 上连续，由上述证明有

$$\int_0^{\frac{\pi}{2}} \sin^n x\, dx = \int_0^{\frac{\pi}{2}} \cos^n x\, dx.$$

(2) 设 $x = \pi - t$，则 $dx = -dt$，且当 $x = 0$ 时，$t = \pi$；当 $x = \pi$ 时，$t = 0$. 于是

$$\int_0^{\pi} x f(\sin x) dx = -\int_{\pi}^0 (\pi - t) f(\sin(\pi - t)) dt = \int_0^{\pi} (\pi - t) f(\sin t) dt$$

$$= \pi \int_0^{\pi} f(\sin t) dt - \int_0^{\pi} t f(\sin t) dt = \pi \int_0^{\pi} f(\sin x) dx - \int_0^{\pi} x f(\sin x) dx.$$

因此

$$\int_0^{\pi} x f(\sin x) dx = \frac{\pi}{2} \int_0^{\pi} f(\sin x) dx.$$

利用结论(2) 得

$$\int_0^{\pi} \frac{x\sin x}{1+\cos^2 x} dx = \frac{\pi}{2} \int_0^{\pi} \frac{\sin x}{1+\cos^2 x} dx = -\frac{\pi}{2} \int_0^{\pi} \frac{d(\cos x)}{1+\cos^2 x}$$

$$= -\frac{\pi}{2} \arctan(\cos x) \Big|_0^{\pi} = \frac{\pi^2}{4}.$$

例 7 设 $f(x)$ 是 $(-\infty, +\infty)$ 内的连续函数，且满足：

$$\int_0^x t f(x-t) dt = 1 - \cos x,$$

求 $f(x)$.

解 设 $u = x - t$，则 $t = x - u$，$\mathrm{d}t = -\mathrm{d}u$，且当 $t = 0$ 时，$u = x$；当 $t = x$ 时，$u = 0$. 于是

$$\int_0^x tf(x-t)\mathrm{d}t = -\int_x^0 (x-u)f(u)\mathrm{d}u = \int_0^x (x-u)f(u)\mathrm{d}u$$
$$= x\int_0^x f(u)\mathrm{d}u - \int_0^x uf(u)\mathrm{d}u,$$

因此，$f(x)$ 满足

$$x\int_0^x f(u)\mathrm{d}u - \int_0^x uf(u)\mathrm{d}u = 1 - \cos x.$$

上式两边对 x 求导，得

$$\int_0^x f(u)\mathrm{d}u = \sin x.$$

两边对 x 求导，得

$$f(x) = \cos x.$$

例 8 设函数 $f(x) = \begin{cases} \dfrac{1}{1+\cos x}, & -1 \leqslant x < 0, \\ x\mathrm{e}^{-x^2}, & x \geqslant 0, \end{cases}$ 求 $\int_1^4 f(x-2)\mathrm{d}x$.

解 设 $u = x - 2$，则当 $x = 1$ 时，$u = -1$；当 $x = 4$ 时，$u = 2$. 于是

$$\int_1^4 f(x-2)\mathrm{d}x = \int_{-1}^2 f(u)\mathrm{d}u = \int_{-1}^0 \frac{\mathrm{d}u}{1+\cos u} + \int_0^2 u\mathrm{e}^{-u^2}\mathrm{d}u$$
$$= \tan\frac{u}{2}\Big|_{-1}^0 - \frac{1}{2}\mathrm{e}^{-u^2}\Big|_0^2 = \tan\frac{1}{2} - \frac{1}{2}\mathrm{e}^{-4} + \frac{1}{2}.$$

习题 6-3

1. 计算下列积分：

(1) $\int_{\frac{\pi}{3}}^{\pi} \sin\left(x + \frac{\pi}{3}\right)\mathrm{d}x$；

(2) $\int_{-2}^1 \dfrac{\mathrm{d}x}{(11+5x)^3}$；

(3) $\int_{-1}^1 \dfrac{1}{\sqrt{5-4x}}\mathrm{d}x$；

(4) $\int_0^{\frac{\pi}{2}} \sin\varphi\cos^3\varphi\mathrm{d}\varphi$；

(5) $\int_{\frac{\pi}{6}}^{\frac{\pi}{2}} \cos^2 u\mathrm{d}u$；

(6) $\int_1^{\mathrm{e}^2} \dfrac{\mathrm{d}x}{x\sqrt{1+\ln x}}$；

(7) $\int_1^{\sqrt{3}} \dfrac{\mathrm{d}x}{x^2\sqrt{1+x^2}}$；

(8) $\int_0^{\sqrt{2}} \sqrt{2-x^2}\mathrm{d}x$；

(9) $\int_{\ln 2}^{\ln 3} \dfrac{\mathrm{d}x}{\mathrm{e}^x - \mathrm{e}^{-x}}$；

(10) $\int_2^3 \dfrac{\mathrm{d}x}{x^2 + x - 2}$；

(11) $\int_1^2 \dfrac{\sqrt[3]{x}}{x(\sqrt{x}+\sqrt[3]{x})}\mathrm{d}x$；

(12) $\int_{-\frac{\pi}{2}}^{\frac{\pi}{2}} \sqrt{\cos x - \cos^3 x}\mathrm{d}x$.

2. 利用被积函数的奇偶性计算下列积分值：

(1) $\int_{-a}^a \ln(x + \sqrt{1+x^2})\mathrm{d}x$ （a 为正常数）；

(2) $\int_{-5}^5 \dfrac{x^3\sin^2 x}{x^4 + 2x^2 + 1}\mathrm{d}x$；

(3) $\int_{-\frac{\pi}{2}}^{\frac{\pi}{2}} 4\cos^4\theta\mathrm{d}\theta$.

3. 证明下列等式：

(1) $\int_0^a x^3 f(x^2) \mathrm{d}x = \frac{1}{2}\int_0^{a^2} x f(x) \mathrm{d}x$ (a 为正整数);

(2) $\int_x^1 \frac{\mathrm{d}x}{1+x^2} = \int_1^{\frac{1}{x}} \frac{\mathrm{d}x}{1+x^2}$ ($x > 0$).

4. 若 $f(t)$ 是连续函数且为奇函数,证明 $\int_0^x f(t)\mathrm{d}t$ 是偶函数;若 $f(t)$ 是连续函数且为偶函数,证明 $\int_0^x f(t)\mathrm{d}t$ 是奇函数.

*5. 设 $f(x)$ 在 $(-\infty, +\infty)$ 内连续,且 $F(x) = \int_0^x (x-2t)f(t)\mathrm{d}t$,试证:若 $f(x)$ 单调不减,则 $F(x)$ 单调不增.

第四节 定积分的分部积分法

利用不定积分的分部积分法及牛顿-莱布尼茨公式,即可得出定积分的分部积分公式.

设函数 $u = u(x), v = v(x)$ 在区间 $[a,b]$ 上具有连续导数 $u'(x), v'(x)$,则有
$$(uv)' = u'v + uv'.$$
分别求等式两端在 $[a,b]$ 上的定积分,并注意到
$$\int_a^b (uv)' \mathrm{d}x = uv \Big|_a^b,$$
便得
$$uv \Big|_a^b = \int_a^b v u' \mathrm{d}x + \int_a^b u v' \mathrm{d}x,$$
移项,就有
$$\int_a^b u v' \mathrm{d}x = uv \Big|_a^b - \int_a^b v u' \mathrm{d}x,$$
或简写为
$$\int_a^b u \mathrm{d}v = uv \Big|_a^b - \int_a^b v \mathrm{d}u.$$
这就是定积分的分部积分公式.

例1 计算 $\int_0^{\frac{1}{2}} \arcsin x \mathrm{d}x$.

解 $\int_0^{\frac{1}{2}} \arcsin x \mathrm{d}x = x \arcsin x \Big|_0^{\frac{1}{2}} - \int_0^{\frac{1}{2}} \frac{x}{\sqrt{1-x^2}} \mathrm{d}x$

$= \frac{1}{2} \cdot \frac{\pi}{6} + \frac{1}{2} \int_0^{\frac{1}{2}} (1-x^2)^{-\frac{1}{2}} \mathrm{d}(1-x^2)$

$$= \frac{\pi}{12} + \sqrt{1-x^2}\Big|_0^{\frac{1}{2}} = \frac{\pi}{12} + \frac{\sqrt{3}}{2} - 1.$$

例 2 计算 $\int_e^{e^2} \frac{\ln x}{(x-1)^2} dx$.

解 $\int_e^{e^2} \frac{\ln x}{(x-1)^2} dx = -\int_e^{e^2} \ln x \, d\left(\frac{1}{x-1}\right) = -\frac{\ln x}{x-1}\Big|_e^{e^2} + \int_e^{e^2} \frac{dx}{x(x-1)}$

$$= \frac{1}{e+1} + \int_e^{e^2} \left(\frac{1}{x-1} - \frac{1}{x}\right) dx$$

$$= \frac{1}{e+1} + (\ln(x-1) - \ln x)\Big|_e^{e^2}$$

$$= \frac{1}{e+1} + \ln(e+1) - 1.$$

例 3 计算 $\int_0^1 e^{\sqrt{x}} dx$.

解 先用换元法. 令 $t = \sqrt{x}$, 则 $x = t^2$, $dx = 2t dt$, 且当 $x = 0$ 时, $t = 0$; 当 $x = 1$ 时, $t = 1$. 于是

$$\int_0^1 e^{\sqrt{x}} dx = 2\int_0^1 t e^t dt.$$

再用分部积分法计算上式右端的积分：

$$\int_0^1 t e^t dt = \int_0^1 t \, d(e^t) = t e^t\Big|_0^1 - \int_0^1 e^t dt = e - e^t\Big|_0^1 = 1.$$

因此

$$\int_0^1 e^{\sqrt{x}} dx = 2\int_0^1 t e^t dt = 2 \times 1 = 2.$$

例 4 设函数 $f(x)$ 在区间 $[a,b]$ 上可导, 且 $f(a) = f(b) = 0$, $\int_a^b f^2(x) dx = 1$, 试求 $\int_a^b x f(x) f'(x) dx$.

解 $\int_a^b x f(x) f'(x) dx = \int_a^b x f(x) d(f(x)) = \frac{1}{2} \int_a^b x \, d(f^2(x))$

$$= \frac{1}{2} x f^2(x)\Big|_a^b - \frac{1}{2}\int_a^b f^2(x) dx$$

$$= 0 - \frac{1}{2} \times 1 = -\frac{1}{2}.$$

例 5 计算 $I_n = \int_0^{\frac{\pi}{2}} \sin^n x \, dx$.

解 $I_n = \int_0^{\frac{\pi}{2}} \sin^n x \, dx = -\int_0^{\frac{\pi}{2}} \sin^{n-1} x \, d(\cos x)$

$$= -\sin^{n-1} x \cos x\Big|_0^{\frac{\pi}{2}} + \int_0^{\frac{\pi}{2}} \cos x \cdot (n-1) \sin^{n-2} x \cos x \, dx$$

$$= (n-1)\int_0^{\frac{\pi}{2}} \sin^{n-2} x (1 - \sin^2 x) dx$$

$$= (n-1) I_{n-2} - (n-1) I_n,$$

由此得到递推公式:

$$I_n = \frac{n-1}{n} I_{n-2}.$$

又易求得

$$I_0 = \int_0^{\frac{\pi}{2}} dx = \frac{\pi}{2}, \quad I_1 = \int_0^{\frac{\pi}{2}} \sin x \, dx = 1,$$

故当 n 为偶数时,

$$I_n = \frac{n-1}{n} \cdot \frac{n-3}{n-2} \cdots \frac{3}{4} \cdot \frac{1}{2} \cdot \frac{\pi}{2};$$

当 n 为奇数时,

$$I_n = \frac{n-1}{n} \cdot \frac{n-3}{n-2} \cdots \frac{4}{5} \cdot \frac{2}{3}.$$

习题 6-4

1. 计算下列定积分:

(1) $\int_0^1 x e^{-x} dx$;

(2) $\int_1^e x \ln x \, dx$;

(3) $\int_1^4 \frac{\ln x}{\sqrt{x}} dx$;

(4) $\int_{\frac{\pi}{4}}^{\frac{\pi}{3}} \frac{x}{\sin^2 x} dx$;

(5) $\int_0^{\frac{\pi}{2}} e^{2x} \cos x \, dx$;

(6) $\int_1^2 x \log_2 x \, dx$;

(7) $\int_0^{\pi} (x \sin x)^2 dx$;

(8) $\int_1^e \sin(\ln x) dx$;

(9) $\int_0^{\sqrt{\ln 2}} x^3 e^{x^2} dx$;

(10) $\int_0^{\frac{1}{2}} x \ln \frac{1+x}{1-x} dx$.

2. 已知 $f(2) = \frac{1}{2}, f'(2) = 0, \int_0^2 f(x) dx = 1$,求 $\int_0^2 x^2 f''(x) dx$.

*3. 利用分部积分公式证明:

$$\int_0^x f(u)(x-u) du = \int_0^x \left(\int_0^u f(x) dx \right) du.$$

第五节 定积分的应用

本节中,我们将运用前面学过的定积分理论来分析和解决一些实际问题.

一、建立定积分数学模型的微元法

由定积分定义可知,若 $f(x)$ 在 $[a,b]$ 上可积,则对于 $[a,b]$ 的

任一划分 $a = x_0 < x_1 < \cdots < x_n = b$ 及 $[x_{i-1}, x_i]$ 中任一点 ξ_i,有
$$\int_a^b f(x)\mathrm{d}x = \lim_{\lambda \to 0} \sum_{i=1}^n f(\xi_i)\Delta x_i, \qquad (6\text{-}5\text{-}1)$$
这里 $\Delta x_i = x_i - x_{i-1}(i=1,2,\cdots,n), \lambda = \max_{1 \leqslant i \leqslant n}\{\Delta x_i\}$,此式表明定积分的本质就是某一特定和式的极限. 基于此,我们可以将一些实际问题中有关量的计算问题归结为定积分的计算.

根据定积分的定义,如果某一实际问题中的所求量 Q 符合下列条件:

(1) 建立适当的坐标系和选择与 Q 有关的变量 x 后,Q 是一个与定义在某一区间 $[a,b]$ 上的可积函数 $q(x)$ 有关的量;

(2) Q 对于区间 $[a,b]$ 具有可加性,即如果把区间 $[a,b]$ 任意分成 n 个部分区间 $[x_{i-1}, x_i](i=1,2,\cdots,n)$,则 Q 相应地分成 n 个部分量 ΔQ_i,而 $Q = \sum_{i=1}^n \Delta Q_i$;

(3) 部分量 ΔQ_i 可近似表示为 $q(\xi_i)\Delta x_i(\xi_i \in [x_{i-1}, x_i])$,且
$$\Delta Q_i - q(\xi_i)\Delta x_i = o(\Delta x_i).$$

那么,我们即可获得所求量 Q 的定积分数学模型:
$$Q = \lim_{\lambda \to 0} \sum_{i=1}^n q(\xi_i)\Delta x_i = \int_a^b q(x)\mathrm{d}x,$$
其中 $\lambda = \max_{1 \leqslant i \leqslant n}\{\Delta x_i\}, \Delta x_i = x_i - x_{i-1}$.

而在实际建模过程中,为简便起见,通常将具有代表性的第 i 个小区间 $[x_{i-1}, x_i]$ 略去下标,记作 $[x, x + \Delta x]$,称其为典型小区间,然后求出相应于这个小区间的部分量 ΔQ 的近似值. 如果 ΔQ 能近似地表示成 $[a,b]$ 上一个可积函数在 x 处的值 $q(x)$ 与 Δx 的积,且
$$\Delta Q = q(x)\Delta x + o(\Delta x), \qquad (6\text{-}5\text{-}2)$$
就把 $q(x)\Delta x$ 称为 Q 的微元(或称元素),记作
$$\mathrm{d}Q = q(x)\Delta x. \qquad (6\text{-}5\text{-}3)$$
从而
$$Q = \int_a^b \mathrm{d}Q = \int_a^b q(x)\mathrm{d}x. \qquad (6\text{-}5\text{-}4)$$

对自变量 x 来说,注意到我们有 $\mathrm{d}x = \Delta x$ 的规定,因此,习惯上我们将 $[x, x + \mathrm{d}x]$ 作为典型小区间. 上述建立定积分数学模型的方法称为**微元法**.

值得注意的是,在利用上述微元法建模的过程中,证明 $\Delta Q - q(x)\Delta x = o(\Delta x)$ 是十分关键的. 但对于一些初等问题,这一事实往往比较明显,因此也就常常省去了这一步.

下面,我们利用微元法来解决一些实际问题.

二、定积分的几何应用

1. 平面图形的面积

由定积分的几何意义我们知道：若 $f(x) \in C([a,b])$ 且对任意 $x \in [a,b]$ 有 $f(x) \geqslant 0$，则 $\int_a^b f(x)dx$ 表示由曲线 $y = f(x)$，直线 $x = a$ 和 $x = b$ 及 x 轴所围曲边梯形的面积. 一般地，由平面曲线所围成平面图形的面积，在边界曲线为已知时，均可用定积分来求得.

设一平面图形由连续曲线 $y = f(x)$，$y = g(x)$ 及直线 $x = a$ 和 $x = b (a < b)$ 所围成（见图 6-5）. 为了求该平面图形的面积 A，我们在 $[a,b]$ 上取典型小区间 $[x, x+dx]$，相应于典型小区间的面积部分量 ΔA 近似地等于高为 $|f(x) - g(x)|$，宽为 dx 的窄矩形的面积，从而得到面积微元

$$dA = |f(x) - g(x)| dx,$$

所以

$$A = \int_a^b |f(x) - g(x)| dx. \qquad (6\text{-}5\text{-}5)$$

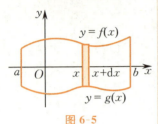

图 6-5

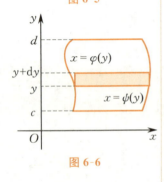

图 6-6

类似地，若平面图形由连续曲线 $x = \psi(y)$，$x = \varphi(y)$ 及直线 $y = c$ 和 $y = d (c < d)$ 所围成（见图 6-6），则其面积 A 为

$$A = \int_c^d |\psi(y) - \varphi(y)| dy. \qquad (6\text{-}5\text{-}6)$$

我们看到 (6-5-5) 式的积分是以 x 为积分变量，(6-5-6) 式的积分是以 y 为积分变量. 并且易见，此两公式均可由定积分的几何意义得到，不再赘述.

例 1 计算由抛物线 $y = -x^2 + 1$ 与 $y = x^2 - x$ 所围图形的面积 A.

解 两抛物线交点由

$$\begin{cases} y = -x^2 + 1, \\ y = x^2 - x \end{cases}$$

解得为 $\left(-\dfrac{1}{2}, \dfrac{3}{4}\right)$ 及 $(1, 0)$，于是图形位于直线 $x = -\dfrac{1}{2}$ 与 $x = 1$ 之间（见图 6-7）. 取 x 为积分变量，由 (6-5-5) 式得

$$A = \int_{-\frac{1}{2}}^{1} |(-x^2 + 1) - (x^2 - x)| dx$$

$$= \int_{-\frac{1}{2}}^{1} (-2x^2 + x + 1) dx$$

$$= \left(-\dfrac{2}{3}x^3 + \dfrac{1}{2}x^2 + x\right)\Big|_{-\frac{1}{2}}^{1}$$

$$= \dfrac{9}{8}.$$

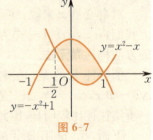

图 6-7

例 2 计算抛物线 $y^2 = 2x$ 与直线 $y = x - 4$ 所围图形的面积 A.

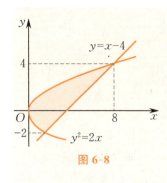

图 6-8

解 两线交点由

$$\begin{cases} y^2 = 2x, \\ y = x - 4 \end{cases}$$

解得为 $(2,-2)$ 及 $(8,4)$. 这时宜取 y 为积分变量,因图形位于直线 $y=-2$ 和 $y=4$ 之间(见图 6-8),于是由(6-5-6)式得

$$A = \int_{-2}^{4} \left| y + 4 - \frac{y^2}{2} \right| dy$$

$$= \left(\frac{y^2}{2} + 4y - \frac{y^3}{6} \right) \Big|_{-2}^{4} = 18.$$

值得注意的是:若例 1 中取 y 为积分变量,例 2 中取 x 为积分变量,则所求面积的计算要复杂得多(具体做法请读者思考). 因此,积分变量选择得当可使计算简便.

例 3 求由曲线 $y = \sin x, y = \cos x$ 及直线 $x = 0, x = \frac{\pi}{2}$ 所围图形的面积 A.

解 两线交点由

$$\begin{cases} y = \sin x, \\ y = \cos x \end{cases}$$

解得为 $\left(\frac{\pi}{4}, \frac{\sqrt{2}}{2} \right)$,如图 6-9 所示.

取 x 为积分变量,由(6-5-5)式有

$$A = \int_0^{\frac{\pi}{4}} (\cos x - \sin x) dx + \int_{\frac{\pi}{4}}^{\frac{\pi}{2}} (\sin x - \cos x) dx$$

$$= (\sin x + \cos x) \Big|_0^{\frac{\pi}{4}} + (-\cos x - \sin x) \Big|_{\frac{\pi}{4}}^{\frac{\pi}{2}}$$

$$= 2(\sqrt{2} - 1).$$

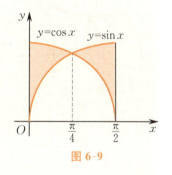

图 6-9

例 4 求由椭圆 $\frac{x^2}{a^2} + \frac{y^2}{b^2} = 1$ 所围图形的面积 A.

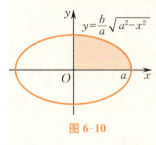

图 6-10

解 因为椭圆关于两坐标轴对称(见图 6-10),所以椭圆所围图形的面积是第一象限内那部分面积的 4 倍,再由(6-5-5)式,即有

$$A = 4 \int_0^a \frac{b}{a} \sqrt{a^2 - x^2} dx.$$

应用定积分换元法,令

$$x = a\cos t \quad \left(0 \leqslant t \leqslant \frac{\pi}{2} \right),$$

则

$$y = b\sin t, dx = -a\sin t dt.$$

当 $x = 0$ 时,$t = \frac{\pi}{2}$;当 $x = a$ 时,$t = 0$. 于是

$$A = 4\int_{\frac{\pi}{2}}^{0} b\sin t \cdot (-a\sin t)\mathrm{d}t = 4ab\int_{0}^{\frac{\pi}{2}}\sin^2 t\mathrm{d}t = 4ab \cdot \frac{\pi}{4} = \pi ab.$$

应该注意,由定积分的几何意义,可直接得到 $\int_{0}^{a}\sqrt{a^2-x^2}\mathrm{d}x = \frac{1}{4}\pi a^2$,进而可得 $A = \pi ab$.

2. 平行截面为已知的立体体积 V

考虑介于过 x 轴上点 $x = a$ 及 $x = b$ 且垂直于 x 轴的两平行平面之间的立体(见图6-11),设在 $x(a \leqslant x \leqslant b)$ 处垂直于 x 轴的截面面积可以用 x 的连续函数 $A(x)$ 来表示. 为了求其体积,我们在 $[a,b]$ 内取典型小区间 $[x, x+\mathrm{d}x]$,用以底面积为 $A(x)$,高为 $\mathrm{d}x$ 的柱体体积近似于典型小区间 $[x, x+\mathrm{d}x]$ 对应的体积部分量,则得体积元素

$$\mathrm{d}V = A(x)\mathrm{d}x,$$

从而

$$V = \int_{a}^{b} A(x)\mathrm{d}x. \tag{6-5-7}$$

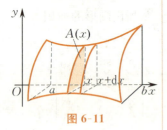

几何体的体积

图 6-11

类似地,对于介于过 y 轴上点 $y = c$ 及 $y = d$ 且垂直于 y 轴的两平行平面之间的立体,若在 $y(c \leqslant y \leqslant d)$ 处垂直于 y 轴的截面面积可以用 y 的连续函数 $B(y)$ 来表示,则其体积为

$$V = \int_{c}^{d} B(y)\mathrm{d}y. \tag{6-5-8}$$

3. 旋转体的体积 V

现在考虑旋转体,所谓旋转体就是由一平面图形绕这平面内一条定直线旋转一周而成的立体.

如图6-12 所示,设旋转体是由曲线 $y = f(x)$,直线 $x = a$, $x = b(a < b)$ 和 x 轴所围成的曲边梯形绕 x 轴旋转一周而成的,则对任意 $x \in [a,b]$,相应于 x 处垂直于 x 轴的截面是一个圆盘,其面积为 $\pi f^2(x)$,从而由(6-5-7)式知其体积

$$V_x = \pi \int_{a}^{b} f^2(x)\mathrm{d}x. \tag{6-5-9}$$

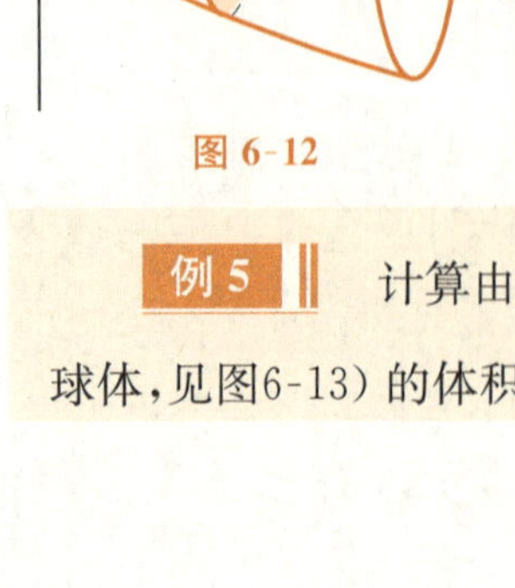

类似地,若旋转体是由曲线 $x = \varphi(y)$,直线 $y = c$, $y = d(c < d)$ 和 y 轴所围成的曲边梯形绕 y 轴旋转一周而成的,则其体积为

$$V_y = \pi \int_{c}^{d} \varphi^2(y)\mathrm{d}y. \tag{6-5-10}$$

图 6-12

例 5 计算由椭圆 $\frac{x^2}{a^2} + \frac{y^2}{b^2} = 1$ 所围图形绕 x 轴旋转而成的旋转体(称为旋转椭球体,见图6-13)的体积.

解 这个旋转体实际上就是半个椭圆 $y = \dfrac{b}{a}\sqrt{a^2-x^2}$ 及 x 轴所围曲边梯形绕 x 轴旋转而成的立体,于是由公式(6-5-9)得

$$V_x = \pi\int_{-a}^{a}\dfrac{b^2}{a^2}(a^2-x^2)\mathrm{d}x = 2\pi\int_{0}^{a}\dfrac{b^2}{a^2}(a^2-x^2)\mathrm{d}x$$
$$= 2\pi\dfrac{b^2}{a^2}\left(a^2 x - \dfrac{x^3}{3}\right)\Big|_0^a = \dfrac{4}{3}\pi ab^2.$$

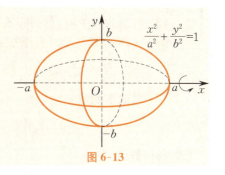

图 6-13

特别地,当 $a = b$ 时就得到半径为 a 的球的体积 $\dfrac{4}{3}\pi a^3$.

例 6 求由曲线 $y = 2x - x^2$ 和 x 轴所围图形绕 y 轴旋转一周所得旋转体的体积.

解 如图 6-14 所示,$y = 2x - x^2$ 的反函数分为两支:$x = 1 - \sqrt{1-y}\,(0 \leqslant y \leqslant 1)$ 和 $x = 1 + \sqrt{1-y}\,(0 \leqslant y \leqslant 1)$. 由(6-5-10)式,所得旋转体的体积为

$$V_y = \pi\int_0^1(1+\sqrt{1-y})^2\mathrm{d}y - \pi\int_0^1(1-\sqrt{1-y})^2\mathrm{d}y$$
$$= \pi\int_0^1[(1+\sqrt{1-y})^2 - (1-\sqrt{1-y})^2]\mathrm{d}y$$
$$= 4\pi\int_0^1\sqrt{1-y}\,\mathrm{d}y = -4\pi \cdot \dfrac{2}{3}(1-y)^{\frac{3}{2}}\Big|_0^1 = \dfrac{8}{3}\pi.$$

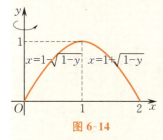

图 6-14

三、定积分的经济学应用

1. 由边际函数求总函数

设某产品的固定成本为 C_0,边际成本函数为 $C'(Q)$,边际收益函数为 $R'(Q)$,其中 Q 为产量,并假定该产品处于产销平衡状态,则根据经济学的有关理论及定积分的微元分析法易知:

总成本函数 $C(Q) = \displaystyle\int_0^Q C'(Q)\mathrm{d}Q + C_0$;

总收益函数 $R(Q) = \displaystyle\int_0^Q R'(Q)\mathrm{d}Q$;

总利润函数 $L(Q) = \displaystyle\int_0^Q [R'(Q) - C'(Q)]\mathrm{d}Q - C_0$.

例 7 设某产品的边际成本为 $C'(Q) = 4 + \dfrac{Q}{4}$(万元/百台),固定成本 $C_0 = 1$(万元),边际收益 $R'(Q) = 8 - Q$(万元/百台),求:

(1) 产量从 100 台增加到 500 台的成本增量;

(2) 总成本函数 $C(Q)$ 和总收益函数 $R(Q)$;

(3) 产量为多少时,总利润最大?并求最大利润.

解 (1) 产量从 100 台增加到 500 台的成本变化量为

$$\int_1^5 C'(Q)dQ = \int_1^5 \left(4 + \frac{Q}{4}\right)dQ = \left(4Q + \frac{Q^2}{8}\right)\Big|_1^5 = 19(万元).$$

(2) 总成本函数

$$C(Q) = \int_0^Q C'(Q)dQ + C_0 = \int_0^Q \left(4 + \frac{Q}{4}\right)dQ + 1 = 4Q + \frac{Q^2}{8} + 1,$$

总收益函数

$$R(Q) = \int_0^Q R'(Q)dQ = \int_0^Q (8-Q)dQ = 8Q - \frac{Q^2}{2}.$$

(3) 总利润函数

$$L(Q) = R(Q) - C(Q) = \left(8Q - \frac{Q^2}{2}\right) - \left(4Q + \frac{Q^2}{8} + 1\right)$$

$$= -\frac{5}{8}Q^2 + 4Q - 1,$$

$$L'(Q) = -\frac{5}{4}Q + 4.$$

令 $L'(Q) = 0$,得唯一驻点 $Q = 3.2$(百台),又因 $L''(3.2) = -\frac{5}{4} < 0$,所以当 $Q = 3.2$(百台)时,总利润最大,最大利润为 $L(3.2) = 5.4$(万元).

2. 消费者剩余和生产者剩余

在市场经济中,生产并销售某一商品的数量可由这一商品的供给曲线与需求曲线来描述.供给曲线描述的是生产者根据不同的价格水平所提供的商品数量,一般假定价格上涨时,供应量将会增加.因此,把供应量看成价格的函数,这是一个增函数,即供给曲线是单调递增的.需求曲线则反映了顾客的购买行为.通常假定价格上涨,购买量下降,即需求曲线随价格的上升而单调递减(见图 6-15).

需求量与供给量都是价格的函数,但经济学家习惯用纵坐标表示价格,横坐标表示需求量或供给量.在市场经济下,价格和数量在不断调整,最后趋向于平衡价格和平衡数量,分别用 P^* 和 Q^* 表示,也即供给曲线与需求曲线的交点 E.

在图 6-15 中,P_0 是供给曲线在价格坐标轴上的截距,也就是当价格为 P_0 时,供给量是零,只有价格高于 P_0 时,才有供给量;P_1 是需求曲线的截距,当价格为 P_1 时,需求量是零,只有价格低于 P_1 时,才有需求量;Q_1 则表示当商品免费赠送时的最大需求量.

在市场经济中,有时一些消费者愿意对某种商品付出比他们实际所付出的市场价格 P^* 更高的价格,由此他们所得到的好处称为**消费者剩余**(CS).由图 6-15 可以看出:

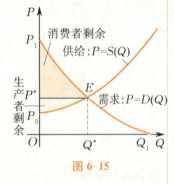

图 6-15

$$CS = \int_0^{Q^*} D(Q) dQ - P^* Q^*,$$

式中 $\int_0^{Q^*} D(Q) dQ$ 表示消费者愿意支出的货币量. $P^* Q^*$ 表示消费者的实际支出, 两者之差为消费者省下来的钱, 即消费者剩余.

同理, 对生产者来说, 有时也有一些生产者愿意以比市场价格 P^* 低的价格出售他们的商品, 由此他们所得到的好处称为**生产者剩余**(PS), 如图6-15所示, 有

$$PS = P^* Q^* - \int_0^{Q^*} S(Q) dQ.$$

例8 设需求函数 $D(Q) = 24 - 3Q$, 供给函数为 $S(Q) = 2Q + 9$, 求消费者剩余和生产者剩余.

解 首先求出均衡价格与供需量.

由 $24 - 3Q = 2Q + 9$, 得 $Q^* = 3, P^* = 15$.

$$CS = \int_0^3 (24 - 3Q) dQ - 15 \times 3 = \left(24Q - \frac{3}{2} Q^2\right) \Big|_0^3 - 45 = \frac{27}{2};$$

$$PS = 45 - \int_0^3 (2Q + 9) dQ = 45 - (Q^2 + 9Q) \Big|_0^3 = 9.$$

3. 资本现值与投资问题

在第二章中我们已经知道, 现有货币 A 元, 若按年利率 r 做连续复利计算, 则 t 年后的价值为 $A e^{rt}$ 元; 反之, 若 t 年后要有货币 A 元, 则按连续复利计算, 现在应有 $A e^{-rt}$ 元, 称此值为**资本现值**.

设在时间区间 $[0, T]$ 内 t 时刻的单位时间收入即边际收入(或称为收入率)为 $f(t)$, 若按年利率为 r 的连续复利计算, 则在时间区间 $[t, t + dt]$ 内的收入现值为 $f(t) e^{-rt} dt$. 按照定积分的微元分析法, 在 $[0, T]$ 内得到的总收入现值为

$$y = \int_0^T f(t) e^{-rt} dt.$$

若收入率 $f(t) = a$ (a 为常数), 称此为均匀收入率. 如果年利率 r 也为常数, 则总收入的现值为

$$y = \int_0^T a e^{-rt} dt = a \left(-\frac{1}{r} e^{-rt}\right) \Big|_0^T = \frac{a}{r} (1 - e^{-rT}).$$

例9 某企业有一投资项目, 期初总投入为 A. 经测算, 该企业在未来 T 年中可以按每年 a 元的均匀收入率获得收入. 若年利率为 r, 试求:

(1) 该投资的纯收入的现值;

(2) 收回该笔投资的时间.

解 (1) 投资后的 T 年中获总收入现值为

$$y = \int_0^T a\mathrm{e}^{-rt}\mathrm{d}t = \frac{a}{r}(1-\mathrm{e}^{-rT}),$$

从而投资所获得的纯收入的现值为

$$R = y - A = \frac{a}{r}(1-\mathrm{e}^{-rT}) - A.$$

(2) 收回投资，即为总收入的现值等于投资，故有

$$\frac{a}{r}(1-\mathrm{e}^{-rT}) = A,$$

解得 $T = \frac{1}{r}\ln\frac{a}{a-Ar}$，此即为收回投资的时间．

例如，若某企业投资 $A = 800$(万元)，年利率 $r = 5\%$，设在 20 年中的均匀收入率为 $a = 100$(万元/年)，则总收入的现值为

$$y = \frac{100}{0.05}(1-\mathrm{e}^{-0.05\times 20}) = 2\,000(1-\mathrm{e}^{-1}) \approx 1\,264.2(万元).$$

投资所得纯收入的现值为

$$R = y - A = 1\,264.2 - 800 = 464.2(万元),$$

投资回收期为

$$T = \frac{1}{0.05}\ln\frac{100}{100 - 800\times 0.05} = 20\ln\frac{5}{3} \approx 10.216\,5(年).$$

四、定积分在其他方面的应用

例 10 城市人口数的分布规律是：离市中心越近人口密度越大，离市中心越远，人口密度越小．若假设该城的边缘处人口密度为 0，且以市中心为心，r 为半径的圆形区域上人口的分布密度为

$$\rho(r) = 1\,000(20 - r)(人/\mathrm{km}^2).$$

试求出这个城市的人口总数 N．

解 由假设，该城的边缘处人口密度为 0，这个城市的半径可由 $\rho(r) = 1\,000(20-r) = 0$ 求得，即 $r = 20\,\mathrm{km}$．该城的人口总数应为

$$N = \int_0^{20} \rho(r)\cdot 2\pi r\mathrm{d}r = 2\,000\pi\int_0^{20}(20-r)r\mathrm{d}r \approx 8\,377\,580(人).$$

例 11 若某公路在距第一个收费站 $x\,\mathrm{km}$ 处的汽车密度（以每千米多少辆汽车为单位）为 $\rho(x) = 20(1+\cos x)$，试求距第一个收费站 40 km 的一段公路上有多少辆汽车．

解 同上例之理，所求汽车数为

$$\int_0^{40} 20(1+\cos x)\mathrm{d}x = 20(x+\sin x)\Big|_0^{40} = 20(40+\sin 40) \approx 800(辆).$$

例 12 如果地球大气层的大气温度是常数，那么大气中大气的密度是海拔高度 h 的函数

$$\rho(h) = 1.28\mathrm{e}^{-0.000\,124 h}(\mathrm{kg}/\mathrm{m}^3),$$

试求出从海拔 $h = 0\,\mathrm{m}$ 到 $h = 100\,\mathrm{m}$ 之间单位平方米对应大气的质量.

解 由定积分的微元法,不难想到所求质量为

$$m = \int_0^{100} \rho(h)\mathrm{d}h = \int_0^{100} 1.28\mathrm{e}^{-0.000\,124h}\mathrm{d}h$$

$$= -\frac{1.28}{0.000\,124}\mathrm{e}^{-0.000\,124h}\Big|_0^{100} = \frac{1.28}{0.000\,124}(1-\mathrm{e}^{-0.012\,4}) = 127.209\,6\,(\mathrm{kg}).$$

例 13 据称古埃及大金字塔是历时20年建成的. 若测得建造金字塔所用石块的密度为 $3\,210\,\mathrm{kg/m^3}$,那么建造这座金字塔所做的功是多少?

解 据资料记载,该塔高为125 m,底面是边长为230 m的正方形,如图6-16所示. 设想该金字塔是一层一层建造起来的,在高度为 y 的层面上,正方形的边长 $a = \frac{230}{125}(125-y)\,\mathrm{m}$;高度为 Δy 的薄层体积为 $a^2 \cdot \Delta y\,(\mathrm{m}^3)$. 要建造这样一层,就要把重量为 $3\,210ga^2\Delta y\,(\mathrm{N})$ 的大石块抬高 $y\,\mathrm{m}$(g 为重力加速度),这时所做的功约为

$$F \cdot s \approx (3\,210ga^2\Delta y) \cdot y = 3\,210ga^2y\Delta y\,(\mathrm{J}),$$

从而建造整座金字塔各层所做总功的近似值为

$$W \approx \sum 3\,210ga^2y\Delta y = \sum 3\,210g\left(\frac{230}{125}\right)^2(125-y)^2y\Delta y\,(\mathrm{J}).$$

当上述的塔层厚 $\Delta y \to 0$ 时,不难发现:建造整座金字塔各层所做总功的精确值就是积分

$$W = 3\,210g\left(\frac{230}{125}\right)^2\int_0^{125}(125-y)^2y\,\mathrm{d}y$$

$$= 3\,210g\left(\frac{230}{125}\right)^2\left[(125)^2\frac{y^2}{2} - 2(125)\frac{y^3}{3} + \frac{y^4}{4}\right]\Big|_0^{125}$$

$$= 3\,210g\left(\frac{230}{125}\right)^2(125)^4\left(\frac{1}{12}\right) \approx 2.17 \times 10^{12}\,(\mathrm{J}).$$

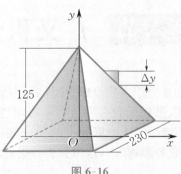

图 6-16

习题 6-5

1. 求由下列曲线所围成的平面图形的面积:

(1) $y = \mathrm{e}^x$ 与直线 $x = 0$ 及 $y = \mathrm{e}$;

(2) $y = x^3$ 与 $y = 2x$;

(3) $y = x^2, 4y = x^3$;

(4) $y = x^2$ 与直线 $y = x$ 及 $y = 2x$;

(5) $y = \frac{1}{x}, x$ 轴与直线 $y = x$ 及 $x = 2$;

(6) $y = (x-1)(x-2)$ 与 x 轴;

(7) $y = \mathrm{e}^x, y = \mathrm{e}^{-x}$ 与直线 $x = 1$;

(8) $y=\ln x$, y 轴与直线 $y=\ln a$, $y=\ln b(0<a<b)$.

2. 求由下列曲线所围成的平面图形绕指定轴旋转而成的旋转体的体积：
(1) $y=e^x$, $x=0$, $y=0$, $x=1$, 绕 y 轴旋转；
(2) $y=x^3$, $x=2$, x 轴，分别绕 x 轴与 y 轴旋转；
(3) $y=x^2$, $x=y^2$, 绕 y 轴旋转；
(4) $y^2=2px$, $y=0$, $x=a(p>0,a>0)$, 绕 x 轴旋转；
(5) $(x-2)^2+y^2=1$, 绕 y 轴旋转.

3. 已知曲线 $y=a\sqrt{x}(a>0)$ 与 $y=\ln\sqrt{x}$ 在点 (x_0,y_0) 处有公共切线，求：
(1) 常数 a 及切点 (x_0,y_0)；
(2) 两曲线与 x 轴所围成的平面图形的面积 S.

*4. 设 $f(x)=\lim\limits_{n\to+\infty}\dfrac{x}{1+x^2-e^{nx}}$，试求曲线 $y=f(x)$，直线 $y=\dfrac{1}{2}x$ 及 $x=1$ 所围图形的面积.

5. 一抛物线 $y=ax^2+bx+c$ 通过 $(0,0)$, $(1,2)$ 两点，且 $a<0$，试确定 a,b,c 的值，使抛物线与 x 轴所围图形的面积最小.

6. 已知某产品产量的变化率是时间 t（单位:月）的函数
$$f(t)=2t+5, t\geqslant 0,$$
问：第一个 5 月和第二个 5 月的总产量各是多少？

7. 某厂生产某产品 Q（百台）的总成本 C（万元）的变化率为 $C'(Q)=2$（设固定成本为零），总收入 R（万元）的变化率为产量 Q（百台）的函数 $R'(Q)=7-2Q$. 问：
(1) 生产量为多少时，总利润最大？最大利润为多少？
(2) 在利润最大的基础上又生产了 50 台，总利润减少了多少？

8. 某项目的投资成本为 100 万元，在 10 年中每年可获收益 25 万元，年利率为 5‰，试求这 10 年中该投资的纯收入的现值.

第六节 广义积分初步

在介绍定积分概念时，我们所考虑的积分区间 $[a,b]$ 是有限区间，被积函数必须是有界的，但实际问题要求突破这两个限制，因而产生了无穷区间上的积分（也称**无穷积分**）及无界函数的积分（也称**瑕积分**），这两类积分我们统称为**广义积分**.

一、无穷积分

定义 1 设 $f(x)$ 在 $[a,+\infty)$ 上连续，取任意 $t>a$，记
$$\int_a^{+\infty}f(x)dx=\lim_{t\to+\infty}\int_a^t f(x)dx, \tag{6-6-1}$$
称 $\int_a^{+\infty}f(x)dx$ 为 $f(x)$ 在 $[a,+\infty)$ 上的**无穷积分**. 若 (6-6-1) 式中的极限存在，则称该无穷积分收敛，且其极限值为该无穷积分的值；否则，称该无穷积分发散.

类似地可定义：

(1) $\int_{-\infty}^{b} f(x)dx = \lim_{t\to-\infty}\int_{t}^{b} f(x)dx \quad (t<b);$ (6-6-2)

(2) $\int_{-\infty}^{+\infty} f(x)dx = \int_{-\infty}^{c} f(x)dx + \int_{c}^{+\infty} f(x)dx$

$= \lim_{s\to-\infty}\int_{s}^{c} f(x)dx + \lim_{t\to+\infty}\int_{c}^{t} f(x)dx,$ (6-6-3)

对无穷积分 $\int_{-\infty}^{+\infty} f(x)dx$，其收敛的充分必要条件是 $\int_{-\infty}^{c} f(x)dx$ 及 $\int_{c}^{+\infty} f(x)dx$ 同时收敛.

注 在 (6-6-3) 式中常数 c 的选择并不影响 $\int_{-\infty}^{+\infty} f(x)dx$ 的敛散性和它的值. 在定义中两个极限过程

$$\int_{-\infty}^{c} f(x)dx = \lim_{s\to-\infty}\int_{s}^{c} f(x)dx,$$

$$\int_{c}^{+\infty} f(x)dx = \lim_{t\to+\infty}\int_{c}^{t} f(x)dx$$

是相互独立的，即 s, t 是两个独立的量.

与定积分的情况类似，我们也可以考虑无穷积分的几何意义：若对一切 $x \in [a, +\infty)$，有 $f(x) \geqslant 0$，且 $\int_{a}^{+\infty} f(x)dx$ 收敛，则 $\int_{a}^{+\infty} f(x)dx$ 表示的就是由曲线 $y = f(x)$，直线 $x = a$ 和 x 轴所围成的无穷区域的面积（见图 6-17），若 $\int_{a}^{+\infty} f(x)dx$ 发散，则该无穷区域没有有限面积.

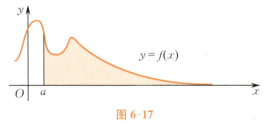

图 6-17

例 1 求 $\int_{0}^{+\infty} xe^{-x^2}dx.$

解 $\int_{0}^{+\infty} xe^{-x^2}dx = \lim_{t\to+\infty}\int_{0}^{t} xe^{-x^2}dx = \lim_{t\to+\infty}\left(-\frac{1}{2}e^{-x^2}\right)\Big|_{0}^{t} = \frac{1}{2}.$

例 2 求 $\int_{-\infty}^{+\infty} \frac{dx}{1+x^2}.$

解 由定义有

$\int_{-\infty}^{+\infty} \frac{dx}{1+x^2} = \int_{-\infty}^{0} \frac{dx}{1+x^2} + \int_{0}^{+\infty} \frac{dx}{1+x^2} = \lim_{s\to-\infty}\int_{s}^{0} \frac{dx}{1+x^2} + \lim_{t\to+\infty}\int_{0}^{t} \frac{dx}{1+x^2}$

$$= \lim_{s \to -\infty}(\arctan x)\Big|_s^0 + \lim_{t \to +\infty}(\arctan x)\Big|_0^t$$
$$= -\lim_{s \to -\infty}\arctan s + \lim_{t \to +\infty}\arctan t$$
$$= -\left(-\frac{\pi}{2}\right) + \frac{\pi}{2} = \pi.$$

设 $F(x)$ 是 $f(x)$ 的一个原函数，对于广义积分 $\int_a^{+\infty} f(x)dx$，为书写方便起见，今后记

$$\lim_{t \to +\infty}\left(F(x)\Big|_a^t\right) = F(x)\Big|_a^{+\infty}.$$

同理，记

$$\lim_{s \to -\infty}\left(F(x)\Big|_s^b\right) = F(x)\Big|_{-\infty}^b.$$

例如，对于例 1 有

$$\int_0^{+\infty} xe^{-x^2}dx = -\frac{1}{2}e^{-x^2}\Big|_0^{+\infty} = \frac{1}{2}.$$

例 3 求 $\int_0^{+\infty} xe^{-x}dx$.

解 $\int_0^{+\infty} xe^{-x}dx = -\int_0^{+\infty} xd(e^{-x}) = -\left(xe^{-x}\Big|_0^{+\infty} - \int_0^{+\infty} e^{-x}dx\right)$

$$= -\left(\lim_{x \to +\infty} xe^{-x} + e^{-x}\Big|_0^{+\infty}\right) = -\left(\lim_{x \to +\infty}\frac{x}{e^x} - 1\right)$$

$$= -\left(\lim_{x \to +\infty}\frac{1}{e^x} - 1\right) = 1.$$

例 4 讨论 p-积分 $\int_a^{+\infty}\frac{1}{x^p}dx(a, p$ 为常数，且 $a > 0)$ 的敛散性.

解 当 $p = 1$ 时，

$$\int_a^{+\infty}\frac{1}{x^p}dx = \int_a^{+\infty}\frac{1}{x}dx = \ln|x|\Big|_a^{+\infty} = +\infty;$$

当 $p \neq 1$ 时，

$$\int_a^{+\infty}\frac{1}{x^p}dx = \frac{1}{1-p}x^{1-p}\Big|_a^{+\infty} = \begin{cases} +\infty, & p < 1\text{ 时,} \\ \frac{a^{1-p}}{p-1}, & p > 1\text{ 时.} \end{cases}$$

于是，当 $p \leqslant 1$ 时原积分发散，当 $p > 1$ 时原积分收敛，其积分值为 $\frac{a^{1-p}}{p-1}$.

在无穷积分中可引进绝对收敛和条件收敛的概念：若 $\int_a^{+\infty}|f(x)|dx$ 收敛，则称 $\int_a^{+\infty}f(x)dx$ **绝对收敛**；若 $\int_a^{+\infty}|f(x)|dx$ 发散，而 $\int_a^{+\infty}f(x)dx$ 收敛，则称 $\int_a^{+\infty}f(x)dx$ **条件收敛**. 不难证明：

定理 1 绝对收敛的广义积分必收敛，但反之不然.

二、瑕积分

若对任意 $\delta > 0$，函数 $f(x)$ 在 $\overset{\circ}{U}(x_0, \delta)$ 内无界，则称点 x_0 为 $f(x)$ 的一个瑕点。例如 $x = 2$ 是 $f(x) = \dfrac{1}{2-x}$ 的瑕点，$x = 0$ 是 $g(x) = \dfrac{1}{\ln|x-1|}$ 的瑕点。但要注意 $x = 0$ 不是 $f(x) = \dfrac{\sin x}{x}$ 的瑕点，这是因为 $\lim\limits_{x \to 0} \dfrac{\sin x}{x} = 1$，从而可知 $f(x) = \dfrac{\sin x}{x}$ 在 $\overset{\circ}{U}(0, \delta)$ 内有界。容易知道，若 x_0 是 $f(x)$ 的无穷间断点，则它必是瑕点。

定义 2 设函数 $f(x)$ 在 $(a, b]$ 上连续，而在点 a 的右邻域内无界，取 $\varepsilon > 0$，记

$$\int_a^b f(x) \mathrm{d}x = \lim_{\varepsilon \to 0^+} \int_{a+\varepsilon}^b f(x) \mathrm{d}x, \qquad (6\text{-}6\text{-}4)$$

称其为 $f(x)$ 在 $(a, b]$ 上的**瑕积分**。若 (6-6-4) 式中的极限存在，则称此瑕积分收敛，其极限值即为瑕积分值；否则，称此瑕积分发散。

设 b 为 $f(x)$ 在 $[a, b)$ 上的唯一瑕点，类似于定义 2 可定义：

$$\int_a^b f(x) \mathrm{d}x = \lim_{\varepsilon \to 0^+} \int_a^{b-\varepsilon} f(x) \mathrm{d}x. \qquad (6\text{-}6\text{-}5)$$

设 c 为 $f(x)$ 在 $[a, b]$ 内的唯一瑕点（$a < c < b$），我们定义

$$\int_a^b f(x) \mathrm{d}x = \int_a^c f(x) \mathrm{d}x + \int_c^b f(x) \mathrm{d}x$$

$$= \lim_{\varepsilon_1 \to 0^+} \int_a^{c-\varepsilon_1} f(x) \mathrm{d}x + \lim_{\varepsilon_2 \to 0^+} \int_{c+\varepsilon_2}^b f(x) \mathrm{d}x. \qquad (6\text{-}6\text{-}6)$$

此时 $\int_a^b f(x) \mathrm{d}x$ 收敛的充分必要条件是 $\int_a^c f(x) \mathrm{d}x$ 及 $\int_c^b f(x) \mathrm{d}x$ 同时收敛。

注 在 (6-6-6) 式中的两个极限过程 $\int_a^c f(x) \mathrm{d}x = \lim\limits_{\varepsilon_1 \to 0^+} \int_a^{c-\varepsilon_1} f(x) \mathrm{d}x$ 及 $\int_c^b f(x) \mathrm{d}x = \lim\limits_{\varepsilon_2 \to 0^+} \int_{c+\varepsilon_2}^b f(x) \mathrm{d}x$ 是相互独立的，即 ε_1 与 ε_2 是相互独立的量。

例 5 求瑕积分 $\int_0^1 \dfrac{1}{x^2} \mathrm{d}x$。

解 因 $\lim\limits_{x \to 0^+} \dfrac{1}{x^2} = \infty$，所以 $x = 0$ 为瑕点。于是

$$\int_0^1 \dfrac{1}{x^2} \mathrm{d}x = \lim_{\varepsilon \to 0^+} \int_\varepsilon^1 \dfrac{1}{x^2} \mathrm{d}x = \lim_{\varepsilon \to 0^+} \left(-\dfrac{1}{x} \bigg|_\varepsilon^1 \right) = \lim_{\varepsilon \to 0^+} \left(-1 + \dfrac{1}{\varepsilon} \right) = \infty.$$

设 $F(x)$ 是 $f(x)$ 的一个原函数，则我们也可对瑕积分引入下述记号，以便于书写：

$$\int_a^b f(x)\mathrm{d}x = F(x)\Big|_a^b = F(b) - F(a^+) \quad (a \text{ 为瑕点});$$

$$\int_a^b f(x)\mathrm{d}x = F(x)\Big|_a^b = F(b^-) - F(a) \quad (b \text{ 为瑕点}),$$

其中 $F(a^+) = \lim\limits_{x \to a^+} F(x), F(b^-) = \lim\limits_{x \to b^-} F(x).$

例 6 求瑕积分 $\int_0^2 \dfrac{x}{\sqrt{4-x^2}}\mathrm{d}x.$

解 因 $\lim\limits_{x \to 2^-} \dfrac{x}{\sqrt{4-x^2}} = \infty$，所以 $x = 2$ 是瑕点. 于是

$$\int_0^2 \frac{x}{\sqrt{4-x^2}}\mathrm{d}x = -\frac{1}{2}\int_0^2 (4-x^2)^{-\frac{1}{2}}\mathrm{d}(4-x^2) = -(4-x^2)^{\frac{1}{2}}\Big|_0^2 = 2.$$

例 7 讨论 $\int_a^b \dfrac{\mathrm{d}x}{(x-a)^p}$（其中 a, b, p 为任意常数，且 $a < b$）的敛散性.

解 当 $p \leqslant 0$ 时，所求积分为通常的定积分，且容易求得积分值为 $\dfrac{(b-a)^{1-p}}{1-p}$；

当 $0 < p < 1$ 时，a 为唯一瑕点，且

$$\int_a^b \frac{\mathrm{d}x}{(x-a)^p} = \frac{(x-a)^{1-p}}{1-p}\Big|_a^b = \frac{1}{1-p}(b-a)^{1-p};$$

当 $p = 1$ 时，a 为瑕点，且

$$\int_a^b \frac{1}{(x-a)^p}\mathrm{d}x = \int_a^b \frac{1}{x-a}\mathrm{d}x = \ln(x-a)\Big|_a^b = +\infty;$$

当 $p > 1$ 时，a 为瑕点，且

$$\int_a^b \frac{\mathrm{d}x}{(x-a)^p} = \frac{(x-a)^{1-p}}{1-p}\Big|_a^b = +\infty.$$

于是，当 $p < 1$ 时，瑕积分 $\int_a^b \dfrac{1}{(x-a)^p}\mathrm{d}x$ 收敛，且其值为 $\dfrac{(b-a)^{1-p}}{1-p}$；当 $p \geqslant 1$ 时，$\int_a^b \dfrac{1}{(x-a)^p}\mathrm{d}x$ 发散.

对于瑕积分 $\int_a^b \dfrac{\mathrm{d}x}{(b-x)^p}$ 的敛散性有同样的结论.

对于瑕积分同样可引进绝对收敛与条件收敛的概念，且有：绝对收敛的瑕积分必收敛，但反之不然.

三、Γ 函数

下面我们介绍一类由广义积分定义的且在理论和应用上都有重要意义的 Γ 函数.

定义 3 广义积分

$$\Gamma(t) = \int_0^{+\infty} x^{t-1}\mathrm{e}^{-x}\mathrm{d}x \quad (t > 0)$$

是参变量 t 的函数，称为 **Γ 函数**.

可以证明这个积分当 $t > 0$ 时是收敛的.

Γ 函数具有如下递推公式：

$$\Gamma(t+1) = t\Gamma(t) \quad (t>0). \tag{6-6-7}$$

特别地，当 $t=n$ 为正整数时，有

$$\Gamma(n+1) = n!. \tag{6-6-8}$$

证 $\Gamma(t+1) = \int_0^{+\infty} x^t e^{-x} dx = \int_0^{+\infty} x^t d(-e^{-x})$

$= (-x^t e^{-x})\Big|_0^{+\infty} + t\int_0^{+\infty} x^{t-1} e^{-x} dx = t\Gamma(t).$

特别地，当 $t=n$ 时，连续使用递推公式(6-6-7)，得

$$\Gamma(n+1) = n\Gamma(n) = n(n-1)\Gamma(n-1) = \cdots$$
$$= n \cdot (n-1) \cdot \cdots \cdot 2 \cdot 1 = n!\Gamma(1),$$

而 $\Gamma(1) = \int_0^{+\infty} e^{-x} dx = 1$，所以

$$\Gamma(n+1) = n!.$$

当 $1 \leqslant t < 2$ 时，Γ 函数的值可通过查 Γ 函数表直接得到. 而对于 $0 < t < 1$ 或 $t \geqslant 2$，要求 Γ 函数的值可通过递推公式进行转化.

例 8 求 $\int_0^{+\infty} x^7 e^{-x^2} dx$.

解 令 $u = x^2$，则

$$\int_0^{+\infty} x^7 e^{-x^2} dx = \frac{1}{2}\int_0^{+\infty} u^3 e^{-u} du = \frac{1}{2}\Gamma(4) = \frac{1}{2} \times 3! = 3.$$

习题 6-6

1. 判断下列广义积分的敛散性；若收敛，则求其值：

(1) $\int_1^{+\infty} \frac{dx}{x^4}$;　　(2) $\int_1^{+\infty} \frac{dx}{\sqrt{x}}$;

(3) $\int_0^{+\infty} e^{-ax} dx \quad (a>0)$;　　(4) $\int_0^{+\infty} \cos x dx$;

(5) $\int_0^{+\infty} e^x \sin x dx$;　　(6) $\int_{-\infty}^{+\infty} \frac{dx}{x^2+2x+2}$;

(7) $\int_1^2 \frac{x dx}{\sqrt{x-1}}$;　　(8) $\int_0^1 \ln x dx$;

(9) $\int_1^e \frac{dx}{x\sqrt{1-\ln^2 x}}$;　　(10) $\int_0^2 \frac{dx}{(1-x)^2}$;

(11) $\int_0^1 \frac{x dx}{\sqrt{1-x^2}}$.

2. 当 k 为何值时，广义积分 $\int_2^{+\infty} \frac{dx}{x(\ln x)^k}$ 收敛？当 k 为何值时，这广义积分发散？又当 k 为何值时，这广义积分取得最小值？

3. 利用递推公式计算广义积分 $I_n = \int_0^{+\infty} x^n e^{-x} dx$.

4. 用 Γ 函数表示下列积分：

(1) $\int_0^{+\infty} e^{-x^n} dx \quad (n>0)$;　　(2) $\int_0^1 \left(\ln\frac{1}{x}\right)^\alpha dx \quad (\alpha > -1)$;

(3) $\int_0^{+\infty} x^m e^{-x^n} dx \quad \left(\frac{m+1}{n} > 0\right)$;　　(4) $\int_0^{+\infty} x^{2n} e^{-x^2} dx \quad \left(n > -\frac{1}{2}\right)$.

第七章　多元函数微积分

我们知道,微积分中的许多概念都有很强的实际背景,它解决了很多初等数学无法解决的问题. 但是,实际问题往往很复杂,反映到数学上就是一个变量依赖多个变量,这类问题用一元函数的微积分知识解决不了,因此,必须引进多元函数的概念. 本章将介绍多元函数的微积分,它是一元函数微积分的推广和发展. 从一元函数的情形推广到二元函数时会出现一些新的问题,而从二元函数推广到三元及三元以上的多元函数却没有本质的区别,完全可以类推. 因此,本章主要讨论二元函数的情形.

第一节 空间直角坐标系及多元函数的概念

一、空间直角坐标系

1. 空间直角坐标系的建立

过空间定点 O 作 3 条互相垂直的数轴,它们都以 O 为原点,并且通常取相同的长度单位. 这 3 条数轴分别称为 x 轴、y 轴、z 轴. 各轴正向之间的顺序通常按下述法则确定:以右手握住 z 轴,让右手的四指从 x 轴的正向以 $\frac{\pi}{2}$ 的角度转向 y 轴的正向,这时大拇指所指的方向就是 z 轴的正向. 这个法则称为右手法则(见图7-1). 这样就组成了空间直角坐标系. O 称为坐标原点,每两条坐标轴确定的平面称为坐标平面,简称为坐标面. x 轴与 y 轴所确定的坐标面称为 xOy 坐标面. 类似地有 yOz 坐标面、zOx 坐标面. 这些坐标面把空间分成 8 个部分,每一部分称为一个卦限(见图7-2). x 轴、y 轴、z 轴的正半轴围成的卦限称为第 I 卦限,从第 I 卦限开始,从 z 轴的正向向下看,按逆时针方向,先后出现的卦限依次称为第 II、第 III、第 IV 卦限,第 I、第 II、第 III、第 IV 卦限下方的空间部分依次称为第 V、第 VI、第 VII、第 VIII 卦限.

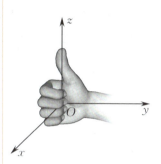

图 7-1

图 7-2

2. 空间中点的直角坐标

设 M 为空间的一点,若过点 M 分别作垂直于 3 条坐标轴的平面,与 3 条坐标轴分别相交于 P,Q,R 这 3 点,且这 3 点在 x 轴、y 轴、z 轴上的坐标依次为 x,y,z,则点 M 唯一地确定了一个有序数组 (x,y,z). 反之,设给定一个有序数组 (x,y,z),且它们分别在 x 轴、y 轴和 z 轴上依次对应于 P,Q 和 R 点,若过 P,Q 和 R 点分别作平面垂直于所在坐标轴,则这 3 个平面确定了唯一的交点 M. 这样,空间的点就与一个有序数组 (x,y,z) 之间建立了一一对应关系(见图7-3). 有序数组 (x,y,z) 就称为点 M 的坐标,记为 $M(x,y,z)$,x,y,z 依次称为横坐标、纵坐标和竖坐标.

显然,原点 O 的坐标为 $(0,0,0)$,坐标轴上的点至少有两个坐标为 0,坐标面上的点至少有一个坐标为 0. 例如,在 x 轴上的点,均有 $y=z=0$;在 xOy 坐标面上的点,均有 $z=0$.

空间直角坐标系

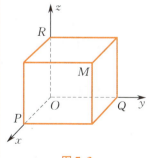

图 7-3

3. 空间两点间的距离公式

设空间两点 $M_1(x_1, y_1, z_1)$，$M_2(x_2, y_2, z_2)$，求它们之间的距离 $d=|M_1M_2|$. 过点 M_1，M_2 各作 3 个平面分别垂直于 3 条坐标轴，形成如图7-4所示的长方体. 易知

$$\begin{aligned}d^2 &= |M_1M_2|^2 \\ &= |M_1Q|^2 + |QM_2|^2 \quad (\triangle M_1QM_2 \text{ 是直角三角形}) \\ &= |M_1P|^2 + |PQ|^2 + |QM_2|^2 \quad (\triangle M_1PQ \text{ 是直角三角形}) \\ &= |M_1'P'|^2 + |P'M_2'|^2 + |QM_2|^2 \\ &= (x_2-x_1)^2 + (y_2-y_1)^2 + (z_2-z_1)^2,\end{aligned}$$

所以

$$d = \sqrt{(x_2-x_1)^2 + (y_2-y_1)^2 + (z_2-z_1)^2}.$$

特别地，点 $M(x,y,z)$ 与原点 $O(0,0,0)$ 的距离为

$$d = |OM| = \sqrt{x^2 + y^2 + z^2}.$$

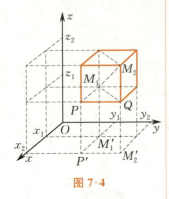

图 7-4

例 1 在 z 轴上求与两点 $A(-4,1,7)$ 和 $B(3,5,-2)$ 等距离的点.

解 因所求的点 M 在 z 轴上，故设该点坐标为 $M(0,0,z)$，依题意

$$|MA| = |MB|,$$

即

$$\sqrt{(0+4)^2 + (0-1)^2 + (z-7)^2} = \sqrt{(0-3)^2 + (0-5)^2 + (z+2)^2}.$$

解得 $z = \dfrac{14}{9}$，故所求点为 $M\left(0, 0, \dfrac{14}{9}\right)$.

4. 空间曲面、空间曲线及其方程

在日常生活中，我们经常遇到各种曲面，例如反光镜的镜面，足球的外表面等. 和在平面解析几何中将平面曲线作为动点的轨迹一样，在空间解析几何中，任何曲面都可看作动点的轨迹. 因此，若曲面 S 上的点 $M(x,y,z)$ 的坐标满足某一个三元方程 $F(x,y,z)=0$，反过来，坐标满足这个方程的点 $M(x,y,z)$ 都在曲面 S 上，则称方程 $F(x,y,z)=0$ 为曲面 S 的方程，而曲面 S 称为该方程的图形（见图7-5）.

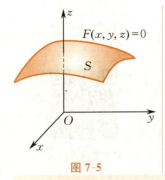

图 7-5

例 2 建立球心在点 $M_0(x_0, y_0, z_0)$，半径为 R 的球面的方程（见图7-6）.

解 设 $M(x,y,z)$ 是球面上的任一点，则 M 到球心的距离等于 R，即

$$\sqrt{(x-x_0)^2 + (y-y_0)^2 + (z-z_0)^2} = R$$

或

$$(x-x_0)^2 + (y-y_0)^2 + (z-z_0)^2 = R^2.$$

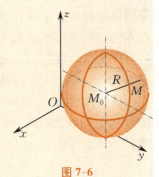

图 7-6

可见球面上点 $M(x,y,z)$ 的坐标必满足方程,反过来,若点 $M(x,y,z)$ 的坐标满足方程,则 M 到 M_0 的距离为 R,因此,M 在球面上,故该方程是球心在 $M_0(x_0,y_0,z_0)$,半径为 R 的球面方程.

一般地,一个三元方程 $F(x,y,z)=0$ 表示空间中一片曲面,反过来,空间中的一片曲面均可用一个三元方程表示.

例 3 设有点 $A(1,2,3)$ 和 $B(2,-1,4)$,求线段 AB 的垂直平分面的方程.

解 由题意知,所求的平面就是与 A 和 B 等距离的点的几何轨迹.设所求平面上的任意一点为 $M(x,y,z)$,M 点应满足 $|AM|=|BM|$,即

$$\sqrt{(x-1)^2+(y-2)^2+(z-3)^2}=\sqrt{(x-2)^2+(y+1)^2+(z-4)^2},$$

整理化简得

$$2x-6y+2z-7=0.$$

这就是所求的平面方程.

例 4 求平行于 xOy 坐标平面且与 xOy 平面的距离为 $k(k>0)$ 的平面 Π 的方程.

解 设 $P(x,y,z)$ 为平面 Π 上的任意一点,可知若 Π 平行于 xOy 平面,则 $P(x,y,z)$ 到 xOy 平面的距离为 $P(x,y,z)$ 到 xOy 平面上点 $P_0(x,y,0)$ 的距离:

$$|PP_0|=\sqrt{(x-x)^2+(y-y)^2+(z-0)^2}=k,$$

即得平面 Π 的方程为

$$|z|=k \text{ 或 } z=\pm k.$$

一般地,三元一次方程 $Ax+By+Cz+D=0$ 表示空间中一平面,反过来,空间中任一平面均可用一个三元一次方程表示,其中 A,B,C,D 为常数.特别地,$x=0$,$y=0$,$z=0$ 分别为 yOz 坐标面、zOx 坐标面、xOy 坐标面的方程.$x=a$,$y=a$,$z=a$(a 为常数)分别为平行于 yOz 面、zOx 面、xOy 面,且到该坐标面距离为 $|a|$ 的平面的方程.

空间曲线可看作两曲面的交线.设有两个曲面 $F(x,y,z)=0$ 和 $G(x,y,z)=0$,其交线为 C,则 C 上点的坐标满足方程组

$$\begin{cases} F(x,y,z)=0, \\ G(x,y,z)=0. \end{cases}$$

反过来,若点 M 的坐标满足此方程组,则 M 必在交线 C 上,故此方程组为空间曲线 C 的方程.比如平面 $x+y+z+1=0$ 与 $2x-y+3z=0$ 的交线为直线 L,其方程为

$$\begin{cases} x+y+z+1=0, \\ 2x-y+3z=0. \end{cases}$$

又比如方程组

$$\begin{cases} x^2+y^2+z^2=1, \\ x+y+z=2 \end{cases}$$

表示球面与平面的交线.

而 x 轴的方程为

$$\begin{cases} y=0, \\ z=0; \end{cases}$$

y 轴的方程为

$$\begin{cases} x=0, \\ z=0; \end{cases}$$

z 轴的方程为

$$\begin{cases} x=0, \\ y=0. \end{cases}$$

二、平面区域

为了介绍二元函数的概念,有必要介绍一些关于平面点集的知识. 在一元函数微积分中,区间的概念是很重要的,大部分问题是在区间上讨论的. 在平面上,与区间这一概念相对应的概念是平面区域.

1. 邻域

设 $P_0(x_0,y_0)$ 是 xOy 平面上的一定点,δ 是某一正数,与点 $P_0(x_0,y_0)$ 的距离小于 δ 的点 $P(x,y)$ 的全体,称为点 P_0 的 δ 邻域,记为 $U(P_0,\delta)$,即

$$U(P_0,\delta)=\{P\mid |P_0P|<\delta\},$$

亦即

$$U(P_0,\delta)=\{(x,y)\mid \sqrt{(x-x_0)^2+(y-y_0)^2}<\delta\}.$$

在几何上就是以 P_0 为中心,δ 为半径的圆的内部(不含圆周).

上述邻域 $U(P_0,\delta)$ 去掉中心 P_0 后,称为 P_0 的去心δ邻域,记作 $\mathring{U}(P_0,\delta)$,即

$$\mathring{U}(P_0,\delta)=\{(x,y)\mid 0<\sqrt{(x-x_0)^2+(y-y_0)^2}<\delta\}.$$

如果不需要强调邻域的半径 δ,则用 $U(P_0)$ 表示点 P_0 的邻域,用 $\mathring{U}(P_0)$ 表示 P_0 的去心邻域.

2. 区域

下面用邻域来描述平面上的点与点集之间的关系.

设 E 是 xOy 平面上的一个点集,P 是 xOy 平面上的一点,则 P 与 E 的关系有以下 3 种情形:

(1) **内点**:如果存在 P 的某个邻域 $U(P)$,使得 $U(P) \subset E$,则称点 P 是 E 的内点.

(2) **外点**：如果存在 P 的某个邻域 $U(P)$，使得 $U(P) \cap E = \varnothing$，则称 P 为 E 的外点.

(3) **边界点**：如果在点 P 的任何邻域内，既有属于 E 的点，也有不属于 E 的点，则称点 P 为 E 的边界点. E 的边界点的集合称为 E 的边界，记作 ∂E.

例如点集 $E_1 = \{(x,y) \mid 0 < x^2 + y^2 < 1\}$：圆内部除圆心与圆周上各点之外的点都是 E_1 的内点，圆外部的点都是 E_1 的外点，圆心及圆周上的点为 E_1 的边界点；又如点集 $E_2 = \{(x,y) \mid x+y \geqslant 1\}$：直线上方的点都是 E_2 的内点，直线下方的点都是 E_2 的外点，直线上的点都是 E_2 的边界点（见图7-7）.

显然，点集 E 的内点一定属于 E；点集 E 的外点一定不属于 E；E 的边界点可能属于 E，也可能不属于 E.

如果点集 E 的每一点都是 E 的内点，则称 E 为**开集**，如点集 $E_1 = \{(x,y) \mid 0 < x^2 + y^2 < 1\}$ 是开集，而 $E_2 = \{(x,y) \mid x+y \geqslant 1\}$ 不是开集.

设 E 是开集，如果对于 E 中的任何两点，都可用完全含于 E 的折线连接起来，则称开集 E 是连通集，上面的点集 E_1 和 E_2 都是连通的，但点集 $E_3 = \{(x,y) \mid xy > 0\}$ 却不是连通的（见图7-8）.

连通的开集称为**开区域**（或**开域**）.

从几何上看，开区域是连成一片的且不包括边界的平面点集. 如 E_1 是开区域. 开区域是数轴上的开区间这一概念在平面上的推广.

开区域 E 连同它的边界 ∂E 构成的点集，称为**闭区域**（或**闭域**），记作 $\overline{E}$，即 $\overline{E} = E \cup \partial E$.

闭区域是数轴上的闭区间这一概念在平面上的推广. 如 E_2 及 $E_4 = \{(x,y) \mid x^2 + y^2 \leqslant 1\}$ 都是闭域，而 $E_5 = \{(x,y) \mid 1 \leqslant x^2 + y^2 < 2\}$ 既非闭域，又非开域. 闭域是连成一片的且包含边界的平面点集.

本书把开区域与闭区域统称为**区域**.

如果区域 E 可包含在以原点为中心的某个圆内，即存在正数 R，使 $E \subset U(O,R)$，则称 E 为**有界区域**；否则，称 E 为**无界区域**. 例如 E_1 是有界区域，E_2 是无界区域.

3. 聚点

记 E 是平面上的一个点集，P 是平面上的一个点. 如果点 P 的任一邻域内总有无限多个点属于点集 E，则称 P 为 E 的**聚点**. 显然，E 的内点一定是 E 的聚点，此外，E 的边界点也可能是 E 的聚点. 例如，设

$$E_6 = \{(x,y) \mid 0 < x^2 + y^2 \leqslant 1\},$$

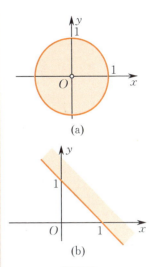

(a)

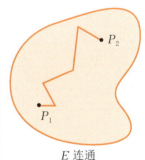

(b)

图 7-7

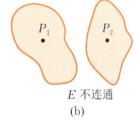

E 连通
(a)

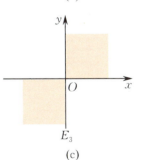

E 不连通
(b)

(c)

图 7-8

那么点$(0,0)$既是E_6的边界点又是E_6的聚点,E_6的这个聚点不属于E_6. 又例如,圆周$x^2+y^2=1$上的每个点既是E_6的边界点,也是E_6的聚点,而这些聚点都属于E_6. 由此可见,点集E的聚点可以属于E,也可以不属于E. 再如点集$E_7 = \left\{(1,1), \left(\frac{1}{2},\frac{1}{2}\right), \left(\frac{1}{3},\frac{1}{3}\right), \cdots, \left(\frac{1}{n},\frac{1}{n}\right), \cdots\right\}$,原点$(0,0)$是它的聚点,$E_7$中的每一个点都不是聚点.

4. n维空间 $\mathbf{R}^n$

一般地,由n元有序实数组$(x_1, x_2, \cdots, x_n)$的全体组成的集合称为n维空间,记作$\mathbf{R}^n$. 即

$$\mathbf{R}^n = \{(x_1, x_2, \cdots, x_n) \mid x_i \in \mathbf{R}, i = 1, 2, \cdots, n\}.$$

n元有序数组$(x_1, x_2, \cdots, x_n)$称为n维空间中的一个点,数x_i称为该点的第i个坐标.

类似地规定,n维空间中任意两点$P(x_1, x_2, \cdots, x_n)$与$Q(y_1, y_2, \cdots, y_n)$之间的距离为

$$|PQ| = \sqrt{(y_1-x_1)^2 + (y_2-x_2)^2 + \cdots + (y_n-x_n)^2}.$$

前面关于平面点集所陈述的一系列概念,可推广到n维空间中去,例如,$P_0 \in \mathbf{R}^n$,δ是某一正数,则点P_0的δ邻域为

$$U(P_0, \delta) = \{P \mid |P_0 P| < \delta, P \in \mathbf{R}^n\}.$$

以邻域为基础,还可以定义n维空间中内点、边界点、区域等一系列概念,只是当$n > 3$时,这些概念不再有相应的几何意义了.

三、多元函数的概念

1. n元函数的定义

定义 1 设D是$\mathbf{R}^n$中的一个非空点集,如果存在一个对应规则f,使得对于D中的每一个点$P(x_1, x_2, \cdots, x_n)$,都能由f唯一地确定一个实数y,则称f为定义在D上的n元函数,记为

$$y = f(x_1, x_2, \cdots, x_n), \quad (x_1, x_2, \cdots, x_n) \in D.$$

其中,$x_1, x_2, \cdots, x_n$称为自变量,y称为因变量,点集D称为函数的定义域,常记作$D(f)$.

取定$(x_1, x_2, \cdots, x_n) \in D$,对应的$f(x_1, x_2, \cdots, x_n)$称为$(x_1, x_2, \cdots, x_n)$所对应的函数值. 全体函数值的集合称为函数$f$的值域,常记为$f(D)$(或$R(f)$),即

$$f(D) = \{y \mid y = f(x_1, x_2, \cdots, x_n), (x_1, x_2, \cdots, x_n) \in D(f)\}.$$

当$n=1$时,D为实数轴上的一个点集,可得一元函数的定义,一元函数一般记作$y = f(x), x \in D, D \subset \mathbf{R}$,可见,一元函数是$n$

元函数当 $n=1$ 时的特殊情形. 当 $n=2$ 时, D 为 xOy 平面上的一个点集,可得二元函数的定义,二元函数一般记作 $z=f(x,y)$, $(x,y)\in D, D\subset \mathbf{R}^2$,若记 $P=(x,y)$,则也记作 $z=f(P)$.

二元及二元以上的函数统称为多元函数. 由定义 1 可知,确定一个多元函数需确定其定义域和对应规则. 若两个函数 f 和 g 的定义域和对应规则都相同,则称这两个函数相同.

多元函数的定义域的求法,与一元函数类似. 若函数的自变量具有某种实际意义,则根据它的实际意义来决定其取值范围,从而确定函数的定义域;对一般的用解析式表示的函数,使表达式有意义的自变量的取值范围,就是函数的定义域.

例 5 在生产中,设产量 Y 与投入资金 K 和劳动力 L 之间的关系为
$$Y=AK^\alpha L^\beta \quad (\text{其中 } A,\alpha,\beta \text{ 是正的常数}).$$
这是以 K,L 为自变量的二元函数,在西方经济学中称为柯布-道格拉斯(Cobb-Douglas)生产函数. 该函数的定义域为 $\{(K,L)\mid K>0, L>0\}$.

例 6 求函数 $z=\ln(y-x)+\dfrac{\sqrt{x}}{\sqrt{1-x^2-y^2}}$ 的定义域 D,并画出 D 的图形.

解 要使函数的解析式有意义,必须满足
$$\begin{cases} y-x>0, \\ x\geqslant 0, \\ 1-x^2-y^2>0, \end{cases}$$
即 $D=\{(x,y)\mid x\geqslant 0, x<y, x^2+y^2<1\}$,如图 7-9 阴影部分所示.

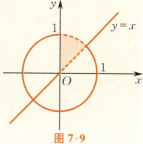

图 7-9

2. 二元函数的几何表示

设函数 $z=f(x,y)$ 的定义域为平面区域 D,对于 D 中的任意一点 $P(x,y)$,对应一确定的函数值 $z(z=f(x,y))$. 这样便得到一个三元有序数组 (x,y,z),相应地在空间可得到一点 $M(x,y,z)$. 当点 P 在 D 内变动时,相应的点 M 就在空间中变动,当点 P 取遍整个定义域 D 时,点 M 就在空间描绘出一张曲面 S(见图 7-10),其中
$$S=\{(x,y,z)\mid z=f(x,y),(x,y)\in D\}.$$
而函数的定义域 D 就是曲面 S 在 xOy 面上的投影区域.

例如 $z=ax+by+c$ 表示一张平面;$z=\sqrt{1-x^2-y^2}$ 表示球心在原点,半径为 1 的上半球面.

三元及三元以上的函数没有直观的几何意义.

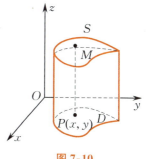

图 7-10

习 题 7-1

1. 求下列函数的定义域,并画出其示意图:

(1) $z = \sqrt{1 - \dfrac{x^2}{a^2} - \dfrac{y^2}{b^2}}$;

(2) $z = \dfrac{1}{\ln(x-y)}$;

(3) $z = \arcsin \dfrac{y}{x}$;

(4) $z = \sqrt{x - \sqrt{y}} - \arccos(x^2 + y^2)$.

2. 设函数 $f(x,y) = x^3 - 2xy + 3y^2$,求:

(1) $f(-2,3)$;   (2) $f\left(\dfrac{1}{x}, \dfrac{2}{y}\right)$;   (3) $f(x+y, x-y)$.

3. 设 $F(x,y) = \sqrt{y} + f(\sqrt{x} - 1)$,若当 $y = 1$ 时,$F(x,1) = x$,求 $f(x)$ 及 $F(x,y)$ 的表达式.

4. 指出下列集合 A 的内点、边界点和聚点:

(1) $A = \{(x,y) \mid 0 \leqslant x \leqslant 1, 0 \leqslant y \leqslant x\}$;

(2) $A = \{(x,y) \mid 3x + y = 1\}$;

(3) $A = \{(x,y) \mid x^2 + y^2 > 0\}$;

(4) $A = (0, 2]$.

第二节 二元函数的极限与连续性

一、二元函数的极限

二元函数的极限概念是一元函数极限概念的推广. 二元函数的极限可如下定义.

定义 1 设二元函数 $z = f(P)$ 的定义域是某平面区域 D,P_0 为 D 的一个聚点,当 D 中的点 P 以任何方式无限趋于 P_0 时,函数值 $f(P)$ 无限趋于某一常数 A,则称 A 是函数 $f(P)$ 当 P 趋于 P_0 时的(二重)极限. 记为

$$\lim_{P \to P_0} f(P) = A \quad \text{或} \quad f(P) \to A \ (P \to P_0),$$

此时也称当 $P \to P_0$ 时 $f(P)$ 的极限存在;否则,称 $f(P)$ 的极限不存在. 若 P_0 点的坐标为 (x_0, y_0),P 点的坐标为 (x,y),则上式又可写为

$$\lim_{\substack{x \to x_0 \\ y \to y_0}} f(x,y) = A \quad \text{或} \quad f(x,y) \to A \ (x \to x_0, y \to y_0).$$

定义 1 只是二重极限的描述性定义,我们可给出二重极限的严格数学定义.

类似于一元函数,$f(P)$ 无限趋于 A 可用 $|f(P) - A| < \varepsilon$ 来刻画,点 $P(x,y)$ 无限趋于 $P_0(x_0, y_0)$ 可用 $|P_0 P| = \sqrt{(x - x_0)^2 + (y - y_0)^2} < \delta$ 来刻画,因此,二元函数的极限也可

如下定义.

定义 2 设二元函数 $z = f(P) = f(x,y)$ 的定义域为 D，$P_0(x_0, y_0)$ 是 D 的一个聚点，A 为常数. 若对任给正数 ε，不论 ε 多小，总存在 $\delta > 0$，当 $P(x, y) \in D$，且 $0 < |P_0 P| = \sqrt{(x-x_0)^2 + (y-y_0)^2} < \delta$ 时，总有
$$|f(P) - A| < \varepsilon,$$
则称 A 为 $z = f(P)$ 当 $P \to P_0$ 时的(二重)极限.

定义中要求 P_0 是定义域 D 的聚点，是为了保证在 P_0 的任何邻域内都有 D 中的点.

注意到定义 1 指出：只有当 P 以任何方式趋近于 P_0，相应的 $f(P)$ 都趋近于同一常数 A 时，才称 A 为 $f(P)$ 当 $P \to P_0$ 时的极限. 如果 $P(x, y)$ 以某些特殊方式（如沿某几条直线或几条曲线）趋于 $P_0(x_0, y_0)$ 时，即使函数值 $f(P)$ 趋于同一常数 A，我们也不能由此断定函数的极限存在. 但是反过来，当 P 在 D 内沿不同的路径趋于 P_0 时，$f(P)$ 趋于不同的值，则可以断定函数的极限不存在.

二元函数极限有与一元函数极限相似的运算性质和法则，这里不再一一叙述.

例 1 设 $f(x,y) = \begin{cases} \dfrac{xy}{x^2+y^2}, & x^2+y^2 \neq 0, \\ 0, & x^2+y^2 = 0, \end{cases}$ 判断极限 $\lim\limits_{\substack{x \to 0 \\ y \to 0}} f(x, y)$ 是否存在.

解 当 $P(x, y)$ 沿 x 轴趋于 $(0, 0)$ 时，有 $y = 0$，于是
$$\lim_{\substack{x \to 0 \\ y = 0}} f(x, y) = \lim_{x \to 0} \frac{0}{x^2 + 0^2} = 0;$$
当 $P(x, y)$ 沿 y 轴趋于 $(0, 0)$ 时，有 $x = 0$，于是
$$\lim_{\substack{y \to 0 \\ x = 0}} f(x, y) = \lim_{y \to 0} \frac{0}{0^2 + y^2} = 0.$$
但不能因为 $P(x, y)$ 以上述两种特殊方式趋于 $(0, 0)$ 时的极限存在且相等，就断定所考察的二重极限存在.

因为当 $P(x, y)$ 沿直线 $y = kx (k \neq 0)$ 趋于 $(0, 0)$ 时，有
$$\lim_{\substack{x \to 0 \\ y = kx}} f(x, y) = \lim_{x \to 0} \frac{kx^2}{(1+k^2)x^2} = \frac{k}{1+k^2},$$
这个极限值随 k 不同而变化，故 $\lim\limits_{\substack{x \to 0 \\ y \to 0}} f(x, y)$ 不存在.

例 2 求下列函数的极限：

(1) $\lim\limits_{\substack{x \to 0 \\ y \to 0}} \dfrac{2 - \sqrt{xy + 4}}{xy}$； (2) $\lim\limits_{\substack{x \to 0 \\ y \to 0}} \dfrac{xy^2}{x^2 + y^2}$； (3) $\lim\limits_{\substack{x \to 1 \\ y \to 0}} \dfrac{\ln(1 + xy)}{y\sqrt{x^2 + y^2}}$.

解 (1) $\lim\limits_{\substack{x\to 0\\y\to 0}}\dfrac{2-\sqrt{xy+4}}{xy}=\lim\limits_{\substack{x\to 0\\y\to 0}}\dfrac{-xy}{xy(2+\sqrt{xy+4})}=-\lim\limits_{\substack{x\to 0\\y\to 0}}\dfrac{1}{2+\sqrt{xy+4}}=-\dfrac{1}{4}.$

(2) 当 $x\to 0, y\to 0$ 时, $x^2+y^2\neq 0$, 有 $x^2+y^2\geqslant 2|xy|$.

这时,函数 $\dfrac{xy}{x^2+y^2}$ 有界,而 y 是当 $x\to 0$ 且 $y\to 0$ 时的无穷小,根据无穷小量与有界函数的乘积仍为无穷小量,得

$$\lim\limits_{\substack{x\to 0\\y\to 0}}\dfrac{xy^2}{x^2+y^2}=0.$$

(3) $\lim\limits_{\substack{x\to 1\\y\to 0}}\dfrac{\ln(1+xy)}{y\sqrt{x^2+y^2}}=\lim\limits_{\substack{x\to 1\\y\to 0}}\dfrac{xy}{y\sqrt{x^2+y^2}}=\lim\limits_{\substack{x\to 1\\y\to 0}}\dfrac{x}{\sqrt{x^2+y^2}}=1.$

从例 2 可看到求二元函数极限的很多方法与一元函数相同.

二、二元函数的连续性

定义 3 设二元函数 $z=f(x,y)$ 在点 $P_0(x_0,y_0)$ 的某邻域内有定义,如果

$$\lim\limits_{\substack{x\to x_0\\y\to y_0}}f(x,y)=f(x_0,y_0),$$

则称函数 $f(x,y)$ 在点 $P_0(x_0,y_0)$ 处**连续**,P_0 称为 $f(x,y)$ 的**连续点**;否则,称 $f(x,y)$ 在 P_0 处**间断**(**不连续**),P_0 称为 $f(x,y)$ 的**间断点**.

与一元函数相仿,二元函数 $z=f(x,y)$ 在点 $P_0(x_0,y_0)$ 处连续,必须满足 3 个条件:(1) 函数在点 P_0 有定义;(2) 函数在 P_0 处的极限存在;(3) 函数在 P_0 处的极限与 P_0 处的函数值相等. 只要 3 条中有 1 条不满足,函数在 P_0 处就不连续.

由例 1 可知, $f(x,y)=\begin{cases}\dfrac{xy}{x^2+y^2}, & x^2+y^2\neq 0,\\ 0, & x^2+y^2=0\end{cases}$ 在 $(0,0)$ 处间断;函数 $z=\dfrac{1}{x+y}$ 在直线 $x+y=0$ 上每一点处间断.

如果 $f(x,y)$ 在平面区域 D 内每一点处都连续,则称 $f(x,y)$ 在区域 D 内连续,也称 $f(x,y)$ 是 D 内的连续函数,记为 $f(x,y)\in C(D)$. 在区域 D 上连续函数的图形是一张既没有"洞"也没有"裂缝"的曲面.

一元函数中关于极限的运算法则对于多元函数仍适用,故二元连续函数经过四则运算后仍为二元连续函数(在商的情形要求分母不为零);二元连续函数的复合函数也是连续函数.

与一元初等函数类似,二元初等函数可用含 x,y 的一个解析式表示,而这个式子是由常数、x 的基本初等函数、y 的基本初等函

数经过有限次四则运算及复合所构成的,例如,$\sin(x+y)$, $e^x\ln(1-x^2-y^2)$, $\dfrac{xy}{x^2+y^2}+\arcsin\dfrac{x}{y}$ 等都是二元初等函数. 二元初等函数在其有定义的区域内处处连续.

三、有界闭区域上二元连续函数的性质

与闭区间上一元连续函数的性质相类似,有界闭区域上的二元连续函数有如下性质.

性质 1(最值定理) 若 $f(x,y)$ 在有界闭区域 D 上连续,则 $f(x,y)$ 在 D 上必取得最大值与最小值.

推论 1 若 $f(x,y)$ 在有界闭区域 D 上连续,则 $f(x,y)$ 在 D 上有界.

性质 2(介值定理) 若 $f(x,y)$ 在有界闭区域 D 上连续,M 和 m 分别是 $f(x,y)$ 在 D 上的最大值与最小值,则对于介于 M 与 m 之间的任意一个数 C,必存在一点 $(x_0,y_0)\in D$,使得 $f(x_0,y_0)=C$.

以上关于二元函数的极限与连续性的概念及有界闭区域上连续函数的性质,可类推到三元以上的函数中去.

习 题 7-2

1. 讨论下列函数在点 $(0,0)$ 处的极限是否存在:
  (1) $z=\dfrac{xy^2}{x^2+y^4}$;
  (2) $z=\dfrac{x+y}{x-y}$.

2. 求下列极限:
  (1) $\lim\limits_{\substack{x\to 0\\y\to 0}}\dfrac{\sin(xy)}{x}$;
  (2) $\lim\limits_{\substack{x\to 0\\y\to 1}}\dfrac{1-xy}{x^2+y^2}$;
  (3) $\lim\limits_{\substack{x\to 0\\y\to 0}}\dfrac{xy}{\sqrt{xy+1}-1}$;
  (4) $\lim\limits_{\substack{x\to\infty\\y\to\infty}}\dfrac{\sin(xy)}{x^2+y^2}$.

3. 求函数 $z=\dfrac{y^2+2x}{y^2-2x}$ 的间断点.

第三节 偏导数与全微分

一、偏导数

1. 偏导数的定义与计算

在二元函数 $z=f(x,y)$ 中,有两个自变量 x 和 y,但若固定其

中一个自变量,比如,令 $y = y_0$,而让 x 变化,则 z 成为一元函数 $z = f(x, y_0)$,我们可用讨论一元函数的方法来讨论它的导数,称为偏导数.

设函数 $z = f(x,y)$ 在点 (x_0, y_0) 的某邻域内有定义,当 x 在 x_0 有一改变量 $\Delta x (\Delta x \neq 0)$,而 $y = y_0$ 保持不变,这时函数的改变量为

$$\Delta_x z = f(x_0 + \Delta x, y_0) - f(x_0, y_0),$$

$\Delta_x z$ 称为函数 $f(x,y)$ 在 (x_0, y_0) 处关于 x 的**偏改变量**(或**偏增量**).类似地可定义 $f(x,y)$ 关于 y 的偏增量为

$$\Delta_y z = f(x_0, y_0 + \Delta y) - f(x_0, y_0).$$

有了偏增量的概念,下面给出偏导数的定义.

定义 1   设函数 $z = f(x,y)$ 在 (x_0, y_0) 的某邻域内有定义,如果

$$\lim_{\Delta x \to 0} \frac{\Delta_x z}{\Delta x} = \lim_{\Delta x \to 0} \frac{f(x_0 + \Delta x, y_0) - f(x_0, y_0)}{\Delta x}$$

存在,则称此极限值为函数 $z = f(x,y)$ 在 (x_0, y_0) 处关于 x 的**偏导数**,并称函数 $z = f(x,y)$ 在点 (x_0, y_0) 处关于 x **可偏导**.记作

$$\left.\frac{\partial z}{\partial x}\right|_{\substack{x=x_0 \\ y=y_0}}, \left.\frac{\partial f}{\partial x}\right|_{\substack{x=x_0 \\ y=y_0}}, \left.z'_x\right|_{\substack{x=x_0 \\ y=y_0}}, f'_x(x_0, y_0).$$

类似地,可定义函数 $z = f(x,y)$ 在点 (x_0, y_0) 处关于自变量 y 的偏导数为

$$\lim_{\Delta y \to 0} \frac{\Delta_y z}{\Delta y} = \lim_{\Delta y \to 0} \frac{f(x_0, y_0 + \Delta y) - f(x_0, y_0)}{\Delta y},$$

记作

$$\left.\frac{\partial z}{\partial y}\right|_{\substack{x=x_0 \\ y=y_0}}, \left.\frac{\partial f}{\partial y}\right|_{\substack{x=x_0 \\ y=y_0}}, \left.z'_y\right|_{\substack{x=x_0 \\ y=y_0}}, f'_y(x_0, y_0).$$

如果函数 $z = f(x,y)$ 在区域 D 内每一点 (x,y) 处的偏导数都存在,即

$$f'_x(x,y) = \lim_{\Delta x \to 0} \frac{f(x + \Delta x, y) - f(x,y)}{\Delta x},$$

$$f'_y(x,y) = \lim_{\Delta y \to 0} \frac{f(x, y + \Delta y) - f(x,y)}{\Delta y}$$

存在,则上述两个偏导数还是关于 x, y 的二元函数,分别称为 z 对 x, y 的偏导函数(简称为偏导数),并记作

$$\frac{\partial z}{\partial x}, \frac{\partial z}{\partial y} \text{ 或 } \frac{\partial f}{\partial x}, \frac{\partial f}{\partial y} \text{ 或 } z'_x, z'_y \text{ 或 } f'_x(x,y), f'_y(x,y).$$

不难看出, $f(x,y)$ 在 (x_0, y_0) 处关于 x 的偏导数 $f'_x(x_0, y_0)$ 就是偏导函数 $f'_x(x,y)$ 在 (x_0, y_0) 处的函数值,而 $f'_y(x_0, y_0)$ 就是偏导函数 $f'_y(x,y)$ 在 (x_0, y_0) 处的函数值.

由于偏导数是将二元函数中的一个自变量固定不变,只让另

一个自变量变化,相应的偏增量与另一个自变量的增量的比值的极限,因此,求偏导数问题仍然是求一元函数的导数问题. 求 $\dfrac{\partial f}{\partial x}$ 时,把 y 看作常量,将 $z = f(x,y)$ 看作 x 的一元函数对 x 求导. 求 $\dfrac{\partial f}{\partial y}$ 时,把 x 看作常量,将 $z = f(x,y)$ 看作 y 的一元函数对 y 求导.

三元及三元以上的多元函数的偏导数,完全可以类似地定义和计算,这里就不讨论了.

例 1 求函数 $z = \sin(x+y)\mathrm{e}^{xy}$ 在点 $(1,-1)$ 处的偏导数.

解 方法 1
$$\left.\dfrac{\partial z}{\partial x}\right|_{\substack{x=1 \\ y=-1}} = \dfrac{\mathrm{d}}{\mathrm{d}x}\left[\sin(x-1)\mathrm{e}^{-x}\right]\bigg|_{x=1}$$
$$= \mathrm{e}^{-x}\left[\cos(x-1) - \sin(x-1)\right]\bigg|_{x=1} = \mathrm{e}^{-1},$$
$$\left.\dfrac{\partial z}{\partial y}\right|_{\substack{x=1 \\ y=-1}} = \dfrac{\mathrm{d}}{\mathrm{d}y}\left[\sin(1+y)\mathrm{e}^{y}\right]\bigg|_{y=-1}$$
$$= \mathrm{e}^{y}\left[\cos(1+y) + \sin(1+y)\right]\bigg|_{y=-1} = \mathrm{e}^{-1}.$$

方法 2 将 y 看成常量,对 x 求导得
$$\dfrac{\partial z}{\partial x} = \mathrm{e}^{xy}\left[\cos(x+y) + y\sin(x+y)\right];$$
将 x 看成常量,对 y 求导得
$$\dfrac{\partial z}{\partial y} = \mathrm{e}^{xy}\left[\cos(x+y) + x\sin(x+y)\right].$$
再将 $x=1, y=-1$ 代入上式得
$$\left.\dfrac{\partial z}{\partial x}\right|_{\substack{x=1 \\ y=-1}} = \mathrm{e}^{-1}, \quad \left.\dfrac{\partial z}{\partial y}\right|_{\substack{x=1 \\ y=-1}} = \mathrm{e}^{-1}.$$

例 2 设 $z = x^y \, (x>0, x\neq 1)$,求证:
$$\dfrac{x}{y} \cdot \dfrac{\partial z}{\partial x} + \dfrac{1}{\ln x} \cdot \dfrac{\partial z}{\partial y} = 2z.$$

证 因为 $\dfrac{\partial z}{\partial x} = yx^{y-1}, \dfrac{\partial z}{\partial y} = x^y \ln x$,所以
$$\dfrac{x}{y} \cdot \dfrac{\partial z}{\partial x} + \dfrac{1}{\ln x} \cdot \dfrac{\partial z}{\partial y} = \dfrac{x}{y} \cdot yx^{y-1} + \dfrac{1}{\ln x} \cdot x^y \ln x = x^y + x^y = 2z.$$

例 3 求函数 $u = \sqrt{x^2 + y^2 + z^2}$ 在 $(x,y,z) \neq (0,0,0)$ 处的偏导数.

解 将 y 和 z 看作常量,对 x 求导得
$$\dfrac{\partial u}{\partial x} = \dfrac{1}{2} \cdot \dfrac{1}{\sqrt{x^2 + y^2 + z^2}} \cdot 2x = \dfrac{x}{u}, \quad (x,y,z) \neq (0,0,0).$$
同理可得
$$\dfrac{\partial u}{\partial y} = \dfrac{y}{u}, \quad \dfrac{\partial u}{\partial z} = \dfrac{z}{u}, \quad (x,y,z) \neq (0,0,0).$$

2. 二元函数偏导数的几何意义

由于偏导数实质上就是一元函数的导数,而一元函数的导数在几何上表示曲线上切线的斜率,因此,二元函数的偏导数也有类似的几何意义.

设函数 $z = f(x,y)$ 在点 (x_0, y_0) 处的偏导数存在,由于 $f'_x(x_0, y_0)$ 就是一元函数 $f(x, y_0)$ 在点 x_0 处的导数值,即 $f'_x(x_0, y_0) = \left[\dfrac{\mathrm{d}}{\mathrm{d}x} f(x, y_0)\right]_{x=x_0}$,故只需要弄清楚一元函数 $f(x, y_0)$ 的几何意义,再根据一元函数的导数的几何意义,就可以得到 $f'_x(x_0, y_0)$ 的几何意义. 注意到 $z = f(x,y)$ 在几何上表示一曲面. 现在,过点 (x_0, y_0) 作平行于 zOx 面的平面 $y = y_0$,该平面与曲面 $z = f(x, y)$ 相截,得到截线

$$\Gamma_1 : \begin{cases} z = f(x, y), \\ y = y_0. \end{cases}$$

若将 $y = y_0$ 代入第一个方程,得 $z = f(x, y_0)$. 可见截线 Γ_1 是平面 $y = y_0$ 上一条平面曲线,Γ_1 在 $y = y_0$ 上的方程就是 $z = f(x, y_0)$. 从而 $f'_x(x_0, y_0) = \left[\dfrac{\mathrm{d}}{\mathrm{d}x} f(x, y_0)\right]_{x=x_0}$ 表示 Γ_1 在点 $M_0(x_0, y_0, f(x_0, y_0)) \in \Gamma_1$ 处的切线 T_1 对 x 轴的斜率(见图 7-11).

同理,$f'_y(x_0, y_0) = \left[\dfrac{\mathrm{d}}{\mathrm{d}y} f(x_0, y)\right]_{y=y_0}$ 表示平面 $x = x_0$ 与 $z = f(x, y)$ 的截线 Γ_2 在 $M_0(x_0, y_0, f(x_0, y_0))$ 处的切线 T_2 对 y 轴的斜率(见图 7-11).

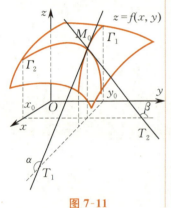

偏导数的几何意义

图 7-11

例 4 证明函数

$$z = f(x, y) = \begin{cases} \dfrac{xy}{x^2 + y^2}, & x^2 + y^2 \neq 0, \\ 0, & x^2 + y^2 = 0 \end{cases}$$

在点 $(0,0)$ 处的两个偏导数存在,但在该点不连续.

证 由上一节例 1 知,$z = f(x, y)$ 在点 $(0,0)$ 处的极限不存在,因此它在 $(0,0)$ 处不连续.

$$f'_x(0, 0) = \lim_{\Delta x \to 0} \frac{f(0 + \Delta x, 0) - f(0, 0)}{\Delta x}$$

$$= \lim_{\Delta x \to 0} \frac{\dfrac{(0 + \Delta x) \cdot 0}{(0 + \Delta x)^2 + 0^2} - 0}{\Delta x} = 0.$$

同样有 $f'_y(0, 0) = 0$. 这表明 $f(x, y)$ 在 $(0, 0)$ 处对 x 和对 y 的偏导数存在,即在 $(0, 0)$ 处可偏导.

例 4 指出,虽然在一元函数中,我们有结论:可导必连续,但连续不一定可导. 对于二元函数而言,函数在某点的偏导数存在,不能保证函数在该点连续. 这并不奇怪,因为偏导数只刻画函数沿 x 轴与 y 轴方向的变化率,$f'_x(x_0,y_0)$ 存在,只能保证一元函数 $f(x,y_0)$ 在 x_0 处连续,即 $y=y_0$ 与 $z=f(x,y)$ 的截线 Γ_1 在 $M_0(x_0,y_0,z_0)$ 处连续. 同时 $f'_y(x_0,y_0)$ 存在,只能保证 $x=x_0$ 与 $z=f(x,y)$ 的截线 Γ_2 在 $M_0(x_0,y_0,z_0)$ 处连续(见图 7-11),但两曲线 Γ_1,Γ_2 在 M_0 处连续并不能保证曲面 $z=f(x,y)$ 在 M_0 处连续.

二、全微分

1. 全微分的概念

我们知道,一元函数 $y=f(x)$ 如果可微,则函数的增量 Δy 可用自变量的增量 Δx 的线性函数近似求得. 在实际问题中,我们会遇到求二元函数 $z=f(x,y)$ 的全增量的问题,一般说来,计算二元函数的全增量 Δz 更为复杂. 为了能像一元函数一样,用自变量的增量 Δx 与 Δy 的线性函数近似代替全增量,我们引入二元函数的全微分的概念.

定义 2 设函数 $z=f(x,y)$ 在 $P_0(x_0,y_0)$ 的某邻域内有定义,如果函数 z 在 P_0 处的全增量 $\Delta z=f(x_0+\Delta x,y_0+\Delta y)-f(x_0,y_0)$ 能表示成

$$\Delta z = A\cdot\Delta x+B\cdot\Delta y+o(\rho),$$

其中 A,B 是与 $\Delta x,\Delta y$ 无关,仅与 x_0,y_0 有关的常数,$\rho=\sqrt{(\Delta x)^2+(\Delta y)^2}$,$o(\rho)$ 表示当 $\Delta x\to 0,\Delta y\to 0$ 时关于 ρ 的高阶无穷小量,则称函数 $z=f(x,y)$ 在 $P_0(x_0,y_0)$ 处<u>可微</u>,而称 $A\Delta x+B\Delta y$ 为 $f(x,y)$ 在点 $P_0(x_0,y_0)$ 处的<u>全微分</u>,记作 $\mathrm{d}z\big|_{\substack{x=x_0\\y=y_0}}$ 或 $\mathrm{d}f\big|_{\substack{x=x_0\\y=y_0}}$,即

$$\mathrm{d}z\big|_{\substack{x=x_0\\y=y_0}}=A\Delta x+B\Delta y.$$

若 $z=f(x,y)$ 在区域 D 内处处可微,则称 $f(x,y)$ 在 D 内可微,也称 $f(x,y)$ 是 D 内的可微函数. $z=f(x,y)$ 在 (x,y) 处的全微分记作 $\mathrm{d}z$,即

$$\mathrm{d}z = A(x,y)\Delta x+B(x,y)\Delta y.$$

二元函数 $z=f(x,y)$ 在点 $P(x,y)$ 的全微分具有以下两个性质:

(1) $\mathrm{d}z$ 是 $\Delta x,\Delta y$ 的线性函数,即 $\mathrm{d}z=A\Delta x+B\Delta y$;

(2) 由于 $\Delta z-\mathrm{d}z=o(\rho)(\rho\to 0)$,因此,当 $|\Delta x|,|\Delta y|$ 都很小时,可将 $\mathrm{d}z$ 作为计算 Δz 的近似公式,即 $\Delta z\approx\mathrm{d}z$.

全微分的几何意义

由本节例 4 看到，多元函数在某点的偏导数即使都存在，也不能保证函数在该点连续. 但是对于可微函数却有如下结论：

定理 1　如果函数 $z = f(x, y)$ 在点 (x, y) 处可微分，则函数在该点必连续.

这是因为由可微的定义，得
$$\Delta z = f(x+\Delta x, y+\Delta y) - f(x,y) = A\Delta x + B\Delta y + o(\rho),$$
$$\lim_{\substack{\Delta x \to 0 \\ \Delta y \to 0}} \Delta z = 0, \quad \lim_{\substack{\Delta x \to 0 \\ \Delta y \to 0}} f(x+\Delta x, y+\Delta y) = f(x,y).$$
即函数 $z = f(x, y)$ 在点 (x, y) 处连续.

一元函数可微与可导是等价的，但二元函数可微与可偏导却并不等价.

定理 2　如果函数 $z = f(x, y)$ 在点 (x, y) 处可微分，则 $f(x,y)$ 在该点的两个偏导数 $\dfrac{\partial z}{\partial x}, \dfrac{\partial z}{\partial y}$ 都存在，且有
$$\mathrm{d}z = \frac{\partial z}{\partial x}\Delta x + \frac{\partial z}{\partial y}\Delta y.$$

证　因为函数 $z = f(x, y)$ 在点 (x, y) 处可微分，故
$$\Delta z = A\Delta x + B\Delta y + o(\rho), \rho = \sqrt{(\Delta x)^2 + (\Delta y)^2}.$$
令 $\Delta y = 0$，于是
$$\Delta_x z = A\Delta x + o(\sqrt{(\Delta x)^2}).$$
由此得
$$\lim_{\Delta x \to 0} \frac{\Delta_x z}{\Delta x} = \lim_{\Delta x \to 0}\left[A + \frac{o(\sqrt{(\Delta x)^2})}{\Delta x}\right]$$
$$= A + \lim_{\Delta x \to 0} \frac{o(|\Delta x|)}{|\Delta x|} \cdot \frac{|\Delta x|}{\Delta x} = A,$$
即 $\dfrac{\partial z}{\partial x} = A$. 同理可证得
$$\frac{\partial z}{\partial y} = B.$$

应该注意，定理 2 的逆命题不成立. 如函数
$$f(x,y) = \begin{cases} \dfrac{xy}{x^2+y^2}, & x^2+y^2 \neq 0, \\ 0, & x^2+y^2 = 0 \end{cases}$$
在 $(0,0)$ 处两个偏导数都存在，但 $f(x,y)$ 在 $(0,0)$ 处不连续. 由定理 1 知，该函数在 $(0,0)$ 处不可微. 但当函数 $z = f(x,y)$ 的两个偏导数既存在又连续时，函数就是可微的. 我们不加证明地给出如下定理.

定理 3　如果函数 $z = f(x, y)$ 在 (x, y) 处的偏导数 $\dfrac{\partial z}{\partial x}, \dfrac{\partial z}{\partial y}$ 存在且连续，则函数 $f(x, y)$ 在该点可微分.

类似于一元函数微分的情形,规定自变量的微分就等于自变量的改变量. 即 $dx = \Delta x, dy = \Delta y$,于是由定理 2 有
$$dz = \frac{\partial z}{\partial x}dx + \frac{\partial z}{\partial y}dy.$$

以上关于二元函数的全微分的概念及结论,可以类推到三元以上的函数中去. 例如,若三元函数 $u = f(x,y,z)$ 在点 $P(x,y,z)$ 处可微,则它的全微分为
$$du = \frac{\partial u}{\partial x}dx + \frac{\partial u}{\partial y}dy + \frac{\partial u}{\partial z}dz.$$

例 5 求下列函数的全微分:
(1) $z = x^2 \sin 2y$;   (2) $u = x^{yz}$.

解 (1) 因为 $\frac{\partial z}{\partial x} = 2x\sin 2y, \frac{\partial z}{\partial y} = 2x^2 \cos 2y$,所以
$$dz = 2x\sin 2y \, dx + 2x^2 \cos 2y \, dy.$$

(2) 因为 $\frac{\partial u}{\partial x} = yzx^{yz-1}, \frac{\partial u}{\partial y} = zx^{yz}\ln x, \frac{\partial u}{\partial z} = yx^{yz}\ln x$,所以
$$du = yzx^{yz-1}dx + zx^{yz}\ln x \, dy + yx^{yz}\ln x \, dz.$$

例 6 求 $z = e^{xy}$ 在点 $(1,2)$ 处的全微分.

解 因为 $\frac{\partial z}{\partial x} = ye^{xy}, \frac{\partial z}{\partial y} = xe^{xy}$,所以
$$\left.\frac{\partial z}{\partial x}\right|_{\substack{x=1\\y=2}} = 2e^2, \quad \left.\frac{\partial z}{\partial y}\right|_{\substack{x=1\\y=2}} = e^2,$$
于是
$$\left.dz\right|_{\substack{x=1\\y=2}} = 2e^2 dx + e^2 dy.$$

2. 全微分的运算法则

类似于一元函数微分的运算法则,有

定理 4(全微分四则运算法则) 设函数 $f(x,y), g(x,y)$ 在 $P(x,y)$ 处可微,则

(1) $f(x,y) \pm g(x,y)$ 在 (x,y) 处可微,且
$$d[f(x,y) \pm g(x,y)] = df(x,y) \pm dg(x,y);$$

(2) 若 k 为常数,$kf(x,y)$ 在点 (x,y) 处可微,且
$$d[kf(x,y)] = kdf(x,y);$$

(3) $f(x,y) \cdot g(x,y)$ 在点 (x,y) 处可微,且
$$d[f(x,y) \cdot g(x,y)] = g(x,y)df(x,y) + f(x,y)dg(x,y);$$

(4) 当 $g(x,y) \neq 0$ 时,$\frac{f(x,y)}{g(x,y)}$ 在点 (x,y) 处可微,且
$$d\left[\frac{f(x,y)}{g(x,y)}\right] = \frac{g(x,y)df(x,y) - f(x,y)dg(x,y)}{g^2(x,y)}.$$

例 7 求 $z = e^x \sin y + \dfrac{y}{x}$ 的全微分.

解 $dz = d(e^x \sin y) + d\left(\dfrac{y}{x}\right) = \sin y d(e^x) + e^x d(\sin y) + \dfrac{xdy - ydx}{x^2}$

$= e^x \sin y dx + e^x \cos y dy + \dfrac{1}{x}dy - \dfrac{y}{x^2}dx$

$= \left(e^x \sin y - \dfrac{y}{x^2}\right)dx + \left(e^x \cos y + \dfrac{1}{x}\right)dy.$

习 题 7-3

1. 求下列各函数的偏导数：

(1) $z = (1+x)^y$；

(2) $z = \ln\left(\tan\dfrac{y}{x}\right)$；

(3) $z = \arctan\dfrac{y}{x}$；

(4) $u = y^{\frac{z}{x}}$.

2. 已知 $f(x,y) = e^{-\sin x}(x+2y)$，求 $f'_x(0,1), f'_y(0,1)$.

3. 设 $z = x + y + (y-1)\arcsin\sqrt{\dfrac{x}{y}}$，求 $\dfrac{\partial z}{\partial x}\bigg|_{\substack{x=\frac{1}{2}\\y=1}}, \dfrac{\partial z}{\partial y}\bigg|_{\substack{x=\frac{1}{8}\\y=1}}$.

4. 验证 $z = e^{-\left(\frac{1}{x}+\frac{1}{y}\right)}$ 满足 $x^2\dfrac{\partial z}{\partial x} + y^2\dfrac{\partial z}{\partial y} = 2z$.

5. 设函数 $z = \begin{cases} \dfrac{xy^2}{x^2+y^4}, & x^2+y^2 \neq 0, \\ 0, & x^2+y^2 = 0, \end{cases}$ 试判断它在点 $(0,0)$ 处的偏导数是否存在.

6. 求曲线 $\begin{cases} z = \dfrac{1}{4}(x^2+y^2), \\ y = 4 \end{cases}$ 在点 $(2,4,5)$ 处的切线与 x 轴正向所成的倾角.

7. 求函数 $z = xy$ 在 $(2,3)$ 处，当 $\Delta x = 0.1$ 与 $\Delta y = -0.2$ 时的全增量 Δz 与全微分 dz.

8. 求下列函数的全微分：

(1) 设 $u = \left(\dfrac{x}{y}\right)^z$，求 $du\bigg|_{(1,1,1)}$；

(2) 设 $z = \dfrac{y}{\sqrt{x^2+y^2}}$，求 dz.

第四节 多元复合函数与隐函数的微分法

本节我们将一元函数中复合函数的求导法则推广到多元复合函数的情形.

一、多元复合函数的微分法

1. 链式法则

先考虑最简单的情形.

定理 1 设有函数 $z=f(u,v)$,而 $u=\varphi(x),v=\psi(x)$. 如果函数 $u=\varphi(x)$ 和 $v=\psi(x)$ 都在 x 点可导,函数 $z=f(u,v)$ 在对应的点 (u,v) 处可微,则复合函数 $z=f(\varphi(x),\psi(x))$ 在 x 处可导,且

$$\frac{\mathrm{d}z}{\mathrm{d}x}=\frac{\partial f}{\partial u}\frac{\mathrm{d}u}{\mathrm{d}x}+\frac{\partial f}{\partial v}\frac{\mathrm{d}v}{\mathrm{d}x}. \qquad (7\text{-}4\text{-}1)$$

证 设自变量 x 的改变量为 Δx,中间变量 $u=\varphi(x)$ 和 $v=\psi(x)$ 的相应的改变量分别为 Δu 和 Δv,进而函数 z 的改变量为 Δz. 因 $z=f(u,v)$ 在 (u,v) 处可微,由可微的定义有

$$\Delta z=\mathrm{d}z+o(\rho)=\frac{\partial f}{\partial u}\Delta u+\frac{\partial f}{\partial v}\Delta v+o(\rho),$$

其中 $\rho=\sqrt{(\Delta u)^2+(\Delta v)^2}, o(\rho)\to 0(\rho\to 0)$,且 $\lim\limits_{\rho\to 0}\dfrac{o(\rho)}{\rho}=0$,故有

$$\frac{\Delta z}{\Delta x}=\frac{\partial f}{\partial u}\frac{\Delta u}{\Delta x}+\frac{\partial f}{\partial v}\frac{\Delta v}{\Delta x}+\frac{o(\rho)}{\rho}\frac{\rho}{\Delta x}.$$

因为 $u=\varphi(x)$ 和 $v=\psi(x)$ 都在点 x 可导,故当 $\Delta x\to 0$ 时,$\Delta u\to 0, \Delta v\to 0, \rho\to 0, \dfrac{\Delta u}{\Delta x}\to\dfrac{\mathrm{d}u}{\mathrm{d}x}, \dfrac{\Delta v}{\Delta x}\to\dfrac{\mathrm{d}v}{\mathrm{d}x}.$

在上式中令 $\Delta x\to 0$,两边取极限,得

$$\frac{\mathrm{d}z}{\mathrm{d}x}=\frac{\partial f}{\partial u}\frac{\mathrm{d}u}{\mathrm{d}x}+\frac{\partial f}{\partial v}\frac{\mathrm{d}v}{\mathrm{d}x}.$$

注意,当 $\Delta x\to 0$ 时,$\dfrac{o(\rho)}{\rho}\dfrac{\rho}{\Delta x}\to 0$.

这是由于

$$\lim_{\Delta x\to 0}\frac{\rho}{|\Delta x|}=\lim_{\Delta x\to 0}\sqrt{\left(\frac{\Delta u}{\Delta x}\right)^2+\left(\frac{\Delta v}{\Delta x}\right)^2}=\sqrt{\left(\frac{\mathrm{d}u}{\mathrm{d}x}\right)^2+\left(\frac{\mathrm{d}v}{\mathrm{d}x}\right)^2},$$

这说明 $\Delta x\to 0$ 时,$\dfrac{\rho}{\Delta x}$ 是有界量,$\dfrac{o(\rho)}{\rho}$ 为无穷小量. 从而 $\dfrac{o(\rho)}{\rho}\dfrac{\rho}{\Delta x}\to 0(\Delta x\to 0)$.

用同样的方法,可以得到中间变量多于两个的复合函数的求导法则. 比如 $z=f(u,v,w)$,而 $u=\varphi(x),v=\psi(x),w=\omega(x)$,则

$$\frac{\mathrm{d}z}{\mathrm{d}x}=\frac{\partial f}{\partial u}\frac{\mathrm{d}u}{\mathrm{d}x}+\frac{\partial f}{\partial v}\frac{\mathrm{d}v}{\mathrm{d}x}+\frac{\partial f}{\partial w}\frac{\mathrm{d}w}{\mathrm{d}x}. \qquad (7\text{-}4\text{-}2)$$

例 1 设 $z=u^2v, u=\cos t, v=\sin t$,求 $\dfrac{\mathrm{d}z}{\mathrm{d}t}$.

解 利用公式(7-4-1)求导. 因为

$$\frac{\partial z}{\partial u}=2uv,\quad \frac{\partial z}{\partial v}=u^2,\quad \frac{\mathrm{d}u}{\mathrm{d}t}=-\sin t,\quad \frac{\mathrm{d}v}{\mathrm{d}t}=\cos t,$$

所以

$$\frac{\mathrm{d}z}{\mathrm{d}t}=\frac{\partial z}{\partial u}\frac{\mathrm{d}u}{\mathrm{d}t}+\frac{\partial z}{\partial v}\cdot\frac{\mathrm{d}v}{\mathrm{d}t}=-2uv\sin t+u^2\cos t=-2\cos t\sin^2 t+\cos^3 t.$$

本题也可将 $u=\cos t, v=\sin t$ 代入函数 $z=u^2v$ 中,再用一元函数的求导法,求得同样的结果.

观察公式(7-4-1)、公式(7-4-2)可以知道,若函数 z 有 2 个中间变量,则公式右端是 2 项之和;若 z 有 3 个中间变量,则公式右端是 3 项之和. 一般地,若 z 有几个中间变量,则公式右端是几项之和,且每一项都是两个导数之积,即 z 对中间变量的偏导数再乘上该中间变量对 x 的导数.

公式(7-4-1)、公式(7-4-2)可借助复合关系图 7-12 来理解和记忆.

公式(7-4-1)、公式(7-4-2)称为多元复合函数求导的链式法则.

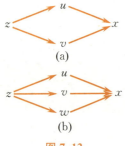

图 7-12

上述定理还可推广到中间变量依赖两个自变量 x 和 y 的情形. 关于这种复合函数的求偏导问题,有如下定理:

定理 2 设函数 $z=f(u,v)$ 在 (u,v) 处可微,函数 $u=u(x,y)$ 及 $v=v(x,y)$ 在点 (x,y) 的偏导数存在,则复合函数 $z=f(u(x,y),v(x,y))$ 在 (x,y) 处的偏导数存在,且有如下的链式法则:

$$\begin{cases}\dfrac{\partial z}{\partial x}=\dfrac{\partial z}{\partial u}\dfrac{\partial u}{\partial x}+\dfrac{\partial z}{\partial v}\dfrac{\partial v}{\partial x},\\[2mm] \dfrac{\partial z}{\partial y}=\dfrac{\partial z}{\partial u}\dfrac{\partial u}{\partial y}+\dfrac{\partial z}{\partial v}\dfrac{\partial v}{\partial y}.\end{cases} \quad (7\text{-}4\text{-}3)$$

定理 2 的证明与定理 1 的证明方法类似,希望读者自己完成.

可以这样来理解公式(7-4-3):求 $\dfrac{\partial z}{\partial x}$ 时,将 y 看作常量,那么中间变量 u 和 v 是 x 的一元函数,应用定理 1 即可得 $\dfrac{\partial z}{\partial x}$. 但考虑到复合函数 $z=f(u(x,y),v(x,y))$ 以及 $u=u(x,y)$ 与 $v=v(x,y)$ 都是 x,y 的二元函数,所以应把公式(7-4-1)中的全导数符号"d"改为偏导数符号"∂".

公式(7-4-3)也可以推广到中间变量多于两个或少于两个的情形. 例如,设 $u=u(x,y),v=v(x,y),w=w(x,y)$ 的偏导数都

存在,函数 $z=f(u,v,w)$ 可微,则复合函数
$$z=f(u(x,y),v(x,y),w(x,y))$$
对 x 和 y 的偏导数都存在,且有如下链式法则:

$$\begin{cases}\dfrac{\partial z}{\partial x}=\dfrac{\partial z}{\partial u}\dfrac{\partial u}{\partial x}+\dfrac{\partial z}{\partial v}\dfrac{\partial v}{\partial x}+\dfrac{\partial z}{\partial w}\dfrac{\partial w}{\partial x},\\ \dfrac{\partial z}{\partial y}=\dfrac{\partial z}{\partial u}\dfrac{\partial u}{\partial y}+\dfrac{\partial z}{\partial v}\dfrac{\partial v}{\partial y}+\dfrac{\partial z}{\partial w}\dfrac{\partial w}{\partial y}.\end{cases}\quad(7\text{-}4\text{-}4)$$

特别对于下述情形:$z=f(u,x,y)$ 可微,而 $u=\varphi(x,y)$ 的偏导数存在,则复合函数
$$z=f(\varphi(x,y),x,y)$$
对 x 及 y 的偏导数都存在. 为了求出这两个偏导数,应将 f 中的变量看作中间变量:$v=x,w=y,u=\varphi(x,y)$. 此时,
$$\frac{\partial v}{\partial x}=1,\quad\frac{\partial v}{\partial y}=0,\quad\frac{\partial w}{\partial x}=0,\quad\frac{\partial w}{\partial y}=1.$$

由公式(7-4-4)得

$$\begin{cases}\dfrac{\partial z}{\partial x}=\dfrac{\partial f}{\partial x}+\dfrac{\partial f}{\partial u}\cdot\dfrac{\partial u}{\partial x},\\ \dfrac{\partial z}{\partial y}=\dfrac{\partial f}{\partial y}+\dfrac{\partial f}{\partial u}\cdot\dfrac{\partial u}{\partial y}.\end{cases}\quad(7\text{-}4\text{-}5)$$

注 这里 $\dfrac{\partial z}{\partial x}$ 与 $\dfrac{\partial f}{\partial x}$ 的意义是不同的. $\dfrac{\partial f}{\partial x}$ 是把 $f(u,x,y)$ 中的 u 与 y 都看作常量对 x 的偏导数,而 $\dfrac{\partial z}{\partial x}$ 却是把二元复合函数 $f(\varphi(x,y),x,y)$ 中的 y 看作常量对 x 的偏导数.

公式(7-4-3),(7-4-4),(7-4-5)可借助图 7-13 理解.

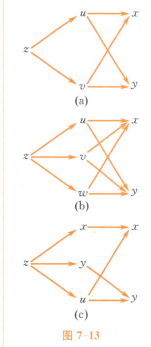

图 7-13

例 2 设 $z=\mathrm{e}^u\sin v, u=xy, v=x+y$,求 $\dfrac{\partial z}{\partial x},\dfrac{\partial z}{\partial y}$.

解
$$\frac{\partial z}{\partial x}=\frac{\partial z}{\partial u}\cdot\frac{\partial u}{\partial x}+\frac{\partial z}{\partial v}\cdot\frac{\partial v}{\partial x}=\mathrm{e}^u\sin v\cdot y+\mathrm{e}^u\cos v\cdot 1$$
$$=\mathrm{e}^{xy}[y\sin(x+y)+\cos(x+y)],$$
$$\frac{\partial z}{\partial y}=\frac{\partial z}{\partial u}\cdot\frac{\partial u}{\partial y}+\frac{\partial z}{\partial v}\cdot\frac{\partial v}{\partial y}=\mathrm{e}^u\sin v\cdot x+\mathrm{e}^u\cos v\cdot 1$$
$$=\mathrm{e}^{xy}[x\sin(x+y)+\cos(x+y)].$$

例 3 设 $z=f(u,v)$ 可微,求 $z=f(x^2-y^2,\mathrm{e}^{xy})$ 对 x 及 y 的偏导数.

解 引入中间变量 $u=x^2-y^2, v=\mathrm{e}^{xy}$,由(7-4-3)式得

$$\frac{\partial z}{\partial x}=\frac{\partial f}{\partial u}\cdot 2x+\frac{\partial f}{\partial v}\cdot y\mathrm{e}^{xy}=2xf_1'(x^2-y^2,\mathrm{e}^{xy})+y\mathrm{e}^{xy}f_2'(x^2-y^2,\mathrm{e}^{xy}),$$

$$\frac{\partial z}{\partial y}=\frac{\partial f}{\partial u}\cdot(-2y)+\frac{\partial f}{\partial v}\cdot x\mathrm{e}^{xy}=-2yf_1'(x^2-y^2,\mathrm{e}^{xy})+x\mathrm{e}^{xy}f_2'(x^2-y^2,\mathrm{e}^{xy}).$$

注 记号 $f_1'(x^2-y^2, e^{xy})$ 与 $f_2'(x^2-y^2, e^{xy})$ 分别表示 $f(u,v)$ 对第一个变量和对第二个变量在 (x^2-y^2, e^{xy}) 处的偏导数，后面还会用到这种表示方法，并可简写为 f_1', f_2'.

例 4 设 $z = xyf\left(\dfrac{x}{y}, \dfrac{y}{x}\right)$，求 $\dfrac{\partial z}{\partial x}, \dfrac{\partial z}{\partial y}$.

解 $\dfrac{\partial z}{\partial x} = yf\left(\dfrac{x}{y}, \dfrac{y}{x}\right) + xy\left[f_1'\left(\dfrac{x}{y}, \dfrac{y}{x}\right) \cdot \dfrac{1}{y} + f_2'\left(\dfrac{x}{y}, \dfrac{y}{x}\right) \cdot \left(-\dfrac{y}{x^2}\right)\right]$

$\qquad = yf\left(\dfrac{x}{y}, \dfrac{y}{x}\right) + xf_1'\left(\dfrac{x}{y}, \dfrac{y}{x}\right) - \dfrac{y^2}{x}f_2'\left(\dfrac{x}{y}, \dfrac{y}{x}\right),$

$\dfrac{\partial z}{\partial y} = xf + xy\left[f_1' \cdot \left(-\dfrac{x}{y^2}\right) + f_2' \cdot \dfrac{1}{x}\right] = xf - \dfrac{x^2}{y}f_1' + yf_2'.$

下面给出经济学中经常遇到的齐次函数的概念.

设函数 $z = f(x,y)$ 的定义域为 D，且当 $(x,y) \in D$ 时，对任给的 $t \in \mathbf{R}, t > 0$，仍有 $(tx, ty) \in D$. 如果存在非负常数 k，使对任意的 $(x,y) \in D$，恒有

$$f(tx, ty) = t^k f(x,y),$$

则称二元函数 $z = f(x,y)$ 为 k **次齐次函数**. $k = 1$ 时，称为**线性齐次函数**.

例 5 证明 k 次齐次函数 $f(x,y)$ 满足

$$xf_x'(x,y) + yf_y'(x,y) = kf(x,y).$$

证 在 $z = f(tx, ty)$ 中，令 $u = tx, v = ty$，当取定一点 (x,y) 时 $f(tx, ty)$ 是 t 的一元函数，于是有

$$\dfrac{\mathrm{d}z}{\mathrm{d}t} = \dfrac{\partial f}{\partial u}\dfrac{\mathrm{d}u}{\mathrm{d}t} + \dfrac{\partial f}{\partial v}\dfrac{\mathrm{d}v}{\mathrm{d}t} = f_1'(tx, ty) \cdot x + f_2'(tx, ty) \cdot y.$$

又因为 $z = t^k f(x,y)$，所以有

$$\dfrac{\mathrm{d}z}{\mathrm{d}t} = kt^{k-1}f(x,y).$$

因此，对任意的 t，有

$$f_1'(tx, ty)x + f_2'(tx, ty)y = kt^{k-1}f(x,y).$$

令 $t = 1$，得

$$xf_x'(x,y) + yf_y'(x,y) = kf(x,y).$$

2. 一阶全微分形式不变性

我们知道一元函数的一阶微分形式具有不变性，多元函数的一阶全微分形式也具有不变性. 下面以二元函数为例来说明.

设 $z = f(u,v)$，当 u, v 为自变量时，则有

$$dz = \frac{\partial f}{\partial u} \cdot du + \frac{\partial f}{\partial v} \cdot dv.$$

如果 u,v 是中间变量,即 $u = \varphi(x,y), v = \psi(x,y)$,则复合函数 $z = f(\varphi(x,y),\psi(x,y))$ 的全微分为

$$\begin{aligned} dz &= \frac{\partial z}{\partial x}dx + \frac{\partial z}{\partial y}dy \\ &= \left(\frac{\partial z}{\partial u}\frac{\partial u}{\partial x} + \frac{\partial z}{\partial v}\frac{\partial v}{\partial x}\right)dx + \left(\frac{\partial z}{\partial u}\frac{\partial u}{\partial y} + \frac{\partial z}{\partial v}\frac{\partial v}{\partial y}\right)dy \\ &= \frac{\partial z}{\partial u}\left(\frac{\partial u}{\partial x}dx + \frac{\partial u}{\partial y}dy\right) + \frac{\partial z}{\partial v}\left(\frac{\partial v}{\partial x}dx + \frac{\partial v}{\partial y}dy\right) \\ &= \frac{\partial z}{\partial u}du + \frac{\partial z}{\partial v}dv. \end{aligned}$$

可见,无论 z 是自变量 u,v 的函数还是中间变量 u,v 的函数,它的全微分形式都是一样的,这种性质称为多元函数的一阶全微分形式的不变性.

例 6 利用一阶全微分形式的不变性求函数 $z = f(x^2 - y^2, e^{xy})$ 的偏导数与全微分.

解 引入中间变量 $u = x^2 - y^2, v = e^{xy}$,则 $z = f(u,v)$.

$$\begin{aligned} dz &= \frac{\partial f}{\partial u}du + \frac{\partial f}{\partial v}dv = f_1'd(x^2 - y^2) + f_2'd(e^{xy}) \\ &= f_1'(dx^2 - dy^2) + f_2'e^{xy} \cdot d(xy) \\ &= f_1'(2xdx - 2ydy) + f_2'e^{xy}(ydx + xdy) \\ &= (2xf_1' + ye^{xy}f_2')dx + (-2yf_1' + xe^{xy}f_2')dy. \end{aligned}$$

因此

$$\frac{\partial z}{\partial x} = 2xf_1' + ye^{xy}f_2', \quad \frac{\partial z}{\partial y} = -2yf_1' + xe^{xy}f_2'.$$

这里与前面例 3 求出的结果是相同的.

二、隐函数的微分法

在一元函数的微分学中,我们曾介绍了隐函数的求导方法:方程两边对 x 求导,再解出 y'.下面我们给出隐函数存在及可微的条件,以及在可微的条件下隐函数的求导公式.

1. 一个方程的情形

定理 3 设函数 $F(x,y)$ 在点 $P_0(x_0,y_0)$ 的某一邻域内有连续的偏导数且 $F(x_0,y_0) = 0, F_y'(x_0,y_0) \neq 0$,则方程 $F(x,y) = 0$ 在点 (x_0,y_0) 的某邻域内唯一确定一个具有连续导数的函数 $y = f(x)$,它满足条件 $y_0 = f(x_0)$,并且有

$$\frac{\mathrm{d}y}{\mathrm{d}x} = -\frac{F'_x}{F'_y}. \tag{7-4-6}$$

这里仅对公式(7-4-6)进行推导.

将函数 $y = f(x)$ 代入方程 $F(x,y) = 0$ 得恒等式

$$F(x, f(x)) = 0.$$

上式两端对 x 求导,得

$$\frac{\partial F}{\partial x} + \frac{\partial F}{\partial y} \cdot \frac{\mathrm{d}y}{\mathrm{d}x} = 0.$$

当 $F'_y \neq 0$ 时,恒有

$$\frac{\mathrm{d}y}{\mathrm{d}x} = -\frac{F'_x}{F'_y}.$$

例 7 设 $x^2 + y^2 = 2x$,求 $\dfrac{\mathrm{d}y}{\mathrm{d}x}$.

解 **方法 1** 令 $F(x,y) = x^2 + y^2 - 2x$,则

$$F'_x = 2x - 2, \quad F'_y = 2y.$$

由公式(7-4-6)得

$$\frac{\mathrm{d}y}{\mathrm{d}x} = -\frac{2x-2}{2y} = \frac{1-x}{y}.$$

方法 2 方程两边对 x 求导,注意 y 是 x 的函数,得

$$2x + 2yy' = 2,$$

解得

$$y' = \frac{1-x}{y}.$$

注 在第一种方法中 x 与 y 都视为自变量,而在第二种方法中要将 y 视为 x 的函数 $y(x)$.

下面介绍三元方程确定二元隐函数的定理,证明从略.

定理 4 设函数 $F(x,y,z)$ 在点 $P_0(x_0, y_0, z_0)$ 的某邻域内具有连续的偏导数,且 $F(x_0, y_0, z_0) = 0$,$F'_z(x_0, y_0, z_0) \neq 0$,则方程 $F(x,y,z) = 0$ 在点 $P_0(x_0, y_0, z_0)$ 的某一邻域内能唯一确定一个有连续偏导数的函数 $z = f(x, y)$,它满足条件 $z_0 = f(x_0, y_0)$,并且有

$$\frac{\partial z}{\partial x} = -\frac{F'_x}{F'_z}, \quad \frac{\partial z}{\partial y} = -\frac{F'_y}{F'_z}. \tag{7-4-7}$$

例 8 设 $x^2 + z^2 = y\varphi\left(\dfrac{z}{y}\right)$,其中 φ 为可微函数,求 $\dfrac{\partial z}{\partial y}$.

解 **方法 1** 方程两边同时对 y 求导,得

$$2z\frac{\partial z}{\partial y} = \varphi\left(\frac{z}{y}\right) + y\varphi'\left(\frac{z}{y}\right)\frac{y \cdot \frac{\partial z}{\partial y} - z}{y^2},$$

解得

$$\frac{\partial z}{\partial y} = \frac{y\varphi\left(\frac{z}{y}\right) - z\varphi'\left(\frac{z}{y}\right)}{2yz - y\varphi'\left(\frac{z}{y}\right)}.$$

方法 2 设 $F(x,y,z) = x^2 + z^2 - y\varphi\left(\frac{z}{y}\right)$,则

$$F'_y = -\varphi - y\varphi' \cdot \left(-\frac{z}{y^2}\right) = -\varphi + \frac{z}{y}\varphi',$$

$$F'_z = 2z - y \cdot \varphi' \cdot \frac{1}{y} = 2z - \varphi',$$

故

$$\frac{\partial z}{\partial y} = -\frac{F'_y}{F'_z} = -\frac{-\varphi + \frac{z}{y}\varphi'}{2z - \varphi'} = \frac{y\varphi - z\varphi'}{2yz - y\varphi'}.$$

2. 方程组的情形

方程组

$$\begin{cases} F(x,y,u,v) = 0, \\ G(x,y,u,v) = 0 \end{cases} \tag{7-4-8}$$

中有 4 个变量,一般其中只能两个独立变化,因此方程组(7-4-8)有可能确定两个二元函数. 下面给出方程组(7-4-8)能确定二元函数 $u = u(x,y), v = v(x,y)$ 的条件及求 u,v 的偏导数公式.

定理 5 设 $F(x,y,u,v), G(x,y,u,v)$ 在点 $P(x_0, y_0, u_0, v_0)$ 的某邻域内具有各个变量的连续偏导数,又 $F(x_0, y_0, u_0, v_0) = 0$, $G(x_0, y_0, u_0, v_0) = 0$,且偏导数组成的函数行列式(称为雅可比 (Jacobi) 式)

$$\frac{\partial(F,G)}{\partial(u,v)} = \begin{vmatrix} F'_u & F'_v \\ G'_u & G'_v \end{vmatrix}$$

在点 $P(x_0, y_0, u_0, v_0)$ 不等于零,则方程组(7-4-8)在点 (x_0, y_0, u_0, v_0) 的某邻域内唯一确定两个函数 $u = u(x,y), v = v(x,y)$ 满足 $u_0 = u(x_0, y_0), v_0 = v(x_0, y_0)$,且有

$$\frac{\partial u}{\partial x} = -\frac{\frac{\partial(F,G)}{\partial(x,v)}}{\frac{\partial(F,G)}{\partial(u,v)}}, \quad \frac{\partial u}{\partial y} = -\frac{\frac{\partial(F,G)}{\partial(y,v)}}{\frac{\partial(F,G)}{\partial(u,v)}},$$

$$\frac{\partial v}{\partial x}=-\frac{\frac{\partial(F,G)}{\partial(u,x)}}{\frac{\partial(F,G)}{\partial(u,v)}}, \quad \frac{\partial v}{\partial y}=-\frac{\frac{\partial(F,G)}{\partial(u,y)}}{\frac{\partial(F,G)}{\partial(u,v)}}. \tag{7-4-9}$$

例 9 设 $xu-yv=0, yu+xv=1$, 求 $\dfrac{\partial u}{\partial x}, \dfrac{\partial v}{\partial x}$.

解 方程两边对 x 求偏导, 注意 u,v 是 x,y 的二元函数, 得

$$\begin{cases} u+x\dfrac{\partial u}{\partial x}-y\dfrac{\partial v}{\partial x}=0, \\ y\dfrac{\partial u}{\partial x}+v+x\dfrac{\partial v}{\partial x}=0. \end{cases}$$

将 $\dfrac{\partial u}{\partial x}, \dfrac{\partial v}{\partial x}$ 看成未知量, 解上述方程组, 当

$$D=\begin{vmatrix} x & -y \\ y & x \end{vmatrix}=x^2+y^2\ne 0$$

时, 方程组有唯一解

$$\frac{\partial u}{\partial x}=\frac{\begin{vmatrix} -u & -y \\ -v & x \end{vmatrix}}{D}=-\frac{ux+vy}{x^2+y^2},$$

$$\frac{\partial v}{\partial x}=\frac{\begin{vmatrix} x & -u \\ y & -v \end{vmatrix}}{D}=-\frac{xv-yu}{x^2+y^2}.$$

一般求方程组所确定的隐函数的导数(或偏导数), 通常不用公式法, 而是对各方程的两边关于自变量求导(或求偏导), 得到所求导数(或偏导数)的方程组, 再解出所求量.

例 10 设函数 $z=f(u)$, 方程 $u=\varphi(u)+\displaystyle\int_y^x p(t)\mathrm{d}t$ 确定 u 是 x,y 的函数, 其中 $f(u),\varphi(u)$ 可微; $p(t),\varphi'(u)$ 连续, 且 $\varphi'(u)\ne 1$, 求 $p(y)\dfrac{\partial z}{\partial x}+p(x)\dfrac{\partial z}{\partial y}$.

解 隐函数 $z=z(x,y)$ 看成由方程组

$$\begin{cases} z=f(u), \\ u=\varphi(u)+\displaystyle\int_y^x p(t)\mathrm{d}t \end{cases}$$

所确定. 当然同时还确定了另一函数 $u=u(x,y)$. 对方程组的两个方程关于 x 求偏导, 得

$$\begin{cases} \dfrac{\partial z}{\partial x}=f'(u)\dfrac{\partial u}{\partial x}, \\ \dfrac{\partial u}{\partial x}=\varphi'(u)\dfrac{\partial u}{\partial x}+p(x). \end{cases}$$

解得 $\dfrac{\partial z}{\partial x} = \dfrac{f'(u)p(x)}{1-\varphi'(u)}$. 类似地可求得

$$\dfrac{\partial z}{\partial y} = -\dfrac{f'(u)p(y)}{1-\varphi'(u)}.$$

于是

$$p(y)\dfrac{\partial z}{\partial x} + p(x)\dfrac{\partial z}{\partial y} = 0.$$

习题 7-4

1. 求下列各函数的导数：

   (1) $z = e^{2x+3y}, x = \cos t, y = t^2$；　　(2) $z = \tan(3t + 2x^2 + y^3), x = \dfrac{1}{t}, y = \sqrt{t}$.

2. 求下列各函数的偏导数：

   (1) $z = x^2 y - xy^2, x = u\cos v, y = u\sin v$；　(2) $z = e^{uv}, u = \ln\sqrt{x^2+y^2}, v = \arctan\dfrac{y}{x}$.

3. 求下列函数的一阶偏导数，其中 f 可微：

   (1) $u = f\left(\dfrac{x}{y}, \dfrac{y}{z}\right)$；　　(2) $z = f(x^2 + y^2)$；　　(3) $u = f(x, xy, xyz)$.

4. 设 $z = xy + x^2 F(u), u = \dfrac{y}{x}, F(u)$ 可导. 证明：

   $$x\dfrac{\partial z}{\partial x} + y\dfrac{\partial z}{\partial y} = 2z.$$

5. 利用全微分形式不变性求全微分：

   (1) $z = (x^2 + y^2)^{\sin(2x+y)}$；　　(2) $u = \dfrac{y}{f(x^2 + y^2 - z^2)}, f$ 可微.

6. 求下列隐函数的导数：

   (1) 设 $e^{x+y} + xyz = e^x$，求 z'_x, z'_y；　　(2) 设 $\dfrac{x}{z} = \ln\dfrac{z}{y}$，求 $\dfrac{\partial z}{\partial x}, \dfrac{\partial z}{\partial y}$.

7. 设 $x + z = yf(x^2 - z^2)$，其中 f 可微，证明：$z\dfrac{\partial z}{\partial x} + y\dfrac{\partial z}{\partial y} = x$.

8. 设 $x = e^u \cos v, y = e^u \sin v, z = uv$，求 $\dfrac{\partial z}{\partial x}$ 及 $\dfrac{\partial z}{\partial y}$.

9. 设 $u = f(x,y,z)$ 有连续偏导数，$y = y(x)$ 和 $z = z(x)$ 分别由方程 $e^{xy} - y = 0$ 和 $e^z - xz = 0$ 确定，求 $\dfrac{du}{dx}$.

第五节　高阶偏导数

设函数 $z = f(x,y)$ 在区域 D 内具有偏导数 $\dfrac{\partial z}{\partial x} = f'_x(x,y), \dfrac{\partial z}{\partial y} =$

$f'_y(x,y)$,那么在 D 内 $f'_x(x,y)$ 及 $f'_y(x,y)$ 都是 x,y 的二元函数. 如果这两个函数的偏导数还存在,则称它们是函数 $z=f(x,y)$ 的二阶偏导数. 按照对变量求导次序的不同有下列四个二阶偏导数:

$$\frac{\partial}{\partial x}\left(\frac{\partial z}{\partial x}\right)=\frac{\partial^2 z}{\partial x^2}=f''_{xx}(x,y), \quad \frac{\partial}{\partial y}\left(\frac{\partial z}{\partial x}\right)=\frac{\partial^2 z}{\partial x \partial y}=f''_{xy}(x,y),$$

$$\frac{\partial}{\partial x}\left(\frac{\partial z}{\partial y}\right)=\frac{\partial^2 z}{\partial y \partial x}=f''_{yx}(x,y), \quad \frac{\partial}{\partial y}\left(\frac{\partial z}{\partial y}\right)=\frac{\partial^2 z}{\partial y^2}=f''_{yy}(x,y),$$

其中 f''_{xy}(或 f''_{12})与 f''_{yx}(或 f''_{21})称为 $f(x,y)$ 的二阶混合偏导数. 同样可定义三阶,四阶,$\cdots$,n 阶偏导数. 二阶及二阶以上的偏导数统称为高阶偏导数.

例 1 求函数 $z=xy+x^2\sin y$ 的所有二阶偏导数.

解 因为 $\frac{\partial z}{\partial x}=y+2x\sin y$,$\frac{\partial z}{\partial y}=x+x^2\cos y$,所以

$$\frac{\partial^2 z}{\partial x^2}=2\sin y, \quad \frac{\partial^2 z}{\partial x \partial y}=1+2x\cos y,$$

$$\frac{\partial^2 z}{\partial y \partial x}=1+2x\cos y, \quad \frac{\partial^2 z}{\partial y^2}=-x^2\sin y.$$

从本例我们看到 $\frac{\partial^2 z}{\partial x \partial y}=\frac{\partial^2 z}{\partial y \partial x}$,即两个二阶混合偏导数相等,但这并非偶然.

事实上,有如下定理.

定理 1 如果函数 $z=f(x,y)$ 的两个二阶混合偏导数 $\frac{\partial^2 z}{\partial x \partial y}$ 和 $\frac{\partial^2 z}{\partial y \partial x}$ 在区域 D 内连续,则在该区域内有

$$\frac{\partial^2 z}{\partial x \partial y}=\frac{\partial^2 z}{\partial y \partial x}.$$

定理 1 表明:如果二阶混合偏导数连续,则求混合偏导数与次序无关. 但有些函数混合偏导并不相等,比如

$$f(x,y)=\begin{cases} xy\dfrac{x^2-y^2}{x^2+y^2}, & x^2+y^2\neq 0, \\ 0, & x^2+y^2=0 \end{cases}$$

在 $(0,0)$ 处的两个混合偏导数 $f''_{xy}(0,0)\neq f''_{yx}(0,0)$(请读者自己验证).

例 2 设 $f(u,v)$ 具有二阶连续偏导数,且满足 $\frac{\partial^2 f}{\partial u^2}+\frac{\partial^2 f}{\partial v^2}=1$,又 $g(x,y)=f\left(xy,\frac{1}{2}(x^2-y^2)\right)$,求 $\frac{\partial^2 g}{\partial x^2}+\frac{\partial^2 g}{\partial y^2}$.

解 $\dfrac{\partial g}{\partial x} = y\dfrac{\partial f}{\partial u} + x\dfrac{\partial f}{\partial v}, \quad \dfrac{\partial g}{\partial y} = x\dfrac{\partial f}{\partial u} - y\dfrac{\partial f}{\partial v},$

$\dfrac{\partial^2 g}{\partial x^2} = y^2 \dfrac{\partial^2 f}{\partial u^2} + 2xy \dfrac{\partial^2 f}{\partial u \partial v} + x^2 \dfrac{\partial^2 f}{\partial v^2} + \dfrac{\partial f}{\partial v},$

$\dfrac{\partial^2 g}{\partial y^2} = x^2 \dfrac{\partial^2 f}{\partial u^2} - 2xy \dfrac{\partial^2 f}{\partial u \partial v} + y^2 \dfrac{\partial^2 f}{\partial v^2} - \dfrac{\partial f}{\partial v},$

故

$$\dfrac{\partial^2 g}{\partial x^2} + \dfrac{\partial^2 g}{\partial y^2} = (x^2 + y^2)\dfrac{\partial^2 f}{\partial u^2} + (x^2 + y^2)\dfrac{\partial^2 f}{\partial v^2} = x^2 + y^2.$$

例 3 设 $x^2 + y^2 + z^2 - 4z = 0$，求 $\dfrac{\partial^2 z}{\partial y^2}, \dfrac{\partial^2 z}{\partial y \partial x}$.

解 令 $F(x,y,z) = x^2 + y^2 + z^2 - 4z$，则

$$F'_x = 2x, \quad F'_y = 2y, \quad F'_z = 2z - 4.$$

于是 $\dfrac{\partial z}{\partial y} = -\dfrac{F'_y}{F'_z} = \dfrac{y}{2-z}, \dfrac{\partial z}{\partial x} = -\dfrac{F'_x}{F'_z} = \dfrac{x}{2-z}.$ 因此

$$\dfrac{\partial^2 z}{\partial y^2} = \dfrac{\partial}{\partial y}\left(\dfrac{\partial z}{\partial y}\right) = \dfrac{\partial}{\partial y}\left(\dfrac{y}{2-z}\right)$$

$$= \dfrac{\dfrac{\partial y}{\partial y}(2-z) - y\dfrac{\partial}{\partial y}(2-z)}{(2-z)^2} = \dfrac{2-z+y\cdot\dfrac{\partial z}{\partial y}}{(2-z)^2}$$

$$= \dfrac{2-z+y\cdot\dfrac{y}{2-z}}{(2-z)^2} = \dfrac{(2-z)^2 + y^2}{(2-z)^3},$$

$$\dfrac{\partial^2 z}{\partial y \partial x} = \dfrac{\partial}{\partial x}\left(\dfrac{\partial z}{\partial y}\right) = \dfrac{\partial}{\partial x}\left(\dfrac{y}{2-z}\right) = \dfrac{\dfrac{\partial y}{\partial x}(2-z) - y\dfrac{\partial}{\partial x}(2-z)}{(2-z)^2}$$

$$= \dfrac{0 + y\cdot\dfrac{\partial z}{\partial x}}{(2-z)^2} = \dfrac{y\cdot\dfrac{x}{2-z}}{(2-z)^2} = \dfrac{xy}{(2-z)^3}.$$

注 求导过程中将 z 看作 x,y 的函数 $z(x,y)$.

习题 7-5

1. 求下列函数的二阶偏导数：

(1) $z = x^4 + y^4 - 4x^2 y^2$； (2) $z = \arctan\dfrac{y}{x}$；

(3) $z = y^x$； (4) $z = x\ln(xy)$.

2. 求下列函数的二阶偏导数，其中 $f(u,v)$ 可微：

(1) $z = f(x^2 + y^2)$； (2) $z = f(xy, x+2y)$.

3. 求由 $e^z - xyz = 0$ 所确定的 $z = f(x,y)$ 的所有二阶偏导数.

第六节 偏导数的应用

一、一阶偏导数在经济学中的应用

在一元函数的微分学中,我们通过导数研究了经济学中的边际概念,如边际成本、边际收益、边际利润等. 多元函数的偏导数,无非是对某一个自变量求导数,而将其他的自变量视作常量,它也反映了某一经济变量随另一经济变量的变化率,因此在经济学中同样也叫"边际"函数.

1. 经济学研究中的边际函数

(1) 边际需求

假设对某一商品的市场需求受到商品的价格 P 与企业的广告投入 A 这两个因素的影响,其需求函数为

$$Q = 5\,000 - 10P + 40A + PA - 0.8A^2 - 0.5P^2.$$

企业在决策时要研究商品价格的变化和企业广告投入的变化会对商品的需求产生怎样的影响. 为了解决这一问题,一般的做法是假定其他变量不变,考虑一个变量变化时函数所受到的影响,这就要研究经济函数的偏导数.

价格变化对需求的边际影响为

$$\frac{\partial Q}{\partial P} = -10 + A - P;$$

广告投入变化对需求的边际影响为

$$\frac{\partial Q}{\partial A} = 40 + P - 1.6A.$$

$\frac{\partial Q}{\partial P}$ 和 $\frac{\partial Q}{\partial A}$ 分别称为价格的边际需求和广告投入的边际需求.

(2) 边际成本

设某企业生产甲、乙两种产品,产量分别为 x, y,总成本函数为

$$C = 3x^2 + 7x + 1.5xy + 6y + 2y^2,$$

则甲产品的边际成本为

$$\frac{\partial C}{\partial x} = 6x + 7 + 1.5y,$$

乙产品的边际成本为

$$\frac{\partial C}{\partial y} = 1.5x + 6 + 4y.$$

2. 偏弹性

与一元函数一样,还可以定义多元函数的弹性概念,多元函数的各种弹性称为偏弹性.

(1) 需求的价格偏弹性

在经济活动中,商品的需求量 Q 受商品的价格 P_1、消费者的收入 M 以及相关商品的价格 P_2 等因素的影响. 假设
$$Q = f(P_1, M, P_2).$$
若消费者收入 M 及相关商品的价格 P_2 不变时,商品需求量 Q 将随价格 P_1 的变化而变化. 当 $\dfrac{\partial Q}{\partial P_1}$ 存在时,则可定义需求的价格偏弹性为
$$e_{P_1} = \lim_{\Delta P_1 \to 0} \frac{\Delta_1 Q/Q}{\Delta P_1/P_1} = \frac{P_1}{Q} \cdot \frac{\partial Q}{\partial P_1} = \frac{\partial(\ln Q)}{\partial(\ln P_1)},$$
其中
$$\Delta_1 Q = f(P_1 + \Delta P_1, M, P_2) - f(P_1, M, P_2).$$

(2) 需求的交叉价格偏弹性

需求的交叉价格偏弹性表示一种商品的需求量的变化相对另一种商品的价格变化的反应程度,在需求函数
$$Q = f(P_1, M, P_2)$$
中,需求的交叉价格偏弹性定义为
$$e_{P_2} = \lim_{\Delta P_2 \to 0} \frac{\Delta_2 Q/Q}{\Delta P_2/P_2} = \frac{P_2}{Q} \cdot \frac{\partial Q}{\partial P_2} = \frac{\partial(\ln Q)}{\partial(\ln P_2)},$$
其中
$$\Delta_2 Q = f(P_1, M, P_2 + \Delta P_2) - f(P_1, M, P_2).$$

(3) 需求的收入价格偏弹性

在需求函数 $Q = f(P_1, M, P_2)$ 中,需求的收入价格偏弹性定义为
$$e_M = \lim_{\Delta M \to 0} \frac{\Delta_3 Q/Q}{\Delta M/M} = \frac{M}{Q} \cdot \frac{\partial Q}{\partial M} = \frac{\partial(\ln Q)}{\partial(\ln M)},$$
其中
$$\Delta_3 Q = f(P_1, M + \Delta M, P_2) - f(P_1, M, P_2).$$
需求的收入价格偏弹性表示需求量的变化相对于消费者收入的变化的反应程度.

例 1 设某市场牛肉的需求函数为
$$Q = 4\,850 - 5P_1 + 0.1M + 1.5P_2,$$
其中消费者收入 $M = 10\,000$,牛肉价格 $P_1 = 10$,相关商品猪肉的价格 $P_2 = 8$. 求:

(1) 牛肉需求的价格偏弹性;

(2) 牛肉需求的收入价格偏弹性;

(3) 牛肉需求的交叉价格偏弹性;

(4) 若猪肉价格增加 10%,求牛肉需求量的变化率.

解 当 $M=10\,000, P_1=10, P_2=8$ 时,
$$Q = 4\,850 - 5\times 10 + 0.1\times 10\,000 + 1.5\times 8 = 5\,812.$$

(1) 牛肉需求的价格偏弹性为
$$e_{P_1} = \frac{\partial Q}{\partial P_1}\cdot\frac{P_1}{Q} = -5\times\frac{10}{5\,812}\approx -0.009.$$

(2) 牛肉需求的收入价格偏弹性为
$$e_M = \frac{\partial Q}{\partial M}\cdot\frac{M}{Q} = 0.1\times\frac{10\,000}{5\,812}\approx 0.172.$$

(3) 牛肉需求的交叉价格偏弹性为
$$e_{P_2} = \frac{\partial Q}{\partial P_2}\cdot\frac{P_2}{Q} = 1.5\times\frac{8}{5\,812}\approx 0.002.$$

(4) 由需求的交叉价格偏弹性 $e_{P_2}=\dfrac{\partial Q}{\partial P_2}\cdot\dfrac{P_2}{Q}$,得
$$\frac{\partial Q}{Q} = e_{P_2}\cdot\frac{\partial P_2}{P_2} = 0.002\times 10\% = 0.02\%,$$

即当相关商品猪肉的价格增加 10%,而牛肉价格不变时,牛肉的市场需求量将增加 0.02%.

二、多元函数的极值及其应用

1. 二元函数的极值与最值

类似一元函数的极值概念,我们有多元函数的极值概念.

定义 1 设函数 $z=f(x,y)$ 在点 (x_0,y_0) 的某个邻域内有定义,对于该邻域内异于 (x_0,y_0) 的任意点 (x,y),如果总有
$$f(x,y) < f(x_0,y_0),$$
则称 $f(x_0,y_0)$ 是函数 $f(x,y)$ 的一个**极大值**.

反之,如果总有
$$f(x,y) > f(x_0,y_0),$$
则称 $f(x_0,y_0)$ 是函数 $f(x,y)$ 的一个**极小值**. 极大值与极小值统称为函数的**极值**. 使函数取得极值的点 (x_0,y_0) 称为函数的**极值点**.

例如,函数 $z=f(x,y)=x^2+2y^2$ 在点 $(0,0)$ 处取得极小值;函数 $z=\sqrt{1-x^2-y^2}$ 在点 $(0,0)$ 处取得极大值;而函数 $z=xy$ 在点 $(0,0)$ 处既不取得极大值也不取得极小值. 这是因为 $f(0,0)=0$,而在点 $(0,0)$ 的任何邻域内,$z=xy$ 既可取正值(第 I、第 III 象限),也可取负值(第 II、第 IV 象限).

由一元函数取极值的必要条件,我们可以得到类似的二元函数取极值的必要条件.

定理 1（极值存在的必要条件） 设函数 $z=f(x,y)$ 在点 (x_0,y_0) 处的两个一阶偏导数都存在，若 (x_0,y_0) 是 $f(x,y)$ 的极值点，则有
$$f'_x(x_0,y_0)=0, \quad f'_y(x_0,y_0)=0.$$

证 若 (x_0,y_0) 是 $f(x,y)$ 的极值点，则固定变量 $y=y_0$，所得的一元函数 $f(x,y_0)$ 在 (x_0,y_0) 处取得相同的极值. 由一元函数极值存在的必要条件可得 $\dfrac{\mathrm{d}f(x,y_0)}{\mathrm{d}x}\Big|_{x=x_0}=0$，即
$$f'_x(x_0,y_0)=0.$$
同样可证
$$f'_y(x_0,y_0)=0.$$

使得两个一阶偏导数等于零的点 (x_0,y_0) 称为 $f(x,y)$ 的驻点. 定理 1 表明，偏导数存在的函数的极值点一定是驻点，但驻点未必是极值点. 如 $z=xy$，$(0,0)$ 是它的驻点，但不是它的极值点.

函数 $f(x,y)$ 也有可能在偏导数不存在的点取得极值. 如 $z=-\sqrt{x^2+y^2}$ 在 $(0,0)$ 处取得极大值，但该点的偏导数不存在.

对于可微函数来说，要求它的极值点，应先求出它所有的驻点，再判定驻点是否为极值点. 下面给出一个判定条件.

定理 2（极值存在的充分条件） 设点 (x_0,y_0) 是函数 $z=f(x,y)$ 的驻点，且函数 $z=f(x,y)$ 在点 (x_0,y_0) 处的某邻域内具有连续的二阶偏导数，记
$$A=f''_{xx}(x_0,y_0), B=f''_{xy}(x_0,y_0), C=f''_{yy}(x_0,y_0).$$

(1) 如果 $B^2-AC<0$，则 (x_0,y_0) 为 $f(x,y)$ 的极值点；且当 $A>0$（或 $C>0$）时，$f(x_0,y_0)$ 为极小值；当 $A<0$（或 $C<0$）时，$f(x_0,y_0)$ 为极大值.

(2) 如果 $B^2-AC>0$，则 (x_0,y_0) 不是 $f(x,y)$ 的极值点.

(3) 如果 $B^2-AC=0$，则不能确定点 (x_0,y_0) 是否为 $f(x,y)$ 的极值点.

证明从略.

例 2 求 $f(x,y)=x^3-y^3+3x^2+3y^2-9x$ 的极值.

解 由方程组
$$\begin{cases} f'_x(x,y)=3x^2+6x-9=0, \\ f'_y(x,y)=-3y^2+6y=0 \end{cases}$$
得驻点 $(1,0),(1,2),(-3,0),(-3,2)$. 又
$$f''_{xx}=6x+6, f''_{xy}=0, f''_{yy}=-6y+6.$$
在点 $(1,0)$ 处，$B^2-AC=-72<0$，又 $A=12>0$，所以函数取得极小值 $f(1,0)=-5$；

在点 $(1,2)$ 处,$B^2-AC=72>0$,函数在该点不取得极值;
在点 $(-3,0)$ 处,$B^2-AC=72>0$,该点不是极值点;
在点 $(-3,2)$ 处,$B^2-AC=-72<0$,又 $A=-12<0$,所以函数取得极大值 $f(-3,2)=31$.

与一元函数类似,我们也可提出如何求多元函数的最大值和最小值问题.如果 $f(x,y)$ 在有界闭区域 D 上连续,则函数 $f(x,y)$ 在 D 上必有最大(小)值,最大(小)值点可以在 D 的内部,也可以在闭区域 D 的边界上.如果 $f(x,y)$ 在 D 的内部取得最大(小)值,那么这最大(小)值也是函数的极大(小)值,在这种情况下,最大(小)值点一定是极大(小)值点之一.因此,要求函数 $f(x,y)$ 在有界闭区域 D 上的最大(小)值时,需将函数的所有极大(小)值与边界上的最大(小)值比较,其中最大的就是最大值,最小的就是最小值.这种处理方法遇到的麻烦是求区域边界上的最大(小)值往往相当复杂.

例 3 求二元函数 $z=f(x,y)=x^2y(4-x-y)$ 在由直线 $x+y=6$,x 轴和 y 轴所围成的闭区域 D 上的最大值与最小值.

解 由
$$\begin{cases} f'_x(x,y)=2xy(4-x-y)-x^2y=xy(8-3x-2y)=0, \\ f'_y(x,y)=x^2(4-x-y)-x^2y=x^2(4-x-2y)=0, \end{cases}$$
得 $x=0(0\leqslant y\leqslant 6)$,$(4,0)$ 和 $(2,1)$,其中点 $(2,1)$ 在区域 D 的内部.又
$$f''_{xx}=8y-6xy-2y^2,\ f''_{xy}=8x-3x^2-4xy,\ f''_{yy}=-2x^2.$$
利用定理 2:$B^2-AC=-32<0$,$A=-6<0$,因此点 $(2,1)$ 是 $f(x,y)$ 的极大值点,$f(2,1)=4$ 为极大值.

再考虑区域 D 的边界上的函数值:

在边界 $x=0(0\leqslant y\leqslant 6)$ 及 $y=0(0\leqslant x\leqslant 6)$ 上,$f(x,y)=0$.

在边界 $x+y=6$ 上,将 $y=6-x$ 代入 $f(x,y)$ 中,得 $f(x,6-x)=2x^3-12x^2(0<x<6)$.记 $g(x)=2x^3-12x^2$,令 $g'(x)=6x^2-24x=0$ 得 $x=0$ 或 $x=4$.$x=0$ 已考虑,$x=4$ 时,$y=2$,这时 $f(4,2)=-64$.

比较以上各函数值:$f(x,y)=0$,$f(2,1)=4$,$f(4,2)=-64$,可知 $z=f(x,y)$ 在闭域 D 上的最大值为 $f(2,1)=4$,最小值为 $f(4,2)=-64$.

对于实际问题,如果能根据实际情况断定最大(小)值一定在 D 的内部取得,并且函数在 D 的内部只有一个驻点的话,那么肯定这个驻点处的函数值就是 $f(x,y)$ 在 D 上的最大(小)值.

例 4 某厂要用钢板制造一个容积为 2 m³ 的有盖长方形水箱,问长、宽、高各为多少时能使用料最省?

解 要使用料最省,即要使长方体的表面积最小,设水箱的长为 x,宽为 y,则高为 $\dfrac{2}{xy}$,表面积

$$S = 2\left(xy + y \cdot \dfrac{2}{xy} + x \dfrac{2}{xy}\right) = 2\left(xy + \dfrac{2}{x} + \dfrac{2}{y}\right) \ (x>0, y>0).$$

由 $\begin{cases} S'_x = 2\left(y - \dfrac{2}{x^2}\right) = 0, \\ S'_y = 2\left(x - \dfrac{2}{y^2}\right) = 0, \end{cases}$ 得驻点 $(\sqrt[3]{2}, \sqrt[3]{2})$.

由题意知,表面积的最小值一定存在,且在开区域 $x>0, y>0$ 的内部取得,故可断定当长为 $\sqrt[3]{2}$ (m)、宽为 $\sqrt[3]{2}$ (m)、高为 $\dfrac{2}{\sqrt[3]{2}\sqrt[3]{2}} = \sqrt[3]{2}$ (m) 时,表面积最小,即用料最省的水箱是正方体水箱.

2. 条件极值和拉格朗日乘数法

以上讨论的极值问题,除了函数的自变量限制在函数的定义域内以外,没有其他约束条件,这种极值称为无条件极值. 但在实际问题中,往往会遇到对函数的自变量还有附加条件限制的极值问题,这类极值问题称为条件极值问题.

例如,假设某企业生产 A,B 两种产品,其产量分别为 x,y,该企业的利润函数为

$$L = 80x - 2x^2 - xy - 3y^2 + 100y.$$

同时该企业要求两种产品的产量满足的附加条件为

$$x + y = 12.$$

怎样求企业的最大利润呢?

直接的做法就是消去约束条件,从 $x+y=12$ 中,求得 $y=12-x$,然后将 $y=12-x$ 代入利润函数中得

$$L = -4x^2 + 40x + 768.$$

这就转化为无条件极值问题. 按照一元函数的求极值方法,令 $L'_x = -8x + 40 = 0$ 得 $x=5$,再代入附加条件得 $y=7$. 因此,当企业生产 5 个单位的 A 产品和 7 个单位的 B 产品时,所获利润最大,最大利润为

$$L = 80 \times 5 - 2 \times 5^2 - 5 \times 7 - 3 \times 7^2 + 100 \times 7 = 868.$$

一般情况下,要从附加条件中解出某个变量不易实现,这就迫使我们寻求一种求条件极值的直接方法. 下面要介绍的拉格朗日乘数法正好帮我们解决了这个问题.

我们来分析函数 $z = f(x,y)$ 在条件

下取得极值的必要条件.

如果函数 $z = f(x,y)$ 在 (x_0, y_0) 处取得极值,则有
$$\varphi(x_0, y_0) = 0.$$

假定在 (x_0, y_0) 的某一邻域内函数 $f(x,y)$ 与 $\varphi(x,y)$ 均有连续的一阶偏导数,而且 $\varphi'_y(x_0, y_0) \neq 0$,以保证方程 $\varphi(x,y) = 0$ 确定一个可导且具有连续导数的函数 $y = \psi(x)$,将其代入 $f(x,y) = 0$,得
$$z = f(x, \psi(x)).$$

函数 $f(x,y)$ 在 (x_0, y_0) 取得的极值,相当于函数 $z = f(x, \psi(x))$ 在 x_0 取得的极值.由一元可导函数取得极值的必要条件可知
$$\left.\frac{dz}{dx}\right|_{x=x_0} = f'_x(x_0, y_0) + f'_y(x_0, y_0) \left.\frac{dy}{dx}\right|_{x=x_0} = 0.$$

而由隐函数的求导公式有
$$\left.\frac{dy}{dx}\right|_{x=x_0} = -\frac{\varphi'_x(x_0, y_0)}{\varphi'_y(x_0, y_0)},$$

把它代入上式得
$$f'_x(x_0, y_0) - f'_y(x_0, y_0) \frac{\varphi'_x(x_0, y_0)}{\varphi'_y(x_0, y_0)} = 0.$$

这个式子与 $\varphi(x_0, y_0) = 0$ 就构成了函数 $z = f(x,y)$ 在条件 $\varphi(x,y) = 0$ 下在点 (x_0, y_0) 处取得极值的必要条件.

设 $\dfrac{f'_y(x_0, y_0)}{\varphi'_y(x_0, y_0)} = -\lambda$,上述必要条件就变为
$$\begin{cases} f'_x(x_0, y_0) + \lambda \varphi'_x(x_0, y_0) = 0, \\ f'_y(x_0, y_0) + \lambda \varphi'_y(x_0, y_0) = 0, \\ \varphi(x_0, y_0) = 0. \end{cases}$$

易知上式中前两式的左端正好是函数
$$F(x, y) = f(x,y) + \lambda \varphi(x,y)$$
的两个一阶偏导数 $F'_x(x,y)$ 和 $F'_y(x,y)$ 在 (x_0, y_0) 处的值,λ 是一个待定参数.

拉格朗日乘数法 欲求函数 $z = f(x,y)$ 满足条件 $\varphi(x,y) = 0$ 的极值,可按如下步骤进行:

(1) 构造拉格朗日函数
$$F(x, y) = f(x,y) + \lambda \varphi(x,y),$$
其中 λ 为待定参数;

(2) 解方程组
$$\begin{cases} F'_x(x,y) = f'_x(x,y) + \lambda \varphi'_x(x,y) = 0, \\ F'_y(x,y) = f'_y(x,y) + \lambda \varphi'_y(x,y) = 0, \\ \varphi(x,y) = 0, \end{cases}$$

得 x,y 及 λ 值,则 (x,y) 就是所求的可能的极值点;

(3) 判断所求得的点是否为极值点,为极大值点还是极小值点.

这里我们再用拉格朗日乘数法来解答一下前面的例子.

先构造拉格朗日函数
$$F(x,y) = 80x - 2x^2 - xy - 3y^2 + 100y + \lambda(x+y-12).$$
解方程组
$$\begin{cases} F'_x(x,y) = 80 - 4x - y + \lambda = 0, \\ F'_y(x,y) = -x - 6y + 100 + \lambda = 0, \\ x + y - 12 = 0, \end{cases}$$
得 $x=5, y=7, \lambda=-53$,即当企业生产 5 个单位 A 产品、7 个单位 B 产品时利润最大,最大利润为 868.

例 5 假设某企业在两个相互分割的市场上出售同一种产品,两个市场的需求函数分别是
$$P_1 = 18 - 2Q_1, P_2 = 12 - Q_2,$$
其中 P_1 和 P_2 分别表示该产品在两个市场的价格(单位:万元/t),Q_1 和 Q_2 分别表示该产品在两个市场的销售量(即需求量,单位:t),并且该企业生产这种产品的总成本函数是
$$C = 2Q + 5,$$
其中 Q 表示该产品在两个市场的销售总量,即 $Q = Q_1 + Q_2$.

(1) 如果该企业实行价格差别策略,试确定两个市场上该产品的销售量和价格,使该企业获得最大利润;

(2) 如果该企业实行价格无差别策略,试确定两个市场上该产品销售量及其统一的价格,使该企业的总利润最大化;并比较两种价格策略下的总利润大小.

解 (1) 依题意,总利润函数为
$$L = R - C = P_1 Q_1 + P_2 Q_2 - C = -2Q_1^2 - Q_2^2 + 16Q_1 + 10Q_2 - 5.$$
由
$$\begin{cases} \dfrac{\partial L}{\partial Q_1} = -4Q_1 + 16 = 0, \\ \dfrac{\partial L}{\partial Q_2} = -2Q_2 + 10 = 0, \end{cases}$$
得 $Q_1=4, Q_2=5$,则 $P_1=10$(万元/t),$P_2=7$(万元/t).因只有唯一的驻点 $(4,5)$,且所讨论的问题的最大值一定存在,故最大值必在驻点处取得.最大利润为
$$L = -2 \times 4^2 - 5^2 + 16 \times 4 + 10 \times 5 - 5 = 52(万元).$$

(2) 若价格无差别,则 $P_1 = P_2$,于是 $2Q_1 - Q_2 = 6$,问题化为求函数 $L = -2Q_1^2 - Q_2^2 + 16Q_1 + 10Q_2 - 5$ 在约束条件 $2Q_1 - Q_2 = 6$ 下的极值.

构造拉格朗日函数
$$F(Q_1, Q_2, \lambda) = -2Q_1^2 - Q_2^2 + 16Q_1 + 10Q_2 - 5 + \lambda(2Q_1 - Q_2 - 6).$$

由
$$\begin{cases} \dfrac{\partial F}{\partial Q_1} = -4Q_1 + 16 + 2\lambda = 0, \\ \dfrac{\partial F}{\partial Q_2} = -2Q_2 + 10 - \lambda = 0, \\ \dfrac{\partial F}{\partial \lambda} = 2Q_1 - Q_2 - 6 = 0, \end{cases}$$

得 $Q_1 = 5, Q_2 = 4, \lambda = 2$,则 $P_1 = P_2 = 8$.

最大利润为 $L = -2 \times 5^2 - 4^2 + 16 \times 5 + 10 \times 4 - 5 = 49$(万元).

由(1),(2)两个结果可知,企业实行差别定价所得总利润要大于统一定价的总利润.

习题 7-6

1. 求下列函数的极值:
   (1) $z = x^3 - 4x^2 + 2xy - y^2 + 3$; (2) $z = e^{2x}(x + 2y + y^2)$;
   (3) $z = xy(a - x - y), a \neq 0$.
2. 求函数 $z = x^3 - 4x^2 + 2xy - y^2$ 在闭区域 $D: -1 \leqslant x \leqslant 4, -1 \leqslant y \leqslant 1$ 上的最大值和最小值.
3. 求函数 $z = x + y$ 在条件 $\dfrac{1}{x} + \dfrac{1}{y} = 1 (x > 0, y > 0)$ 下的条件极值.
4. 把正数 a 分解成 3 个正数之和,使它们的乘积最大.
5. 设某厂生产某种产品的数量 $f(x,y)$ 与所用甲、乙两种原料的数量 x,y 之间有关系式 $f(x,y) = 0.005x^2y$,已知甲、乙两种原料的单价分别为 1 元、2 元. 现用 150 元购原料,问购进两种原料各多少,使产量 $f(x,y)$ 最大?最大产量是多少?
6. 某厂生产甲、乙两种产品,其销售单位价分别为 10 万元和 9 万元,若生产 x 件甲产品和 y 件乙产品的总成本为
$$C = 400 + 2x + 3y + 0.01(3x^2 + xy + 3y^2)(\text{万元}),$$
又已知两种产品的总产量为 100 件,求企业获得最大利润时两种产品的产量.

第七节 二重积分

本节将把定积分的概念加以推广,建立二重积分的概念,并讨论其计算方法.

一、二重积分的概念与性质

1. 引例:求曲顶柱体的体积

设有一立体,它的底是 xOy 平面上的有界闭区域 D,它的侧面是以 D 的边界曲线为准线而母线平行于 z 轴的柱面,它的顶是

曲面 $z=f(x,y)$,这里假设 $f(x,y)\geqslant 0$,且 $f(x,y)$ 在 D 上连续(见图 7-14(a)). 如何求这个曲顶柱体的体积?

我们知道平顶柱体的高不变,它的体积可用公式:
$$体积 = 底面积 \times 高$$
来计算. 但曲顶柱体的高是变化的,不能按上述公式来计算体积. 我们回忆一下在求曲边梯形面积时,也曾遇到过这类问题. 当时我们是这样解决问题的:先在局部上"以直代曲"求得曲边梯形面积的近似值;然后通过取极限,由近似值得到精确值. 下面我们仍用这种思考问题的方法来求曲顶柱体的体积.

先将区域 D 分割成 n 个小区域:$\Delta\sigma_1,\Delta\sigma_2,\cdots,\Delta\sigma_n$,同时也用 $\Delta\sigma_i(i=1,2,\cdots,n)$ 表示第 i 个小区域的面积. 以每个小区域的边界线为准线,以平行于 z 轴的直线为母线作柱面,这样就把给定的曲顶柱体分割成了 n 个小曲顶柱体. 用 d_i 表示第 i 个小区域内任意两点之间的距离的最大值(也称为第 i 个小区域的直径)$(i=1,2,\cdots,n)$,并记
$$\lambda = \max\{d_1,d_2,\cdots,d_n\}.$$

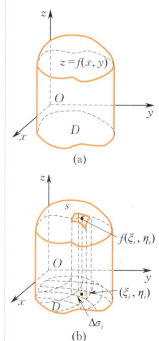

图 7-14

当分割得很细密时,由于 $z=f(x,y)$ 是连续变化的,在每个小区域 $\Delta\sigma_i$ 上,各点高度变化不大,可以近似看作平顶柱体. 并在 $\Delta\sigma_i$ 中任意取一点 (ξ_i,η_i),把这点的高度 $f(\xi_i,\eta_i)$ 认为就是这个小平顶柱体的高度(见图 7-14(b)). 所以第 i 个小曲顶柱体的体积的近似值为
$$\Delta V_i \approx f(\xi_i,\eta_i)\Delta\sigma_i.$$
将 n 个小平顶柱体的体积相加,得曲顶柱体体积的近似值
$$V \approx V_n = \sum_{i=1}^{n}\Delta V_i = \sum_{i=1}^{n}f(\xi_i,\eta_i)\Delta\sigma_i.$$

易见,当分割越来越细,V_n 就越来越接近 V. 当分割得无限细时,V_n 就无限接近于 V,换言之,若令 $\lambda \to 0$,对 V_n 取极限,该极限值就是曲顶柱体的体积 V,即
$$V = \lim_{\lambda \to 0}V_n = \lim_{\lambda \to 0}\sum_{i=1}^{n}f(\xi_i,\eta_i)\Delta\sigma_i.$$

许多实际问题都可按以上做法,归结为和式 $\sum_{i=1}^{n}f(\xi_i,\eta_i)\Delta\sigma_i$ 的极限. 剔除具体问题的实际意义,可从这类问题抽象概括出它们的共同数学本质,得出二重积分的定义.

2. 二重积分的定义

定义 1 设二元函数 $f(x,y)$ 定义在有界闭区域 D 上,将 D 任意划分成 n 个小区域 $\Delta\sigma_1,\Delta\sigma_2,\cdots,\Delta\sigma_n$,并以 $\Delta\sigma_i$ 和 d_i 分别表示第 i 个小区域的面积和直径,记 $\lambda = \max\{d_1,d_2,\cdots,d_n\}$. 在每个小

区域 $\Delta\sigma_i$ 上任取一点 $(x_i,y_i)(i=1,2,\cdots,n)$，做乘积 $f(x_i,y_i)\Delta\sigma_i$ $(i=1,2,\cdots,n)$，并做和 $\sum_{i=1}^{n}f(x_i,y_i)\Delta\sigma_i$. 如果极限

$$\lim_{\lambda\to 0}\sum_{i=1}^{n}f(x_i,y_i)\Delta\sigma_i$$

存在，则称此极限值为函数 $f(x,y)$ 在闭区域 D 上的**二重积分**，记作 $\iint\limits_{D}f(x,y)\mathrm{d}\sigma$，即

$$\iint\limits_{D}f(x,y)\mathrm{d}\sigma=\lim_{\lambda\to 0}\sum_{i=1}^{n}f(x_i,y_i)\Delta\sigma_i.$$

其中，$f(x,y)$ 称为**被积函数**，x,y 称为**积分变量**，$f(x,y)\mathrm{d}\sigma$ 称为**被积表达式**，$\mathrm{d}\sigma$ 称为**面积元素**，D 称为**积分区域**，而 $\sum_{i=1}^{n}f(x_i,y_i)\Delta\sigma_i$ 称为**积分和**.

关于定义 1 的几点说明：

(1) 这里积分和的极限与区域 D 分成小区域 $\Delta\sigma_i$ 的分法和点 (x_i,y_i) 的取法无关.

当 $f(x,y)$ 在区域 D 上可积时，常采用特殊的分割方式和取特殊的点来计算二重积分. 如图 7-15 所示，在直角坐标系中，常用分别平行于 x 轴和 y 轴的两组直线来分割积分区域 D，这时，除含边界曲线的小区域外，其余小区域 $\Delta\sigma_i$ 都是小矩形. 其面积 $\Delta\sigma_i=\Delta x_i\cdot\Delta y_i$，因此面积元素为 $\mathrm{d}\sigma=\mathrm{d}x\mathrm{d}y$，在直角坐标系下

$$\iint\limits_{D}f(x,y)\mathrm{d}\sigma=\iint\limits_{D}f(x,y)\mathrm{d}x\mathrm{d}y. \qquad (7\text{-}7\text{-}1)$$

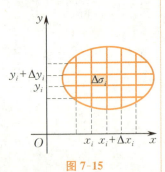

图 7-15

(2) 可以证明，若 $f(x,y)$ 在有界闭区域 D 上连续，则二重积分 $\iint\limits_{D}f(x,y)\mathrm{d}\sigma$ 一定存在.

(3) 当 $f(x,y)\geqslant 0$ 且连续时，二重积分 $\iint\limits_{D}f(x,y)\mathrm{d}\sigma$ 在数值上等于以区域 D 为底，以曲面 $z=f(x,y)$ 为顶的曲顶柱体的体积；当 $f(x,y)\leqslant 0$ 时，二重积分 $\iint\limits_{D}f(x,y)\mathrm{d}\sigma$ 表示该柱体体积的相反数；当 $f(x,y)$ 有正有负时，二重积分 $\iint\limits_{D}f(x,y)\mathrm{d}\sigma$ 表示以曲面 $z=f(x,y)$ 为顶，以 D 为底的被 xOy 面分成的上方和下方的曲顶柱体体积的代数和. 这就是二重积分的几何意义.

3. 二重积分的性质

二重积分有与定积分类似的性质. 为了叙述简便，假设以下提到的二重积分都存在.

性质 1 若区域 D 的面积为 σ，则 $\iint\limits_{D} dxdy = \sigma$.

性质 2 若 α,β 为常数，则
$$\iint\limits_{D}[\alpha f(x,y)+\beta g(x,y)]d\sigma = \alpha\iint\limits_{D}f(x,y)d\sigma+\beta\iint\limits_{D}g(x,y)d\sigma.$$

性质 3 若积分区域 D 由 D_1,D_2 组成（其中 D_1 与 D_2 除边界外无公共点），则
$$\iint\limits_{D}f(x,y)d\sigma = \iint\limits_{D_1}f(x,y)d\sigma+\iint\limits_{D_2}f(x,y)d\sigma.$$

性质 4 如果在区域 D 上总有 $f(x,y) \leqslant g(x,y)$，则
$$\iint\limits_{D}f(x,y)d\sigma \leqslant \iint\limits_{D}g(x,y)d\sigma.$$

特别地，有
$$\left|\iint\limits_{D}f(x,y)d\sigma\right| \leqslant \iint\limits_{D}|f(x,y)|d\sigma.$$

性质 5 设 M,m 是函数 $f(x,y)$ 在闭区域 D 上的最大值与最小值，σ 是 D 的面积，则
$$m\sigma \leqslant \iint\limits_{D}f(x,y)d\sigma \leqslant M\sigma.$$

性质 6（二重积分的中值定理） 设 $f(x,y)$ 在有界闭区域 D 上连续，σ 是 D 的面积，则在 D 内至少存在一点 (ξ,η)，使得
$$\iint\limits_{D}f(x,y)d\sigma = f(\xi,\eta)\cdot\sigma.$$

以上性质证明从略.

二、二重积分的计算

一般情况下要用定义计算二重积分相当困难. 下面我们从二重积分的几何意义出发，来介绍计算二重积分的方法，该方法将二重积分的计算问题化为两次定积分的计算问题.

1. 直角坐标系下二重积分的计算

在下面推导 $\iint\limits_{D}f(x,y)dxdy$ 的计算公式时，假定 $f(x,y)$ 连续，且 $f(x,y) \geqslant 0$.

设积分区域 D 由曲线 $y = \varphi_1(x), y = \varphi_2(x)$ 及直线 $x = a$，$x = b$ 所围成，其中 $a < b, \varphi_1(x),\varphi_2(x) \in C([a,b])$，且 $\varphi_1(x) < \varphi_2(x)$，则 D 可表示为
$$D = \{(x,y) \mid a \leqslant x \leqslant b, \varphi_1(x) \leqslant y \leqslant \varphi_2(x)\}.$$

我们称 D 为 X-型区域. 这种区域的特点是：穿过 D 内部且平行于 y 轴的直线与 D 的边界的交点不多于两个（见图 7-16）.

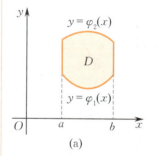

(a)

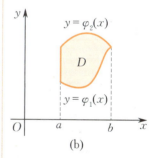

(b)

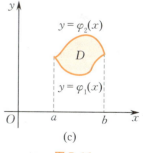

(c)

图 7-16

二重积分的计算

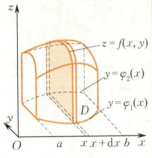

图 7-17

由二重积分的几何意义,$\iint_D f(x,y)d\sigma$ 的值等于以 D 为底,以曲面 $z=f(x,y)$ 为顶的曲顶柱体的体积(见图 7-17). 我们用"切片法"来求这个体积. 首先在区间 $[a,b]$ 上任取一子区间 $[x,x+dx]$,用过点 $(x,0,0)$ 且平行于 yOz 坐标面的平面去截曲顶柱体,截得的截面是以空间曲线 $z=f(x,y)$ 为曲边,以 $[\varphi_1(x),\varphi_2(x)]$ 为底边的曲边梯形,其面积为

$$A(x) = \int_{\varphi_1(x)}^{\varphi_2(x)} f(x,y) dy.$$

再用过点 $[x+dx,0,0]$ 且平行于 yOz 坐标面的平面去截曲顶柱体,得一夹在两平行平面之间的小曲顶柱体. 它们可近似看作以截面面积 $A(x)$ 为底面积,dx 为高的薄柱体,其体积元素为

$$dV = A(x)dx.$$

所以曲顶柱体的体积为

$$V = \int_a^b A(x)dx = \int_a^b \left[\int_{\varphi_1(x)}^{\varphi_2(x)} f(x,y)dy\right]dx,$$

或记为

$$V = \int_a^b dx \int_{\varphi_1(x)}^{\varphi_2(x)} f(x,y)dy.$$

于是得到二重积分的计算公式

$$\iint_D f(x,y)dxdy = \int_a^b dx \int_{\varphi_1(x)}^{\varphi_2(x)} f(x,y)dy. \tag{7-7-2}$$

上式右端是一个先对 y,后对 x 的累次积分. 求内层积分时,将 x 看作常数,y 是积分变量,积分上、下限可以是随 x 变化的函数,积分的结果是 x 的函数. 然后再对 x 求外层积分,这时积分上、下限为常数.

若积分区域 D 由曲线 $x=\psi_1(y),x=\psi_2(y)$ 及直线 $y=c$,$y=d$ 所围成,其中 $c<d,\psi_1(y),\psi_2(y) \in C([c,d])$,且 $\psi_1(y)<\psi_2(y)$,则 D 可表示为

$$D = \{(x,y) \mid c \leqslant y \leqslant d, \psi_1(y) \leqslant x \leqslant \psi_2(y)\}.$$

我们称 D 为 Y-型区域,这种区域的特点是:穿过 D 内部且平行于 x 轴的直线与 D 的边界的交点不多于两个(见图 7-18).

由类似分析,可得

$$\iint_D f(x,y)dxdy = \int_c^d dy \int_{\psi_1(y)}^{\psi_2(y)} f(x,y)dx. \tag{7-7-3}$$

从上述计算公式可以看出将二重积分化为两次定积分,关键是确定积分限,而确定积分限又依赖于区域 D 的几何形状. 因此,首先必须正确地画出 D 的图形,将 D 表示为 X-型区域或 Y-型区域. 如果 D 不能直接表示成 X-型区域或 Y-型区域,则应将 D 划分

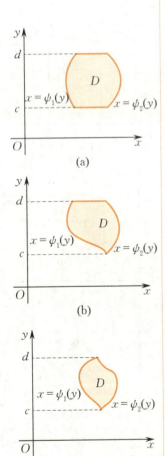

图 7-18

成若干个无公共内点的小区域，并使每个小区域能表示成 X- 型区域或 Y- 型区域，再利用二重积分对区域具有可加性（本节性质3），即知区域 D 上的二重积分就是这些小区域上的二重积分之和（见图 7-19）.

注意，以上讨论中作了 $f(x,y) \geq 0$ 的假设，实际上把二重积分化为两次定积分，不需要被积函数满足此条件，只要 $f(x,y)$ 可积就行，即公式(7-7-2)，(7-7-3) 对一般可积函数均成立.

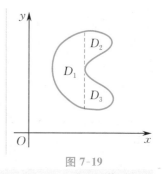

图 7-19

例 1 计算 $\iint\limits_{D} xy^2 \mathrm{d}x\mathrm{d}y$，其中 D 是由直线 $y=x, x=1$ 及 $y=0$ 所围成的区域.

解 方法 1 D 如图 7-20 所示. 若将 D 表示为 X- 型区域，$D = \{(x,y) \mid 0 \leq x \leq 1, 0 \leq y \leq x\}$，则由公式(7-7-2)得

$$\iint\limits_{D} xy^2 \mathrm{d}x\mathrm{d}y = \int_0^1 \mathrm{d}x \int_0^x xy^2 \mathrm{d}y = \int_0^1 x \cdot \left(\frac{y^3}{3}\bigg|_0^x\right) \mathrm{d}x$$

$$= \int_0^1 \frac{1}{3} x^4 \mathrm{d}x = \frac{1}{15}.$$

方法 2 将 D 表示成 Y- 型区域，$D = \{(x,y) \mid 0 \leq y \leq 1, y \leq x \leq 1\}$，由公式(7-7-3)得

$$\iint\limits_{D} xy^2 \mathrm{d}x\mathrm{d}y = \int_0^1 \mathrm{d}y \int_y^1 xy^2 \mathrm{d}x = \int_0^1 y^2 \left(\frac{x^2}{2}\bigg|_y^1\right) \mathrm{d}y$$

$$= \int_0^1 \left(\frac{y^2}{2} - \frac{y^4}{2}\right) \mathrm{d}y = \frac{1}{15}.$$

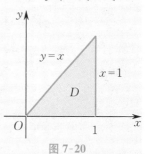

图 7-20

例 2 交换积分次序 $\int_0^1 \mathrm{d}y \int_y^{1+\sqrt{1-y^2}} f(x,y) \mathrm{d}x$.

解 由所给积分的上、下限可知，积分区域 D 用 Y- 型区域表示为

$$D = \{(x,y) \mid 0 \leq y \leq 1, y \leq x \leq 1+\sqrt{1-y^2}\},$$

即区域 D 由 $y=0, y=1, y=x$ 及 $x=1+\sqrt{1-y^2}$ 所围成，其图形如图 7-21 阴影部分所示.

D 用 X- 型区域表示为 $D = D_1 \cup D_2$，其中

$$D_1 = \{(x,y) \mid 0 \leq x \leq 1, 0 \leq y \leq x\},$$
$$D_2 = \{(x,y) \mid 1 \leq x \leq 2, 0 \leq y \leq \sqrt{2x-x^2}\},$$

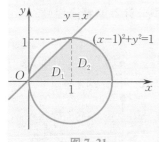

图 7-21

所以

$$\int_0^1 \mathrm{d}y \int_y^{1+\sqrt{1-y^2}} f(x,y) \mathrm{d}x = \int_0^1 \mathrm{d}x \int_0^x f(x,y) \mathrm{d}y + \int_1^2 \mathrm{d}x \int_0^{\sqrt{2x-x^2}} f(x,y) \mathrm{d}y.$$

由例 2 看出：交换积分次序的关键是，根据所给积分的上、下限准确地画出积分区域 D.

例 3 计算 $\iint_D xy\,dx\,dy$,其中 D 由 $y^2 = x$ 及 $y = x - 2$ 所围成.

解 画出区域 D,如图 7-22 所示. 联立

$$\begin{cases} y^2 = x, \\ y = x - 2, \end{cases}$$

得交点 $(1, -1), (4, 2)$.

将 D 表示为 Y-型区域为

$$D = \{(x, y) \mid -1 \leqslant y \leqslant 2, y^2 \leqslant x \leqslant y + 2\},$$

所以

$$\iint_D xy\,dx\,dy = \int_{-1}^{2} dy \int_{y^2}^{y+2} xy\,dx = \int_{-1}^{2} \left(\frac{y}{2}x^2\right)\Big|_{y^2}^{y+2} dy$$

$$= \frac{1}{2}\int_{-1}^{2}(-y^5 + y^3 + 4y^2 + 4y)dy$$

$$= \frac{1}{2}\left(-\frac{1}{6}y^6 + \frac{1}{4}y^4 + \frac{4}{3}y^3 + 2y^2\right)\Big|_{-1}^{2}$$

$$= \frac{45}{8}.$$

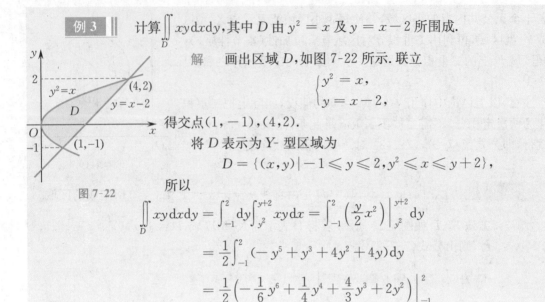

图 7-22

下面再用另外一种积分次序计算这个二重积分.

将 D 表示成 X-型区域

$$D = \{(x, y) \mid 0 \leqslant x \leqslant 1, -\sqrt{x} \leqslant y \leqslant \sqrt{x}\}$$
$$\cup \{(x, y) \mid 1 \leqslant x \leqslant 4, x - 2 \leqslant y \leqslant \sqrt{x}\},$$

$$\iint_D xy\,dx\,dy = \int_0^1 dx \int_{-\sqrt{x}}^{\sqrt{x}} xy\,dy + \int_1^4 dx \int_{x-2}^{\sqrt{x}} xy\,dy = \frac{45}{8}.$$

可见,积分次序的选取关系到二重积分计算的繁简程度.

例 4 计算二重积分 $\iint_D \dfrac{\sin y}{y} dx\,dy$,其中 D 由直线 $y = 1, y = x$ 及 $x = 0$ 所围成.

解 如图 7-23 所示,D 可表示为

$$D = \{(x, y) \mid 0 \leqslant x \leqslant 1, x \leqslant y \leqslant 1\}$$

或 $\quad D = \{(x, y) \mid 0 \leqslant y \leqslant 1, 0 \leqslant x \leqslant y\}$,

若先对 y 积分再对 x 积分,则

$$\iint_D \frac{\sin y}{y} dx\,dy = \int_0^1 dx \int_x^1 \frac{\sin y}{y} dy.$$

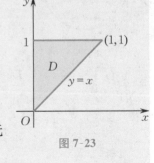

图 7-23

$\dfrac{\sin y}{y}$ 的原函数不能用初等函数表示,因此积分 $\int_x^1 \dfrac{\sin y}{y} dy$ 无法计算出来. 下面改用先对 x 积分,再对 y 积分,则

$$\iint_D \frac{\sin y}{y} dx\,dy = \int_0^1 dy \int_0^y \frac{\sin y}{y} dx = \int_0^1 \frac{\sin y}{y}\left(x\Big|_0^y\right)dy = \int_0^1 \sin y\,dy = 1 - \cos 1.$$

可见,积分次序的选取有时候会关系到积分能否算得出来.

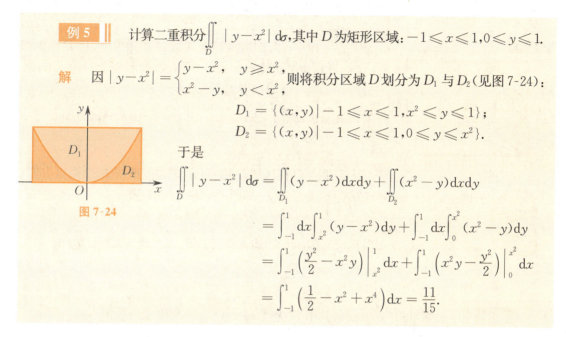

例 5 计算二重积分 $\iint\limits_{D}|y-x^2|\mathrm{d}\sigma$,其中 D 为矩形区域:$-1\leqslant x\leqslant 1,0\leqslant y\leqslant 1$.

解 因 $|y-x^2|=\begin{cases}y-x^2, & y\geqslant x^2,\\ x^2-y, & y<x^2,\end{cases}$ 则将积分区域 D 划分为 D_1 与 D_2(见图 7-24):

$$D_1=\{(x,y)\mid -1\leqslant x\leqslant 1,x^2\leqslant y\leqslant 1\};$$
$$D_2=\{(x,y)\mid -1\leqslant x\leqslant 1,0\leqslant y\leqslant x^2\}.$$

于是

$$\iint\limits_{D}|y-x^2|\mathrm{d}\sigma=\iint\limits_{D_1}(y-x^2)\mathrm{d}x\mathrm{d}y+\iint\limits_{D_2}(x^2-y)\mathrm{d}x\mathrm{d}y$$
$$=\int_{-1}^{1}\mathrm{d}x\int_{x^2}^{1}(y-x^2)\mathrm{d}y+\int_{-1}^{1}\mathrm{d}x\int_{0}^{x^2}(x^2-y)\mathrm{d}y$$
$$=\int_{-1}^{1}\left(\frac{y^2}{2}-x^2 y\right)\Big|_{x^2}^{1}\mathrm{d}x+\int_{-1}^{1}\left(x^2 y-\frac{y^2}{2}\right)\Big|_{0}^{x^2}\mathrm{d}x$$
$$=\int_{-1}^{1}\left(\frac{1}{2}-x^2+x^4\right)\mathrm{d}x=\frac{11}{15}.$$

图 7-24

2. 利用极坐标计算二重积分

当积分区域为圆或圆的一部分时,用极坐标计算二重积分可能会较简单.

如图 7-25 所示,设有极坐标系下的积分区域 D,我们用一组以极点为圆心的同心圆($r=$ 常数)及过极点的一组射线($\theta=$ 常数)将区域 D 分割成 n 个小区域.易证得

$$\Delta\sigma\approx r\Delta r\cdot\Delta\theta\quad(\Delta r\to 0,\Delta\theta\to 0).$$

从而小区域的面积元素为

$$\mathrm{d}\sigma=r\mathrm{d}r\mathrm{d}\theta.$$

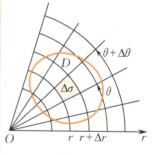

图 7-25

再根据平面上的点的直角坐标 (x,y) 与该点的极坐标 (r,θ) 之间的关系:

$$x=r\cos\theta,y=r\sin\theta,$$

得

$$\iint\limits_{D}f(x,y)\mathrm{d}\sigma=\iint\limits_{D^*}f(r\cos\theta,r\sin\theta)r\mathrm{d}r\mathrm{d}\theta.\quad(7\text{-}7\text{-}4)$$

与直角坐标系相似,在极坐标系下计算二重积分同样要化为关于坐标变量 r 和 θ 的两次积分来计算.以下依区域 D 的 3 种情形加以讨论.

(1) 若极点 O 在区域 D 之外,且 D 由射线 $\theta=\alpha,\theta=\beta$ 和两条连续曲线 $r=r_1(\theta),r=r_2(\theta)$ 所围成,如图 7-26(a) 所示,则

$$D=\{(r,\theta)\mid \alpha\leqslant\theta\leqslant\beta,r_1(\theta)\leqslant r\leqslant r_2(\theta)\},$$

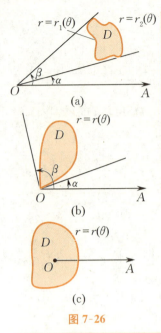

图 7-26

$$\iint_D f(r\cos\theta, r\sin\theta)rdrd\theta = \int_\alpha^\beta d\theta \int_{r_1(\theta)}^{r_2(\theta)} f(r\cos\theta, r\sin\theta)rdr.$$

(7-7-5)

(2) 若 $r_1(\theta) = 0$,即极点 O 在区域 D 的边界上,且 D 由射线 $\theta = \alpha, \theta = \beta$ 和连续曲线 $r = r(\theta)$ 所围成,如图 7-26(b) 所示,则

$$D = \{(r,\theta) \mid \alpha \leqslant \theta \leqslant \beta, 0 \leqslant r \leqslant r(\theta)\},$$

$$\iint_D f(r\cos\theta, r\sin\theta)rdrd\theta = \int_\alpha^\beta d\theta \int_0^{r(\theta)} f(r\cos\theta, r\sin\theta)rdr.$$

(7-7-6)

(3) 若极点 O 在区域 D 内,且 D 的边界曲线为连续封闭曲线 $r = r(\theta)$ $(0 \leqslant \theta \leqslant 2\pi)$,如图 7-26(c) 所示,则

$$D = \{(r,\theta) \mid 0 \leqslant \theta \leqslant 2\pi, 0 \leqslant r \leqslant r(\theta)\},$$

$$\iint_D f(r\cos\theta, r\sin\theta)rdrd\theta = \int_0^{2\pi} d\theta \int_0^{r(\theta)} f(r\cos\theta, r\sin\theta)rdr.$$

(7-7-7)

例 6 计算 $\iint_D e^{-x^2-y^2}dxdy$,其中 D 为圆 $x^2 + y^2 = 4$ 所围成的区域.

解 积分区域是一个圆域,且 $D = \{(r,\theta) \mid 0 \leqslant \theta \leqslant 2\pi, 0 \leqslant r \leqslant 2\}$,于是

$$\iint_D e^{-x^2-y^2}dxdy = \iint_D e^{-r^2}rdrd\theta = \int_0^{2\pi} d\theta \int_0^2 re^{-r^2}dr$$

$$= \int_0^{2\pi} \left(-\frac{1}{2}e^{-r^2}\right)\bigg|_0^2 d\theta = \frac{1}{2}\int_0^{2\pi}(1 - e^{-4})d\theta$$

$$= \pi(1 - e^{-4}).$$

如果用直角坐标计算,该积分算不出来.

在计算二重积分时,有时可利用对称性简化积分,有如下结论:

(1) 设积分区域 D 关于 x 轴对称,即 $D = D_1 \cup D_2$,其中 D_1, D_2 分别为 D 的位于 x 轴上、下方的区域.若 $f(x,y)$ 是 y 的奇函数,即 $f(x,-y) = -f(x,y)$,则 $\iint_D f(x,y)d\sigma = 0$;若 $f(x,y)$ 是 y 的偶函数,即 $f(x,-y) = f(x,y)$,则 $\iint_D f(x,y)d\sigma = 2\iint_{D_1} f(x,y)d\sigma$.

(2) 当 D 关于 y 轴对称,而 $f(x,y)$ 是 x 的奇、偶函数时,有与 (1) 类似结论.

例 7 求 $\iint_D (\sqrt{x^2+y^2}+y)d\sigma$,其中 D 是由圆 $x^2+y^2=4$ 和 $(x+1)^2+y^2=1$ 所围成的平面区域.

解 画出积分区域 D(见图 7-27). 注意到区域 D 关于 x 轴对称,y 是奇函数,所以 $\iint\limits_{D} y\mathrm{d}\sigma = 0$.

设大圆 $x^2 + y^2 = 4$ 所围区域为 D_1,小圆 $(x+1)^2 + y^2 = 1$ 所围区域为 D_2,则

$$\iint\limits_{D}(\sqrt{x^2+y^2}+y)\mathrm{d}\sigma = \iint\limits_{D}\sqrt{x^2+y^2}\mathrm{d}\sigma$$

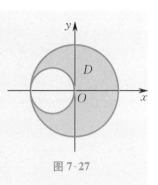

图 7-27

$$= \iint\limits_{D_1}\sqrt{x^2+y^2}\mathrm{d}\sigma - \iint\limits_{D_2}\sqrt{x^2+y^2}\mathrm{d}\sigma$$

$$= \int_0^{2\pi}\mathrm{d}\theta\int_0^2 r^2\mathrm{d}r - \int_{\frac{\pi}{2}}^{\frac{3\pi}{2}}\mathrm{d}\theta\cdot\int_0^{-2\cos\theta}r^2\mathrm{d}r$$

$$= \frac{16}{3}\pi - \frac{32}{9}.$$

本例题用到了两个技巧:一个是奇偶对称性;另一个是将所求积分化为两个区域上的积分之差.

例 8 计算二重积分 $\iint\limits_{D}\dfrac{y}{x}\mathrm{d}\sigma$,其中积分区域
$$D = \{(x,y) \mid 1 \leqslant x^2 + y^2 \leqslant -2x\}.$$

解 画出积分区域 D(见图 7-28),D 用极坐标表示为
$$D = \left\{(r,\theta) \left| \frac{2\pi}{3} \leqslant \theta \leqslant \frac{4\pi}{3}, 1 \leqslant r \leqslant -2\cos\theta\right.\right\},$$

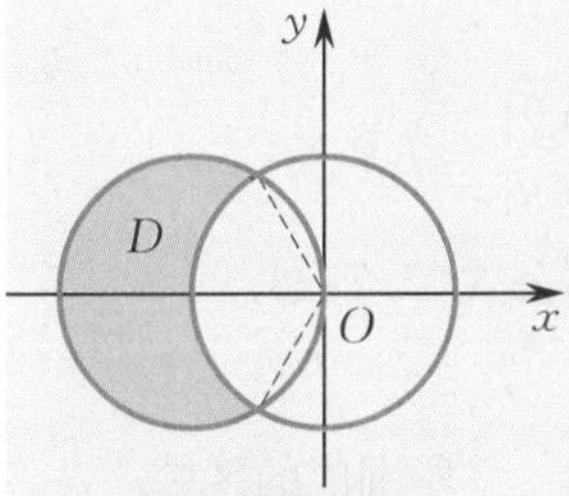

于是

$$\iint\limits_{D}\frac{y}{x}\mathrm{d}\sigma = \iint\limits_{D}\tan\theta\cdot r\mathrm{d}r\mathrm{d}\theta = \int_{\frac{2\pi}{3}}^{\frac{4\pi}{3}}\mathrm{d}\theta\int_1^{-2\cos\theta}\tan\theta\cdot r\mathrm{d}r$$

$$= \int_{\frac{2\pi}{3}}^{\frac{4\pi}{3}}\tan\theta\left(\frac{1}{2}r^2\bigg|_1^{-2\cos\theta}\right)\mathrm{d}\theta$$

$$= \int_{\frac{2\pi}{3}}^{\frac{4\pi}{3}}\tan\theta\left(2\cos^2\theta - \frac{1}{2}\right)\mathrm{d}\theta$$

$$= \left(-\frac{1}{2}\cos 2\theta + \frac{1}{2}\ln|\cos\theta|\right)\bigg|_{\frac{2\pi}{3}}^{\frac{4\pi}{3}}$$

$$= -\frac{1}{2}\cos\frac{8\pi}{3} + \frac{1}{2}\cos\frac{4\pi}{3} + \frac{1}{2}\ln\left|\cos\frac{4\pi}{3}\right| - \frac{1}{2}\ln\left(\cos\left|\frac{2\pi}{3}\right|\right)$$

$$= 0.$$

图 7-28

一般地,当二重积分的积分区域为圆域或圆域一部分,被积函数为 $f(\sqrt{x^2+y^2})$,$f\left(\dfrac{y}{x}\right)$ 或 $f\left(\dfrac{x}{y}\right)$ 等形式时,用极坐标计算较方便.

3. 二重积分的一般变量替换法

为了简化二重积分的计算,除了从直角坐标到极坐标这种特殊变换外,还有更一般的变量替换法. 下面我们不加证明地给出二重积分的变量替换公式.

定理 1 设 $f(x,y)$ 在 xOy 平面的闭区域 D 上连续,变换

$$T: x = x(u,v), y = y(u,v) \tag{7-7-8}$$

将 uOv 平面上的闭区域 D^* 变为 xOy 平面上的区域 D,且变换 $T: D^* \to D$ 是一对一的,还满足以下两个条件:

(1) 函数 $x(u,v), y(u,v)$ 在 D^* 上有一阶连续偏导数 $\dfrac{\partial x}{\partial u}, \dfrac{\partial x}{\partial v}, \dfrac{\partial y}{\partial u}, \dfrac{\partial y}{\partial v}$;

(2) 在 D^* 上雅可比行列式

$$\frac{\partial(x,y)}{\partial(u,v)} = \begin{vmatrix} \dfrac{\partial x}{\partial u} & \dfrac{\partial x}{\partial v} \\ \dfrac{\partial y}{\partial u} & \dfrac{\partial y}{\partial v} \end{vmatrix} = \frac{\partial x}{\partial u} \cdot \frac{\partial y}{\partial v} - \frac{\partial x}{\partial v} \cdot \frac{\partial y}{\partial u} \neq 0,$$

则有

$$\iint\limits_D f(x,y) \mathrm{d}\sigma = \iint\limits_{D^*} f(x(u,v), y(u,v)) \left| \frac{\partial(x,y)}{\partial(u,v)} \right| \mathrm{d}u\mathrm{d}v. \tag{7-7-9}$$

容易验证:极坐标变换 $x = r\cos\theta, y = r\sin\theta$ 的雅可比行列式为

$$\frac{\partial(x,y)}{\partial(r,\theta)} = \begin{vmatrix} \cos\theta & -r\sin\theta \\ \sin\theta & r\cos\theta \end{vmatrix} = r,$$

代入 (7-7-9) 式便可得极坐标系下的计算公式 (7-7-4).

例 9 计算 $\iint\limits_D e^{\frac{y-x}{y+x}} \mathrm{d}x\mathrm{d}y$,其中 D 是由 x 轴,y 轴及直线 $x+y=2$ 所围成的区域.

解 该积分用直角坐标和极坐标下的计算公式求不出来,但可用一般变量替换法求解. 令 $u = y-x, v = y+x$,即 $x = \dfrac{v-u}{2}, y = \dfrac{u+v}{2}$,则该变换的雅可比行列式为

$$\frac{\partial(x,y)}{\partial(u,v)} = \begin{vmatrix} -\dfrac{1}{2} & \dfrac{1}{2} \\ \dfrac{1}{2} & \dfrac{1}{2} \end{vmatrix} = -\frac{1}{2} \neq 0,$$

且变换 $x = \dfrac{v-u}{2}, y = \dfrac{u+v}{2}$ 将 xOy 平面上的区域 D 与 uOv 平面上的区域 D^* 对应,如图 7-29 所示. 于是有

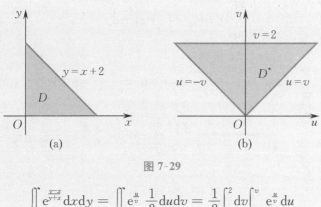

图 7-29

$$\iint\limits_{D} e^{\frac{y-x}{y+x}} dxdy = \iint\limits_{D^*} e^{\frac{u}{v}} \frac{1}{2} dudv = \frac{1}{2}\int_0^2 dv \int_{-v}^{v} e^{\frac{u}{v}} du$$
$$= \frac{1}{2}\int_0^2 (e - e^{-1})v dv = e - e^{-1}.$$

公式(7-7-9) 称为二重积分的换元法.

在选择变量替换时,要同时兼顾被积函数的表达式和积分区域的形状两方面.

为了说明计算二重积分的技巧,再看一个例子.

例 10 计算二重积分 $\iint\limits_{D} y dxdy$,其中 D 是由直线 $x = -2, y = 0, y = 2$ 以及曲线 $x = -\sqrt{2y-y^2}$ 所围成的平面区域.

解 方法 1 画出积分区域 D(见图 7-30).利用直角坐标,得

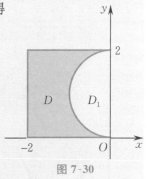

$$\iint\limits_{D} y dxdy = \int_0^2 y dy \int_{-2}^{-\sqrt{2y-y^2}} dx = 2\int_0^2 y dy - \int_0^2 y\sqrt{2y-y^2} dy$$
$$= 4 - \int_0^2 y\sqrt{1-(y-1)^2} dy$$
$$\xrightarrow{y-1=t} 4 - \int_{-1}^{1} t\sqrt{1-t^2} dt - \int_{-1}^{1}\sqrt{1-t^2} dt$$
$$= 4 - 0 - \frac{\pi}{2} = 4 - \frac{\pi}{2}.$$

图 7-30

注意:上式中由对称性知 $\int_{-1}^{1} t\sqrt{1-t^2} dt = 0$,由定积分的几何意义知

$$\int_{-1}^{1} \sqrt{1-t^2} dt = \frac{\pi}{2}.$$

方法 2 将积分区域延拓到 D_1 上,于是

$$\iint\limits_{D} y dxdy = \iint\limits_{D_1+D} y dxdy - \iint\limits_{D_1} y dxdy.$$

上式第一个积分

$$\iint\limits_{D_1+D} y\mathrm{d}x\mathrm{d}y = \int_{-2}^{0}\mathrm{d}x\int_{0}^{2}y\mathrm{d}y = 4,$$

第二个积分

$$\iint\limits_{D_1} y\mathrm{d}x\mathrm{d}y = \int_{\frac{\pi}{2}}^{\pi}\mathrm{d}\theta\int_{0}^{2\sin\theta}r^2\sin\theta\mathrm{d}r = \frac{8}{3}\int_{\frac{\pi}{2}}^{\pi}\sin^4\theta\mathrm{d}\theta$$

$$\xrightarrow{\theta = t+\frac{\pi}{2}} \frac{8}{3}\int_{0}^{\frac{\pi}{2}}\cos^4 t\mathrm{d}t = \frac{8}{3}\cdot\frac{3}{4}\cdot\frac{1}{2}\cdot\frac{\pi}{2} = \frac{\pi}{2},$$

故

$$\iint\limits_{D} y\mathrm{d}x\mathrm{d}y = 4-\frac{\pi}{2}.$$

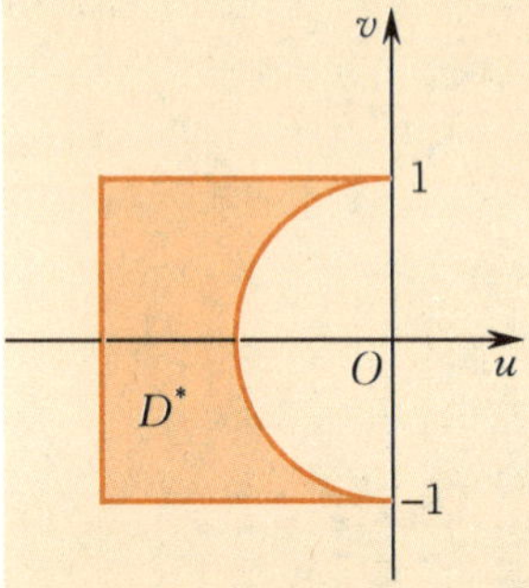

方法 3 做变量替换 $x=u, y=v+1$,则区域 D 变为 D^*(见图 7-31).

$$\iint\limits_{D} y\mathrm{d}x\mathrm{d}y = \iint\limits_{D^*}(v+1)\mathrm{d}u\mathrm{d}v$$

$$= \iint\limits_{D^*} v\mathrm{d}u\mathrm{d}v + \iint\limits_{D^*}\mathrm{d}u\mathrm{d}v = 0 + \left(4-\frac{\pi}{2}\right)$$

$$= 4-\frac{\pi}{2}.$$

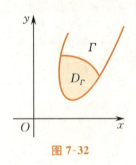

图 7-31

注意:上式中第一个积分,由于被积函数关于 v 是奇函数,积分区域关于 u 轴对称,故 $\iint\limits_{D^*}v\mathrm{d}u\mathrm{d}v = 0$;而第二个积分 $\iint\limits_{D^*}\mathrm{d}u\mathrm{d}v$ 表示积分区域的面积,故

$$\iint\limits_{D^*}\mathrm{d}u\mathrm{d}v = 4-\frac{\pi}{2}.$$

三、无界区域上的广义二重积分

如果允许二重积分的积分区域 D 为无界区域(如全平面,半平面,有界区域的外部等),则可定义无界区域上的广义二重积分.

定义 2 设 D 是平面上一无界区域,函数 $f(x,y)$ 在其上有定义,用任意光滑曲线 Γ 在 D 中划出有界区域 D_Γ(见图 7-32),设 $f(x,y)$ 在 D_Γ 上可积,当曲线 Γ 连续变动,使 D_Γ 无限扩展趋于区域 D 时,不论 Γ 的形状如何,也不论扩展的过程怎样,若极限

$$\lim_{D_\Gamma \to D}\iint\limits_{D_\Gamma}f(x,y)\mathrm{d}\sigma$$

图 7-32

存在且取相同的值 I,则称 I 为 $f(x,y)$ 在无界区域 D 上的**广义二重积分**,记作

$$\iint\limits_{D}f(x,y) = \lim_{D_\Gamma \to D}\iint\limits_{D_\Gamma}f(x,y)\mathrm{d}\sigma = I.$$

此时同样称广义二重积分 $\iint\limits_{D} f(x,y) \mathrm{d}\sigma$ 收敛；否则，称广义二重积分 $\iint\limits_{D} f(x,y) \mathrm{d}\sigma$ 发散.

判别广义二重积分的敛散性本节不做讨论. 如果已知广义二重积分 $\iint\limits_{D} f(x,y) \mathrm{d}\sigma$ 收敛，为了简化计算，常常选取一些特殊的 D_Γ 趋于区域 D.

例 11 设 D 为全平面，已知 $\iint\limits_{D} \mathrm{e}^{-x^2-y^2} \mathrm{d}\sigma$ 收敛，求其值.

解 设 D_R 为中心在原点，半径为 R 的圆域，则

$$\iint\limits_{D_R} \mathrm{e}^{-(x^2+y^2)} \mathrm{d}\sigma = \int_0^{2\pi} \mathrm{d}\theta \int_0^R \mathrm{e}^{-r^2} r \mathrm{d}r = 2\pi \left(-\frac{1}{2}\mathrm{e}^{-r^2}\right)\bigg|_0^R = \pi(1-\mathrm{e}^{-R^2}).$$

显然，当 $R \to +\infty$ 时，有 $D_R \to D$，因此有

$$\iint\limits_{D} \mathrm{e}^{-(x^2+y^2)} \mathrm{d}\sigma = \lim_{R \to +\infty} \iint\limits_{D_R} \mathrm{e}^{-(x^2+y^2)} \mathrm{d}\sigma = \lim_{R \to +\infty} \pi(1-\mathrm{e}^{-R^2}) = \pi.$$

例 12 证明：$\int_0^{+\infty} \mathrm{e}^{-x^2} \mathrm{d}x = \dfrac{\sqrt{\pi}}{2}$.

证 令（见图 7-33）
$$D = \{(x,y) \mid 0 \leqslant x \leqslant a, 0 \leqslant y \leqslant a\},$$
$$D_1 = \{(x,y) \mid x^2+y^2 \leqslant a^2, x \geqslant 0, y \geqslant 0\},$$
$$D_2 = \{(x,y) \mid x^2+y^2 \leqslant 2a^2, x \geqslant 0, y \geqslant 0\},$$

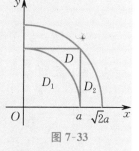

图 7-33

则有

$$\iint\limits_{D_1} \mathrm{e}^{-(x^2+y^2)} \mathrm{d}x\mathrm{d}y \leqslant \iint\limits_{D} \mathrm{e}^{-(x^2+y^2)} \mathrm{d}x\mathrm{d}y \leqslant \iint\limits_{D_2} \mathrm{e}^{-(x^2+y^2)} \mathrm{d}x\mathrm{d}y.$$

而

$$\iint\limits_{D} \mathrm{e}^{-(x^2+y^2)} \mathrm{d}x\mathrm{d}y = \int_0^a \mathrm{e}^{-x^2} \mathrm{d}x \cdot \int_0^a \mathrm{e}^{-y^2} \mathrm{d}y = \left(\int_0^a \mathrm{e}^{-x^2} \mathrm{d}x\right)^2,$$

由例 11 知

$$\iint\limits_{D_1} \mathrm{e}^{-(x^2+y^2)} \mathrm{d}x\mathrm{d}y = \frac{\pi}{4}(1-\mathrm{e}^{-a^2}), \quad \iint\limits_{D_2} \mathrm{e}^{-(x^2+y^2)} \mathrm{d}x\mathrm{d}y = \frac{\pi}{4}(1-\mathrm{e}^{-2a^2}),$$

从而得

$$\frac{\pi}{4}(1-\mathrm{e}^{-a^2}) \leqslant \left(\int_0^a \mathrm{e}^{-x^2} \mathrm{d}x\right)^2 \leqslant \frac{\pi}{4}(1-\mathrm{e}^{-2a^2}).$$

令 $a \to +\infty$，得

$$\int_0^{+\infty} \mathrm{e}^{-x^2} \mathrm{d}x = \frac{\sqrt{\pi}}{2}.$$

习 题 7-7

1. 将二重积分 $\iint\limits_{D} f(x,y)\mathrm{d}x\mathrm{d}y$ 化为二次积分(两种次序都要),其中积分区域 D 是:

(1) $|x|\leqslant 1, |y|\leqslant 2$;

(2) 由直线 $y=x$ 及抛物线 $y^2=4x$ 所围成;

(3) 由 x 轴及半圆周 $x^2+y^2=r^2(y\geqslant 0)$ 所围成.

2. 交换下列两次积分的次序:

(1) $\int_0^1 \mathrm{d}y \int_y^{\sqrt{y}} f(x,y)\mathrm{d}x$; (2) $\int_0^{2a} \mathrm{d}x \int_0^{\sqrt{2ax-x^2}} f(x,y)\mathrm{d}y$;

(3) $\int_0^1 \mathrm{d}x \int_0^x f(x,y)\mathrm{d}y + \int_1^2 \mathrm{d}x \int_0^{2-x} f(x,y)\mathrm{d}y$.

3. 计算下列二重积分:

(1) $\iint\limits_{D} \mathrm{e}^{x+y}\mathrm{d}\sigma, D: |x|\leqslant 1, |y|\leqslant 1$;

(2) $\iint\limits_{D} x^2 y\mathrm{d}x\mathrm{d}y, D$ 由直线 $y=1, x=2$ 及 $y=x$ 所围成;

(3) $\iint\limits_{D} (x-1)\mathrm{d}x\mathrm{d}y, D$ 由 $y=x$ 和 $y=x^3$ 所围成;

(4) $\iint\limits_{D} (x^2+y^2)\mathrm{d}x\mathrm{d}y, D: |x|+|y|\leqslant 1$;

*(5) $\iint\limits_{D} \dfrac{1}{y}\sin y\mathrm{d}\sigma, D$ 由 $y^2=\dfrac{\pi}{2}x$ 与 $y=x$ 所围成;

(6) $\iint\limits_{D} (4-x-y)\mathrm{d}\sigma, D$ 是圆域 $x^2+y^2\leqslant R^2$;

(7) $\iint\limits_{D} \arctan\dfrac{y}{x}\mathrm{d}\sigma, D$ 是由圆 $x^2+y^2=4, x^2+y^2=1$,直线 $y=0$ 和 $y=x$ 所围成的第一象限的区域;

*(8) $\iint\limits_{D} \dfrac{x+y}{x^2+y^2}\mathrm{d}\sigma, D: x^2+y^2\leqslant 1, x+y\geqslant 1$.

4. 已知广义二重积分 $\iint\limits_{D} x\mathrm{e}^{-y^2}\mathrm{d}\sigma$ 收敛,求其值.其中 D 是由曲线 $y=4x^2$ 与 $y=9x^2$ 在第一象限所围成的区域.

5. 计算 $\int_{-\infty}^{+\infty} \mathrm{e}^{-x^2}\mathrm{d}x$.

6. 求由平面 $z=0$ 及曲面 $z=4-x^2-y^2$ 所围空间立体的体积.

7. 已知曲线 $y=\ln x$ 及过此曲线上点 $(\mathrm{e},1)$ 的切线 $y=\dfrac{1}{\mathrm{e}}x$.求:

(1) 由曲线 $y=\ln x$,直线 $y=\dfrac{1}{\mathrm{e}}x$ 和 $y=0$ 所围成的平面图形 D 的面积;

(2) 以平面图形 D 为底、以曲面 $z=\mathrm{e}^y$ 为顶的曲顶柱体的体积.

第八章 无穷级数

无穷级数是高等数学的一个十分重要的组成部分,它是用来表示函数、研究函数性质,以及进行数值计算的一种工具,对微积分的进一步发展及其在各种实际问题上的应用起着非常重要的作用.

知识框图

第一节　数项级数的概念和性质

一、数项级数及其敛散性

在初等数学中遇到的和式都是有限多项的和式,但在某些实际问题中,会出现无穷多项相加的情形,称为级数.

定义 1　给定数列 $\{u_n\}$,则表达式

$$u_1 + u_2 + \cdots + u_n + \cdots = \sum_{n=1}^{\infty} u_n \tag{8-1-1}$$

称为一个**无穷级数**,简称为**级数**. 其中 u_n 称为该级数的**通项**或**一般项**. 若级数(8-1-1)的每一项 u_n 都为常数,则称该级数为**常数项级数**(或**数项级数**),若级数(8-1-1)的每一项 $u_n = u_n(x)$,则称 $\sum_{n=1}^{\infty} u_n(x)$ 为**函数项级数**.

我们首先讨论常数项级数(8-1-1).应该注意,无穷多个数相加可能是一个数,也可能不是一个数.例如,$0+0+\cdots+0+\cdots = 0$,而 $1+1+\cdots+1+\cdots$ 则不是一个数.因此,我们首先应明确级数(8-1-1)何时表示一个数,何时不表示数.为此,必须引进级数的收敛和发散的概念.

记

$$s_1 = u_1, s_2 = u_1 + u_2, \cdots, s_n = u_1 + u_2 + \cdots + u_n = \sum_{k=1}^{n} u_k, \cdots,$$

称 s_n 为级数(8-1-1)的前 n 项**部分和**,称数列 $\{s_n\}$ 为级数(8-1-1)的**部分和数列**. 显然 $u_n = s_n - s_{n-1}$.

从形式上看,级数 $u_1 + u_2 + \cdots + u_n + \cdots$ 相当于和式 $u_1 + u_2 + \cdots + u_n$ 中项数无限增多的情形,即相当于 $\lim_{n \to \infty}(u_1 + u_2 + \cdots + u_n) = \lim_{n \to \infty} s_n$,因此我们可以用数列 $\{s_n\}$ 的敛散性来定义级数(8-1-1)的敛散性.

定义 2　若级数 $\sum_{n=1}^{\infty} u_n$ 的部分和数列 $\{s_n\}$ 的极限存在,且等于 s,即

$$\lim_{n \to \infty} s_n = s,$$

则称级数 $\sum_{n=1}^{\infty} u_n$ **收敛**,s 称为级数的**和**,并记为 $s = \sum_{n=1}^{\infty} u_n$,这时也称

该级数收敛于 s. 若部分和数列的极限不存在，就称级数 $\sum\limits_{n=1}^{\infty}u_n$ 发散.

例 1 试讨论等比级数（或几何级数）
$$\sum_{n=0}^{\infty}ar^n = a + ar + ar^2 + \cdots + ar^n + \cdots \quad (a \neq 0)$$
的敛散性，其中 r 称为该级数的公比.

解 根据等比数列的求和公式可知，当 $r \neq 1$ 时，所给级数的部分和
$$s_n = a \cdot \frac{1-r^n}{1-r}.$$
于是，当 $|r| < 1$ 时，
$$\lim_{n\to\infty}s_n = \lim_{n\to\infty}a \cdot \frac{1-r^n}{1-r} = \frac{a}{1-r}.$$
由定义 2 知，该等比级数收敛，其和 $s = \frac{a}{1-r}$，即
$$\sum_{n=0}^{\infty}ar^n = \frac{a}{1-r}, |r| < 1.$$
当 $|r| > 1$ 时，
$$\lim_{n\to\infty}s_n = \lim_{n\to\infty}a \cdot \frac{1-r^n}{1-r} = \infty.$$
所以该等比级数发散.

当 $r = 1$ 时，
$$s_n = na \to \infty \quad (当 n \to \infty 时),$$
因此该等比级数发散.

当 $r = -1$ 时，
$$s_n = a - a + a - \cdots + (-1)^n a = \begin{cases} a, & 当 n 为偶数, \\ 0, & 当 n 为奇数. \end{cases}$$
部分和数列的极限不存在，故该等比级数发散.

综上所述，等比级数 $\sum\limits_{n=0}^{\infty}ar^n$，当公比 $|r| < 1$ 时收敛；当公比 $|r| \geqslant 1$ 时发散.

例 2 级数
$$\sum_{n=1}^{\infty}\frac{1}{n} = 1 + \frac{1}{2} + \frac{1}{3} + \cdots + \frac{1}{n} + \cdots$$
称为调和级数，试证明其发散.

证 注意到当 $x > 0$ 时，有 $\ln(1+x) < x$，所以
$$s_n = \sum_{k=1}^{n}\frac{1}{k} > \sum_{k=1}^{n}\ln\left(1 + \frac{1}{k}\right) = \sum_{k=1}^{n}(\ln(1+k) - \ln k)$$
$$= (\ln 2 - \ln 1) + (\ln 3 - \ln 2) + \cdots + (\ln(1+n) - \ln n)$$
$$= \ln(1+n).$$

因 $\lim\limits_{n\to\infty}\ln(1+n)=+\infty$,故 $\lim\limits_{n\to\infty}s_n=+\infty$,即 $\sum\limits_{n=1}^{\infty}\dfrac{1}{n}$ 发散.

例 3 求级数 $\sum\limits_{n=1}^{\infty}\dfrac{1}{(n+2)(n+3)}$ 的和.

解 注意到

$$\dfrac{1}{(n+2)(n+3)}=\dfrac{1}{n+2}-\dfrac{1}{n+3},$$

因此

$$s_n=\sum_{k=1}^{n}\dfrac{1}{(k+2)(k+3)}=\sum_{k=1}^{n}\left(\dfrac{1}{k+2}-\dfrac{1}{k+3}\right)=\dfrac{1}{3}-\dfrac{1}{n+3}.$$

所以该级数的和为

$$s=\lim_{n\to\infty}s_n=\lim_{n\to\infty}\left(\dfrac{1}{3}-\dfrac{1}{n+3}\right)=\dfrac{1}{3},$$

即

$$\sum_{n=1}^{\infty}\dfrac{1}{(n+2)(n+3)}=\dfrac{1}{3}.$$

二、数项级数的基本性质

根据数项级数收敛性的概念,可以得出如下的基本性质:

性质 1 在一个级数中增加或删去有限个项不改变级数的敛散性,但一般会改变收敛级数的和.

性质 2 若级数 $\sum\limits_{n=1}^{\infty}u_n$ 收敛,C 是任一常数,则级数 $\sum\limits_{n=1}^{\infty}Cu_n$ 也收敛,且

$$\sum_{n=1}^{\infty}Cu_n=C\sum_{n=1}^{\infty}u_n.$$

证 设 $\sum\limits_{n=1}^{\infty}u_n$ 的部分和为 s_n,且 $\lim\limits_{n\to\infty}s_n=s$. 又设级数 $\sum\limits_{n=1}^{\infty}Cu_n$ 的部分和为 s'_n,显然有 $s'_n=Cs_n$,于是

$$\lim_{n\to\infty}s'_n=\lim_{n\to\infty}Cs_n=C\lim_{n\to\infty}s_n=C\cdot s,$$

即

$$\sum_{n=1}^{\infty}Cu_n=Cs=C\cdot\sum_{n=1}^{\infty}u_n.$$

性质 3 若级数 $\sum\limits_{n=1}^{\infty}u_n$ 与 $\sum\limits_{n=1}^{\infty}v_n$ 都收敛,则 $\sum\limits_{n=1}^{\infty}(u_n\pm v_n)$ 也收敛,且

$$\sum_{n=1}^{\infty}(u_n\pm v_n)=\sum_{n=1}^{\infty}u_n\pm\sum_{n=1}^{\infty}v_n.$$

证 设 $\sum_{n=1}^{\infty} u_n$ 与 $\sum_{n=1}^{\infty} v_n$ 的部分和分别为 A_n 和 B_n，且 $\lim\limits_{n\to\infty} A_n = s_1$，$\lim\limits_{n\to\infty} B_n = s_2$，则 $\sum_{n=1}^{\infty}(u_n \pm v_n)$ 的部分和为

$$s_n = \sum_{k=1}^{n}(u_k \pm v_k) = A_n \pm B_n.$$

于是

$$\lim_{n\to\infty} s_n = \lim_{n\to\infty}(A_n \pm B_n) = s_1 \pm s_2,$$

即

$$\sum_{n=1}^{\infty}(u_n \pm v_n) = \sum_{n=1}^{\infty} u_n \pm \sum_{n=1}^{\infty} v_n.$$

性质 3 的结论可推广到有限个收敛级数的情形．

性质 4 收敛级数加括号后所成的级数仍收敛，且其和不变．

要注意的是：加括号后的级数收敛时，不能断言原来未加括号的级数也收敛．例如，级数

$$(1-1) + (1-1) + \cdots + (1-1) + \cdots$$

收敛于零，但级数

$$\sum_{n=0}^{\infty}(-1)^n = 1 - 1 + 1 - 1 + \cdots$$

是发散的．这是因为 $s_n = \begin{cases} 1, & n \text{ 为偶数}, \\ 0, & n \text{ 为奇数}, \end{cases}$ 因而 $\{s_n\}$ 的极限不存在．

由性质 4 可得到下面的结论：如果加括号后的级数发散，则原级数一定发散．

三、数项级数收敛的必要条件

若数项级数 $\sum_{n=1}^{\infty} u_n$ 收敛于 s，那么由其部分和的概念，就有

$$u_n = s_n - s_{n-1}.$$

于是

$$\lim_{n\to\infty} u_n = \lim_{n\to\infty}(s_n - s_{n-1}).$$

依据收敛级数的定义可知，$\lim\limits_{n\to\infty} s_n = \lim\limits_{n\to\infty} s_{n-1} = s$．因此这时必有

$$\lim_{n\to\infty} u_n = 0.$$

这就是级数收敛的必要条件．

定理 1 若级数 $\sum_{n=1}^{\infty} u_n$ 收敛，则 $\lim\limits_{n\to\infty} u_n = 0$．

需要特别指出的是，$\lim\limits_{n\to\infty} u_n = 0$ 仅是级数收敛的必要条件，绝不能由 $u_n \to 0$（当 $n \to \infty$ 时）就得出级数 $\sum_{n=1}^{\infty} u_n$ 收敛的结论．例

如,调和级数中,$u_n = \frac{1}{n} \to 0$(当 $n \to \infty$ 时),但调和级数 $\sum_{n=1}^{\infty} \frac{1}{n}$ 是发散的.

定理1的等价命题是:若 $\lim_{n \to \infty} u_n \neq 0$,则级数 $\sum_{n=1}^{\infty} u_n$ 发散. 这是判断级数发散的重要方法.

例 4 试证明级数
$$\sum_{n=1}^{\infty} n \ln \frac{n}{n+1} = \ln \frac{1}{2} + 2\ln \frac{2}{3} + \cdots + n \ln \frac{n}{n+1} + \cdots$$
发散.

证 级数的通项 $u_n = n \ln \frac{n}{n+1}$,当 $n \to \infty$ 时,
$$\lim_{n \to \infty} n \ln \frac{n}{n+1} = \lim_{n \to \infty} \ln \frac{1}{\left(1 + \frac{1}{n}\right)^n} = -1.$$

因为 $\lim_{n \to \infty} u_n \neq 0$,所以该级数发散.

例 5 试判别级数 $\sum_{n=1}^{\infty} \sin \frac{n\pi}{2}$ 的敛散性.

解 注意到级数
$$\sum_{n=1}^{\infty} \sin \frac{n\pi}{2} = 1 + 0 - 1 + 0 + 1 + 0 - 1 + 0 + \cdots,$$
通项 $u_n = \sin \frac{n\pi}{2}$,当 $n \to \infty$ 时,极限不存在,所以级数发散.

注 在判定级数是否收敛时,我们往往先观察一下当 $n \to \infty$ 时,通项 u_n 的极限是否为零. 仅当 $\lim_{n \to \infty} u_n = 0$ 时,再用其他方法来确定级数收敛或发散.

习 题 8-1

1. 判定下列级数的收敛性:

(1) $\sum_{n=1}^{\infty} 5 \cdot \frac{1}{a^n}$ $(a > 0)$;   (2) $\sum_{n=1}^{\infty} (\sqrt{n+1} - \sqrt{n})$;

(3) $\sum_{n=1}^{\infty} \frac{1}{n+3}$;   (4) $\sum_{n=1}^{\infty} \frac{2 + (-1)^n}{2^n}$;

(5) $\sum_{n=1}^{\infty} \ln \frac{n}{n+1}$;   (6) $\sum_{n=1}^{\infty} (-1)^n 2$;

(7) $\sum_{n=1}^{\infty} \left(\frac{n+1}{n}\right)$;   (8) $\sum_{n=1}^{\infty} \frac{(-1)^n \cdot n}{2n+1}$.

2. 判别下列级数的收敛性,若收敛,则求其和:

(1) $\sum_{n=1}^{\infty}\left(\frac{1}{2^n}+\frac{1}{3^n}\right)$;

*(2) $\sum_{n=1}^{\infty}\frac{1}{n(n+1)(n+2)}$;

(3) $\sum_{n=1}^{\infty} n \cdot \sin\frac{\pi}{2n}$;

(4) $\sum_{n=0}^{\infty}\cos\frac{n\pi}{2}$.

*3. 设 $\sum_{n=1}^{\infty}u_n(u_n>0)$ 加括号后收敛,证明 $\sum_{n=1}^{\infty}u_n$ 亦收敛.

第三节 正项级数及其敛散性判别法

正项级数是数项级数中比较简单,但又很重要的一种类型. 若级数 $\sum_{n=1}^{\infty}u_n$ 中各项均为非负,即 $u_n \geqslant 0(n=1,2,\cdots)$,则称该级数为**正项级数**. 这时,由于

$$u_n = s_n - s_{n-1},$$

因此有

$$s_n = s_{n-1} + u_n \geqslant s_{n-1},$$

即正项级数的部分和数列 $\{s_n\}$ 是一个单调增加数列.

我们知道,单调有界数列必有极限,根据这一准则,我们可以得到判定正项级数收敛性的一个充分必要条件.

定理 1 正项级数 $\sum_{n=1}^{\infty}u_n$ 收敛的充分必要条件是正项级数 $\sum_{n=1}^{\infty}u_n$ 的部分和数列 $\{s_n\}$ 有界.

直接应用定理 1 来判定正项级数是否收敛,往往不太方便,但由定理 1 可以得到常用的正项级数的比较判别法.

定理 2(比较判别法) 设有两个正项级数 $\sum_{n=1}^{\infty}u_n$ 和 $\sum_{n=1}^{\infty}v_n$,且 $u_n \leqslant v_n$ 成立,那么

(1) 若级数 $\sum_{n=1}^{\infty}v_n$ 收敛,则级数 $\sum_{n=1}^{\infty}u_n$ 也收敛;

(2) 若级数 $\sum_{n=1}^{\infty}u_n$ 发散,则级数 $\sum_{n=1}^{\infty}v_n$ 也发散.

证 我们不妨只对结论(1)的情形加以证明.

设 $\sum_{n=1}^{\infty}u_n$ 的前 n 项和为 A_n, $\sum_{n=1}^{\infty}v_n$ 的前 n 项和为 B_n,于是

$A_n \leqslant B_n$.

因为 $\sum\limits_{n=1}^{\infty} v_n$ 收敛,由定理1,就有常数 M 存在,使得 $B_n \leqslant M$ $(n=1,2,3,\cdots)$ 成立. 于是 $A_n \leqslant M(n=1,2,3,\cdots)$,即级数 $\sum\limits_{n=1}^{\infty} u_n$ 的部分和数列有界,所以级数 $\sum\limits_{n=1}^{\infty} u_n$ 收敛.

证明结论(2)的方法与上面相同,读者自行完成.

推论 1（比较判别法的极限形式） 若正项级数 $\sum\limits_{n=1}^{\infty} u_n$ 与 $\sum\limits_{n=1}^{\infty} v_n$ 满足 $\lim\limits_{n \to \infty} \dfrac{u_n}{v_n} = \rho$,则

(1) 当 $0 < \rho < +\infty$ 时,$\sum\limits_{n=1}^{\infty} u_n$ 与 $\sum\limits_{n=1}^{\infty} v_n$ 具有相同的收敛性;

(2) 当 $\rho = 0$ 时,若 $\sum\limits_{n=1}^{\infty} v_n$ 收敛,则 $\sum\limits_{n=1}^{\infty} u_n$ 亦收敛;

(3) 当 $\rho = +\infty$ 时,若 $\sum\limits_{n=1}^{\infty} v_n$ 发散,则 $\sum\limits_{n=1}^{\infty} u_n$ 亦发散.

例 1 判断级数 $\sum\limits_{n=1}^{\infty} 2^n \sin \dfrac{1}{3^n}$ 的收敛性.

解 由于 $0 \leqslant 2^n \sin \dfrac{1}{3^n} < 2^n \cdot \dfrac{1}{3^n} = \left(\dfrac{2}{3}\right)^n$,而级数 $\sum\limits_{n=1}^{\infty} \left(\dfrac{2}{3}\right)^n$ 收敛,由比较判别法知 $\sum\limits_{n=1}^{\infty} 2^n \sin \dfrac{1}{3^n}$ 收敛.

例 2 讨论 p-级数

$$1 + \frac{1}{2^p} + \frac{1}{3^p} + \frac{1}{4^p} + \cdots + \frac{1}{n^p} + \cdots \tag{8-2-1}$$

的收敛性,其中常数 $p > 0$.

解 设 $p \leqslant 1$. 这时级数的各项不小于调和级数的对应项:$\dfrac{1}{n^p} \geqslant \dfrac{1}{n}$,但调和级数发散,因此根据比较判别法可知,当 $p \leqslant 1$ 时级数(8-2-1)发散.

设 $p > 1$. 因为当 $k-1 \leqslant x \leqslant k$ 时,有 $\dfrac{1}{k^p} \leqslant \dfrac{1}{x^p}$,所以

$$\frac{1}{k^p} = \int_{k-1}^{k} \frac{1}{k^p} \mathrm{d}x \leqslant \int_{k-1}^{k} \frac{1}{x^p} \mathrm{d}x \quad (k = 2, 3, \cdots).$$

从而级数(8-2-1)的部分和

$$s_n = 1 + \sum_{k=2}^{n} \frac{1}{k^p} \leqslant 1 + \sum_{k=2}^{n} \int_{k-1}^{k} \frac{1}{x^p} \mathrm{d}x = 1 + \int_{1}^{n} \frac{1}{x^p} \mathrm{d}x$$

$$= 1 + \frac{1}{p-1}\left(1 - \frac{1}{n^{p-1}}\right) < 1 + \frac{1}{p-1} \quad (n = 2, 3, \cdots),$$

这表明数列$\{s_n\}$有界,因此级数(8-2-1)收敛.

综合上述结果,我们得到:p-级数(8-2-1)当$p>1$时收敛,当$p\leqslant 1$时发散.

例 3 判断级数$\sum\limits_{n=1}^{\infty}\dfrac{1}{\sqrt{n(n^2+1)}}$的敛散性.

解 因为

$$\lim_{n\to\infty}\dfrac{\dfrac{1}{\sqrt{n(n^2+1)}}}{\dfrac{1}{n^{\frac{3}{2}}}}=\lim_{n\to\infty}\dfrac{n^{\frac{3}{2}}}{\sqrt{n^3+n}}=\lim_{n\to\infty}\dfrac{1}{\sqrt{1+\dfrac{1}{n^2}}}=1,$$

而p-级数$\sum\limits_{n=1}^{\infty}\dfrac{1}{n^{\frac{3}{2}}}$收敛$(p=\dfrac{3}{2}>1)$,故由推论1知$\sum\limits_{n=1}^{\infty}\dfrac{1}{\sqrt{n(n^2+1)}}$收敛.

例 4 试证明正项级数$\sum\limits_{n=1}^{\infty}\dfrac{n+1}{n^2+5n+2}$发散.

证 注意到

$$\lim_{n\to\infty}\left(\dfrac{n+1}{n^2+5n+2}\bigg/\dfrac{1}{n}\right)=1.$$

因调和级数$\sum\limits_{n=1}^{\infty}\dfrac{1}{n}$是发散的,由比较判别法知,$\sum\limits_{n=1}^{\infty}\dfrac{n+1}{n^2+5n+2}$发散.

仔细分析前两例,我们就会发现,如果正项级数的通项u_n是分式,而其分子、分母都是n的多项式(常数是零次多项式),只要分母的最高次幂高出分子的最高次幂一次以上(不包括一次),该正项级数收敛,否则发散.

定理 3(达朗贝尔(D'Alembert)比值判别法) 设有正项级数$\sum\limits_{n=1}^{\infty}u_n$,如果极限

$$\lim_{n\to\infty}\dfrac{u_{n+1}}{u_n}=\rho,$$

那么

(1) 当$\rho<1$时,级数收敛;

(2) 当$\rho>1$(包括$\rho=+\infty$)时,级数发散;

(3) 当$\rho=1$时,级数可能收敛也可能发散.

达朗贝尔个人简介

例 5 试证明正项级数$\sum\limits_{n=1}^{\infty}2^n\tan\dfrac{\pi}{3^n}$收敛.

证 因为

$$\lim_{n\to\infty}\dfrac{u_{n+1}}{u_n}=\lim_{n\to\infty}\dfrac{2^{n+1}\cdot\tan\dfrac{\pi}{3^{n+1}}}{2^n\cdot\tan\dfrac{\pi}{3^n}}=\dfrac{2}{3}<1,$$

所以由比值判别法知，级数收敛.

例 6 讨论级数 $\sum\limits_{n=1}^{\infty} n!\left(\dfrac{x}{n}\right)^n (x>0)$ 的敛散性.

解 因为

$$\lim_{n\to\infty}\dfrac{u_{n+1}}{u_n}=\lim_{n\to\infty}\dfrac{(n+1)!\left(\dfrac{x}{n+1}\right)^{n+1}}{n!\left(\dfrac{x}{n}\right)^n}=\lim_{n\to\infty}\dfrac{x}{\left(1+\dfrac{1}{n}\right)^n}=\dfrac{x}{\mathrm{e}},$$

所以当 $x<\mathrm{e}$，即 $\dfrac{x}{\mathrm{e}}<1$ 时，级数收敛；当 $x>\mathrm{e}$，即 $\dfrac{x}{\mathrm{e}}>1$ 时，级数发散.

当 $x=\mathrm{e}$ 时，虽然不能由比值判别法直接得出级数收敛或发散的结论，但是，由于数列 $\left\{\left(1+\dfrac{1}{n}\right)^n\right\}$ 是一个单调增加而有上界的数列，即 $\left(1+\dfrac{1}{n}\right)^n\leqslant\mathrm{e}(n=1,2,3,\cdots)$，因此对于任意有限的 n，有

$$\dfrac{u_{n+1}}{u_n}=\dfrac{x}{\left(1+\dfrac{1}{n}\right)^n}=\dfrac{\mathrm{e}}{\left(1+\dfrac{1}{n}\right)^n}>1.$$

于是可知，级数的后项总是大于前项，故 $\lim\limits_{n\to\infty}u_n\neq 0$，所以级数发散.

例6说明，虽然定理3对于 $\rho=1$ 的情形，不能判定级数的敛散性，但若能确定在 $\lim\limits_{n\to\infty}\dfrac{u_{n+1}}{u_n}=1$ 的过程中，$\dfrac{u_{n+1}}{u_n}$ 是从大于1的方向趋向于1，则也可判定级数是发散的. 此外，凡是用比值判别法判定发散的级数，都必有 $\lim\limits_{n\to\infty}u_n\neq 0$.

定理 4（柯西（Cauchy）根值判别法） 设正项级数 $\sum\limits_{n=1}^{\infty}u_n$ 满足

$$\lim_{n\to\infty}\sqrt[n]{u_n}=\rho,$$

那么

(1) 当 $\rho<1$ 时，$\sum\limits_{n=1}^{\infty}u_n$ 收敛；

(2) 当 $\rho>1$（包括 $\rho=+\infty$）时，$\sum\limits_{n=1}^{\infty}u_n$ 发散；

(3) 当 $\rho=1$ 时，$\sum\limits_{n=1}^{\infty}u_n$ 可能收敛，也可能发散.

要注意的是，若 $\rho=1$，则级数的敛散性仍需另找其他方法判定.

例7 判别级数 $\sum_{n=1}^{\infty}\left(\dfrac{x}{a}\right)^n$ 的敛散性,其中 x,a 为正常数.

解 因为
$$\lim_{n\to\infty}\sqrt[n]{\left(\dfrac{x}{a}\right)^n}=\lim_{n\to\infty}\dfrac{x}{a}=\dfrac{x}{a},$$
故当 $x>a$ 时,$\dfrac{x}{a}>1$,级数发散;当 $0<x<a$ 时,$\dfrac{x}{a}<1$,级数收敛;当 $x=a$ 时,一般项 $u_n=1$ 不趋于零,级数发散.

习题 8-2

1. 判定下列正项级数的收敛性:

(1) $\sum_{n=1}^{\infty}\dfrac{1}{(n+1)(n+2)}$;

(2) $\sum_{n=1}^{\infty}\sqrt{\dfrac{n}{n+1}}$;

(3) $\sum_{n=1}^{\infty}\dfrac{n+2}{n(n+1)}$;

(4) $\sum_{n=1}^{\infty}\dfrac{1}{\sqrt{n(n^2+5)}}$;

(5) $\sum_{n=1}^{\infty}\dfrac{1}{1+a^n}$ $(a>0)$;

(6) $\sum_{n=1}^{\infty}\dfrac{1}{a+b^n}$ $(a,b>0)$;

(7) $\sum_{n=1}^{\infty}(\sqrt{n^2+a}-\sqrt{n^2-a})$ $(a>0)$;

(8) $\sum_{n=1}^{\infty}\dfrac{n+1}{2n^4-1}$;

(9) $\sum_{n=1}^{\infty}\dfrac{3^n}{n\cdot 2^n}$;

*(10) $\sum_{n=1}^{\infty}\dfrac{n^n}{n!}$;

(11) $\sum_{n=1}^{\infty}\dfrac{3\cdot 5\cdot 7\cdots(2n+1)}{4\cdot 7\cdot 10\cdots(3n+1)}$;

(12) $\sum_{n=1}^{\infty}\dfrac{n}{3^n}$;

*(13) $\sum_{n=1}^{\infty}\dfrac{(n!)^2}{2^{n^2}}$;

(14) $\sum_{n=1}^{\infty}\left(\dfrac{n}{2n+1}\right)^n$;

(15) $\sum_{n=1}^{\infty}2^n\sin\dfrac{\pi}{3^n}$;

(16) $\sum_{n=1}^{\infty}\dfrac{n\cos^2\dfrac{n\pi}{3}}{2^n}$.

2. 试在 $(0,+\infty)$ 内讨论 x 在什么区间取值时,下列级数收敛:

(1) $\sum_{n=1}^{\infty}\dfrac{x^n}{n}$;

(2) $\sum_{n=1}^{\infty}n^3\left(\dfrac{x}{2}\right)^n$.

第三节 任意项级数

任意项级数是较为复杂的数项级数,它是指在级数 $\sum_{n=1}^{\infty}u_n$ 中,总含有无穷多个正项和负项. 例如,数项级数 $\sum_{n=1}^{\infty}(-1)^{\frac{n(n-1)}{2}}\dfrac{n^2}{2^n}$ 是任

意项级数. 在任意项级数中,比较重要的是交错级数.

一、交错级数

如果在任意项级数 $\sum_{n=1}^{\infty} u_n$ 中,正负号相间出现,这样的任意项级数就称为**交错级数**. 它的一般形式为

$$\sum_{n=1}^{\infty}(-1)^{n-1}u_n = u_1 - u_2 + u_3 - \cdots + (-1)^{n-1}u_n + \cdots,$$

其中 $u_n > 0 (n = 1, 2, 3, \cdots)$. 对于交错级数我们有专门的判定收敛性的方法.

定理 1（莱布尼茨判别法） 设交错级数 $\sum_{n=1}^{\infty}(-1)^{n-1}u_n$ 满足

(1) $u_n \geqslant u_{n+1}$ $(n = 1, 2, 3, \cdots)$;

(2) $\lim\limits_{n \to \infty} u_n = 0$,

则级数 $\sum_{n=1}^{\infty}(-1)^{n-1}u_n$ **收敛**,且其和 $s \leqslant u_1$.

证 我们根据项数 n 是奇数或偶数分别考察 s_n.

设 n 为偶数,于是

$$s_n = s_{2m} = u_1 - u_2 + u_3 - \cdots + u_{2m-1} - u_{2m},$$

将其每两项括在一起,

$$s_{2m} = (u_1 - u_2) + (u_3 - u_4) + \cdots + (u_{2m-1} - u_{2m}).$$

由条件(1)可知,每个括号内的值都是非负的. 如果把每个括号看成是一项,这就是一个正项级数的前 m 项部分和. 显然,它是随着 m 的增加而单调增加的.

另外,如果把部分和 s_{2m} 改写为

$$s_{2m} = u_1 - (u_2 - u_3) - \cdots - (u_{2m-2} - u_{2m-1}) - u_{2m},$$

由条件(1)可知, $s_{2m} \leqslant u_1$,即部分和数列有界.

于是

$$\lim_{m \to \infty} s_{2m} = s.$$

当 n 为奇数时,我们总可把部分和写为

$$s_n = s_{2m+1} = s_{2m} + u_{2m+1},$$

再由条件(2)可得

$$\lim_{n \to \infty} s_n = \lim_{m \to \infty} s_{2m+1} = \lim_{m \to \infty}(s_{2m} + u_{2m+1}) = s.$$

这就说明,不管 n 为奇数还是偶数,都有

$$\lim_{n \to \infty} s_n = s,$$

故交错级数 $\sum_{n=1}^{\infty}(-1)^{n-1}u_n$ 收敛.

由于 $s_{2m} \leqslant u_1$,而 $\lim\limits_{m \to \infty} s_{2m} = s$,因此根据极限的保号性可知,

有 $s \leqslant u_1$.

我们把满足定理1的条件(1)和(2)的交错级数称为**莱布尼茨型级数**.

例1 判定级数 $\sum_{n=1}^{\infty}(-1)^{n-1}\dfrac{1}{n}$ 的敛散性.

解 这是一个交错级数,$u_n = \dfrac{1}{n}$,且

$$u_n = \frac{1}{n} > u_{n+1} = \frac{1}{n+1}, \quad \lim_{n\to\infty}u_n = \lim_{n\to\infty}\frac{1}{n} = 0.$$

由莱布尼茨判别法知 $\sum_{n=1}^{\infty}(-1)^{n-1}\dfrac{1}{n}$ 收敛.

例2 试判定交错级数 $\sum_{n=1}^{\infty}(-1)^{n-1}\dfrac{n}{2^n}$ 的敛散性.

解 因为 $u_n = \dfrac{n}{2^n}, u_{n+1} = \dfrac{n+1}{2^{n+1}}$,而

$$u_n - u_{n+1} = \frac{n}{2^n} - \frac{n+1}{2^{n+1}} = \frac{n-1}{2^{n+1}} \geqslant 0 \quad (n=1,2,3,\cdots),$$

即

$$u_n \geqslant u_{n+1} \quad (n=1,2,3,\cdots).$$

又

$$\lim_{n\to\infty}u_n = \lim_{n\to\infty}\frac{n}{2^n} = 0,$$

所以由莱布尼茨判别法可知,$\sum_{n=1}^{\infty}(-1)^{n-1}\dfrac{n}{2^n}$ 收敛.

例3 试判定交错级数 $\sum_{n=1}^{\infty}(-1)^{n-1}\dfrac{2n-1}{n^2}$ 的敛散性.

解 在利用莱布尼茨判别法时,条件(2)往往比较容易判断,所以我们先来求 $\lim_{n\to\infty}u_n$.

$$\lim_{n\to\infty}u_n = \lim_{n\to\infty}\frac{2n-1}{n^2} = 0.$$

对于条件(1),有时可利用导数工具来判断.设函数 $f(x) = \dfrac{2x-1}{x^2}$,因为

$$f'(x) = \frac{2(1-x)}{x^3},$$

所以当 $x \geqslant 1$ 时,$f'(x) \leqslant 0$,即函数 $f(x) = \dfrac{2x-1}{x^2}$ 单调减小.由此可得

$$\frac{2n-1}{n^2} \geqslant \frac{2(n+1)-1}{(n+1)^2} \quad (n=1,2,3,\cdots),$$

即

$$u_n \geqslant u_{n+1} \quad (n=1,2,3,\cdots).$$

故 $\sum_{n=1}^{\infty}(-1)^{n-1}\dfrac{2n-1}{n^2}$ 收敛.

二、任意项级数及其敛散性判别法

现在我们讨论正负项可以任意出现的级数. 首先我们引入绝对收敛的概念.

定义 1 对于级数 $\sum_{n=1}^{\infty}u_n$,若 $\sum_{n=1}^{\infty}|u_n|$ 收敛,则称级数 $\sum_{n=1}^{\infty}u_n$ **绝对收敛**;如果 $\sum_{n=1}^{\infty}|u_n|$ 发散,但 $\sum_{n=1}^{\infty}u_n$ 收敛,则称级数 $\sum_{n=1}^{\infty}u_n$ **条件收敛**.

条件收敛的级数是存在的,例如级数 $\sum_{n=1}^{\infty}(-1)^{n-1}\dfrac{1}{n}$ 就是条件收敛的.

绝对收敛与收敛之间有着下面的重要关系:

定理 2 若 $\sum_{n=1}^{\infty}|u_n|$ 收敛,则 $\sum_{n=1}^{\infty}u_n$ 收敛.

证 因为
$$u_n \leqslant |u_n|,$$
所以
$$0 \leqslant |u_n|+u_n \leqslant 2|u_n|.$$

已知 $\sum_{n=1}^{\infty}|u_n|$ 收敛,由正项级数的比较判别法知,$\sum_{n=1}^{\infty}(|u_n|+u_n)$ 收敛,从而 $\sum_{n=1}^{\infty}u_n = \sum_{n=1}^{\infty}((|u_n|+u_n)-|u_n|)$ 收敛.

由定义可见,判别一个级数 $\sum_{n=1}^{\infty}u_n$ 是否绝对收敛,实际上就是判别一个正项级数 $\sum_{n=1}^{\infty}|u_n|$ 的收敛性. 但要注意,当 $\sum_{n=1}^{\infty}|u_n|$ 发散时,我们只能判定 $\sum_{n=1}^{\infty}u_n$ 非绝对收敛,而不能判定 $\sum_{n=1}^{\infty}u_n$ 本身也是发散的. 例如,级数 $\sum_{n=1}^{\infty}\left|(-1)^{n-1}\dfrac{1}{n}\right|=\sum_{n=1}^{\infty}\dfrac{1}{n}$ 虽然发散,但 $\sum_{n=1}^{\infty}(-1)^{n-1}\dfrac{1}{n}$ 却是收敛的.

特别值得注意的是,当我们运用达朗贝尔比值判别法或柯西根值判别法来判别正项级数 $\sum_{n=1}^{\infty}|u_n|$ 是发散时,可以断言,$\sum_{n=1}^{\infty}u_n$ 也一定发散. 这是因为此时有 $\lim\limits_{n\to\infty}|u_n| \neq 0$,从而有 $\lim\limits_{n\to\infty}u_n \neq 0$.

例 4 判别级数 $\sum_{n=1}^{\infty}(-1)^n \frac{x^n}{n}(x>0)$ 的收敛性.

解 记 $u_n=(-1)^n \frac{x^n}{n}$,则
$$\lim_{n\to\infty}\left|\frac{u_{n+1}}{u_n}\right|=\lim_{n\to\infty}\frac{x\cdot n}{n+1}=x.$$

由达朗贝尔比值判别法知,当 $x<1$ 时, $\sum_{n=1}^{\infty}(-1)^n \frac{x^n}{n}$ 绝对收敛;当 $x>1$ 时, $\sum_{n=1}^{\infty}(-1)^n \frac{x^n}{n}$ 发散;而当 $x=1$ 时, $\sum_{n=1}^{\infty}\left|(-1)^n \frac{x^n}{n}\right|=\sum_{n=1}^{\infty}\left|(-1)^n \frac{1}{n}\right|$ 发散, $\sum_{n=1}^{\infty}(-1)^n \frac{1}{n}$ 收敛,故 $\sum_{n=1}^{\infty}(-1)^n \frac{x^n}{n}$ 条件收敛.

例 5 讨论级数 $\sum_{n=1}^{\infty}\frac{(-\alpha)^n}{n^s}(s>0,\alpha>0)$ 的敛散性.

解 应用达朗贝尔比值判别法知,当 $\alpha<1$ 时,级数绝对收敛;当 $\alpha>1$ 时,级数发散. 这是因为
$$\lim_{n\to\infty}\left|\frac{u_{n+1}}{u_n}\right|=\lim_{n\to\infty}\alpha\cdot\left(\frac{n}{n+1}\right)^s=\alpha.$$

而当 $\alpha=1$ 时,级数 $\sum_{n=1}^{\infty}(-1)^n \frac{1}{n^s}$ 是一个莱布尼茨型级数,由 p-级数的收敛性知,此时当 $s>1$ 时级数绝对收敛,当 $s\leqslant 1$ 时级数条件收敛.

习题 8-3

1. 判定下列级数是否收敛,如果是收敛级数,指出其是绝对收敛还是条件收敛:

(1) $\sum_{n=1}^{\infty}(-1)^n \frac{1}{2n-1}$;

(2) $\sum_{n=1}^{\infty}\frac{(-1)^n+2}{(-1)^{n-1}\cdot 2^n}$;

(3) $\sum_{n=1}^{\infty}\frac{\sin nx}{n^2}$;

(4) $\sum_{n=1}^{\infty}(-1)^{n+1}\frac{1}{\pi n}\sin\frac{\pi}{n}$;

(5) $\sum_{n=1}^{\infty}\left(\frac{1}{2^n}-\frac{1}{10^{2n-1}}\right)$;

(6) $\sum_{n=1}^{\infty}\frac{(-1)^n}{n+x}$;

(7) $\sum_{n=1}^{\infty}\frac{\sin(2^n\cdot x)}{n!}$.

2. 讨论级数 $\sum_{n=1}^{\infty}(-1)^{n-1}\frac{1}{n^p}$ 的收敛性($p>0$).

*3. 设级数 $\sum_{n=1}^{\infty}a_n^2$ 及 $\sum_{n=1}^{\infty}b_n^2$ 都收敛,证明:级数 $\sum_{n=1}^{\infty}a_n b_n$ 及 $\sum_{n=1}^{\infty}(a_n+b_n)^2$ 也都收敛.

第四节 幂 级 数

一、函数项级数

在本章第一节,我们曾讨论过等比级数 $\sum\limits_{n=1}^{\infty} ar^{n-1}(a \neq 0)$ 的敛散性,并且得出当 $|r|<1$ 时该级数收敛的结论. 这里实际上是将 r 看成可以在区间 $(-1,1)$ 内取值的变量. 若令 $a=1$,且用自变量 x 记公比 r,即可得到级数

$$\sum_{n=0}^{\infty} x^n = 1 + x + x^2 + \cdots + x^n + \cdots,$$

它的每一项都是以 x 为自变量的函数.

一般地,由定义在同一区间内的函数序列构成的无穷级数

$$\sum_{n=1}^{\infty} u_n(x) = u_1(x) + u_2(x) + \cdots + u_n(x) + \cdots \quad (8\text{-}4\text{-}1)$$

就称为**函数项级数**.

在函数项级数(8-4-1)中,若令 x 取定义区间中某一确定值 x_0,则得到一个数项级数

$$\sum_{n=1}^{\infty} u_n(x_0) = u_1(x_0) + u_2(x_0) + \cdots + u_n(x_0) + \cdots.$$

$$(8\text{-}4\text{-}2)$$

若数项级数(8-4-2)收敛,则称点 x_0 为函数项级数(8-4-1)的一个**收敛点**. 反之,若数项级数(8-4-2)发散,则称点 x_0 为函数项级数(8-4-1)的**发散点**. 收敛点的全体构成的集合,称为函数项级数的**收敛域**.

若 x_0 是收敛域内的一个值,则必有一个和 $s(x_0)$ 与之对应,即

$$s(x_0) = \sum_{n=1}^{\infty} u_n(x_0) = u_1(x_0) + u_2(x_0) + \cdots + u_n(x_0) + \cdots.$$

当 x_0 在收敛域内变动时,由对应关系,就得到一个定义在收敛域上的函数 $s(x)$,使得

$$s(x) = \sum_{n=1}^{\infty} u_n(x) = u_1(x) + u_2(x) + \cdots + u_n(x) + \cdots.$$

这个函数 $s(x)$ 就称为函数项级数的**和函数**.

如果我们仿照数项级数的情形,将函数项级数(8-4-1)的前 n 项和记为 $s_n(x)$,且称之为**部分和函数**,即

$$s_n(x) = \sum_{k=1}^{n} u_k(x) = u_1(x) + u_2(x) + \cdots + u_n(x),$$

那么,在函数项级数的收敛域内有

$$\lim_{n \to \infty} s_n(x) = s(x).$$

若以 $r_n(x)$ 记余项,

$$r_n(x) = s(x) - s_n(x),$$

则在收敛域内,有

$$\lim_{n \to \infty} r_n(x) = 0.$$

例 1 试求函数项级数 $\sum_{n=0}^{\infty} x^n$ 的收敛域.

解 因为

$$s_n(x) = 1 + x + x^2 + \cdots + x^n = \frac{1 - x^{n+1}}{1 - x},$$

所以,当 $|x| < 1$ 时,

$$\lim_{n \to \infty} s_n(x) = \lim_{n \to \infty} \frac{1 - x^{n+1}}{1 - x} = \frac{1}{1 - x}.$$

级数在区间 $(-1, 1)$ 内收敛. 易知,当 $|x| \geqslant 1$ 时,级数发散. 于是级数的收敛域为 $(-1, 1)$.

在函数项级数中,比较常用的是幂级数与三角级数. 这里,我们只讨论幂级数.

二、幂级数及其敛散性

定义 1 具有下列形式的函数项级数

$$\sum_{n=0}^{\infty} a_n (x - x_0)^n = a_0 + a_1(x - x_0) + a_2(x - x_0)^2 + \cdots + a_n(x - x_0)^n + \cdots$$

称为在 $x = x_0$ 处的幂级数或 $(x - x_0)$ 的幂级数,其中 $a_0, a_1, \cdots, a_n, \cdots$ 称为**幂级数的系数**.

特别地,若 $x_0 = 0$,则称

$$\sum_{n=0}^{\infty} a_n x^n = a_0 + a_1 x + \cdots + a_n x^n + \cdots$$

为 $x = 0$ 处的幂级数或 x 的幂级数. 我们主要讨论这种形式的幂级数,因为令 $t = x - x_0$,则

$$\sum_{n=0}^{\infty} a_n (x - x_0)^n = \sum_{n=0}^{\infty} a_n t^n.$$

显然,幂级数是一种简单的函数项级数,且 $x = 0$ 时,级数 $\sum_{n=0}^{\infty} a_n x^n$ 收敛. 为了求幂级数的收敛域,我们给出如下定理:

阿贝尔个人简介

定理 1（阿贝尔（Abel）定理）

（1）若幂级数 $\sum_{n=0}^{\infty} a_n x^n$ 在点 $x = x_0 (x_0 \neq 0)$ 处收敛，则对于满足 $|x| < |x_0|$ 的一切 x，$\sum_{n=0}^{\infty} a_n x^n$ 均绝对收敛；

（2）若幂级数 $\sum_{n=0}^{\infty} a_n x^n$ 在点 $x = x_0$ 处发散，则对于满足 $|x| > |x_0|$ 的一切 x，$\sum_{n=0}^{\infty} a_n x^n$ 均发散。

证 （1）设 $\sum_{n=0}^{\infty} a_n x_0^n$ 收敛，由级数收敛的必要条件知，$\lim_{n \to \infty} a_n x_0^n = 0$，故存在常数 $M > 0$，使得
$$|a_n x_0^n| \leqslant M \quad (n = 0, 1, 2, \cdots),$$
于是
$$|a_n x^n| = \left|a_n x_0^n \cdot \frac{x^n}{x_0^n}\right| = |a_n x_0^n| \cdot \left|\frac{x}{x_0}\right|^n \leqslant M \left|\frac{x}{x_0}\right|^n.$$
当 $|x| < |x_0|$ 时，$\left|\frac{x}{x_0}\right| < 1$，故级数 $\sum_{n=0}^{\infty} M \left|\frac{x}{x_0}\right|^n$ 收敛。由正项级数的比较判别法知，幂级数 $\sum_{n=0}^{\infty} a_n x^n$ 绝对收敛。

（2）设 $\sum_{n=0}^{\infty} a_n x_0^n$ 发散，运用反证法可以证明，对所有满足 $|x| > |x_0|$ 的 x，$\sum_{n=0}^{\infty} a_n x^n$ 均发散。事实上，若存在 x'，满足 $|x'| > |x_0|$，但 $\sum_{n=0}^{\infty} a_n (x')^n$ 收敛，则由（1）的证明可知，$\sum_{n=0}^{\infty} a_n x_0^n$ 绝对收敛，这与已知矛盾。于是定理得证。

阿贝尔定理告诉我们：若 x_0 是 $\sum_{n=0}^{\infty} a_n x^n$ 的收敛点，则该幂级数在 $(-|x_0|, |x_0|)$ 内收敛；若 x_0 是 $\sum_{n=0}^{\infty} a_n x^n$ 的发散点，则该幂级数在 $(-\infty, -|x_0|) \cup (|x_0|, +\infty)$ 内发散。由此可知，对幂级数 $\sum_{n=0}^{\infty} a_n x^n$ 而言，存在关于原点对称的两个点 $x = \pm r, r > 0$，它们将幂级数的收敛点与发散点分隔开来，在 $(-r, r)$ 内的点都是收敛点，而在 $(-r, r)$ 以外的点均为发散点，在分界点 $x = \pm r$ 处，幂级数可能收敛，也可能发散，我们称具有这种性质的正数 r 为幂级数 $\sum_{n=0}^{\infty} a_n x^n$ 的**收敛半径**。由幂级数在 $x = \pm r$ 处的收敛性就可以确定它在区间 $(-r, r), [-r, r), (-r, r], [-r, r]$ 之一上收敛，该区间

为幂级数 $\sum_{n=0}^{\infty} a_n x^n$ 的**收敛区间**.

特别地,当幂级数 $\sum_{n=0}^{\infty} a_n x^n$ 仅在 $x=0$ 处收敛时,规定其收敛半径为 $r=0$;当 $\sum_{n=0}^{\infty} a_n x^n$ 在整个数轴上都收敛时,规定其收敛半径为 $r=+\infty$,此时的收敛区间为 $(-\infty,+\infty)$.

定理 2 设 r 是幂级数 $\sum_{n=0}^{\infty} a_n x^n$ 的收敛半径,而 $\sum_{n=0}^{\infty} a_n x^n$ 的系数满足

$$\lim_{n\to\infty}\left|\frac{a_{n+1}}{a_n}\right|=\rho,$$

则 (1) 当 $0<\rho<+\infty$ 时,$r=\dfrac{1}{\rho}$;

(2) 当 $\rho=0$ 时,$r=+\infty$;

(3) 当 $\rho=+\infty$ 时,$r=0$.

证 因为对于正项级数

$$\sum_{n=0}^{\infty}|a_n x^n|=|a_0|+|a_1 x|+\cdots+|a_n x^n|+\cdots,$$

有

$$\lim_{n\to\infty}\left|\frac{a_{n+1}x^{n+1}}{a_n x^n}\right|=\lim_{n\to\infty}\left|\frac{a_{n+1}}{a_n}\right|\cdot|x|=\rho|x|,$$

所以,(1) 若 $0<\rho<+\infty$,由达朗贝尔比值判别法知,当 $\rho|x|<1$,即 $|x|<\dfrac{1}{\rho}$ 时,$\sum_{n=0}^{\infty}|a_n x^n|$ 收敛,即 $\sum_{n=0}^{\infty}a_n x^n$ 绝对收敛;当 $|x|>\dfrac{1}{\rho}$ 时,$\sum_{n=0}^{\infty}a_n x^n$ 发散,故幂级数 $\sum_{n=0}^{\infty}a_n x^n$ 的收敛半径为 $r=\dfrac{1}{\rho}$.

(2) 若 $\rho=0$,即 $\rho|x|=0<1$,则对任意 $x\in(-\infty,+\infty)$,$\sum_{n=0}^{\infty}|a_n x^n|$ 收敛,从而 $\sum_{n=0}^{\infty}a_n x^n$ 绝对收敛,即幂级数 $\sum_{n=0}^{\infty}a_n x^n$ 的收敛半径 $r=+\infty$.

(3) 若 $\rho=+\infty$,则对任意 $x\neq 0$,当 n 充分大时,必有 $\left|\dfrac{a_{n+1}x^{n+1}}{a_n x^n}\right|>1$,从而由达朗贝尔比值判别法知,$\sum_{n=0}^{\infty}a_n x^n$ 发散,故幂级数仅在 $x=0$ 处收敛,其收敛半径为 $r=0$.

例 2 求 $\sum_{n=1}^{\infty}\dfrac{(-x)^n}{3^{n-1}\sqrt{n}}$ 的收敛半径和收敛区间.

解 因为

$$\rho = \lim_{n\to\infty}\left|\frac{a_{n+1}}{a_n}\right| = \lim_{n\to\infty}\frac{3^{n-1}\sqrt{n}}{3^n\sqrt{n+1}} = \frac{1}{3},$$

故收敛半径 $r = \dfrac{1}{\rho} = 3$.

当 $x = -3$ 时，原级数为 $\sum\limits_{n=1}^{\infty}\dfrac{3}{\sqrt{n}}$，由 p-级数的收敛性知，此时原级数发散.

当 $x = 3$ 时，原级数为 $\sum\limits_{n=1}^{\infty}\dfrac{(-1)^n \cdot 3}{\sqrt{n}}$，这是一个莱布尼茨型级数，故此时原级数收敛.

综上所述，原级数的收敛半径为 $r = 3$，收敛区间为 $(-3, 3]$.

例3 求幂级数 $\sum\limits_{n=0}^{\infty}\dfrac{1}{4^n}(x-1)^{2n}$ 的收敛半径及收敛区间.

解 此级数为 $(x-1)$ 的幂级数，且缺少 $(x-1)$ 的奇次幂的项，不能直接运用定理2来求它的收敛半径，但可以运用达朗贝尔比值判别法来求它的收敛半径.

令 $u_n = \dfrac{1}{4^n}(x-1)^{2n}$，则

$$\lim_{n\to\infty}\left|\frac{u_{n+1}}{u_n}\right| = \lim_{n\to\infty}\left|\frac{4^n(x-1)^{2n+2}}{4^{n+1}(x-1)^{2n}}\right| = \frac{1}{4}(x-1)^2.$$

于是当 $\dfrac{1}{4}(x-1)^2 < 1$，即 $|x-1| < 2$ 时，原级数绝对收敛；当 $\dfrac{1}{4}(x-1)^2 > 1$，即 $|x-1| > 2$ 时，原级数发散，故原级数收敛半径为 $r = 2$.

当 $|x-1| = 2$，即 $x = -1$ 或 $x = 3$ 时，原级数为 $\sum\limits_{n=0}^{\infty}1$，它是发散的.

综上所述，原级数的收敛半径为 $r = 2$，收敛区间为 $(-1, 3)$.

定理3 设 r 是幂级数 $\sum\limits_{n=0}^{\infty}a_n x^n$ 的收敛半径，若 $\sum\limits_{n=0}^{\infty}a_n x^n$ 的系数满足

$$\lim_{n\to\infty}\sqrt[n]{|a_n|} = \rho,$$

则 (1) 当 $0 < \rho < +\infty$ 时，$r = \dfrac{1}{\rho}$；

(2) 当 $\rho = 0$ 时，$r = +\infty$；

(3) 当 $\rho = +\infty$ 时，$r = 0$.

利用正项级数的柯西根值判别法，仿照定理2的证明过程可证明定理3. 具体证明过程请读者自己完成.

例4 求幂级数 $\sum\limits_{n=0}^{\infty}\dfrac{x^n}{a^n + b^n}(a > b > 0)$ 的收敛半径和收敛区间.

解 因为

$$\lim_{n\to\infty}\sqrt[n]{|a_n|}=\lim_{n\to\infty}\sqrt[n]{\frac{1}{a^n+b^n}}=\lim_{n\to\infty}\sqrt[n]{\frac{1}{a^n\left(1+\frac{b^n}{a^n}\right)}}=\frac{1}{a},$$

故原级数的收敛半径为 $r=a$.

当 $x=a$ 时，$\lim\limits_{n\to\infty}\dfrac{a^n}{a^n+b^n}=1\neq 0$，由级数收敛的必要条件知，此时原级数发散.

当 $x=-a$ 时，$\lim\limits_{n\to\infty}\dfrac{a^n\cdot(-1)^n}{a^n+b^n}$ 不存在，此时，原级数也发散.

综上所述，原级数的收敛半径为 $r=a$，收敛区间为 $(-a,a)$.

三、幂级数的运算

设幂级数 $\sum\limits_{n=0}^{\infty}a_nx^n$ 与 $\sum\limits_{n=0}^{\infty}b_nx^n$ 的收敛半径分别为 r_1 与 r_2，它们的和函数分别为 $s_1(x)$ 与 $s_2(x)$，在两个幂级数收敛的公共区间内可进行如下运算：

(1) 加法运算

$$\sum_{n=0}^{\infty}a_nx^n\pm\sum_{n=0}^{\infty}b_nx^n=\sum_{n=0}^{\infty}(a_n\pm b_n)x^n=s_1(x)\pm s_2(x),$$

其中，$x\in(-r,r)$，$r=\min\{r_1,r_2\}$.

(2) 乘法运算

$$\Big(\sum_{n=0}^{\infty}a_nx^n\Big)\cdot\Big(\sum_{n=0}^{\infty}b_nx^n\Big)=\sum_{n=0}^{\infty}c_nx^n=s_1(x)\cdot s_2(x),$$

其中，$x\in(-r,r)$，$r=\min\{r_1,r_2\}$，

$$c_n=\sum_{k=0}^{n}a_kb_{n-k}=a_0b_n+a_1b_{n-1}+\cdots+a_kb_{n-k}+\cdots+a_nb_0.$$

(3) 逐项求导

若幂级数 $\sum\limits_{n=0}^{\infty}a_nx^n$ 的收敛半径为 r，则在 $(-r,r)$ 内和函数 $s(x)$ 可导，且有

$$s'(x)=\Big(\sum_{n=0}^{\infty}a_nx^n\Big)'=\sum_{n=0}^{\infty}(a_nx^n)'=\sum_{n=1}^{\infty}a_nnx^{n-1}.$$

所得幂级数的收敛半径仍为 r，但在收敛区间端点处的收敛性可能改变.

(4) 逐项积分

设幂级数 $\sum\limits_{n=0}^{\infty}a_nx^n$ 的和函数为 $s(x)$，收敛半径为 r，则和函数在 $(-r,r)$ 上可积，且有

$$\int_0^x s(x)\mathrm{d}x=\int_0^x\sum_{n=0}^{\infty}a_nx^n\mathrm{d}x=\sum_{n=0}^{\infty}\int_0^x a_nx^n\mathrm{d}x=\sum_{n=0}^{\infty}\frac{a_n}{n+1}x^{n+1}.$$

所得幂级数的收敛半径仍为 r，但在收敛区间端点处的收敛性可能改变.

以上结论证明从略.

例 5 求幂级数 $\sum\limits_{n=0}^{\infty} x^n$ 逐项积分后所得幂级数的收敛区间.

解 幂级数
$$\sum_{n=0}^{\infty} x^n = 1 + x + x^2 + \cdots + x^n + \cdots,$$
收敛半径 $r=1$，逐项积分后得
$$\sum_{n=0}^{\infty} \frac{x^{n+1}}{n+1} = x + \frac{x^2}{2} + \frac{x^3}{3} + \cdots + \frac{x^{n+1}}{n+1} + \cdots$$
$$= \int_0^x \sum_{n=0}^{\infty} x^n \mathrm{d}x = \int_0^x \frac{1}{1-x} \mathrm{d}x$$
$$= -\ln(1-x) = \ln\frac{1}{1-x}.$$

它的收敛半径仍为 $r=1$，当 $x=-1$ 时，幂级数为交错级数，$\sum\limits_{n=0}^{\infty}(-1)^{n+1}\frac{1}{n+1}$ 是收敛的；当 $x=1$ 时，幂级数为调和级数，它是发散的，故幂级数的收敛区间为 $[-1,1)$.

例 6 求幂级数 $\sum\limits_{n=0}^{\infty}(n+1)x^n$ 的和函数.

解 所给幂级数的收敛半径 $r=1$，收敛区间为 $(-1,1)$. 注意到
$$(n+1)x^n = (x^{n+1})',$$
而
$$\sum_{n=0}^{\infty}(n+1)x^n = \sum_{n=1}^{\infty} n x^{n-1} = \sum_{n=1}^{\infty}(x^n)' = \Big(\sum_{n=1}^{\infty} x^n\Big)' = \Big(\sum_{n=0}^{\infty} x^n\Big)',$$
在收敛区间 $(-1,1)$ 内，$\sum\limits_{n=0}^{\infty} x^n = \frac{1}{1-x}$，所以
$$\sum_{n=0}^{\infty}(n+1)x^n = \Big(\sum_{n=0}^{\infty} x^n\Big)' = \Big(\frac{1}{1-x}\Big)' = \frac{1}{(1-x)^2}.$$

例 7 求 $\sum\limits_{n=1}^{\infty} n(n+2)x^n$ 在 $(-1,1)$ 内的和函数.

解
$$\sum_{n=1}^{\infty} n(n+2)x^n = \sum_{n=1}^{\infty} n(n+1)x^n + \sum_{n=1}^{\infty} n x^n = x\sum_{n=1}^{\infty} n(n+1)x^{n-1} + x\sum_{n=1}^{\infty} n x^{n-1}$$
$$= x\Big(\sum_{n=1}^{\infty} x^{n+1}\Big)'' + x\Big(\sum_{n=1}^{\infty} x^n\Big)' = x\Big(\frac{x^2}{1-x}\Big)'' + x\Big(\frac{x}{1-x}\Big)'$$
$$= \frac{2x}{(1-x)^3} + \frac{x}{(1-x)^2}$$
$$= \frac{x(3-x)}{(1-x)^3} \quad (-1 < x < 1).$$

例 8 求级数 $\sum_{n=1}^{\infty} \dfrac{2n-1}{2^n}$ 的和.

解 $\sum_{n=1}^{\infty} \dfrac{2n-1}{2^n} = 2\sum_{n=1}^{\infty} (n+1)\left(\dfrac{1}{2}\right)^n - 3\sum_{n=1}^{\infty} \left(\dfrac{1}{2}\right)^n.$

考虑幂级数 $\sum_{n=0}^{\infty} x^n = \dfrac{1}{1-x}$,其收敛半径 $r=1$,在 $(-1,1)$ 内逐项求导可得

$$\sum_{n=1}^{\infty} nx^{n-1} = \dfrac{1}{(1-x)^2},$$

即

$$1 + \sum_{n=1}^{\infty} (n+1)x^n = \dfrac{1}{(1-x)^2} \quad (-1 < x < 1).$$

于是

$$\sum_{n=1}^{\infty} (n+1)\left(\dfrac{1}{2}\right)^n = \left[\sum_{n=1}^{\infty} (n+1)x^n\right]\bigg|_{x=\frac{1}{2}} = \left[\dfrac{1}{(1-x)^2} - 1\right]\bigg|_{x=\frac{1}{2}} = 3.$$

而

$$\sum_{n=1}^{\infty} \left(\dfrac{1}{2}\right)^n = \dfrac{\frac{1}{2}}{1-\frac{1}{2}} = 1,$$

故

$$\sum_{n=1}^{\infty} \dfrac{2n-1}{2^n} = 2 \cdot 3 - 3 \cdot 1 = 3.$$

习题 8-4

1. 指出下列幂级数的收敛区间:

(1) $\sum_{n=0}^{\infty} \dfrac{x^n}{n!}$ （$0! = 1$）;

(2) $\sum_{n=1}^{\infty} \dfrac{n!}{n^n} x^n$;

(3) $\sum_{n=1}^{\infty} \dfrac{x^n}{2^n \cdot n^2}$;

(4) $\sum_{n=0}^{\infty} (-1)^n \dfrac{x^{2n+1}}{2n+1}$;

(5) $\sum_{n=1}^{\infty} \dfrac{(x+2)^n}{n \cdot 2^n}$;

(6) $\sum_{n=1}^{\infty} \dfrac{2^n}{n}(x-1)^n$.

2. 求下列幂级数的和函数:

(1) $\sum_{n=1}^{\infty} (-1)^n \dfrac{x^n}{n}$;

(2) $\sum_{n=1}^{\infty} 2nx^{2n-1}$;

(3) $\sum_{n=1}^{\infty} \dfrac{1}{n(n+1)} x^n$;

(4) $\sum_{n=0}^{\infty} (2n+1)x^n$.

3. 求下列级数的和:

(1) $\sum_{n=1}^{\infty} \dfrac{n^2}{5^n}$;

(2) $\sum_{n=1}^{\infty} \dfrac{1}{(2n-1)2^n}$;

(3) $\sum_{n=1}^{\infty} \dfrac{2n-1}{2^{2n-1}}$;

(4) $\sum_{n=1}^{\infty} \dfrac{n(n+1)}{2^n}$.

第五节　函数的幂级数展开

在上一节中，我们讨论了幂级数的收敛性，在其收敛域内，幂级数总是收敛于一个和函数。对于一些简单的幂级数，还可以借助逐项求导或求积分的方法，求出这个和函数。本节将要讨论另外一个问题，对于任意一个函数 $f(x)$，能否将其展开成一个幂级数，以及展开成的幂级数是否以 $f(x)$ 为和函数？下面的讨论将解决这一问题。

一、泰勒级数

对于函数 $f(x)$，若存在邻域 $U(x_0)$ 及幂级数 $\sum\limits_{n=0}^{\infty} a_n(x-x_0)^n$，使对任何 $x \in U(x_0)$，有

$$f(x) = \sum_{n=0}^{\infty} a_n(x-x_0)^n, \tag{8-5-1}$$

则称 $f(x)$ 在 x_0 处可展开成幂级数。上式右端称为 $f(x)$ 在点 x_0 的幂级数展开式。

利用第四章第三节介绍的泰勒公式得到 $f(x)$ 可展开成幂级数的充分必要条件。

泰勒(Taylor)公式　如果函数 $f(x)$ 在 $x=x_0$ 的某一邻域内，有直到 $n+1$ 阶的导数，则在这个邻域内有如下公式：

$$f(x) = f(x_0) + f'(x_0)(x-x_0) + \frac{f''(x_0)}{2!}(x-x_0)^2 + \cdots$$
$$+ \frac{f^{(n)}(x_0)}{n!}(x-x_0)^n + r_n(x), \tag{8-5-2}$$

其中

$$r_n(x) = \frac{f^{(n+1)}(\xi)}{(n+1)!}(x-x_0)^{n+1} \quad (\xi \text{ 在 } x_0 \text{ 与 } x \text{ 之间}),$$

称 $r_n(x)$ 为拉格朗日型余项。称(8-5-2)式为泰勒公式。

于是有下述定理。

定理 1　若 $f(x)$ 在邻域 $U(x_0)$ 内有任意阶导数，则 $f(x)$ 在 $U(x_0)$ 内能展开成

$$f(x) = f(x_0) + f'(x_0)(x-x_0) + \frac{f''(x_0)}{2!}(x-x_0)^2 + \cdots$$
$$+ \frac{f^{(n)}(x_0)}{n!}(x-x_0)^n + \cdots \tag{8-5-3}$$

的充分必要条件是 $f(x)$ 的泰勒公式中的余项 $r_n(x)$ 满足
$$\lim_{n\to\infty} r_n(x) = 0.$$

幂级数(8-5-3)称为**泰勒级数**. 特别地,当 $x_0 = 0$ 时,得到
$$f(x) = f(0) + \frac{f'(0)}{1!}x + \frac{f''(0)}{2!}x^2 + \cdots + \frac{f^{(n)}(0)}{n!}x^n + \cdots,$$
$$(8\text{-}5\text{-}4)$$

称其为**马克劳林级数**.

二、初等函数的幂级数展开式

利用泰勒公式将函数 $f(x)$ 展开成幂级数的方法,称为**直接展开法**.

例 1 试将函数 $f(x) = e^x$ 展开成 x 的幂级数.

解 因为
$$f^{(n)}(x) = e^x \quad (n = 1, 2, \cdots),$$
所以
$$f(0) = f'(0) = f''(0) = \cdots = f^{(n)}(0) = 1,$$
于是得到幂级数
$$1 + x + \frac{1}{2!}x^2 + \cdots + \frac{1}{n!}x^n + \cdots. \tag{8-5-5}$$

显然,(8-5-5)式的收敛区间为 $(-\infty, +\infty)$,至于(8-5-5)式是否以 $f(x) = e^x$ 为和函数,即它是否收敛于 $f(x) = e^x$,还要考察余项 $r_n(x)$. 因为
$$r_n(x) = \frac{e^{\theta x}}{(n+1)!} x^{n+1} \quad (0 < \theta < 1), \text{且 } \theta x \leqslant |\theta x| < |x|,$$
所以
$$|r_n(x)| = \frac{e^{\theta x}}{(n+1)!} |x|^{n+1} < \frac{e^{|x|}}{(n+1)!} |x|^{n+1}.$$

注意到对任一确定的 x 值,$e^{|x|}$ 是一个确定的常数,而级数(8-5-5)是绝对收敛的,因此其一般项当 $n \to \infty$ 时,$\frac{|x|^{n+1}}{(n+1)!} \to 0$,所以当 $n \to \infty$ 时,有
$$e^{|x|} \cdot \frac{|x|^{n+1}}{(n+1)!} \to 0.$$

由此可知
$$\lim_{n\to\infty} r_n(x) = 0.$$

这表明级数(8-5-5)确实收敛于 $f(x) = e^x$,因此有
$$e^x = 1 + x + \frac{1}{2!}x^2 + \cdots + \frac{1}{n!}x^n + \cdots \quad (-\infty < x < +\infty).$$

例 2 试将函数 $f(x) = \sin x$ 展开成 x 的幂级数.

解 因为

$$f^{(n)}(x) = \sin\left(x + \frac{n\pi}{2}\right), n = 1, 2, \cdots,$$

所以

$$f(0) = 0, \quad f'(0) = 1, \quad f''(0) = 0, \quad f'''(0) = -1, \cdots,$$
$$f^{(2n)}(0) = 0, \quad f^{(2n+1)}(0) = (-1)^n.$$

于是,得到幂级数

$$x - \frac{1}{3!}x^3 + \frac{1}{5!}x^5 - \cdots + (-1)^n \frac{x^{2n+1}}{(2n+1)!} + \cdots,$$

且它的收敛区间为 $(-\infty, +\infty)$.

易证 $\lim\limits_{n\to\infty} r_n(x) = 0$. 因此有

$$\sin x = x - \frac{1}{3!}x^3 + \frac{1}{5!}x^5 - \cdots + (-1)^n \frac{1}{(2n+1)!}x^{2n+1} + \cdots \quad (-\infty < x < +\infty).$$

这种运用泰勒公式将函数展开成幂级数的方法,虽然程序明确,但是运算往往过于烦琐,因此人们普遍采用下面的比较简便的幂级数展开法.

在此之前,我们已经得到了函数 $\dfrac{1}{1-x}$, e^x 及 $\sin x$ 的幂级数展开式,运用这几个已知的展开式,通过幂级数的运算,可以求得许多函数的幂级数展开式. 这种求函数的幂级数展开式的方法称为**间接展开法**.

例 3 试求函数 $f(x) = \cos x$ 在 $x = 0$ 处的幂级数展开式.

解 因为 $(\sin x)' = \cos x$, 而

$$\sin x = x - \frac{1}{3!}x^3 + \frac{1}{5!}x^5 - \cdots + (-1)^n \frac{1}{(2n+1)!}x^{2n+1} + \cdots$$
$$(-\infty < x < +\infty),$$

所以根据幂级数可逐项求导的法则,可得

$$\cos x = 1 - \frac{1}{2!}x^2 + \frac{1}{4!}x^4 - \cdots + (-1)^n \frac{1}{(2n)!}x^{2n} + \cdots$$
$$(-\infty < x < +\infty).$$

例 4 将函数 $f(x) = \ln(1+x)$ 展开成 x 的幂级数.

解 注意到

$$\ln(1+x) = \int_0^x \frac{1}{1+x} dx,$$

而

$$\frac{1}{1+x} = \frac{1}{1-(-x)} = 1 - x + x^2 - \cdots + (-1)^n x^n + \cdots \quad (|x| < 1).$$

将上式两边同时积分,得

$$\ln(1+x) = x - \frac{1}{2}x^2 + \frac{1}{3}x^3 - \cdots + (-1)^n \frac{1}{n+1}x^{n+1} + \cdots$$
$$= \sum_{n=0}^{\infty} (-1)^n \frac{1}{n+1} x^{n+1} = \sum_{n=1}^{\infty} (-1)^{n-1} \frac{1}{n} x^n.$$

因为幂级数逐项积分后收敛半径 r 不变,所以上式右边级数的收敛半径仍为 $r=1$;而当 $x=-1$ 时,该级数发散;当 $x=1$ 时,该级数收敛. 故收敛区间为 $(-1,1]$.

例 5 试将函数 $f(x) = \dfrac{1}{x^2 - 3x + 2}$ 展开成 x 的幂级数.

解 因为
$$f(x) = \frac{1}{x^2 - 3x + 2} = \frac{1}{(1-x)(2-x)} = \frac{1}{1-x} - \frac{1}{2-x},$$

而
$$\frac{1}{2-x} = \frac{1}{2} \cdot \frac{1}{1 - \frac{x}{2}} = \frac{1}{2}\left[1 + \frac{x}{2} + \left(\frac{x}{2}\right)^2 + \cdots + \left(\frac{x}{2}\right)^n + \cdots\right]$$
$$(|x| < 2).$$

所以
$$f(x) = \frac{1}{1-x} - \frac{1}{2-x}$$
$$= (1 + x + x^2 + \cdots + x^n + \cdots) - \frac{1}{2}\left[1 + \frac{x}{2} + \left(\frac{x}{2}\right)^2 + \cdots + \left(\frac{x}{2}\right)^n + \cdots\right]$$
$$= \sum_{n=0}^{\infty} x^n - \frac{1}{2} \sum_{n=0}^{\infty} \frac{1}{2^n} x^n$$
$$= \sum_{n=0}^{\infty} \left(1 - \frac{1}{2^{n+1}}\right) x^n = \sum_{n=0}^{\infty} \frac{2^{n+1} - 1}{2^{n+1}} x^n.$$

根据幂级数和的运算法则,其收敛半径应取较小的一个,故 $r=1$,因此所得级数的收敛区间为 $(-1,1)$.

例 6 试将函数 $f(x) = \sin x$ 展开成 $\left(x - \dfrac{\pi}{4}\right)$ 的幂级数.

解 设 $y = x - \dfrac{\pi}{4}$,则 $x = y + \dfrac{\pi}{4}$,那么原题就转化成将 $\sin\left(y + \dfrac{\pi}{4}\right)$ 展开成 y 的幂级数. 于是
$$\sin x = \sin\left(\frac{\pi}{4} + y\right) = \sin\frac{\pi}{4} \cos y + \cos\frac{\pi}{4} \sin y$$
$$= \frac{\sqrt{2}}{2} \left[\sum_{n=0}^{\infty} (-1)^n \frac{1}{(2n)!} y^{2n} + \sum_{n=0}^{\infty} (-1)^n \frac{1}{(2n+1)!} y^{2n+1}\right]$$
$$= \frac{\sqrt{2}}{2} \sum_{n=0}^{\infty} (-1)^n \left[\frac{y^{2n}}{(2n)!} + \frac{y^{2n+1}}{(2n+1)!}\right] \quad (-\infty < x < +\infty).$$

最后,我们将几个常用的函数的幂级数展开式列在下面,以便于读者查用.

$$e^x = 1 + x + \frac{1}{2!}x^2 + \cdots + \frac{1}{n!}x^n + \cdots \quad (-\infty < x < +\infty);$$

$$\ln(1+x) = x - \frac{1}{2}x^2 + \frac{1}{3}x^3 - \cdots + (-1)^n \frac{1}{n+1}x^{n+1} + \cdots$$
$$(-1 < x \leqslant 1);$$

$$\sin x = x - \frac{1}{3!}x^3 + \frac{1}{5!}x^5 - \cdots + (-1)^n \frac{1}{(2n+1)!}x^{2n+1} + \cdots$$
$$(-\infty < x < +\infty);$$

$$\cos x = 1 - \frac{1}{2!}x^2 + \frac{1}{4!}x^4 - \cdots + (-1)^n \frac{1}{(2n)!}x^{2n} + \cdots$$
$$(-\infty < x < +\infty);$$

$$\arctan x = x - \frac{1}{3}x^3 + \frac{1}{5}x^5 - \cdots + (-1)^n \frac{1}{2n+1}x^{2n+1} + \cdots$$
$$(-1 \leqslant x \leqslant 1);$$

$$(1+x)^\alpha = 1 + \alpha x + \frac{\alpha(\alpha-1)}{2!}x^2 + \cdots$$
$$+ \frac{\alpha(\alpha-1)\cdots(\alpha-n+1)}{n!}x^n + \cdots \quad (-1 < x < 1).$$

最后一个式子称为二项展开式,其端点的收敛性与 α 有关,例如当 $\alpha > 0$ 时,收敛区间为 $[-1,1]$;当 $-1 < \alpha < 0$ 时,收敛区间为 $(-1,1]$.

习 题 8-5

1. 将下列函数展开成 x 的幂级数:
(1) $\cos^2 \frac{x}{2}$;　　(2) $\sin \frac{x}{2}$;　　(3) xe^{-x^2};　　(4) $\frac{1}{1-x^2}$;　　(5) $\cos\left(x - \frac{\pi}{4}\right)$.

2. 将下列函数在指定点处展开成幂级数,并求其收敛区间:
(1) $\frac{1}{3-x}$,在 $x_0 = 1$;　　(2) $\cos x$,在 $x_0 = \frac{\pi}{3}$;
(3) $\frac{1}{x^2+4x+3}$,在 $x_0 = 1$;　　(4) $\frac{1}{x^2}$,在 $x_0 = 3$.

第九章 微分方程初步

微分方程是微积分学理论联系实际的重要渠道之一,因为用数学工具来解决实际问题或研究各种自然现象时,第一步就是要寻求函数关系.尽管很多情况下,我们不能直接得到所需要的函数关系,但是由实际问题所提供的信息及相关学科的知识,可得到关于所求函数的导数或微分的关系式,这样的关系式就是微分方程.建立了微分方程后,再通过求解微分方程得到要寻找的未知函数.本章先介绍微分方程的基本概念,然后讨论几种常见的微分方程的解法,并介绍微分方程在经济学中的几个简单应用.

第一节　微分方程的基本概念

下面通过几个具体例子引入微分方程的有关概念.

例 1　一曲线过点 $(1,2)$，且该曲线上任意点 $P(x,y)$ 处的切线斜率等于该点的横坐标平方的 3 倍，求此曲线的方程.

解　设所求曲线的方程为 $y=y(x)$. 由导数的几何意义及题意可得

$$\frac{\mathrm{d}y}{\mathrm{d}x}=3x^2. \tag{9-1-1}$$

又因曲线过点 $(1,2)$，故 $y=y(x)$ 还应满足条件：

$$y\big|_{x=1}=2 \quad (\text{或记作 } y(1)=2), \tag{9-1-2}$$

对 (9-1-1) 式两端积分，得

$$y=x^3+C \quad (\text{其中 } C \text{ 为任意常数}), \tag{9-1-3}$$

把条件 (9-1-2) 代入 (9-1-3)，得 $C=1$.

于是，所求曲线的方程为

$$y=x^3+1. \tag{9-1-4}$$

例 2　考察某地区人口数量 y 的增长情况，即人口数量与时间 t 的函数关系.

解　根据自然规律推测：某时刻人口的增长率 $\dfrac{\mathrm{d}y}{\mathrm{d}t}$ 与 t 时刻人口数量 y 成正比，而这个比例系数应是当地人口出生率 m 与人口死亡率 n 之差. 于是可得方程

$$\frac{\mathrm{d}y}{\mathrm{d}t}=(m-n)y. \tag{9-1-5}$$

易验证：$y=C\mathrm{e}^{(m-n)t}$ 满足方程 (9-1-5).

在上面的几个例子中，都无法直接找到变量之间的函数关系，而是利用几何、物理或经济意义，建立了含有未知函数的导数的方程 (9-1-1)，(9-1-5)，然后通过积分等手段求出满足方程和附加条件的未知函数. 这一类问题具有普遍意义，下面抽象出它们的数学本质，引进微分方程的有关概念.

定义 1　含有未知函数的导数（或微分），同时也可能含有自变量与未知函数本身的方程，称为**微分方程**.

在微分方程中，如果未知函数是一元函数，则称为常微分方程；如果未知函数是多元函数，则称为偏微分方程. 上面的方程都是常微分方程，本章只研究常微分方程，以后若不特别说明，凡提到的微分方程或方程，均指常微分方程.

定义 2　微分方程中未知函数的最高阶导数（或微分）的阶数，称为**微分方程的阶**.

例如方程(9-1-1),(9-1-5)是一阶微分方程,方程 $y''+4y'+3y=\sin x$ 是二阶的.

一阶微分方程的一般形式为
$$F(x,y,y')=0.$$
如果能将 y' 从上述方程解出，则得方程
$$y'=f(x,y).$$
前一方程称为一阶隐式方程，后一方程称为一阶显式方程.

定义 3　如果将某个已知函数代入微分方程中,能使该方程成为恒等式,则称此函数为该**方程的解**.

例如 $y=x^3+1$ 是方程(9-1-1)的解，$y=Ce^{(m-n)t}$ 是方程(9-1-5)的解.

定义 4　如果 n 阶微分方程的解中含有 n 个独立的任意常数,则称这样的解为微分方程的**通解**. 而确定了通解中任意常数的值的解,称为方程的**特解**.

例如 $y=x^3+C$ 是方程(9-1-1)的通解,而 $y=x^3+1$ 是方程(9-1-1)的一个特解.

通常,为了确定微分方程的某个特解,先要求出其通解后再代入确定任意常数的条件（称为定解条件）,求出满足定解条件的特解.一般地,一阶方程给出一个定解条件,常见的定解条件形式为
$$y(x_0)=y_0 \text{ 或 } y\bigg|_{x=x_0}=y_0.$$
二阶方程给出两个定解条件,常见的定解条件形式为
$$y(x_0)=y_0, y'(x_0)=y_1 \text{ 或 } y\bigg|_{x=x_0}=y_0, y'\bigg|_{x=x_0}=y_1,$$
其中 x_0,y_0,y_1 为给定的常数. 即当自变量取某个特定值时,给出未知函数及其导数的对应值,这样的定解条件称为**初值条件**.

求解微分方程满足定解条件的问题,称为微分方程的定解问题,求解微分方程满足初始条件的问题,称为微分方程的初值问题.

微分方程的解的图形称为微分方程的积分曲线. 由于微分方程的通解中含有任意常数,当任意常数取不同的值时,得到不同的积分曲线,所以通解的图形是一族积分曲线(称为微分方程的积分曲线族). 而微分方程的某个特解的图形是积分曲线族中满足给定的初始条件的某一条特定的积分曲线. 如例 1 中,方程(9-1-1)的积分曲线族是立方抛物线族 $y=x^3+C$,而满足初始条件(9-1-2)的特解 $y=x^3+1$ 是过点(1,2)的立方抛物线(见图 9-1).

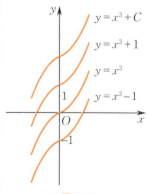

图 9-1

例 3 验证 $y = \dfrac{C^2 - x^2}{2x}$（$C$ 为常数）是否为微分方程 $(x+y)dx + xdy = 0$ 的解.

解 由 $y = \dfrac{C^2 - x^2}{2x}$ 得 $dy = \left(-\dfrac{C^2}{2x^2} - \dfrac{1}{2}\right)dx$，代入方程左边得

$$\left(x + \dfrac{C^2 - x^2}{2x}\right)dx + x \cdot \left(-\dfrac{C^2}{2x^2} - \dfrac{1}{2}\right)dx = 0,$$

故 $y = \dfrac{C^2 - x^2}{2x}$ 是所给方程的解.

例 4 求曲线 $x^2 - y^2 = Cy$ 所满足的微分方程.

解 对 $x^2 - y^2 = Cy$ 两边关于 x 求导，得

$$2x - 2yy' = Cy'.$$

将 $C = \dfrac{x^2 - y^2}{y}$ 代入上式，得 $2x - 2yy' = \dfrac{x^2 - y^2}{y} \cdot y'$. 整理得

$$y' = \dfrac{2xy}{x^2 + y^2}.$$

习题 9-1

1. 指出下列各微分方程的阶数：
   (1) $x(y')^2 - 2yy' + x = 0$；
   (2) $(y'')^3 + 5(y')^4 - y^5 + x^6 = 0$；
   (3) $xy''' + 2y'' + x^2 y = 0$；
   (4) $(x^2 - y^2)dx + (x^2 + y^2)dy = 0$.
2. 验证下列给定函数是其对应微分方程的解：
   (1) $y = (x+C)e^{-x}$，$y' + y = e^{-x}$；
   (2) $xy = C_1 e^x + C_2 e^{-x}$，$xy'' + 2y' - xy = 0$；
   (3) $x = \cos 2t + C_1 \cos 3t + C_2 \sin 3t$，$x'' + 9x = 5\cos 2t$；
   (4) $\dfrac{x^2}{C_1} + \dfrac{y^2}{C_2} = 1$，$xyy'' + x(y')^2 - yy' = 0$.
3. 已知曲线的切线在纵轴上的截距等于切点的横坐标，求这曲线所满足的微分方程.
4. 求通解为 $y = Ce^x + x$ 的微分方程，这里 C 为任意常数.

第二节 一阶微分方程

一阶微分方程的一般形式为
$$F(x, y, y') = 0$$
或
$$y' = f(x, y),$$
其中 $F(x, y, y')$ 是 x, y, y' 的已知函数，$f(x, y)$ 是 x, y 的已知函

数.这一节只介绍几种较简单的一阶微分方程的解法.它们通过求积分就可以找到未知函数与自变量的函数关系,我们称这种求解微分方程的方法为初等积分法.

一、可分离变量的方程

形如
$$\frac{\mathrm{d}y}{\mathrm{d}x} = f(x)g(y) \qquad (9\text{-}2\text{-}1)$$
或
$$M_1(x)M_2(y)\mathrm{d}y = N_1(x)N_2(y)\mathrm{d}x \qquad (9\text{-}2\text{-}2)$$
的一阶微分方程称为**可分离变量方程**.其中 $f(x),g(y)$ 及 $M_1(x)$,$M_2(y),N_1(x)$ 及 $N_2(x)$ 均为已知连续函数.

方程(9-2-1)的求解步骤如下:先将方程(9-2-1)分离变量得
$$\frac{\mathrm{d}y}{g(y)} = f(x)\mathrm{d}x, g(y) \neq 0,$$
对上式两端分别积分
$$\int \frac{\mathrm{d}y}{g(y)} = \int f(x)\mathrm{d}x,$$
得通解
$$G(y) = F(x) + C,$$
其中 $G(y)$ 和 $F(x)$ 分别是 $\frac{1}{g(y)}$ 和 $f(x)$ 的一个原函数,C 为任意常数.若有实数 y_0 使得 $g(y_0) = 0$,则 $y = y_0$ 也是方程(9-2-1)的解,此解可能不包含在通解中.

例1 求解方程 $\frac{\mathrm{d}y}{\mathrm{d}x} = \sqrt{1-y^2}$.

解 分离变量,得
$$\frac{\mathrm{d}y}{\sqrt{1-y^2}} = \mathrm{d}x.$$
两边积分,得
$$\arcsin y = x + C \text{ 或 } y = \sin(x+C).$$

注 对于给定的 C,上述解中 $x \in \left[-\frac{\pi}{2} - C, \frac{\pi}{2} - C\right]$.此外,$y = \pm 1$ 也是方程的两个特解,但它未包含在通解之中.这是由于分离变量时,将 $\sqrt{1-y^2}$ 作为分母时丢失了两个特解.因此,所求方程的通解为
$$\arcsin y = x + C \quad (C \text{ 为任意常数}),$$

另外还有两个特解 $y = \pm 1$.

例 2 已知某商品的需求量 x 对价格 P 的弹性 $e = -3P^3$, 而市场对该商品的最大需求量为 1(万件), 求需求函数.

解 需求量 x 对价格 P 的弹性 $e = \dfrac{P}{x}\dfrac{\mathrm{d}x}{\mathrm{d}P}$. 依题意, 得

$$\frac{P}{x}\frac{\mathrm{d}x}{\mathrm{d}P} = -3P^3,$$

于是

$$\frac{\mathrm{d}x}{x} = -3P^2 \mathrm{d}P,$$

积分得

$$\ln x = -P^3 + C_1,$$

即

$$x = C\mathrm{e}^{-P^3} \quad (C = \mathrm{e}^{C_1}).$$

由题设知, $P = 0$ 时, $x = 1$, 从而 $C = 1$. 因此所求的需求函数为

$$x = \mathrm{e}^{-P^3}.$$

例 3 根据经验知道, 某产品的净利润 y 与广告支出 x 之间有如下关系:

$$\frac{\mathrm{d}y}{\mathrm{d}x} = k(N - y),$$

其中 k, N 都是大于零的常数, 且广告支出为零时, 净利润为 y_0, $0 < y_0 < N$, 求净利润函数 $y = y(x)$.

解 分离变量, 得

$$\frac{\mathrm{d}y}{N - y} = k\mathrm{d}x,$$

两边积分, 得

$$-\ln|N - y| = kx + C_1 \quad (C_1 \text{ 为任意常数}),$$

因 $N - y > 0$, 所以

$$\ln|N - y| = \ln(N - y),$$

上式经整理得

$$y = N - C\mathrm{e}^{-kx} \quad (C = \mathrm{e}^{-C_1} > 0).$$

将 $x = 0, y = y_0$ 代入上式得 $C = N - y_0$, 于是所求的利润函数为

$$y = N - (N - y_0)\mathrm{e}^{-kx}.$$

由题设可知 $\dfrac{\mathrm{d}y}{\mathrm{d}x} > 0$, 这表明 $y(x)$ 是 x 的单调递增函数; 另一方面又有 $\lim\limits_{x \to \infty} y(x) = N$, 即随着广告支出增加, 净利润相应地增加, 并逐渐趋向于 $y = N$. 因此, 参数 N 的经济意义是净利润的最大值.

二、齐次微分方程

形如
$$\frac{\mathrm{d}y}{\mathrm{d}x} = f\left(\frac{y}{x}\right) \tag{9-2-3}$$
的一阶微分方程,称为**齐次微分方程**,简称**齐次方程**.

对于方程(9-2-3),通常可通过变量替换 $u = \dfrac{y}{x}$ 将方程化为可分离变量的方程来解. 具体过程如下:

令
$$u = \frac{y}{x} \quad (\text{或 } y = ux),$$
其中 u 是新的未知函数.

对 $y = ux$ 两端关于 x 求导,得
$$\frac{\mathrm{d}y}{\mathrm{d}x} = u + x\frac{\mathrm{d}u}{\mathrm{d}x},$$
代入方程(9-2-3),得
$$u + x\frac{\mathrm{d}u}{\mathrm{d}x} = f(u).$$
分离变量并积分,得
$$\int \frac{\mathrm{d}u}{f(u) - u} = \int \frac{\mathrm{d}x}{x},$$
即
$$\Phi(u) = \ln|x| + C \quad (C \text{ 为任意常数}),$$
其中 $\Phi(u)$ 是 $\dfrac{1}{f(u) - u}$ 的一个原函数,再将 $u = \dfrac{y}{x}$ 代入上式中,便得到方程(9-2-3)的通解
$$\Phi\left(\frac{y}{x}\right) = \ln|x| + C.$$

上面的推导要求 $f(u) - u \neq 0$,如果 $f(u) - u = 0$,也就是 $f\left(\dfrac{y}{x}\right) = \dfrac{y}{x}$. 这时,方程(9-2-3)为
$$\frac{\mathrm{d}y}{\mathrm{d}x} = \frac{y}{x}.$$
这已是一个可分离变量的方程,不必做代换就可求出它的通解为 $y = Cx$.

例 4 求微分方程 $xy\dfrac{\mathrm{d}y}{\mathrm{d}x} = x^2 + y^2$ 满足条件 $y\Big|_{x=\mathrm{e}} = 2\mathrm{e}$ 的解.

解 原方程可化为 $\dfrac{\mathrm{d}y}{\mathrm{d}x} = \dfrac{x}{y} + \dfrac{y}{x}$,这是一个齐次方程. 做代换 $u = \dfrac{y}{x}$,即 $y = ux$,则
$$\frac{\mathrm{d}y}{\mathrm{d}x} = u + x\frac{\mathrm{d}u}{\mathrm{d}x}.$$

代入前一方程,得

$$u + x\frac{\mathrm{d}u}{\mathrm{d}x} = \frac{1}{u} + u, \text{即 } x\frac{\mathrm{d}u}{\mathrm{d}x} = \frac{1}{u},$$

分离变量并积分,得

$$u^2 = 2\ln|x| + 2C \quad (C \text{ 为任意常数}),$$

将 u 替换为 $\dfrac{y}{x}$,便得原方程的通解

$$y^2 = 2x^2\ln|x| + 2Cx^2,$$

再将初始条件代入通解得

$$4\mathrm{e}^2 = 2\mathrm{e}^2 \cdot \ln\mathrm{e} + 2C\mathrm{e}^2,$$

求得 $C = 1$. 于是,所求的特解为

$$y^2 = 2x^2(\ln|x| + 1).$$

例 5 设甲、乙两种商品的价格分别为 P_1, P_2,且价格 P_1 相对于 P_2 的弹性为 $\dfrac{P_2}{P_1}\dfrac{\mathrm{d}P_1}{\mathrm{d}P_2} = \dfrac{P_2 - P_1}{P_2 + P_1}$,求价格 P_1 与 P_2 的函数关系.

解 将所给方程整理为

$$\frac{\mathrm{d}P_1}{\mathrm{d}P_2} = \frac{1 - \dfrac{P_1}{P_2}}{1 + \dfrac{P_1}{P_2}}\frac{P_1}{P_2}.$$

这是齐次方程. 令 $u = \dfrac{P_1}{P_2}$,即 $P_1 = uP_2$,则 $\dfrac{\mathrm{d}P_1}{\mathrm{d}P_2} = u + P_2\dfrac{\mathrm{d}u}{\mathrm{d}P_2}$,代入上式得

$$u + P_2\frac{\mathrm{d}u}{\mathrm{d}P_2} = \frac{1 - u}{1 + u} \cdot u.$$

整理得

$$\left(-\frac{1}{u} - \frac{1}{u^2}\right)\mathrm{d}u = 2\frac{\mathrm{d}P_2}{P_2}.$$

两边积分,得

$$\frac{1}{u} - \ln|u| = 2\ln|P_2| + C_1 \quad (C_1 \text{ 为任意常数}).$$

将 u 替换为 $\dfrac{P_1}{P_2}$,便得方程的通解(注意到 $u > 0, P_2 > 0$)

$$\mathrm{e}^{\frac{P_2}{P_1}} = CP_1P_2 \quad (C = \mathrm{e}^{C_1}, C \text{ 为正数}).$$

三、一阶线性微分方程

形如

$$y' + P(x)y = Q(x) \tag{9-2-4}$$

的方程称为一阶线性微分方程. 其中 $P(x), Q(x)$ 为 x 的已知连续函数,$Q(x)$ 称为自由项.

如果 $Q(x)\equiv 0$，方程(9-2-4)即为
$$y'+P(x)y=0. \qquad (9\text{-}2\text{-}5)$$
该方程称为**一阶齐次线性微分方程**. 而当 $Q(x)\not\equiv 0$ 时，方程(9-2-4) 称为**一阶非齐次线性微分方程**. 也称方程(9-2-5) 为方程(9-2-4) 所对应的齐次方程.

注意这里所说的齐次方程与上段讨论的齐次方程是不同的.

下面来讨论一阶非齐次线性方程(9-2-4) 的解法.

先考虑非齐次线性方程(9-2-4) 所对应的齐次方程(9-2-5) 的通解. 显然 $y=0$ 是它的一个解，当 $y\neq 0$ 时分离变量得
$$\frac{\mathrm{d}y}{y}=-P(x)\mathrm{d}x.$$
两边积分，得
$$\ln|y|=-\int P(x)\mathrm{d}x+C_1,$$
即
$$y=C\mathrm{e}^{-\int P(x)\mathrm{d}x} \quad (C=\pm\mathrm{e}^{C_1}).$$
$y=0$ 也是方程(9-2-5) 的解，这时在上式中取 $C=0$ 即可. 于是得到方程(9-2-5) 的通解为
$$y=C\mathrm{e}^{-\int P(x)\mathrm{d}x} \quad (C\text{ 为任意常数}). \qquad (9\text{-}2\text{-}6)$$

再利用"常数变易法"求非齐次线性方程(9-2-4) 的通解. 设方程(9-2-4) 的解为
$$y=C(x)\cdot\mathrm{e}^{-\int P(x)\mathrm{d}x},$$
其中 $C(x)$ 是待定函数.

将其代入方程(9-2-4)，得
$$\left[C(x)\mathrm{e}^{-\int P(x)\mathrm{d}x}\right]'+P(x)C(x)\mathrm{e}^{-\int P(x)\mathrm{d}x}=Q(x).$$
化简，得
$$C'(x)=Q(x)\mathrm{e}^{\int P(x)\mathrm{d}x}.$$
上式两端同时积分，得
$$C(x)=\int Q(x)\mathrm{e}^{\int P(x)\mathrm{d}x}\mathrm{d}x+C \quad (C\text{ 为任意常数}).$$
将上式代回，得非齐次线性方程(9-2-4) 的通解
$$y=\mathrm{e}^{-\int P(x)\mathrm{d}x}\left[\int Q(x)\mathrm{e}^{\int P(x)\mathrm{d}x}\mathrm{d}x+C\right] \quad (C\text{ 为任意常数}).$$
$$(9\text{-}2\text{-}7)$$

这种将任意常数变成待定函数求解的方法，称为**常数变易法**.

例 6 求方程 $xy'+y=\mathrm{e}^x(x>0)$ 的通解.

解 所给方程可化为

$$y' + \frac{y}{x} = \frac{e^x}{x}. \tag{9-2-8}$$

先求得方程(9-2-8)对应的齐次线性方程的通解为

$$y = \frac{C}{x}.$$

再利用常数变易法,设方程(9-2-8)的解为

$$y = \frac{C(x)}{x},$$

代入方程(9-2-8)得

$$\frac{xC'(x) - C(x)}{x^2} + \frac{C(x)}{x^2} = \frac{e^x}{x},$$

化简,得

$$C'(x) = e^x,$$

积分得

$$C(x) = e^x + C,$$

故得方程(9-2-8)的通解为

$$y = \frac{1}{x}(e^x + C) \quad (C \text{ 为任意常数}).$$

这也就是所求方程的通解.

> 以上是按常数变易法的思路求解,本题也可直接利用通解公式(9-2-7)求解.但是,必须先将方程化为形如方程(9-2-4)的标准形式.
>
> 这里,$P(x) = \frac{1}{x}$,$Q(x) = \frac{e^x}{x}$,代入公式(9-2-7),得方程的通解为
>
> $$y = e^{-\int \frac{1}{x} dx} \left(\int \frac{e^x}{x} e^{\int \frac{1}{x} dx} dx + C \right) = \frac{1}{x}(e^x + C).$$

例7 求方程 $y' = \dfrac{y}{x + y^3}$ 满足初始条件 $y(0) = 1$ 的特解.

解 先求出所给方程的通解.这个方程乍一看不像一阶线性方程,但把它改写成

$$\frac{dx}{dy} - \frac{1}{y}x = y^2,$$

则是以 y 为自变量,x 为未知函数的一阶线性微分方程.

利用通解公式(9-2-7),得

$$\begin{aligned}
x &= e^{\int \frac{1}{y} dy} \left(\int y^2 e^{-\int \frac{1}{y} dy} dy + C \right) = e^{\ln y} \left(\int y^2 e^{-\ln y} dy + C \right) \\
&= y \left(\int y \, dy + C \right) = Cy + \frac{1}{2} y^3.
\end{aligned}$$

将初始条件 $y(0)=1$ 代入上述通解中,得 $C=-\dfrac{1}{2}$,故所求方程的特解为

$$x=-\dfrac{1}{2}y+\dfrac{1}{2}y^3.$$

例 8 已知连续函数 $f(x)$ 满足条件 $f(x)=\displaystyle\int_0^{3x}f\left(\dfrac{t}{3}\right)\mathrm{d}t+\mathrm{e}^{2x}$,求 $f(x)$.

解 对方程两端同时求导,得

$$f'(x)=3f(x)+2\mathrm{e}^{2x} \quad \text{或} \quad f'(x)-3f(x)=2\mathrm{e}^{2x}.$$

由一阶线性方程的通解公式,得

$$f(x)=\mathrm{e}^{\int 3\mathrm{d}x}\left(\int 2\mathrm{e}^{2x}\mathrm{e}^{-\int 3\mathrm{d}x}\mathrm{d}x+C\right)=\mathrm{e}^{3x}(-2\mathrm{e}^{-x}+C)=-2\mathrm{e}^{2x}+C\mathrm{e}^{3x}.$$

例 9 设 $y=f(x)$ 是第一象限内连接点 $A(0,1),B(1,0)$ 的一段连续曲线,$M(x,y)$ 为该曲线上任意一点,点 C 为 M 在 x 轴上的投影,O 为坐标原点. 若梯形 $OCMA$ 的面积与曲边三角形 CBM 的面积之和为 $\dfrac{x^3}{6}+\dfrac{1}{3}$,求 $f(x)$ 的表达式.

解 如图 9-2 所示,由题设得

$$\dfrac{x}{2}[1+f(x)]+\int_x^1 f(t)\mathrm{d}t=\dfrac{x^3}{6}+\dfrac{1}{3},$$

两边求导,得

$$\dfrac{1}{2}[1+f(x)]+\dfrac{1}{2}xf'(x)-f(x)=\dfrac{x^2}{2},$$

即

$$f'(x)-\dfrac{1}{x}f(x)=\dfrac{x^2-1}{x} \quad (x\ne 0).$$

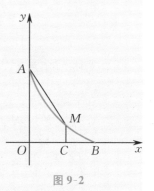

图 9-2

利用一阶线性微分方程的通解公式,得

$$f(x)=\mathrm{e}^{\int\frac{1}{x}\mathrm{d}x}\cdot\left(\int\dfrac{x^2-1}{x}\mathrm{e}^{-\int\frac{1}{x}\mathrm{d}x}\mathrm{d}x+C\right)=x\left(\int\dfrac{x^2-1}{x^2}\mathrm{d}x+C\right)=x^2+1+Cx.$$

当 $x=0$ 时,$f(0)=1$. 说明上述解在 $x=0$ 时有意义. 将条件 $f(1)=0$ 代入到通解中,得 $C=-2$,于是有

$$f(x)=x^2-2x+1.$$

形如

$$\dfrac{\mathrm{d}y}{\mathrm{d}x}+P(x)y=Q(x)y^{\alpha} \quad (\alpha\ne 0,1) \tag{9-2-9}$$

的方程称为**伯努利**(Bernoulli)**方程**. 它不是线性方程,但是经过适当的变量替换,可将它化成线性方程求解. 事实上,只要将方程 (9-2-9) 两端除以 y^{α},得

$$y^{-\alpha}\dfrac{\mathrm{d}y}{\mathrm{d}x}+P(x)y^{1-\alpha}=Q(x),$$

即

伯努利个人简介

$$\frac{1}{1-\alpha}\frac{\mathrm{d}y^{1-\alpha}}{\mathrm{d}x}+P(x)y^{1-\alpha}=Q(x).$$

若令 $y^{1-\alpha}=z$，则上面这个方程为

$$\frac{1}{1-\alpha}\frac{\mathrm{d}z}{\mathrm{d}x}+P(x)z=Q(x).$$

这是一个线性方程．求出这个方程的通解后，用 $y^{1-\alpha}$ 替换 z，便得到伯努利方程的通解．

习 题 9-2

1. 求下列微分方程的通解或在给定初始条件下的特解：

(1) $y'=\dfrac{1+y}{1-x}$;

(2) $xy\mathrm{d}x+\sqrt{1-x^2}\mathrm{d}y=0$;

(3) $(xy^2+x)\mathrm{d}x+(y-x^2y)\mathrm{d}y=0$;

(4) $\sin x\cos^2 y\mathrm{d}x+\cos^2 x\mathrm{d}y=0$;

(5) $\dfrac{x}{1+y}\mathrm{d}x-\dfrac{y}{1+x}\mathrm{d}y=0, y\big|_{x=0}=1$;

(6) $yy'+x\mathrm{e}^y=0, y(1)=0$;

(7) $y'=\mathrm{e}^{2x-y}, y\big|_{x=0}=0$.

2. 物体冷却速度与该物质和周围介质的温差成正比，具有温度为 T_0 的物体放在保持常温为 a 的室内，求温度 T 与时间 t 的关系．

3. 求下列微分方程的通解或在给定条件下的特解：

(1) $xy'-y-\sqrt{x^2+y^2}=0$;

(2) $y'=\dfrac{y}{x}+\sin\dfrac{y}{x}$;

(3) $3xy^2\mathrm{d}y=(2y^3-x^3)\mathrm{d}x$;

(4) $x^2y'+xy=y^2, y(1)=1$;

(5) $xy'=y(\ln y-\ln x), y(1)=1$.

4. 求下列微分方程的通解或在给定初始条件下的特解：

(1) $y'-y=\sin x$;

(2) $y'-\dfrac{n}{x}y=x^n\mathrm{e}^x$;

(3) $(x-2y)\mathrm{d}y+\mathrm{d}x=0$;

*(4) $(1+x\sin y)y'-\cos y=0$;

(5) $y'-\dfrac{y}{x+1}=(x+1)\mathrm{e}^x, y(0)=1$;

(6) $y'+\dfrac{2x}{1+x^2}y=\dfrac{2x^2}{1+x^2}, y(0)=\dfrac{2}{3}$;

(7) $y'-\dfrac{1}{x}y=-\dfrac{2}{x}\ln x, y(1)=1$;

(8) $y'+2xy=(x\sin x)\cdot\mathrm{e}^{-x^2}, y(0)=1$.

*5. 设函数 $f(x)$ 在 $[1,+\infty)$ 上连续，若由曲线 $y=f(x)$，直线 $x=1, x=t(t>1)$ 与 x 轴所围成的平面图形绕 x 轴旋转一周所成的旋转体的体积为

$$V(t)=\frac{\pi}{3}[t^2f(t)-f(1)].$$

试求 $y=f(x)$ 所满足的微分方程，并求该微分方程满足条件 $f(2)=\dfrac{2}{9}$ 的特解．

6. 已知 $f(x)=\displaystyle\int_0^{3x}f\Big(\dfrac{t}{3}\Big)\mathrm{d}t+3x-3$，求 $f(x)$．

7. 已知某商品的成本 $C=C(x)$ 随产量 x 的增加而增加，其增长率为

$$C'(x)=\frac{1+x+C}{1+x},$$

且产量为零时,固定成本 $C(0)=C_0>0$. 求商品的生产成本函数 $C(x)$.

*8. 某公司对某种电器设备的使用费用进行考察,结果发现,随该电器使用时间 x 的延长,它的保养维修费会成倍增长,因而平均单位时间的使用费 S 也在增加,即 S 为 x 的函数 $S=S(x)$,其变化率为

$$\frac{\mathrm{d}S}{\mathrm{d}x}=\frac{b}{x}S-\frac{b+1}{x^2}a,$$

其中 a,b 均为正常数. 若当 $x=x_0$ 时 $S=S_0$,试问:使用时间为多少时,其平均单位时间的使用费 S 最高?

第三节 高阶微分方程

二阶及二阶以上的微分方程称为高阶微分方程. 本节只介绍几种特殊形式的高阶方程的求解问题.

一、几类可降阶的高阶微分方程

一般来说,求解一个阶数较低的微分方程总比求解相应的高阶方程要容易,因此对于一个高阶方程自然会想到能否把它的阶数降低,直至降到一阶微分方程来求解. 这种求解方法称为降阶法. 下面介绍几种容易降阶的高阶微分方程的解法.

1. $y^{(n)}=f(x)$ **型的微分方程**

对方程

$$y^{(n)}=f(x) \qquad (9\text{-}3\text{-}1)$$

积分一次,得到一个 $n-1$ 阶方程

$$y^{(n-1)}=\int f(x)\mathrm{d}x+C_1,$$

再积分一次,得到一个 $n-2$ 阶方程

$$y^{(n-2)}=\int\left(\int f(x)\mathrm{d}x+C_1\right)\mathrm{d}x+C_2,$$

依次积分 n 次,便可得到方程(9-3-1)的通解.

例 1 求微分方程 $y'''=\cos x-3x$ 的通解.

解 对方程的两端连续积分 3 次,得

$$y''=\int(\cos x-3x)\mathrm{d}x=\sin x-\frac{3}{2}x^2+C_1,$$

$$y'=\int\left(\sin x-\frac{3}{2}x^2+C_1\right)\mathrm{d}x=-\cos x-\frac{1}{2}x^3+C_1 x+C_2,$$

$$y=\int\left(-\cos x-\frac{1}{2}x^3+C_1 x+C_2\right)\mathrm{d}x$$

$$=-\sin x-\frac{1}{8}x^4+\frac{C_1}{2}x^2+C_2 x+C_3 \quad (C_1,C_2,C_3 \text{ 为任意常数}).$$

这就是所求的通解.

2. $F(x,y',y'')=0$ 型的微分方程

这种方程的特点是不显含未知函数 y. 如果令 $y'=P(x)$, 则 $y''=P'(x)$, 原方程可化为

$$F(x,P,P')=0,$$

这是以 x 为自变量, $P(x)$ 为未知函数的一阶微分方程. 若能求出它的通解:

$$P=\varphi(x,C_1),$$

将 P 替换为 y', 那么又得一个一阶方程

$$\frac{\mathrm{d}y}{\mathrm{d}x}=\varphi(x,C_1).$$

对上式两端积分, 便可得原方程的通解为

$$y=\int \varphi(x,C_1)\mathrm{d}x+C_2 \quad (C_1,C_2 \text{ 为任意常数}).$$

例 2 求解微分方程 $xy''+y'=0$ 满足初始条件 $y(1)=1, y'(1)=2$ 的特解.

解 令 $y'=P$, 则 $y''=P'$, 于是原方程化为

$$xP'+P=0.$$

分离变量, 得

$$\frac{\mathrm{d}P}{P}=-\frac{\mathrm{d}x}{x},$$

两端积分, 得

$$P=\frac{C_1}{x}, \text{ 即 } \frac{\mathrm{d}y}{\mathrm{d}x}=\frac{C_1}{x},$$

代入初始条件 $y'(1)=2$, 得 $C_1=2$, 于是有

$$\frac{\mathrm{d}y}{\mathrm{d}x}=\frac{2}{x}.$$

再积分得

$$y=2\ln|x|+C_2,$$

又代入初始条件 $y(1)=1$, 得 $C_2=1$, 因此所求的特解为

$$y=2\ln|x|+1.$$

在用降阶法求特解时, 对积分过程中出现的任意常数, 若及时代入初始条件确定出任意常数, 会使计算简化.

3. $F(y,y',y'')=0$ 型的微分方程

这种微分方程的特点是不显含自变量 x. 如果令 $y'=P(y)$, 则

$$y''=\frac{\mathrm{d}P}{\mathrm{d}x}=\frac{\mathrm{d}P}{\mathrm{d}y}\cdot\frac{\mathrm{d}y}{\mathrm{d}x}=P\frac{\mathrm{d}P}{\mathrm{d}y},$$

于是原方程化为

$$F\left(y,P,P\frac{\mathrm{d}P}{\mathrm{d}y}\right)=0.$$

这是一个以 y 为自变量，P 为未知函数的一阶微分方程. 若能求得它的通解
$$P = \varphi(y, C_1),$$
则有
$$\frac{\mathrm{d}y}{\mathrm{d}x} = \varphi(y, C_1).$$
将上式分离变量再积分，便可得原方程的通解
$$\int \frac{\mathrm{d}y}{\varphi(y, C_1)} = x + C_2 \quad (\varphi(y, C_1) \neq 0 \text{ 时}).$$

例 3 求方程 $yy'' - (y')^2 + y' = 0$ 的通解.

解 令 $y' = P$，则 $y'' = P \dfrac{\mathrm{d}P}{\mathrm{d}y}$，原方程化为
$$P\left(y \frac{\mathrm{d}P}{\mathrm{d}y} - P + 1\right) = 0.$$
因此
$$P = 0 \quad \text{或} \quad y \frac{\mathrm{d}P}{\mathrm{d}y} - P + 1 = 0.$$
若 $P = 0$，即 $\dfrac{\mathrm{d}y}{\mathrm{d}x} = 0$，方程的解为 $y = C_0$（C_0 为任意常数）. 而后一方程为
$$\frac{\mathrm{d}P}{\mathrm{d}y} - \frac{1}{y}P = -\frac{1}{y},$$
这是一个非齐次线性微分方程，此方程的通解为
$$P = \mathrm{e}^{\int \frac{1}{y} \mathrm{d}y} \left[\int \left(-\frac{1}{y}\right) \mathrm{e}^{\int \left(-\frac{1}{y}\right) \mathrm{d}y} \cdot \mathrm{d}y + C_1\right] = 1 + C_1 y \quad (C_1 \text{ 为任意常数}),$$
即
$$\frac{\mathrm{d}y}{\mathrm{d}x} = 1 + C_1 y,$$
分离变量并积分，得
$$y = \frac{C_2 \mathrm{e}^{C_1 x} - 1}{C_1},$$
这里 C_1, C_2 为任意常数，且 $C_1 \neq 0$.

由于 $y = C_0$ 这个解包含在解 $y = \dfrac{C_2 \mathrm{e}^{C_1 x} - 1}{C_1}$ 之中$\left(\text{取 } C_2 = 0, C_1 = -\dfrac{1}{C_0} \text{ 即可}\right)$，因此，原方程的通解为
$$y = \frac{C_2 \mathrm{e}^{C_1 x} - 1}{C_1}.$$

例 4 求 $y^2 y'' + 1 = 0$ 的积分曲线，并使积分曲线通过点 $\left(0, \dfrac{1}{2}\right)$，且在该点处切线的斜率为 2.

解 由题设，所求曲线 $y = y(x)$ 为满足方程
$$y^2 y'' + 1 = 0$$

及初始条件 $y\big|_{x=0} = \dfrac{1}{2}, y'\big|_{x=0} = 2$ 的解.

这是一个不显含 x 的方程,令 $P = y', y'' = P\dfrac{\mathrm{d}P}{\mathrm{d}y}$,原方程化为

$$y^2 P \dfrac{\mathrm{d}P}{\mathrm{d}y} = -1, \text{即} P\dfrac{\mathrm{d}P}{\mathrm{d}y} = -\dfrac{1}{y^2},$$

分离变量并积分,得

$$\dfrac{P^2}{2} = \dfrac{1}{y} + C_1.$$

由 $y'\big|_{x=0} = 2, y\big|_{x=0} = \dfrac{1}{2}$,得 $C_1 = 0$. 于是有

$$\dfrac{\mathrm{d}y}{\mathrm{d}x} = \sqrt{\dfrac{2}{y}}, \text{即} \sqrt{y}\,\mathrm{d}y = \sqrt{2}\,\mathrm{d}x.$$

两边积分,得

$$\dfrac{2}{3} y^{\frac{3}{2}} = \sqrt{2}\,x + C_2.$$

再由 $y\big|_{x=0} = \dfrac{1}{2}$,得 $C_2 = \dfrac{2}{3}\left(\dfrac{1}{2}\right)^{\frac{3}{2}}$. 故所求积分曲线方程为

$$y^3 = \dfrac{1}{2}\left(3x + \dfrac{1}{2}\right)^2.$$

二、二阶线性微分方程解的性质与结构

形如

$$y'' + P(x)y' + Q(x)y = f(x) \tag{9-3-2}$$

的方程,称为**二阶线性微分方程**. 方程右端 $f(x)$ 称为自由项,$P(x)$ 与 $Q(x)$ 称为方程的系数.

当 $f(x) \equiv 0$ 时,方程(9-3-2)变为

$$y'' + P(x)y' + Q(x)y = 0, \tag{9-3-3}$$

称之为**二阶齐次线性微分方程**.

相应地,称方程(9-3-2)为二阶非齐次线性微分方程,并称方程(9-3-3)为对应于方程(9-3-2)的齐次线性方程.

容易证明齐次线性微分方程的解具有如下性质:

定理 1 如果函数 $y_1(x)$ 与 $y_2(x)$ 是方程(9-3-3)的解,则它们的线性组合

$$y = C_1 y_1(x) + C_2 y_2(x) \tag{9-3-4}$$

也是方程(9-3-3)的解,其中 C_1, C_2 是任意常数.

这个定理表明齐次线性微分方程的解具有叠加性.

应该注意,虽然(9-3-4)式在形式上含有两个任意常数 C_1,C_2,似乎是二阶方程(9-3-3)的通解,但情形并非如此简单. 例如,

假设 y_1 是方程(9-3-3)的一个解,易验证 $y_2 = 2y_1$ 也是方程(9-3-3)的解,则(9-3-4)式为

$$C_1 y_1 + C_2 y_2 = (C_1 + 2C_2) y_1 = C y_1 \quad (C = C_1 + 2C_2).$$

这个解实质上只含有一个任意常数 C,因此,它不是方程(9-3-3)的通解.那么,方程(9-3-3)的两个特解满足什么条件,(9-3-4)式就是它的通解呢?为此,我们引入函数的线性相关与线性无关的概念.

定义 1 设 $y_1(x), y_2(x), \cdots, y_n(x)$ 是定义在区间 I 上的 n 个函数,如果存在 n 个不全为零的常数 $k_1, k_2, \cdots, k_n$,使得对该区间内的一切 x,恒有

$$k_1 y_1(x) + k_2 y_2(x) + \cdots + k_n y_n(x) = 0 \quad (9\text{-}3\text{-}5)$$

成立,则称这 n 个函数在区间 I 内**线性相关**;否则称它们**线性无关**.

例 5 函数组 $\{\sin^2 x, \cos^2 x, 1\}$ 在任意区间上是线性相关的,事实上,取 $k_1 = k_2 = 1, k_3 = -1$,则在任意区间上均有

$$1 \cdot \sin^2 x + 1 \cdot \cos^2 x + (-1) \cdot 1 \equiv 0.$$

对于两个函数 $y_1(x)$ 和 $y_2(x)$,若 y_1, y_2 线性相关,则存在不全为零的数 k_1, k_2,使 $k_1 y_1 + k_2 y_2 = 0$,不妨设 $k_1 \neq 0$,这时有 $y_1 = -\dfrac{k_2}{k_1} y_2$ 或 $\dfrac{y_1}{y_2} = -\dfrac{k_2}{k_1}$,即两个函数之比为一常数. 反之,若 $\dfrac{y_1}{y_2} = k$,则 $y_1 - k y_2 = 0$,即存在一组不全为零的数 $k_1 = 1, k_2 = -k$,使 $k_1 y_1 + k_2 y_2 = 0$. 由此可知,y_1 与 y_2 线性相关. 因此要判断两个函数线性相关与否,只要看它们的比值是否为常数.

例 6 函数组 $\{x, x^2\}$ 在 $(-\infty, +\infty)$ 内线性无关,而函数组 $\{\sin x, 3\sin x\}$ 在 $(-\infty, +\infty)$ 内线性相关.

解 由于 $\dfrac{x}{x^2} = \dfrac{1}{x} \neq$ 常数,故 x 和 x^2 在 $(-\infty, +\infty)$ 内线性无关,而 $\dfrac{\sin x}{2 \sin x} = \dfrac{1}{2}$(常数),故此函数组在 $(-\infty, +\infty)$ 内线性相关.

前面提到的 $C_1 y_1 + C_2 y_2$ 不能作为方程(9-3-3)的通解,正是因为 y_1 与 $y_2 (= 2 y_1)$ 线性相关的缘故,使得表达式 $C_1 y_1 + C_2 y_2$ 中的两个任意常数可以合并,从而实质上只含有一个任意常数.

由定义 1 及线性无关和通解的定义,不难得到如下的关于齐次线性方程(9-3-3)的通解结构定理:

定理 2 设 $y_1(x), y_2(x)$ 是方程(9-3-3)的两个线性无关

的解,则
$$y(x) = C_1 y_1(x) + C_2 y_2(x) \quad (9\text{-}3\text{-}6)$$
是方程(9-3-3)的通解,其中 C_1, C_2 为任意常数.

例 7 验证 $y_1 = e^{-x}$ 与 $y_2 = e^{2x}$ 都是微分方程
$$y'' - y' - 2y = 0$$
的解,并写出方程的通解.

解 对 y_1 与 y_2 分别求一阶导数和二阶导数,并代入方程,能使方程成为恒等式,故 y_1 与 y_2 都是方程的解.

由于
$$\frac{y_1}{y_2} = \frac{e^{-x}}{e^{2x}} = e^{-3x} \neq 常数,$$
因此 y_1 与 y_2 线性无关,由定理 2 可得所给方程的通解为
$$y = C_1 e^{-x} + C_2 e^{2x} \quad (C_1, C_2 \text{ 为任意常数}).$$

定理 3 设 y^* 是方程(9-3-2)的一个特解,$\bar{y}$ 是对应的齐次线性方程(9-3-3)的通解,则
$$y = y^* + \bar{y} \quad (9\text{-}3\text{-}7)$$
是方程(9-3-2)的通解.

该定理的证明由读者自己完成.

例 8 对于二阶非齐次线性方程
$$y'' - y' - 2y = 2x^2,$$
容易验证 $y^* = -x^2 + x - \frac{3}{2}$ 是它的一个特解;由例 7 又知道对应的齐次线性方程的通解为 $y = C_1 e^{-x} + C_2 e^{2x}$,因此
$$y = C_1 e^{-x} + C_2 e^{2x} - x^2 + x - \frac{3}{2}$$
是所给方程 $y'' - y' - 2y = 2x^2$ 的通解.

必要时,我们可用下面的定理求非齐次线性方程的特解.

定理 4 设 $y_1^*(x)$ 与 $y_2^*(x)$ 分别是非齐次线性方程
$$y'' + P(x)y' + y = f_1(x), \quad (9\text{-}3\text{-}8)$$
$$y'' + P(x)y' + y = f_2(x) \quad (9\text{-}3\text{-}9)$$
的特解,则 $y^* = y_1^*(x) + y_2^*(x)$ 是方程
$$y'' + P(x)y' + y = f_1(x) + f_2(x) \quad (9\text{-}3\text{-}10)$$
的特解.

定理的证明由读者自己完成.

三、二阶常系数线性微分方程的解法

在上一段介绍的二阶线性微分方程(9-3-2)中,当系数 $P(x),Q(x)$ 分别为常数 p,q 时,则称方程
$$y'' + py' + qy = f(x) \quad (f(x) \not\equiv 0) \quad (9\text{-}3\text{-}11)$$
为**二阶常系数非齐次线性微分方程**.

若 $f(x) \equiv 0$,方程(9-3-11)成为
$$y'' + py' + qy = 0, \quad (9\text{-}3\text{-}12)$$
方程(9-3-12)称为相应于方程(9-3-11)的**二阶常系数齐次线性微分方程**.

由定理 3 知,要求得方程(9-3-11)的通解,只需求出方程(9-3-12)的通解和方程(9-3-11)的一个特解. 为此,先介绍二阶常系数齐次线性微分方程通解的求法.

1. 二阶常系数齐次线性微分方程的解法

定理 2 告诉我们,方程(9-3-12)的通解可由该方程两个线性无关的解来表示,问题是如何求得它的两个线性无关的特解呢? 注意到方程(9-3-12)的系数都是常数,可以设想,当 $y' = k_1 y$, $y'' = k_2 y (k_1, k_2$ 为常数$)$,且 $y \neq 0$ 时,y 可能满足方程(9-3-12),而函数 $y = \mathrm{e}^{rx}$ 具有这一性质. 因此,我们猜想,适当选取常数 r,有可能使函数 $y = \mathrm{e}^{rx}$ 满足方程(9-3-12). 不妨设方程(9-3-12)的解为 $y = \mathrm{e}^{rx}$,其中 r 为待定常数,将 $y = \mathrm{e}^{rx}$ 代入方程(9-3-12),得
$$(r^2 + pr + q)\mathrm{e}^{rx} = 0.$$
因为 $\mathrm{e}^{rx} \neq 0$,所以有
$$r^2 + pr + q = 0. \quad (9\text{-}3\text{-}13)$$
反之,只要常数 r 满足方程(9-3-13),$y = \mathrm{e}^{rx}$ 就是方程(9-3-12)的解. 因此 $y = \mathrm{e}^{rx}$ 为方程(9-3-12)的解的充分必要条件是 r 为方程(9-3-13)的根. 我们称代数方程(9-3-13)为微分方程(9-3-12)的**特征方程**. 特征方程的根称为**特征根**.

由一元二次代数方程的求根公式,可得两个特征根为
$$r_{1,2} = \frac{-p \pm \sqrt{p^2 - 4q}}{2}.$$

下面按特征根的 3 种不同情况,分别讨论方程(9-3-12)的通解求法.

(1) 特征方程有两个相异的实根 r_1 与 $r_2(r_1 \neq r_2)$,这时方程(9-3-12)有两个特解 $y_1 = \mathrm{e}^{r_1 x}$ 与 $y_2 = \mathrm{e}^{r_2 x}$,且
$$\frac{y_2}{y_1} = \frac{\mathrm{e}^{r_2 x}}{\mathrm{e}^{r_1 x}} = \mathrm{e}^{(r_2 - r_1)x} \neq 常数,$$
即 y_1 与 y_2 线性无关,因此,方程(9-3-12)的通解为

$$y = C_1 e^{r_1 x} + C_2 e^{r_2 x}.$$

(2) 特征方程有两个相等的实根 $r_1 = r_2 = r\left(=-\dfrac{p}{2}\right)$. 这时，我们只得到了方程(9-3-12)的一个特解 $y_1 = e^{rx}$. 还要设法找出方程(9-3-12)的另一个特解 y_2，并要使 y_1 与 y_2 线性无关，即 $\dfrac{y_2}{y_1} \neq$ 常数.

设 $\dfrac{y_2}{y_1} = u(x)$，即 $y_2 = e^{rx} u(x)$，其中 $u(x)$ 为待定函数(不能为常数). 对 y_2 求导得
$$y_2' = e^{rx}(u' + ru),$$
$$y_2'' = e^{rx}(u'' + 2ru' + r^2 u).$$

将 y_2, y_2', y_2'' 代入方程(9-3-12)，整理得
$$e^{rx}[u'' + (2r+p)u' + (r^2 + pr + q)u] = 0.$$

由于 $e^{rx} \neq 0$，故
$$u'' + (2r+p)u' + (r^2 + pr + q)u = 0.$$

又 r 为特征根，所以
$$2r + p = 0, \quad r^2 + pr + q = 0.$$

于是，得
$$u'' = 0.$$

满足上式且不为常数的函数 $u(x)$ 有很多，取其中一个最简单的 $u(x) = x$. 这样便得到了方程(9-3-12)的另一个特解 $y_2 = x e^{rx}$，且 y_1 与 y_2 线性无关. 故方程(9-3-12)的通解为
$$y = C_1 e^{rx} + C_2 x e^{rx} = (C_1 + C_2 x) e^{rx}.$$

(3) 特征根为一对共轭的复根 $r_{1,2} = \alpha \pm i\beta$，其中 $\alpha = -\dfrac{p}{2}$, $\beta = \dfrac{\sqrt{4q-p^2}}{2}$. 这时可得方程(9-3-12)两个线性无关的解 $y_1 = e^{(\alpha+i\beta)x}$ 和 $y_2 = e^{(\alpha-i\beta)x}$，这是两个复数形式的解，而给出的方程是实系数方程，我们当然希望得到实数解. 利用欧拉(Euler)公式: $e^{i\theta} = \cos\theta + i\sin\theta$，得
$$y_1 = e^{\alpha x} \cdot e^{i\beta x} = e^{\alpha x}(\cos\beta x + i\sin\beta x),$$
$$y_2 = e^{\alpha x} \cdot e^{-i\beta x} = e^{\alpha x}(\cos\beta x - i\sin\beta x).$$

再由解的叠加原理(定理 1)知
$$\bar{y}_1 = \frac{1}{2}(y_1 + y_2) = e^{\alpha x} \cos\beta x,$$
$$\bar{y}_2 = \frac{1}{2i}(y_1 - y_2) = e^{\alpha x} \sin\beta x$$

也是方程(9-3-12)的解，且 $\bar{y}_1$ 与 $\bar{y}_2$ 线性无关. 因此，方程(9-3-12)

的通解为
$$y = e^{\alpha x}(C_1\cos\beta x + C_2\sin\beta x).$$
综上所述,求二阶常系数齐次线性微分方程的通解步骤如下:

第一步,写出齐次线性方程相应的特征方程,求出特征根;

第二步,根据两个特征根的 3 种不同情况,写出微分方程的通解.

为方便使用,将上面的结论做成表 9-1.

表 9-1

特征方程 $r^2+pr+q=0$ 两个根 r_1,r_2	微分方程 $y''+py'+qy=0$ 的通解
两个不相等的实根 $r_1 \neq r_2$	$y = C_1 e^{r_1 x} + C_2 e^{r_2 x}$
两个相等的实根 $r_1 = r_2$	$y = (C_1 + C_2 x)e^{r_1 x}$
一对共轭复根 $r_{1,2} = \alpha \pm i\beta$ ($\beta > 0$)	$y = e^{\alpha x}(C_1\cos\beta x + C_2\sin\beta x)$

例 9 求方程 $y'' - 4y' + 3y = 0$ 的通解.

解 特征方程为
$$r^2 - 4r + 3 = 0,$$
其特征根为两个相异的实根 $r_1 = 1, r_2 = 3$,故所求的通解为
$$y = C_1 e^x + C_2 e^{3x} \quad (C_1, C_2 \text{ 为任意常数}).$$

例 10 求方程 $y'' - 10y' + 25y = 0$ 满足条件 $y\big|_{x=0} = 1$ 且在 $x=0$ 处取到极值的解,并说明此解在 $x=0$ 处取极大值还是取值小值.

解 特征方程为
$$r^2 - 10r + 25 = 0,$$
其根为 $r_1 = r_2 = 5$,故方程的通解为
$$y = (C_1 + C_2 x)e^{5x}.$$
由条件 $y\big|_{x=0} = 1$ 得 $C_1 = 1$. 又由于所求解在 $x = 0$ 处取到极值,故 $y'\big|_{x=0} = 0$,因此有 $C_2 + 5C_1 = 0$,故 $C_2 = -5$. 从而所求初值问题的解为
$$y = y(x) = (1 - 5x)e^{5x}.$$
因为对于此解有 $y''(0) = 10y'(0) - 25y(0) = -25 < 0$,所以,它在 $x = 0$ 处取到极大值.

例 11 已知某二阶常系数齐次线性微分方程的特征方程有一个根 $r_1 = 1 + 3i$,试建立这个微分方程,并求出它的通解.

解 设所求的方程 $y'' + ay' + by = 0$,它对应的特征方程为
$$\lambda^2 + a\lambda + b = 0.$$
由于上面这个方程有一个根 $\lambda_1 = 1 + 3i$,则另一个根为 $\lambda_2 = 1 - 3i$. 由韦达定理可知
$$a = -(\lambda_1 + \lambda_2) = -2, \quad b = \lambda_1 \cdot \lambda_2 = 10,$$
故特征方程为

$$\lambda^2 - 2\lambda + 10 = 0,$$

从而所求微分方程为

$$y'' - 2y' + 10y = 0.$$

该微分方程的通解为

$$y = e^x(C_1 \cos 3x + C_2 \sin 3x) \quad (C_1, C_2 \text{ 为任意常数}).$$

2. 二阶常系数非齐次线性微分方程的解法

二阶常系数非齐次线性微分方程

$$y'' + py' + qy = f(x) \tag{9-3-14}$$

的通解归结为求它所对应的齐次线性方程的通解和它自身的一个特解. 从前面的讨论可以看到, 对应的齐次线性方程的通解总能求得, 剩下的事情就是求出非齐次线性方程本身的一个特解. 下面介绍一种求非齐次线性方程的特解的方法——待定系数法. 具体做法如下:

假设方程(9-3-14)的特解是与方程右端函数 $f(x)$ 形式相似但系数待定的函数(称为试解函数), 将其代入方程, 利用方程两边对任意 x 恒等, 确定待定系数, 从而求得方程(9-3-14)的一个特解. 这种方法的优点是避免了积分运算, 是一种简单而有效的方法.

下面, 针对 $f(x)$ 的几种常见类型, 介绍试解函数的设定方法.

类型 1 $f(x) = P_m(x)$, 其中 $P_m(x)$ 为 m 次多项式.

由于方程右端 $f(x)$ 为多项式, 故设方程(9-3-14)的特解为多项式 $Q(x)$, 将其代入方程, 得

$$Q''(x) + pQ'(x) + qQ(x) = P_m(x). \tag{9-3-15}$$

当 $q \neq 0$ 时, $Q(x)$ 应为 m 次多项式, 故可设

$$y^* = Q_m(x) = A_0 + A_1 x + \cdots + A_m x^m,$$

其中 $A_0, A_1, \cdots, A_m$ 是待定系数.

当 $q = 0$ 且 $p \neq 0$ 时, $Q(x)$ 应为 $m+1$ 次多项式, 故可设

$$y^* = xQ_m(x) = x(A_0 + A_1 x + \cdots + A_m x^m),$$

其中 $A_0, A_1, \cdots, A_m$ 为待定系数.

当 $p = q = 0$ 时, $Q(x)$ 应为 $m+2$ 次多项式, 故可设

$$y^* = x^2 Q_m(x) = x^2(A_0 + A_1 x + \cdots + A_m x^m),$$

其中 $A_0, A_1, \cdots, A_m$ 为待定系数. 这时, 由于 $p = q = 0$, 方程 (9-3-14) 成为 $y'' = P_m(x)$, 其通解也可对方程 $y'' = P_m(x)$ 两端积分两次得到.

例 12 求方程 $y'' + 4y' + 3y = x - 2$ 的一个特解.

解 由于右端 $f(x) = P_m(x) = x - 2, q = 3 \neq 0$, 故可设特解为

$$y^* = A_0 + A_1 x,$$

代入原方程得
$$4A_1 + 3(A_0 + A_1 x) = x - 2.$$

比较上式两边 x 的同次幂的系数,得 $A_1 = \frac{1}{3}, A_0 = -\frac{10}{9}$,故所求的特解为
$$y^* = \frac{1}{3}x - \frac{10}{9}.$$

类型 2 $f(x) = P_m(x) \cdot e^{\lambda x}$,其中 $P_m(x)$ 为 m 次多项式.

此时可设特解的试解函数为
$$y^* = x^k Q_m(x) e^{\lambda x},$$
其中 $Q_m(x)$ 是与 $P_m(x)$ 同次的多项式,即
$$Q_m(x) = A_0 + A_1 x + \cdots + A_m x^m.$$
k 的取值方法如下:

当 λ 不是特征根时,$k = 0$;

当 λ 是特征单根时,$k = 1$;

当 λ 是特征重根时,$k = 2$.

类型 1 是类型 2 的特例,可看作 $\lambda = 0$ 时的情形.

例 13 求方程 $y'' + 4y' + 3y = e^{2x}$ 的一个特解.

解 由于 $\lambda = 2$ 不是特征根,$P_m(x) = 1$,故可设特解为
$$y^* = Ae^{2x},$$
代入原方程得 $A = \frac{1}{15}$,所以 $y^* = \frac{1}{15}e^{2x}$.

下面我们给出 $f(x)$ 为另外两种类型时,特解的试解函数形式,其推导过程从略.

类型 3 $f(x) = a_1 \cos \omega x + a_2 \sin \omega x$,这里,$a_1, a_2, \omega$ 为常数.

此时,可设特解为
$$y^* = x^k (A_1 \cos \omega x + A_2 \sin \omega x),$$
其中 A_1, A_2 为待定系数,且当 $\pm i\omega$ 为特征方程的根时,取 $k = 1$;
当 $\pm i\omega$ 不是特征方程的根时,取 $k = 0$.

类型 4 $f(x) = e^{\alpha x}(a_1 \cos \omega x + a_2 \sin \omega x)$,这里 a_1, a_2, α, ω 为实常数.

此时,可设特解为
$$y^* = x^k e^{\alpha x}(A_1 \cos \omega x + A_2 \sin \omega x),$$
其中 A_1, A_2 为待定系数,且当 $\alpha \pm i\omega$ 为特征根时,取 $k = 1$;当 $\alpha \pm i\omega$ 不是特征根时,取 $k = 0$.

例 14 写出下列方程特解的形式:

(1) $y'' + 4y = 2\cos 2x - \sin 2x$; (2) $y'' - y' = e^{2x}(x^2 + 1)$.

解 (1) 特征方程为
$$r^2 + 4 = 0,$$
特征根为 $r = \pm 2i$, 故所给方程的特解形式为
$$y^* = x(A_1 \cos 2x + A_2 \sin 2x).$$

(2) 特征方程为
$$r^2 - r = 0,$$
特征根为 $r_1 = 0, r_2 = 1, \lambda = 2$ 不是特征根, 故所给方程的特解形式为
$$y^* = e^{2x}(A_0 + A_1 x + A_2 x^2).$$

例 15 求方程 $y'' + 2y' - 3y = xe^x + \cos 3x$ 的通解.

解 对应齐次方程的特征方程
$$r^2 + 2r - 3 = 0,$$
解得 $r_1 = 1, r_2 = -3$, 于是对应齐次方程的通解为
$$Y = C_1 e^x + C_2 e^{-3x}.$$
设方程 $y'' + 2y' - 3y = xe^x$ 的特解为
$$y_1^* = x(a_0 x + a_1) e^x,$$
其中, a_0, a_1 为待定系数, 代入方程有
$$8a_0 x + 4a_1 + 2a_0 = x,$$
解得 $a_0 = \dfrac{1}{8}, a_1 = -\dfrac{1}{16}$, 于是
$$y_1^* = \left(\frac{1}{8}x^2 - \frac{1}{16}x\right)e^x.$$
又设 $y'' + 2y' - 3y = \cos 3x$ 的特解为
$$y_2^* = a_2 \cos 3x + a_3 \sin 3x,$$
其中 a_2, a_3 为待定系数, 代入方程有
$$(-12a_2 + 6a_3)\cos 3x - (12a_3 + 6a_2)\sin 3x = \cos 3x,$$
比较 $\sin 3x, \cos 3x$ 前的系数, 得 $a_2 = -\dfrac{1}{15}, a_3 = \dfrac{1}{30}$, 于是
$$y_2^* = -\frac{1}{15}\cos 3x + \frac{1}{30}\sin 3x.$$
从而得到所给方程的通解是
$$y = C_1 e^x + C_2 e^{-3x} + \left(\frac{1}{8}x^2 - \frac{1}{16}x\right)e^x - \frac{1}{15}\cos 3x + \frac{1}{30}\sin 3x.$$

例 16 设 $f(x) = \sin x - \int_0^x (x-t) f(t) dt$, 其中 $f(x)$ 为二阶可导函数, 求 $f(x)$.

解
$$f(x) = \sin x - x\int_0^x f(t) dt + \int_0^x t f(t) dt.$$
两边对 x 求导, 得

$$f'(x) = \cos x - \int_0^x f(t)\,\mathrm{d}t,$$

再对 x 求导得

$$f''(x) = -\sin x - f(x),$$

即 $f''(x) + f(x) = -\sin x$. 这是二阶常系数非齐次线性方程,它满足初始条件 $f(0) = 0$, $f'(0) = 1$.

对应的齐次方程的特征方程为 $\lambda^2 + 1 = 0$,特征根为 $\lambda_1 = \mathrm{i}, \lambda_2 = -\mathrm{i}$,故齐次方程的通解为

$$Y = C_1 \cos x + C_2 \sin x.$$

因方程右端函数 $f(x) = -\sin x$,属于 $a_1 \cos \omega x + a_2 \sin \omega x$ 型 $(a_1 = 0, a_2 = -1, \omega = 1)$,且 $\pm \mathrm{i}$ 是特征根,故可设非齐次方程的一个特解为 $y^* = x(A_1 \cos x + A_2 \sin x)$,其中 A_1, A_2 为待定系数,代入原方程,整理得

$$2A_2 \cos x - 2A_1 \sin x = -\sin x.$$

比较 $\sin x, \cos x$ 的系数得

$$A_1 = \frac{1}{2}, \quad A_2 = 0.$$

所以

$$y^* = \frac{x}{2} \cos x.$$

于是得到非齐次方程 $f''(x) + f(x) = -\sin x$ 的通解为

$$f(x) = Y + y^* = C_1 \cos x + C_2 \sin x + \frac{x}{2} \cos x.$$

由初始条件 $f(0) = 0, f'(0) = 1$,解得 $C_1 = 0, C_2 = \frac{1}{2}$,故

$$f(x) = \frac{1}{2} \sin x + \frac{x}{2} \cos x.$$

习题 9-3

1. 求下列微分方程的通解:

(1) $y''' = x\mathrm{e}^x$;

(2) $y'' = \dfrac{1}{1+x^2}$;

(3) $(1+x^2)y'' + 2xy' = 0$;

(4) $y'' - (y')^2 = 0$;

(5) $x^3 \dfrac{\mathrm{d}^2 x}{\mathrm{d} t^2} + 1 = 0$.

2. 求下列微分方程满足初始条件的特解:

(1) $y''' = \ln x, y(1) = 0, y'(1) = -\dfrac{3}{4}, y''(1) = -1$;

(2) $x^2 y'' + xy' = 1, y(1) = 0, y'(1) = 1$;

(3) $y'' + y'^2 = 1, y(0) = 0, y'(0) = 1$.

3. 已知某个二阶非齐次线性微分方程有 3 个特解 $y_1 = x, y_2 = x + \mathrm{e}^x$ 和 $y_3 = 1 + x + \mathrm{e}^x$,求这个方程的通解.

4. 求下列齐次线性方程的通解或在给定条件下的特解:

(1) $y'' - 4y' + 4y = 0$;　　　　　(2) $y'' - y' - 2y = 0$;

(3) $y'' + 5y' + 6y = 0, y(0) = 1, y'(0) = 6$;

(4) $y'' - 2y' + 10y = 0, y\left(\dfrac{\pi}{6}\right) = 0, y'\left(\dfrac{\pi}{6}\right) = e^{\frac{\pi}{6}}$.

5. 求下列非齐次线性微分方程的通解或给定初始条件下的特解:

(1) $y'' + 3y' - 10y = 144xe^{-2x}$;

(2) $y'' - 6y' + 8y = 8x^2 + 4x - 2$;

(3) $y'' + y = \cos 3x, y\left(\dfrac{\pi}{2}\right) = 4, y'\left(\dfrac{\pi}{2}\right) = -1$;

(4) $y'' - 8y' + 16y = e^{4x}, y(0) = 0, y'(0) = 1$.

6. 设对一切实数 x, 函数 $f(x)$ 连续且满足等式

$$f'(x) = x^2 + \int_0^x f(t)\,dt,$$

且 $f(0) = 2$, 求函数 $f(x)$.

第四节　微分方程在经济学中的应用

微分方程在经济学中有着广泛的应用,有关经济量的变化、变化率问题常转化为微分方程的定解问题. 一般应先根据某个经济法则或某种经济假说建立一个数学模型, 即以所研究的经济量为未知函数, 时间 t 为自变量的微分方程模型, 然后求解微分方程, 通过求得的解来解释相应的经济量的意义或规律, 最后做出预测或决策. 下面介绍微分方程在经济学中的几个简单应用.

一、供需均衡的价格调整模型

在完全竞争的市场条件下, 商品的价格由市场的供求关系决定, 或者说, 某商品的供给量 S 及需求量 D 与该商品的价格有关, 为简单起见, 假设供给函数与需求函数分别为

$$S = a_1 + b_1 P, \quad D = a - bP,$$

其中 a_1, b_1, a, b 均为常数, 且 $b_1 > 0, b > 0$; P 为实际价格.

供需均衡的静态模型为

$$\begin{cases} D = a - bP, \\ S = a_1 + b_1 P, \\ D(P) = S(P). \end{cases}$$

显然, 静态模型的均衡价格为

$$P_e = \dfrac{a - a_1}{b + b_1}.$$

对产量不能轻易扩大,其生产周期相对较长的情况下的商品,瓦尔拉(Walras)假设:超额需求$[D(P)-S(P)]$为正时,未被满足的买方愿出高价,供不应求的卖方将提价,因而价格上涨;反之,价格下跌,因此,t时刻价格的变化率与超额需求$D-S$成正比,即$\frac{\mathrm{d}P}{\mathrm{d}t}=k(D-S)$,于是瓦尔拉假设下的动态模型为

$$\begin{cases} D=a-bP(t), \\ S=a_1+b_1P(t), \\ \dfrac{\mathrm{d}P}{\mathrm{d}t}=k[D(P)-S(P)]. \end{cases}$$

整理上述模型得

$$\frac{\mathrm{d}P}{\mathrm{d}t}=\lambda(P_e-P),$$

其中$\lambda=k(b+b_1)>0$,这个方程的通解为

$$P(t)=P_e+C\mathrm{e}^{-\lambda t}.$$

假设初始价格为$P(0)=P_0$,代入上式得,$C=P_0-P_e$,于是动态价格调整模型的解为

$$P(t)=P_e+(P_0-P_e)\cdot\mathrm{e}^{-\lambda t}.$$

由于$\lambda>0$,故

$$\lim_{t\to+\infty}P(t)=P_e.$$

这表明,随着时间的不断延续,实际价格$P(t)$将逐渐趋于均衡价格P_e.

二、索洛(Solow)新古典经济增长模型

设$Y(t)$表示时刻t的国民收入,$K(t)$表示时刻t的资本存量,$L(t)$表示时刻t的劳动力,索洛曾提出如下的经济增长模型:

$$\begin{cases} Y=f(K,L)=Lf(r,1), \\ \dfrac{\mathrm{d}K}{\mathrm{d}t}=sY(t), \\ L=L_0\mathrm{e}^{\lambda t}, \end{cases}$$

其中$s(s>0)$为储蓄率,$\lambda(\lambda>0)$为劳动力增长率,$L_0(L_0>0)$表示初始劳动力,$r=\dfrac{K}{L}$称为资本劳力比,表示单位劳动力平均占有的资本数量.将$K=rL$两边对t求导,并利用$\dfrac{\mathrm{d}L}{\mathrm{d}t}=\lambda L$,有

$$\frac{\mathrm{d}K}{\mathrm{d}t}=L\frac{\mathrm{d}r}{\mathrm{d}t}+r\frac{\mathrm{d}L}{\mathrm{d}t}=L\frac{\mathrm{d}r}{\mathrm{d}t}+\lambda rL.$$

又由模型中的方程可得

$$\frac{\mathrm{d}K}{\mathrm{d}t}=sLf(r,1),$$

于是有
$$\frac{dr}{dt} + \lambda r = sf(r,1). \qquad (9\text{-}4\text{-}1)$$

取生产函数为柯布-道格拉斯函数，即
$$f(K,L) = A_0 K^\alpha L^{1-\alpha} = A_0 L r^\alpha,$$
其中 $A_0 > 0, 0 < \alpha < 1$ 均为常数.

易知 $f(r,1) = A_0 r^\alpha$，将其代入(9-4-1)式中得
$$\frac{dr}{dt} + \lambda r = sA_0 r^\alpha. \qquad (9\text{-}4\text{-}2)$$

方程两边同除以 r^α，便有
$$r^{-\alpha} \frac{dr}{dt} + \lambda r^{1-\alpha} = sA_0.$$

令 $r^{1-\alpha} = z$，则 $\frac{dz}{dt} = (1-\alpha) r^{-\alpha} \frac{dr}{dt}$，上述方程可变为
$$\frac{dz}{dt} + (1-\alpha)\lambda z = sA_0(1-\alpha).$$

这是关于 z 的一阶非齐次线性方程，其通解为
$$z = Ce^{-\lambda(1-\alpha)t} + \frac{sA_0}{\lambda} \quad (C \text{ 为任意常数}).$$

以 $z = r^{1-\alpha}$ 代入后整理得
$$r(t) = \left[Ce^{-\lambda(1-\alpha)t} + \frac{sA_0}{\lambda} \right]^{\frac{1}{1-\alpha}}.$$

当 $t = 0$ 时，若 $r(0) = r_0$，则有
$$C = r_0^{1-\alpha} - \frac{s}{\lambda} A_0.$$

于是有
$$r(t) = \left[\left(r_0^{1-\alpha} - \frac{s}{\lambda} A_0 \right) e^{-\lambda(1-\alpha)t} + \frac{sA_0}{\lambda} \right]^{\frac{1}{1-\alpha}}.$$

因此
$$\lim_{t \to +\infty} r(t) = \left(\frac{s}{\lambda} A_0 \right)^{\frac{1}{1-\alpha}}.$$

事实上，我们在(9-4-2)式中，令 $\frac{dr}{dt} = 0$，可得其均衡值 $r_e = \left(\frac{s}{\lambda} A_0 \right)^{\frac{1}{1-\alpha}}$.

三、新产品的推广模型

设有某种新产品要推向市场，t 时刻的销量为 $x(t)$，由于产品性能良好，每个产品都是一个宣传品，因此，t 时刻产品销售的增长率 $\frac{dx}{dt}$ 与 $x(t)$ 成正比，同时，考虑到产品销售存在一定的市场容量

N,统计表明 $\dfrac{dx}{dt}$ 与尚未购买该产品的潜在顾客的数量 $N-x(t)$ 也成正比,于是有

$$\dfrac{dx}{dt}=kx(N-x), \tag{9-4-3}$$

其中 k 为比例系数,分离变量积分,可以解得

$$x(t)=\dfrac{N}{1+Ce^{-kNt}}. \tag{9-4-4}$$

方程(9-4-3)也称为**逻辑斯谛模型**,通解表达式(9-4-4)也称为**逻辑斯谛曲线**.

由

$$\dfrac{dx}{dt}=\dfrac{CN^2 k e^{-kNt}}{(1+Ce^{-kNt})^2}$$

以及

$$\dfrac{d^2 x}{dt^2}=\dfrac{Ck^2 N^3 e^{-kNt}(Ce^{-kNt}-1)}{(1+Ce^{kNt})^3},$$

当 $x(t^*)<N$ 时,则有 $\dfrac{dx}{dt}>0$,即销量 $x(t)$ 单调增加. 当 $x(t^*)=\dfrac{N}{2}$ 时,$\dfrac{d^2 x}{dt^2}=0$;当 $x(t^*)>\dfrac{N}{2}$ 时,$\dfrac{d^2 x}{dt^2}<0$;当 $x(t^*)<\dfrac{N}{2}$ 时,$\dfrac{d^2 x}{dt^2}>0$,即当销量达到最大需求量 N 的一半时,产品最为畅销;当销量不足 N 一半时,销售速度不断增大;当销量超过一半时,销售速度逐渐减小.

国内外许多经济学家调查表明,许多产品的销售曲线与公式(9-4-4)的曲线十分接近,根据对曲线性状的分析,许多分析家认为,在新产品推出的初期,应采用小批量生产并加强广告宣传,而在产品用户达到 20% 到 80% 期间,产品应大批量生产,在产品用户超过 80% 时,应适时转产,可以达到最大的经济效益.

习题 9-4

1. 某公司办公用品的月平均成本 C 与公司雇员人数 x 有如下关系:
$$C'=C^2 e^{-x}-2C,$$
且 $C(0)=1$,求 $C(x)$.

2. 设 $R=R(t)$ 为小汽车的运行成本,$S=S(t)$ 为小汽车的转卖价值,它满足下列方程:
$$R'=\dfrac{a}{S}, \quad S'=-bS,$$
其中 a,b 为正的已知常数. 若 $R(0)=0, S(0)=S_0$(购买成本),求 $R(t)$ 与 $S(t)$.

3. 设 $D=D(t)$ 为国民债务,$Y=Y(t)$ 为国民收入,它们满足如下的关系:
$$D'=\alpha Y+\beta, \quad Y'=\gamma Y,$$
其中 α,β,γ 为正已知常数.

(1) 若 $D(0)=D_0, Y(0)=Y_0$,求 $D(t)$ 和 $Y(t)$;

(2) 求极限 $\lim\limits_{t\to+\infty}\dfrac{D(t)}{Y(t)}$.

4. 设 $C=C(t)$ 为 t 时刻的消费水平,$I=I(t)$ 为 t 时刻的投资水平,$Y=Y(t)$ 为 t 时刻的国民收入,它们满足下列方程

$$\begin{cases} Y=C+I, \\ C=aY+b, \quad 0<a<1, b>0, a,b \text{ 均为常数}, \\ I=kC', \quad k>0 \text{ 为常数}. \end{cases}$$

(1) 设 $Y(0)=Y_0$,求 $Y(t), C(t), I(t)$;

(2) 求极限 $\lim\limits_{t\to+\infty}\dfrac{Y(t)}{I(t)}$.

习 题 答 案

习题 1-1

1. (1) $[-3,3]$; (2) $(-\infty,0) \cup (2,+\infty)$;
   (3) $(-2,1)$; (4) $(-1.01,-1) \cup (-1,-0.99)$.

2. (1) $[-1,0) \cup (0,1]$; (2) $(1,2]$; (3) $[-6,1)$.

3. (1) $(-\infty,1) \cup (1,2], f(0)=0, f(\sqrt{2})=1.$ 当 $a<0$ 时, $f(a)=\dfrac{1}{a}$; 当 $0\leqslant a<1$ 时, $f(a)=2a$; 当 $1<a\leqslant 2$ 时, $f(a)=1.$
   (2) $(-2,2), f(0)=1, f(\sqrt{2})=1.$ 当 $|a|\leqslant 1$ 时, $f(a)=\sqrt{1-a^2}$; 当 $1<|a|<2$ 时, $f(a)=a^2-1.$

4. 1.

5. (1) 偶函数; (2) 非奇非偶函数; (3) 奇函数.

6. 7. 略.

8. (1) $y=\dfrac{1}{3}\arcsin\dfrac{x}{2}$ $(-2\leqslant x \leqslant 2)$; (2) $y=\log_2\dfrac{x}{1-x}$ $(0<x<1)$;
   (3) $f^{-1}(x)=\begin{cases}\dfrac{1}{2}(x+1), & -1\leqslant x\leqslant 1,\\ 2-\sqrt{2-x}, & 1<x\leqslant 2.\end{cases}$

9. (1) $y=10^{1+x^2}, x\in(-\infty,+\infty)$; (2) $y=\sin x \cdot \ln 2, x\in(-\infty,+\infty)$;
   (3) $y=\arctan\sqrt{a^2+x^2}$ (a 为实数), $x\in(-\infty,+\infty)$.

习题 1-2

1. (1) $y=\sqrt[3]{u}, u=\arcsin v, v=a^x$; (2) $y=u^3, u=\sin v, v=\ln x$;
   (3) $y=a^u, u=\tan v, v=x^2$; (4) $y=\ln u, u=v^2, v=\ln w, w=t^3, t=\ln x$.

2. (1) $[-1,1]$; (2) $[2k\pi,(2k+1)\pi], k\in \mathbf{Z}$;
   (3) $[-a,1-a]$; (4) $(-\infty,-1]$.

3. (1) $\varphi(x)=6+x-x^2$; (2) $g(x)=x^2+3x+3$;
   (3) $f(x)=x^2-2.$

习题 1-3

1. $TR(x)=4x-\dfrac{1}{2}x^2.$

2. $TR(x)=\begin{cases}130x, & x\leqslant 700,\\ 117x+9\,100, & 700<x\leqslant 1\,000.\end{cases}$

3. $L=L(Q)=-\dfrac{1}{5}Q^2+8Q-50,$

$$\mathrm{AL}(Q) = \frac{L(Q)}{Q} = 8 - \frac{1}{5}Q - \frac{50}{Q}.$$

4. $p_e = 5$.

习题 2-1

1. ~ 4. 略.

习题 2-2

1. 略.

2. (1) $\lim\limits_{x\to 0^+}(x^2+a) = a, \lim\limits_{x\to 0^-} e^{\frac{1}{x}} = 0$; (2) $a = 0$.

3. 略.

习题 2-3

1. 略.

2. ×,√,×,√,×,√,√,×.

3. (1) 无穷大量；
   (2) $x \to 0^+$ 时为无穷大量，$x \to 1$ 时为无穷小量，$x \to +\infty$ 时为无穷大量；
   (3) $x \to 0^+$ 时为无穷大量，$x \to 0^-$ 时为无穷小量；
   (4) 无穷小量；
   (5) 无穷小量；
   (6) 无穷小量.

习题 2-4

1. ~ 4. 略.

5. (1) $\frac{3}{5}$;   (2) 0;   (3) ∞;   (4) $\frac{1}{3}$;
   (5) $\frac{4}{3}$.

6. (1) $\frac{1}{6}$;   (2) ∞;   (3) 0;   (4) -1;
   (5) $3x^2$;   (6) $\frac{4}{3}$;   (7) $\frac{n(n+1)}{2}$;   (8) 1;
   (9) 1;   (10) -1;   (11) 0.

习题 2-5

(1) $\frac{5}{3}$;   (2) $\frac{2}{5}$;   (3) 1;   (4) $\frac{\sqrt{2}}{2}$;
(5) $\frac{1}{2}$;   (6) e^{-1};   (7) e^3;   (8) $\ln a$;
(9) $2\ln a$;   (10) 0;   (11) $e^{-\frac{1}{2}}$;   (12) 1;
(13) 1;   (14) 1.

习题 2-6

1. 2. 略.

3. $\tan x(1-\cos x) = o(x^3)$.

4. (1) $\dfrac{a}{b}$;   (2) $\dfrac{k^2}{2}$;   (3) 2;   (4) $\dfrac{\sqrt{2}}{4}$;

   (5) 1;   (6) 1;   (7) $\dfrac{4}{9}$;   (8) 3.

习题 2-7

1. ~ 3. 略.

4. (1) $x=-1$(可去),定义 $f(-1)=-2$;$x=-2$(第二类);

   (2) $x=0$(可去),定义 $f(0)=2$;$x=k\pi, k\neq 0$,为整数(第二类);

   (3) $x=0$(第一类);

   (4) $x=2$(第二类);$x=-2$(可去),定义 $f(-2)=-\dfrac{1}{4}$;

   (5) $x=0$(可去),定义 $f(0)=0$.

5. 略.

6. $f(x)=\operatorname{sgn} x, x=0$(第一类), $f(x)\in C((-\infty,0)\cup(0,+\infty))$.

7. (1) 1;   (2) $\sqrt{3}$;   (3) 0;   (4) $\dfrac{\pi}{3}$;   (5) 1.

习题 2-8

1. ~ 4. 略.

习题 3-1

1. $2g$.

2. $-\dfrac{1}{x_0^2}$.

3. (1) $y-4=4(x-2), y-4=-\dfrac{1}{4}(x-2)$;   (2) $4x-y-4=0, 8x-y-16=0$;

   (3) $y-e^2=e^2(x-2), y-e^2=-\dfrac{1}{e^2}(x-2)$;   (4) $y-e^3=e^3(x-3)$.

4. (1) $-f'(x_0)$;   (2) $-f'(x_0)$;   (3) $2f'(x_0)$.

5. (1) $\dfrac{1}{2\sqrt{x}}$;   (2) $-\dfrac{2}{3}x^{-\frac{5}{3}}$;   (3) $\dfrac{1}{6}x^{-\frac{5}{6}}$.

6. 连续但不可导.

7. 略.

8. (1) $f'_+(0)=1, f'_-(0)=0$;   (2) $f'_+(1)=\dfrac{1}{2}, f'_-(1)=2$.

9. $a=2, b=-1$.

10. 略.

11. (1) -0.78 m/s;   (2) $10-gt$;   (3) $\dfrac{10}{g}$(s).

12. $\dfrac{d\theta}{dt}\bigg|_{t=t_0}$.

13. 略.

习题 3-2

1. (1) $\dfrac{3}{t}$; (2) $\dfrac{\sqrt{x}}{x}+\dfrac{1}{2\sqrt{x}}\ln x$;

    (3) $2x\sin^2 x - 2x\sin x + \cos x - x^2\cos x - \sin 2x + x^2\sin 2x$;

    (4) $\dfrac{1-\sin x-\cos x}{(1-\cos x)^2}$; (5) $\sec^2 x$;

    (6) $\dfrac{x\sec x\tan x-\sec x}{x^2}-3\sec x\tan x$; (7) $\dfrac{1}{x}\left(1-\dfrac{2}{\ln 10}+\dfrac{3}{\ln 2}\right)$;

    (8) $-\dfrac{1+2x}{(1+x+x^2)^2}$.

2. (1) $\dfrac{\sqrt{2}}{4}\left(1+\dfrac{\pi}{2}\right)$; (2) $f'(0)=\dfrac{3}{25}, f'(2)=\dfrac{17}{15}$;

    (3) $f'(1)=5$.

3. 略.

4. (1) $3\mathrm{e}^{3x}$; (2) $\dfrac{2x}{1+x^4}$;

    (3) $\dfrac{1}{\sqrt{2x+1}}\mathrm{e}^{\sqrt{2x+1}}$; (4) $2x\ln(x+\sqrt{1+x^2})+\sqrt{1+x^2}$;

    (5) $2x\cdot\sin\dfrac{1}{x^2}-\dfrac{2}{x}\cos\dfrac{1}{x^2}$; (6) $-3ax^2\sin 2ax^3$;

    (7) $\dfrac{|x|}{x^2\cdot\sqrt{x^2-1}}$; (8) $\dfrac{2\arcsin\dfrac{x}{2}}{\sqrt{4-x^2}}$;

    (9) $\dfrac{\ln x}{x\cdot\sqrt{1+\ln^2 x}}$; (10) $n\sin^{n-1}x\cdot\cos(n+1)x$;

    (11) $\dfrac{1}{\sqrt{1-x^2}+1-x^2}$; (12) $-\dfrac{1}{(1+x)\sqrt{2x(1-x)}}$;

    (13) $-\operatorname{th} x$; (14) $\sqrt{a^2-x^2}$.

5. $\dfrac{1}{3}$.

6. $2x+3y-3=0, 3x-2y+2=0, x=-1, y=0$.

7. (1) $2xf'(x^2)$; (2) $\sin 2x[f'(\sin^2 x)-f'(\cos^2 x)]$.

8. (1) $-\dfrac{x^2-ay}{y^2-ax}$; (2) $\dfrac{x-y}{x(\ln x+\ln y+1)}$;

    (3) $-\dfrac{\mathrm{e}^y+y\mathrm{e}^x}{x\mathrm{e}^y+\mathrm{e}^x}$; (4) $\dfrac{x+y}{x-y}$;

    (5) $\dfrac{\mathrm{e}^{x+y}-y}{x-\mathrm{e}^{x+y}}$.

9. (1) $\dfrac{\sqrt{x+2}(3-x)^4}{(x+1)^5}\left[\dfrac{1}{2(x+2)}-\dfrac{4}{3-x}-\dfrac{5}{x+1}\right]$;

    (2) $\sin x^{\cos x}\left(\dfrac{\cos^2 x}{\sin x}-\sin x\ln(\sin x)\right)$;

    (3) $\dfrac{\mathrm{e}^{2x}(x+3)}{\sqrt{(x+5)(x-4)}}\left[2+\dfrac{1}{x+3}-\dfrac{1}{2(x+5)}-\dfrac{1}{2(x-4)}\right]$.

10. (1) $\dfrac{\sin at+\cos bt}{\cos at-\sin bt}$; (2) $\dfrac{\cos\theta-\theta\sin\theta}{1-\sin\theta-\theta\cos\theta}$.

11. $\sqrt{3}-2$.

习题答案

习题 3-3

1. $f^{(n)}(x) = (-1)^{n-1} \dfrac{(n-1)!}{(1+x)^n}$.

2. $y^{(n)} = (-1)^n \cdot a^n \cdot n! \cdot (ax+b)^{-(n+1)}$;

   $f^{(n)}(x) = \dfrac{(-1)^n}{2} \cdot n! \cdot \left[\dfrac{1}{(x-1)^{n+1}} - \dfrac{1}{(x+1)^{n+1}}\right]$.

3. (1) 0;   (2) $\dfrac{4}{e}, \dfrac{8}{e}$;   (3) 720, 720.

4. (1) $-\dfrac{b^4}{a^2 y^3}$;   (2) $\dfrac{e^{2y}(3-y)}{(2-y)^3}$;

   (3) $-2\csc^2(x+y)\cot^3(x+y)$;   (4) $\dfrac{2x^2 y[3(y^2+1)^2 + 2x^4(1-y^2)]}{(y^2+1)^3}$.

5. (1) $\dfrac{-1}{a(1-\cos t)^2}$;   (2) $\dfrac{1}{f''(t)}$.

6. (1) $4x^2 f''(x^2) + 2f'(x^2)$;   (2) $\dfrac{f''(x)f(x) - [f'(x)]^2}{f^2(x)}$.

7. 略.

习题 3-4

1. (1) $\sin t + C$;   (2) $-\dfrac{1}{\omega}\cos\omega x + C$;   (3) $\ln|1+x| + C$;   (4) $-\dfrac{1}{2}e^{-2x} + C$;

   (5) $2\sqrt{x} + C$;   (6) $\dfrac{1}{3}\tan x + C$;   (7) $\dfrac{\ln^2 x}{2} + C$;   (8) $-\sqrt{1-x^2} + C$.

2. (1) 0.21, 0.2, 0.01;   (2) 0.0201, 0.02, 0.0001.

3. (1) $(x+1)e^x dx$;   (2) $\dfrac{1-\ln x}{x^2} dx$;

   (3) $-\dfrac{1}{2\sqrt{x}}\sin\sqrt{x}\, dx$;   (4) $2\ln 5 \cdot 5^{\ln(\tan x)} \cdot \dfrac{1}{\sin 2x} dx$;

   (5) $\sec x\, dx$;   (6) $[8x^x(1+\ln x) - 12e^{2x}] dx$;

   (7) $\left(\dfrac{1}{2\sqrt{1-x^2}\sqrt{\arcsin x}} + \dfrac{2\arctan x}{1+x^2}\right) dx$.

4. (1) $\dfrac{e^y}{1-xe^y} dx$;   (2) $-\dfrac{b^2 x}{a^2 y} dx$;

   (3) $\dfrac{2}{2-\cos y} dx$;   (4) $\dfrac{\sqrt{1-y^2}}{1+2y\cdot\sqrt{1-y^2}} dx$.

5. (1) 2.0083;   (2) -0.01;   (3) 0.7954.

6. 略.

习题 3-5

1. (1) 1.1;   (2) 650;   (3) $650 - 50\sqrt{129}$.

2. 96.56.

3. (1) $a, \dfrac{ax}{ax+b}, \dfrac{a}{ax+b}$;   (2) abe^{bx}, bx, b;

   (3) $ax^{a-1}, a, \dfrac{a}{x}$.

4. 提高 8%, 提高 16%.

5. 5.9%.

习题 4-1

1. $\xi = \dfrac{\pi}{2}$.

2. (1) 满足,有 $\xi = 0$;   (2) 不满足第二个条件,没有;

   (3) 不满足第一个和第三个条件,有 $\xi = \dfrac{\pi}{2}$.

3. 有分别位于区间 $(1,2),(2,3)$ 内的两个根.

4. $\xi = \dfrac{\sqrt{3}}{3}$.

5. ~ 7. 略.

习题 4-2

1. (1) $-\dfrac{3}{5}$;   (2) $\dfrac{1}{2}$;   (3) $\dfrac{m}{n}a^{m-n}$;   (4) $\dfrac{1}{a}$;

   (5) 0;   (6) 0;   (7) 1;   (8) $\dfrac{3}{2}$;

   (9) e;   (10) $e^{-\frac{2}{\pi}}$;   (11) $\dfrac{1}{e}$;   (12) ∞;

   (13) $\dfrac{1}{3}$;   (14) $e^{-\frac{1}{2}}$.

2. $m = 3, n = -4$.

3. 略.

4. $f''(x)$.

习题 4-3

1. $xe^x = x + x^2 + \dfrac{x^3}{2!} + \cdots + \dfrac{x^n}{(n-1)!} + \dfrac{1}{(n+1)!}(n+1+\theta x)e^{\theta x}x^{n+1}$ $(0 < \theta < 1)$.

2. $\dfrac{1}{x} = -1 - (x+1) - (x+1)^2 - \cdots - (x+1)^n + (-1)^{n+1}\dfrac{(x+1)^{n+1}}{[-1+\theta(x+1)]^{n+2}}$ $(0 < \theta < 1)$.

3. $f(x) = -56 + 21(x-4) + 37(x-4)^2 + 11(x-4)^3 + (x-4)^4$.

习题 4-4

1. (1) $(-\infty, -1)$ 和 $(3, +\infty)$ 为增区间,$(-1, 3)$ 为减区间,$f(-1) = 3$ 为极大值,$f(3) = -61$ 为极小值;

   (2) $(1, +\infty)$ 为增区间,$(0, 1)$ 为减区间,$f(1) = 1$ 为极小值;

   (3) $(-\infty, 2)$ 为增区间,$(2, +\infty)$ 为减区间,$f(2) = 1$ 为极大值;

   (4) $(-\infty, 0)$ 和 $(2, +\infty)$ 为增区间,$(0, 2)$ 为减区间,$f(2) = -4$ 为极小值,$f(0) = 0$ 为极大值.

2. ~ 4. 略.

5. 当 $a = 2$ 时,$f(x)$ 在 $x = \dfrac{\pi}{3}$ 取极大值 $\sqrt{3}$.

习题 4-5

1. 15 元.

2. (1) $Q = 3$;   (2) $MC = \overline{C} = 6$.

3. (1) 1 000 件; (2) 60 000 件.
4. (1) 431.325 吨; (2) 12 次; (3) 30.452 天; (4) 136 643.9 元.
5. $\alpha = \frac{2}{3}(3-\sqrt{6})\pi$.
6. $t = \frac{1}{4r^2}$.
7. $v = \sqrt[3]{20\,000} \approx 27.14 \text{(km/h)}$.

习题 4-6

1. (1) 在 $\left(-\infty, \frac{1}{3}\right)$ 下凸, $\left(\frac{1}{3}, +\infty\right)$ 上凸, 拐点 $\left(\frac{1}{3}, \frac{2}{27}\right)$;
   (2) 在 $(-\infty, -1)$ 上凸, $(-1, 1)$ 下凸, $(1, +\infty)$ 上凸, 拐点 $(-1, \ln 2)$ 及 $(1, \ln 2)$;
   (3) 在 $(-\infty, -2)$ 上凸, $(-2, +\infty)$ 下凸, 拐点 $(-2, -2e^{-2})$;
   (4) 在 $(-\infty, +\infty)$ 下凸, 无拐点;
   (5) 在 $(-\infty, -3)$ 上凸, $(-3, 6)$ 上凸, $(6, +\infty)$ 下凸, 拐点 $\left(6, \frac{2}{27}\right)$;
   (6) 在 $\left(-\infty, \frac{1}{2}\right)$ 下凸, $\left(\frac{1}{2}, +\infty\right)$ 上凸, 拐点 $\left(\frac{1}{2}, e^{\arctan\frac{1}{2}}\right)$.

2. 略.

3. $a = -\frac{3}{2}, b = \frac{9}{2}$.

4. (1) 垂直渐近线 $x = 0$;
   (2) 水平渐近线 $y = 0$, 垂直渐近线 $x = \pm\sqrt{3}$;
   (3) 垂直渐近线 $x = \frac{1}{2}$, 斜渐近线 $y = \frac{1}{2}x + \frac{1}{4}$.

5. (1) 定义域 $(-\infty, +\infty)$, 极大值 $f(1) = \frac{1}{2}$, 极小值 $f(-1) = -\frac{1}{2}$, 拐点 $\left(\sqrt{3}, \frac{\sqrt{3}}{4}\right), \left(-\sqrt{3}, -\frac{\sqrt{3}}{4}\right)$, 渐近线 $y = 0$;
   (2) 定义域 $(-\infty, +\infty)$, 极大值 $f(-1) = \frac{\pi}{2} - 1$, 极小值 $f(1) = 1 - \frac{\pi}{2}$, 拐点 $(0, 0)$, 渐近线 $y = x + \pi, y = x - \pi$;
   (3) 定义域 $(0, +\infty)$, 极大值 $f(1) = \frac{2}{e}$, 拐点 $\left(2, \frac{4}{e^2}\right)$, 渐近线 $y = 0$.

习题 5-1

1. (1) $\frac{2}{7}x^{\frac{7}{2}} - \frac{10}{3}x^{\frac{3}{2}} + C$;
   (2) $2\sqrt{x} - \frac{4}{3}x^{\frac{3}{2}} + \frac{2}{5}x^{\frac{5}{2}} + C$;
   (3) $\frac{3^x e^x}{1 + \ln 3} + C$;
   (4) $\frac{x + \sin x}{2} + C$;
   (5) $2x - \frac{5\left(\frac{2}{3}\right)^x}{\ln 2 - \ln 3} + C$;
   (6) $-(\cot x + \tan x) + C$.

2. (1) $y = x^2 - 2x + 1$;
   (2) $\cos x + C$;
   (3) $x - \sin x$;
   (4) $Q = 1\,000\left(\frac{1}{3}\right)^P$.

习题 5-2

1. (1) $\dfrac{1}{a}$; (2) $\dfrac{1}{7}$; (3) $\dfrac{1}{10}$; (4) $-\dfrac{1}{2}$;

   (5) $\dfrac{1}{12}$; (6) $\dfrac{1}{2}$; (7) -2; (8) $\dfrac{1}{5}$;

   (9) -1; (10) -1; (11) $\dfrac{1}{3}$; (12) $\dfrac{1}{\sqrt{2}}$;

   (13) -1; (14) $\dfrac{3}{2}$.

2. (1) $\dfrac{1}{5}e^{5t}+C$; (2) $-\dfrac{1}{8}(3-2x)^4+C$;

   (3) $-\dfrac{1}{2}\ln|1-2x|+C$; (4) $-\dfrac{1}{2}(2-3x)^{\frac{2}{3}}+C$;

   (5) $-2\cos\sqrt{t}+C$; (6) $\ln|\ln(\ln x)|+C$;

   (7) $\dfrac{1}{11}\tan^{11}x+C$; (8) $-\dfrac{1}{2}e^{-x^2}+C$;

   (9) $\ln|\tan x|+C$; (10) $-\ln|\cos\sqrt{1+x^2}|+C$;

   (11) $\arctan e^x+C$; (12) $-\dfrac{1}{3}(2-3x^2)^{\frac{1}{2}}+C$;

   (13) $-\dfrac{3}{4}\ln|1-x^4|+C$; (14) $\dfrac{1}{2\cos^2 x}+C$;

   (15) $\dfrac{1}{2}\arcsin\dfrac{2x}{3}+\dfrac{1}{4}\sqrt{9-4x^2}+C$; (16) $\dfrac{x^2}{2}-\dfrac{9}{2}\ln(x^2+9)+C$;

   (17) $\dfrac{1}{2\sqrt{2}}\ln\left|\dfrac{\sqrt{2}x-1}{\sqrt{2}x+1}\right|+C$; (18) $\dfrac{1}{3}\ln\left|\dfrac{x-2}{x+1}\right|+C$;

   (19) $\dfrac{t}{2}+\dfrac{1}{4\omega}\sin2(\omega t+\varphi)+C$; (20) $-\dfrac{1}{3\omega}\cos^3(\omega t+\varphi)+C$;

   (21) $\dfrac{1}{2}\cos x-\dfrac{1}{10}\cos 5x+C$; (22) $\dfrac{1}{3}\sin\dfrac{3x}{2}+\sin\dfrac{x}{2}+C$;

   (23) $\dfrac{1}{4}\sin 2x-\dfrac{1}{24}\sin 12x+C$; (24) $\dfrac{1}{3}\sec^3 x-\sec x+C$;

   (25) $(\arctan\sqrt{x})^2+C$; (26) $-\dfrac{1}{\arcsin x}+C$;

   (27) $\dfrac{1}{2}(\ln(\tan x))^2+C$; (28) $-\dfrac{1}{x\ln x}+C$;

   (29) $\dfrac{a^2}{2}\left(\arcsin\dfrac{x}{a}-\dfrac{x}{a^2}\sqrt{a^2-x^2}\right)+C$; (30) $\dfrac{x}{\sqrt{1+x^2}}+C$;

   (31) $\sqrt{x^9-9}-3\arccos\dfrac{3}{|x|}+C$; (32) $\dfrac{1}{2}(\arcsin x+\ln|x+\sqrt{1-x^2}|)+C$;

   (33) $\arcsin x-\dfrac{x}{1+\sqrt{1-x^2}}+C$; (34) $\arcsin\dfrac{x}{a}-\sqrt{a^2-x^2}+C$.

习题 5-3

(1) $-x\cos x+\sin x+C$; (2) $-(x+1)e^{-x}+C$;

(3) $x\arcsin x+\sqrt{1-x^2}+C$; (4) $\dfrac{\sin x-\cos x}{2}e^{-x}+C$;

(5) $-\dfrac{2}{17}e^{-2x}\left(\cos\dfrac{x}{2}+4\sin\dfrac{x}{2}\right)+C$;

(6) $-\dfrac{1}{2}x^2+x\tan x+\ln|\cos x|+C$;

(7) $-\left(\dfrac{t}{2}+\dfrac{1}{4}\right)e^{-2t}+C$;

(8) $x(\arcsin x)^2+2\sqrt{1-x^2}\arcsin x-2x+C$;

(9) $\left(\dfrac{1}{2}-\dfrac{1}{5}\sin 2x-\dfrac{1}{10}\cos 2x\right)e^x+C$;

(10) $3e^{\sqrt[3]{x}}(\sqrt[3]{x^2}-2\sqrt[3]{x}+2)+C$;

(11) $\dfrac{x}{2}[\cos(\ln x)+\sin(\ln x)]+C$;

(12) $-\dfrac{1}{2}\left(x^2-\dfrac{3}{2}\right)\cos 2x+\dfrac{x}{2}\sin 2x+C$;

(13) $\dfrac{1}{2}(x^2-1)\ln(x-1)-\dfrac{1}{4}x^2-\dfrac{1}{2}x+C$;

(14) $\dfrac{x^3}{6}+\dfrac{1}{2}x^2\sin x+x\cos x-\sin x+C$;

(15) $-\dfrac{1}{x}(\ln^3 x+3\ln^2 x+6\ln x+6)+C$;

(16) $-\dfrac{1}{4}x\cos 2x+\dfrac{1}{8}\sin 2x+C$.

习题 5-4

(1) $\dfrac{1}{6}\ln\dfrac{(x+1)^2}{x^2-x+1}+\dfrac{1}{\sqrt{3}}\arctan\dfrac{2x-1}{\sqrt{3}}+C$;

(2) $\dfrac{x^3}{3}+\dfrac{x^2}{2}+x+8\ln|x|-3\ln|x-1|-4\ln|x+1|+C$;

(3) $x-\tan x+\sec x+C$;

(4) $\dfrac{1}{2}\ln\left|\tan\dfrac{x}{2}\right|-\dfrac{1}{2}\tan\dfrac{x}{2}+C$.

习题 6-1

1. $\dfrac{1}{2}(b-a)(b+a+2)$.

2. (1) 1; (2) $\dfrac{1}{4}\pi a^2$.

3. (1) $\displaystyle\int_0^1 x^2\,dx$ 较大; (2) $\displaystyle\int_0^1 e^x\,dx$ 较大.

4. (1) $6\leqslant\displaystyle\int_1^4(x^2+1)dx\leqslant 51$; (2) $\dfrac{\pi}{9}\leqslant\displaystyle\int_{\frac{1}{\sqrt{3}}}^{\sqrt{3}}x\arctan x\,dx\leqslant\dfrac{2}{3}\pi$;

(3) $2ae^{-a^2}\leqslant\displaystyle\int_{-a}^{a}e^{-x^2}dx<2a$; (4) $-2e^2\leqslant\displaystyle\int_2^0 e^{x^2-x}dx\leqslant-2e^{-\frac{1}{4}}$.

习题 6-2

1. (1) $2x\sqrt{1+x^4}$; (2) $x^5 e^{-3x}$;

   (3) $(\sin x-\cos x)\cos(\pi\sin^2 x)$; (4) $\dfrac{\sin x-x\cos x}{x^2}$.

2. (1) $-\dfrac{1}{2}$; (2) 6; (3) 2.

3. $\dfrac{\cos x}{\sin x-1}$.

4. 当 $x=0$ 时.

5. (1) $\dfrac{2}{3}(8-3\sqrt{3})$; (2) $\dfrac{11}{6}$; (3) $1+\dfrac{\pi^2}{8}$; (4) $\dfrac{20}{3}$.

6. $-\dfrac{3}{2}$.

习题 6-3

1. (1) 0;　　(2) $\dfrac{51}{512}$;　　(3) 1;　　(4) $\dfrac{1}{4}$;

   (5) $\dfrac{\pi}{6}-\dfrac{\sqrt{3}}{8}$;　　(6) $2(\sqrt{3}-1)$;　　(7) $\sqrt{2}-\dfrac{2}{3}\sqrt{3}$;　　(8) $\dfrac{\pi}{2}$;

   (9) $\dfrac{1}{2}\ln\dfrac{3}{2}$;　　(10) $\ln 2-\dfrac{1}{3}\ln 5$;　　(11) $7\ln 2-6\ln(\sqrt[6]{2}+1)$;

   (12) $\dfrac{4}{3}$.

2. (1) 0;　　(2) 0;　　(3) $\dfrac{3}{2}\pi$.

3. ~ 5. 略.

习题 6-4

1. (1) $1-\dfrac{2}{\mathrm{e}}$;　　(2) $\dfrac{1}{4}(\mathrm{e}^2+1)$;

   (3) $4(2\ln 2-1)$;　　(4) $\left(\dfrac{1}{4}-\dfrac{1}{3\sqrt{3}}\right)\pi+\dfrac{1}{2}\ln\dfrac{3}{2}$;

   (5) $\dfrac{1}{5}(\mathrm{e}^\pi-2)$;　　(6) $2-\dfrac{3}{4\ln 2}$;

   (7) $\dfrac{\pi^3}{6}-\dfrac{\pi}{4}$;　　(8) $\dfrac{1}{2}(\mathrm{e}\sin 1-\mathrm{e}\cos 1+1)$;

   (9) $\ln 2-\dfrac{1}{2}$;　　(10) $\dfrac{1}{2}-\dfrac{3}{8}\ln 3$.

2. 0.
3. 略.

习题 6-5

1. (1) 1;　　(2) 2;　　(3) $\dfrac{16}{3}$;　　(4) $\dfrac{7}{6}$;

   (5) $\dfrac{1}{2}+\ln 2$;　　(6) $\dfrac{1}{6}$;　　(7) $\mathrm{e}+\dfrac{1}{\mathrm{e}}-2$;　　(8) $b-a$.

2. (1) $V_y=2\pi$;　　(2) $V_x=\dfrac{128}{7}\pi,\ V_y=12.8\pi$;

   (3) $V_y=\dfrac{3}{10}\pi$;　　(4) $V_x=pa^2\pi$;　　(5) $V_y=4\pi^2$.

3. (1) $a=\dfrac{1}{\mathrm{e}},(x_0,y_0)=(\mathrm{e}^2,1)$;　　(2) $S=\dfrac{1}{6}\mathrm{e}^2-\dfrac{1}{2}$.

4. $\dfrac{1}{2}\ln 2$　$\left(\text{提示}: f(x)=\begin{cases}0, & x\geqslant 0\\ \dfrac{x}{1+x^2}, & x<0\end{cases}\right)$.

5. $a=-4, b=6, c=0$.
6. $50; 100$.

7. (1) $Q = 2.5, L = 6.25$; (2) 0.25.
8. 96.73.

习题 6-6

1. (1) $\dfrac{1}{3}$; (2) 发散; (3) $\dfrac{1}{a}$; (4) 发散;

   (5) 发散; (6) π; (7) $\dfrac{8}{3}$; (8) -1;

   (9) $\dfrac{\pi}{2}$; (10) -1; (11) 发散.

2. 当 $k > 1$ 时，收敛于 $\dfrac{1}{(k-1)(\ln 2)^{k-1}}$；

   当 $k \leqslant 1$ 时，发散；

   当 $k = 1 - \dfrac{1}{\ln(\ln 2)}$ 时，取得最小值.

3. $n!$.

4. (1) $\dfrac{1}{n}\Gamma\left(\dfrac{1}{n}\right)$; (2) $\Gamma(\alpha+1)$;

   (3) $\dfrac{1}{n}\Gamma\left(\dfrac{m+1}{n}\right)$; (4) $\dfrac{1}{2}\Gamma\left(n+\dfrac{1}{2}\right)$.

习题 7-1

1. (1) $\left\{(x,y) \,\middle|\, \dfrac{x^2}{a^2} + \dfrac{y^2}{b^2} \leqslant 1\right\}$;

   (2) $\{(x,y) \mid x > y, \text{且 } x - y \neq 1\}$;

   (3) $\left\{(x,y) \,\middle|\, -1 \leqslant \dfrac{y}{x} \leqslant 1, \text{且 } x \neq 0\right\} = \{x > 0, -x \leqslant y \leqslant x\} \cup \{x < 0, x \leqslant y \leqslant -x\}$;

   (4) $\{(x,y) \mid x \geqslant \sqrt{y}, x^2 + y^2 \leqslant 1, y \geqslant 0\}$.

2. (1) 31; (2) $\dfrac{1}{x^3} - \dfrac{4}{xy} + \dfrac{12}{y^2}$;

   (3) $(x+y)^3 - 2(x^2 - y^2) + 3(x-y)^2$.

3. $f(x) = (x+2)x, F(x,y) = \sqrt{y} + x - 1$.

4. 略.

习题 7-2

1. (1) 不存在; (2) 不存在.
2. (1) 0; (2) 1; (3) 2; (4) 0.
3. $\{(x,y) \mid y^2 = 2x, x \in \mathbf{R}\}$.

习题 7-3

1. (1) $z'_x = y(1+x)^{y-1}, z'_y = (1+x)^y \ln(1+x)$;

   (2) $z'_x = -\dfrac{y}{x^2} \cot\dfrac{y}{x} \cdot \sec^2\dfrac{y}{x}, z'_y = \dfrac{1}{x} \cot\dfrac{y}{x} \cdot \sec^2\dfrac{y}{x}$;

(3) $z'_x = -\dfrac{y}{x^2+y^2}, z'_y = \dfrac{x}{x^2+y^2}$;

(4) $u'_x = -\dfrac{z\ln y}{x^2} \cdot y^{\frac{z}{x}}, u'_y = \dfrac{z}{x} \cdot y^{\frac{z}{x}-1}, u'_z = \dfrac{1}{x}y^{\frac{z}{x}} \cdot \ln y$.

2. $-1, 2$.

3. $1, 1+\dfrac{\pi}{6}$.

4. 略.

5. 偏导数存在.

6. $\alpha = \dfrac{\pi}{4}$.

7. $\Delta z = -0.12, dz = -0.1$.

8. (1) $du\Big|_{\substack{x=1\\y=1\\z=1}} = dx - dy$;

   (2) $dz = -\dfrac{xy}{(x^2+y^2)^{3/2}}dx + \dfrac{x^2}{(x^2+y^2)^{3/2}}dy$.

习题 7-4

1. (1) $2e^{2\cos t+3t^2}(3t-\sin t)$;

   (2) $\left(3-4t^{-3}+\dfrac{3}{2}t^{\frac{1}{2}}\right)\sec^2\left(3t+\dfrac{2}{t^2}+t^{\frac{3}{2}}\right)$.

2. (1) $z'_u = (2xy-y^2)\cos v + (x^2-2xy)\sin v, z'_v = -(2xy-y^2)u\sin v + (x^2-2xy)u\cos v$;

   (2) $z'_x = \dfrac{e^{uv}}{x^2+y^2}(xv-yu), z'_y = \dfrac{e^{uv}}{x^2+y^2}(ux+vy)$.

3. (1) $\dfrac{\partial u}{\partial x} = \dfrac{1}{y}f'_1, \dfrac{\partial u}{\partial y} = -\dfrac{x}{y^2}f'_1 + \dfrac{1}{z}f'_2, \dfrac{\partial u}{\partial z} = -\dfrac{y}{z^2}f'_2$;

   (2) $\dfrac{\partial z}{\partial x} = 2xf', \dfrac{\partial z}{\partial y} = 2yf'$;

   (3) $\dfrac{\partial u}{\partial x} = f'_1 + yf'_2 + yzf'_3, \dfrac{\partial u}{\partial y} = xf'_2 + xzf'_3, \dfrac{\partial u}{\partial z} = xyf'_3$.

4. 略.

5. (1) $dz = (x^2+y^2)^{\sin(2x+y)}\left[\dfrac{2\sin(2x+y)}{x^2+y^2}(xdx+ydy)\right.$
   $\left.+\cos(2x+y)\ln(x^2+y^2)(2dx+dy)\right]$;

   (2) $du = \dfrac{1}{f(x^2+y^2-z^2)}dy - \dfrac{yf'(x^2+y^2-z^2)}{f^2(x^2+y^2-z^2)}(2xdx+2ydy-2zdz)$.

6. (1) $z'_x = \dfrac{e^x - e^{x+y} - yz}{xy}, z'_y = -\dfrac{e^{x+y}+xz}{xy}$;

   (2) $\dfrac{\partial z}{\partial x} = \dfrac{z}{x+z}, \dfrac{\partial z}{\partial y} = \dfrac{z^2}{y(x+z)}$.

7. 略.

8. $\dfrac{\partial z}{\partial x} = (v\cos v - u\sin v)e^{-u}, \dfrac{\partial z}{\partial y} = (u\cos v + v\sin v)e^{-u}$.

9. $\dfrac{du}{dx} = f'_x + \dfrac{y^2 f'_y}{1-xy} + \dfrac{zf'_z}{xz-x}$.

习题 7-5

1. (1) $\frac{\partial^2 z}{\partial x^2} = 12x^2 - 8y^2, \frac{\partial^2 z}{\partial y^2} = 12y^2 - 8x^2, \frac{\partial^2 z}{\partial x \partial y} = -16xy$；

   (2) $\frac{\partial^2 z}{\partial x^2} = \frac{2xy}{(x^2+y^2)^2}, \frac{\partial^2 z}{\partial y^2} = -\frac{2xy}{(x^2+y^2)^2}, \frac{\partial^2 z}{\partial x \partial y} = \frac{y^2-x^2}{(x^2+y^2)^2}$；

   (3) $\frac{\partial^2 z}{\partial x^2} = y^x \ln^2 y, \frac{\partial^2 z}{\partial y^2} = x(x-1)y^{x-2}, \frac{\partial^2 z}{\partial x \partial y} = y^{x-1}(1+x\ln y)$；

   (4) $\frac{\partial^2 z}{\partial x^2} = \frac{1}{x}, \frac{\partial^2 z}{\partial y^2} = -\frac{x}{y^2}, \frac{\partial^2 z}{\partial x \partial y} = \frac{1}{y}$.

2. (1) $\frac{\partial^2 z}{\partial x^2} = 4x^2 f''(x^2+y^2) + 2f'(x^2+y^2)$,

   $\frac{\partial^2 z}{\partial y^2} = 4y^2 f''(x^2+y^2) + 2f'(x^2+y^2), \frac{\partial^2 z}{\partial x \partial y} = 4xyf''$；

   (2) $\frac{\partial^2 z}{\partial x^2} = y^2 f''_{11} + 2yf''_{12} + f''_{22}, \frac{\partial^2 z}{\partial y^2} = x^2 f''_{11} + 4xf''_{12} + 4f''_{22}$,

   $\frac{\partial^2 z}{\partial x \partial y} = xyf''_{11} + 2yf''_{12} + f'_1 + xf''_{21} + 2f''_{22}$.

3. $\frac{\partial^2 z}{\partial x^2} = \frac{z(2z-2-z^2)}{x^2(z-1)^3}, \frac{\partial^2 z}{\partial y^2} = \frac{z(2z-2-z^2)}{y^2(z-1)^3}, \frac{\partial^2 z}{\partial x \partial y} = -\frac{z}{xy(z-1)^3}$.

习题 7-6

1. (1) 极大值 $f(0,0) = 3$； (2) 极小值 $f\left(\frac{1}{2}, -1\right) = -\frac{e}{2}$；

   (3) 极大值 $f\left(\frac{a}{3}, \frac{a}{3}\right) = \frac{a^3}{27} \ (a > 0)$,

   极小值 $f\left(\frac{a}{3}, \frac{a}{3}\right) = \frac{a^3}{27} \ (a < 0)$.

2. 最大值 $z(4,1) = 7$，最小值 $z\left(\frac{4}{3} + \frac{\sqrt{22}}{3}, -1\right) \approx -16.1$.

3. 极小值 $z(2,2) = 4$.

4. a 的分法是三等分时，乘积最大为 $\frac{a^3}{27}$.

5. $x = 100, y = 25, f(100, 25) = 1\,250$.

6. $x = 70, y = 30, \lambda = -\frac{7}{2}, L = 145(万元)$.

习题 7-7

1. (1) $\int_{-1}^{1} dx \int_{-3}^{3} f(x,y) dy, \int_{-3}^{3} dy \int_{-1}^{1} f(x,y) dx$；

   (2) $\int_{0}^{4} dx \int_{x}^{2\sqrt{x}} f(x,y) dy, \int_{0}^{4} dy \int_{\frac{1}{4}y^2}^{y} f(x,y) dx$；

   (3) $\int_{-r}^{r} dx \int_{0}^{\sqrt{r^2-x^2}} f(x,y) dy, \int_{0}^{r} dy \int_{-\sqrt{r^2-y^2}}^{\sqrt{r^2-y^2}} f(x,y) dx$.

2. (1) $\int_{0}^{1} dx \int_{x^2}^{x} f(x,y) dy$； (2) $\int_{0}^{a} dy \int_{a-\sqrt{a^2-y^2}}^{a+\sqrt{a^2-y^2}} f(x,y) dx$；

   (3) $\int_{0}^{1} dy \int_{y}^{2-y} f(x,y) dx$.

3. (1) $\left(e-\dfrac{1}{e}\right)^2$;   (2) $\dfrac{29}{15}$;   (3) $-\dfrac{1}{2}$;   (4) $\dfrac{2}{3}$;

   (5) $1-\dfrac{2}{\pi}$;   (6) $4\pi R^2$;   (7) $\dfrac{3}{64}\pi^2$;   (8) $2-\dfrac{\pi}{2}$.

4. $\dfrac{5}{144}$.

5. $\sqrt{\pi}$.

6. 8π.

7. (1) $S_D=\dfrac{1}{2}e-1$;   (2) $V_D=\dfrac{1}{2}e^2-e-\dfrac{1}{2}$.

习题 8-1

1. (1) $a>1$,收敛; $0<a\leqslant 1$,发散;   (2) 发散;
   (3) 发散;   (4) 收敛;   (5) 发散;   (6) 发散;
   (7) 发散;   (8) 发散.

2. (1) 收敛,$s=\dfrac{3}{2}$;   (2) 收敛,$s=\dfrac{1}{4}$;   (3) 发散;   (4) 发散.

3. 略.

习题 8-2

1. (1) 收敛;   (2) 发散;   (3) 发散;   (4) 收敛;
   (5) $a>1$,收敛; $0<a\leqslant 1$,发散;   (6) 当 $0<b\leqslant 1$ 时发散,当 $b>1$ 时收敛;
   (7) 发散;   (8) 收敛;   (9) 发散;   (10) 发散;
   (11) 收敛;   (12) 收敛;   (13) 收敛;   (14) 收敛;
   (15) 收敛;   (16) 收敛.

2. (1) $0<x<1$;   (2) $0<x<2$.

习题 8-3

1. (1) 条件收敛;   (2) 绝对收敛;   (3) 绝对收敛;   (4) 绝对收敛;
   (5) 绝对收敛;   (6) 条件收敛;   (7) 绝对收敛.

2. $p>1$,绝对收敛;$0<p\leqslant 1$,条件收敛.

3. 略.

习题 8-4

1. (1) $(-\infty,+\infty)$;   (2) $(-e,e)$;   (3) $[-2,2]$;   (4) $[-1,1]$;
   (5) $[-4,0)$;   (6) $\left[\dfrac{1}{2},\dfrac{3}{2}\right)$.

2. (1) $-\ln(1+x)$, $-1<x\leqslant 1$;   (2) $\dfrac{2x}{(1-x^2)^2}$, $|x|<1$;
   (3) 当 $x\neq 0$ 且 $|x|<1$ 时,$s(x)=1+\left(\dfrac{1}{x}-1\right)\ln(1-x)$;当 $x=0,x=\pm 1$ 时,$s(x)=0$;
   (4) $\dfrac{1+x}{(1-x)^2}$, $|x|<1$.

3. (1) $\dfrac{15}{32}$; (2) $\dfrac{1}{\sqrt{2}}\ln(1+\sqrt{2})$; (3) $\dfrac{10}{9}$; (4) 8.

习题 8-5

1. (1) $1-\dfrac{x^2}{2\cdot 2!}+\dfrac{x^4}{2\cdot 4!}-\cdots+(-1)^n\dfrac{x^{2n}}{2\cdot (2n)!}+\cdots$ $(-\infty<x<+\infty)$;

   (2) $\sum\limits_{n=1}^{\infty}\dfrac{(-1)^{n-1}}{(2n-1)!}\left(\dfrac{x}{2}\right)^{2n-1}$ $(-\infty<x<+\infty)$;

   (3) $\sum\limits_{n=1}^{\infty}(-1)^{n-1}\dfrac{x^{2n-1}}{(n-1)!}$ $(-\infty<x<+\infty)$;

   (4) $\sum\limits_{n=0}^{\infty}x^{2n}$ $(|x|<1)$;

   (5) $\dfrac{\sqrt{2}}{2}\sum\limits_{n=0}^{\infty}(-1)^n\left[\dfrac{x^{2n}}{(2n)!}+\dfrac{x^{2n+1}}{(2n+1)!}\right]$ $(-\infty<x<+\infty)$.

2. (1) $\sum\limits_{n=0}^{\infty}\dfrac{1}{2^{n+1}}(x-1)^n$ $(-1<x<3)$;

   (2) $\sum\limits_{n=0}^{\infty}\left[\dfrac{(-1)^n}{2}\cdot\dfrac{\left(x-\dfrac{\pi}{3}\right)^{2n}}{(2n)!}+(-1)^{n+1}\dfrac{\sqrt{3}}{2}\dfrac{\left(x-\dfrac{\pi}{3}\right)^{2n+1}}{(2n+1)!}\right]$ $(-\infty<x<+\infty)$;

   (3) $\sum\limits_{n=0}^{\infty}(-1)^n\left(\dfrac{1}{2^{n+2}}-\dfrac{1}{2^{n+3}}\right)(x-1)^n$ $(-1<x<3)$;

   (4) $\sum\limits_{n=0}^{\infty}\dfrac{(-1)^n(n+1)}{3^{n+2}}(x-3)^n$ $(0<x<6)$.

习题 9-1

1. (1) 一阶; (2) 二阶; (3) 三阶; (4) 一阶.
2. 略.
3. $y'=\dfrac{y-x}{x}$.
4. $y'=y-x+1$.

习题 9-2

1. (1) $(1-x)(1+y)=C$ (C 为任意常数,以下 $C,C_1,C_2,\cdots$ 均为任意常数);

   (2) $\sqrt{1-x^2}=\ln|y|+C$;   (3) $y^2=C(1-x^2)-1$;

   (4) $\sec x+\tan y=C$;   (5) $2y^3+3y^2-2x^3-3x^2=5$;

   (6) $(y+1)\mathrm{e}^{-y}=\dfrac{1}{2}(1+x^2)$;   (7) $\mathrm{e}^y=\dfrac{1}{2}(\mathrm{e}^{2x}+1)$.

2. $T=T_0\mathrm{e}^{-kt}+\alpha(1-\mathrm{e}^{-kt})$, k 为比例系数.

3. (1) $y+\sqrt{x^2+y^2}=Cx^2$;   (2) $y=2x\arctan(Cx)$;

   (3) $x^3+y^3=Cx^2$;   (4) $y=\dfrac{2x}{1+x^2}$;

   (5) $y=x\mathrm{e}^{1-x}$.

4. (1) $y=C\mathrm{e}^x-\dfrac{1}{2}(\sin x+\cos x)$;   (2) $y=x^n(C+\mathrm{e}^x)$;

(3) $x = 2(y-1) + Ce^{-y}$;   (4) $x = \dfrac{y+C}{\cos y}$;

(5) $y = (x+1)e^x$;   (6) $y = \dfrac{2(1+x^3)}{3(1+x^2)}$;

(7) $y = 2\ln x - x + 2$;   (8) $y = (1 + \sin x - x\cos x) \cdot e^{-x^2}$.

5. $y' = 3\left(\dfrac{y}{x}\right)^2 - 2 \cdot \dfrac{y}{x}, y - x = -x^3 y$.

6. $f(x) = -2e^{3x} - 1$.

7. $C(x) = (x+1)[C_0 + \ln(x+1)]$.

8. $x = \left[\dfrac{a}{b(S_0 x_0 - a)}\right]^{\frac{1}{b+1}} \cdot x_0$.

习题 9-3

1. (1) $y = (x-3)e^x + \dfrac{1}{2}C_1 x^2 + C_2 x + C_3$;

   (2) $y = x\arctan x - \dfrac{1}{2}\ln(1+x^2) + C_1 x + C_2$;

   (3) $y = C_1 \arctan x + C_2$;

   (4) $y = -\ln|x + C_1| + C_2$;

   (5) $1 + C_1 x^2 = (C_2 t + C_2)^2$.

2. (1) $y = \dfrac{1}{6}x^3 \ln x - \dfrac{11}{36}(x^3 - 1)$;   (2) $y = \ln|x| + \dfrac{1}{2}\ln^2|x|$;

   (3) $y = x$.

3. $C_1 + C_2 e^x + x$.

4. (1) $y = (C_1 + C_2 x)e^{2x}$;   (2) $y = C_1 e^{-x} + C_2 e^{2x}$;

   (3) $y = 9e^{-2x} - 8e^{-3x}$;   (4) $y = -\dfrac{1}{3}e^x \cos 3x$.

5. (1) $y = (1 - 12x)e^{-2x} + C_1 e^{-5x} + C_2 e^{2x}$;   (2) $y = (x+1)^2 + C_1 e^{2x} + C_2 e^{4x}$;

   (3) $y = \dfrac{5}{8}\cos x + 4\sin x - \dfrac{1}{8}\cos 3x$;   (4) $y = \left(x + \dfrac{1}{2}x^2\right)e^{4x}$.

6. $f(x) = 2(e^x - x)$.

习题 9-4

1. $C(x) = 3e^x(1 + 2e^{3x})^{-1}$.

2. $R(t) = \dfrac{a}{bS_0}(e^{bt} - 1), S(t) = S_0 e^{-bt}$.

3. (1) $Y(t) = Y_0 e^{\gamma t}, D(t) = \dfrac{aY_0}{\gamma}e^{\gamma t} + \beta t + D_0 - \dfrac{aY_0}{\gamma}$;

   (2) $\lim\limits_{t \to +\infty} \dfrac{D(t)}{Y(t)} = \dfrac{a}{\gamma}$.

4. (1) $Y(t) = (Y_0 - Y_e)e^{\mu t} + Y_e, Y_e = \dfrac{b}{1-a}, \mu = \dfrac{1-a}{ka}$,

   $C(t) = a(Y_0 - Y_e)e^{\mu t} + Y_e$,

   $I(t) = (1-a)(Y_0 - Y_e)e^{\mu t}$;

   (2) $\lim\limits_{t \to +\infty} \dfrac{Y(t)}{I(t)} = \dfrac{1}{1-a}$.